环境科学与工程丛书

# 环境物理性污染控制

## 第二版

HUANJING　WULIXING　WURAN　KONGZHI

孙兴滨　　闫立龙　　张宝杰　　主编

化学工业出版社

·北京·

本书详细论述了与人类生活密切相关的噪声、振动、放射性、电磁、光、热等要素的污染以及这些污染对人类的影响和防范措施，还简要介绍了污染物在大气、水、土壤中的迁移转化规律及人们对物理性污染利用的最新科研动态。本书信息量大，内容全面，不仅包含了环境物理学的理论，而且图表、数据丰富，具有较大的理论价值和较强的实用性。

本书适用于高等学校环境工程、环境科学、市政工程等相关专业学生作为教材，也适用于从事环境保护工作的专业技术人员和管理人员参考。

**图书在版编目（CIP）数据**

环境物理性污染控制/孙兴滨，闫立龙，张宝杰主编. —2 版. —北京：化学工业出版社，2010.2
（环境科学与工程丛书）
ISBN 978-7-122-07523-9

Ⅰ. 环…　Ⅱ.①孙…②闫…③张…　Ⅲ. 环境污染-污染控制　Ⅳ. X506

中国版本图书馆 CIP 数据核字（2010）第 000334 号

责任编辑：刘兴春　邹　宁　　　　　　　装帧设计：杨　北
责任校对：陈　静

出版发行：化学工业出版社（北京市东城区青年湖南街 13 号　邮政编码 100011）
印　　刷：北京市振南印刷有限责任公司
装　　订：三河市宇新装订厂
787mm×1092mm　1/16　印张 18¼　字数 480 千字　2010 年 7 月北京第 2 版第 1 次印刷

购书咨询：010-64518888（传真：010-64519686）　　售后服务：010-64518899
网　　址：http://www.cip.com.cn
凡购买本书，如有缺损质量问题，本社销售中心负责调换。

定　　价：48.00 元　　　　　　　　　　　　版权所有　违者必究

# 《环境物理性污染控制》编写人员名单

主　　编　孙兴滨　（东北林业大学）

闫立龙　（东北农业大学）

张宝杰　（哈尔滨工业大学）

副 主 编

任　源　（哈尔滨工业大学）

李　芬　（哈尔滨理工大学）

李斯亮　（黑龙江省住房和城乡建设厅）

编写人员　（列名不分先后）

孙兴滨　闫立龙　张宝杰

任　源　李　芬　李斯亮

潘华鉴　蒋明明　韩金柱

许　霞　张东伟

# 第二版前言

随着科技的进步、社会的发展，人们的生活水平显著提高，但生存环境却日益恶化。大气、水、土壤的污染威胁着人们的生活；同时，城市噪声的增长使人们明显地感觉到生活环境日益嘈杂，温室效应和城市热岛效应使城市小气候不断变热；眩光、电磁波等干扰着人们的生活……这些声、光、热、电磁、放射性等是人们生活所必需的，构成了人们生活的物理环境，当它们的量过高或过低时，就形成物理性污染，进而影响人们的生活、工作和学习，危害人们的健康。人类的健康生活离不开适宜的物理环境，必须对环境中的物理性污染进行控制和治理，但由于物理性污染的发生并不被人们所注意，故长期以来同水污染、大气污染等化学污染和生物污染相比，人们对物理性污染缺乏了解，相关资料和书籍也很有限。

物理环境同人类关系的科学称为环境物理学，它是环境科学的一个分支，又分成环境声学、环境振动学、环境光学、环境热学和环境电磁学等分支学科。"环境物理性污染控制"是高等学校环境工程专业新增设的一门重要专业技术课。撰写本书的目的是将物理性污染的危害和防治的相关信息和最新的发展动态呈现给读者，使人们通过本书的阅读，对物理性污染认识和重视起来，并采取相关措施改善生存的物理环境，从而获得更好的生活质量。

本书详细论述了与人类生活密切相关的噪声、振动、放射性、电磁、光、热等要素的污染及其对人类的影响和防范措施，还简要介绍了污染物在大气、水、土壤中的迁移转化规律及人们对物理性污染利用的最新科研动态。本书信息量大，内容全面，不仅包含了环境物理学的理论，而且图表、数据丰富，具有较大的理论价值和较强的实用性。因此，本书的编写适应环境学科发展、教育教学改革和人才培养需求，取材内容深度符合环境工程人才培养目标及课程教学的要求，能完整地表达本课程应有的知识，并能反映学科研究的先进成果和技术进展。

本书适用于高等学校环境工程专业、环境科学专业、市政工程等专业需要环境相关知识的专业作为教材，也适用于从事环境保护工作的专业技术人员和管理人员参考。

本书由东北林业大学孙兴滨副教授、东北农业大学闫立龙、哈尔滨工业大学张宝杰副教授主编，哈尔滨工业大学任源、哈尔滨理工大学李芬副教授、黑龙江省住房和城乡建设厅李斯亮担任副主编。书中绪论由孙兴滨、张宝杰编写，第一章由闫立龙编写，第二章、第三章由孙兴滨、张宝杰编写，第四章由闫立龙、任源编写，第五章由孙兴滨编写，第六章由李芬编写，第七章由孙兴滨编写，第八章由闫立龙、张宝杰、任源编写。参加本书编写的还有潘华銮、许霞、张东伟等，全书由孙兴滨统稿，由黑龙江省环境保护厅李平高级工程师主审。

本书在编写过程中参考了一些从事教学、科研和生产的同行撰写的论文、讲义、书籍、手册等，在此一并表示感谢。

环境物理性污染控制领域还处于发展之中，由于编写时间较短，篇幅有限，再加以编者的水平及知识面有限，书中疏漏与不足之处，恳请读者予以批评指正。

编者
2010 年 1 月于哈尔滨

# 第一版前言

随着社会的发展，人类改造自然、征服自然的能力也日益强大，人类的生活面貌日新月异，但人们的生存环境却日益恶化，大气、河流、土地的污染时刻困扰着人们的生活，城市被垃圾包围，生物物种逐渐减少。同时，人们明显地感觉到生活的环境日益嘈杂，城市温室效应和热岛效应使城市日益燥热；眩光、电磁波等干扰着人们的生活……这些声、光、热、电磁、放射性等是人们生活所必需的，构成人们生活的物理环境，只是在它们的量过高或过低时，就形成物理性污染，会影响、干扰人们的生活、工作和学习，危害人类健康。研究物理环境同人类关系的科学称为环境物理学，它是环境科学的一个分支学科，分成环境声学、环境振动学、环境光学、环境热学和环境电磁学等分支学科。

人类的健康，需要适宜的物理环境，物理性污染必须进行控制和治理，但长期以来同水污染、大气污染等化学污染和生物污染相比，人们对物理性污染缺乏了解，资料和书籍也很有限，所以作为环保工作者，有责任和义务，将物理性污染的危害和防治的最新信息和发展动态呈现给大家，使人们通过本书的阅读，引起对物理性污染的认识和重视，并采取措施改善生存的物理环境，从而获得更好的生活质量。

本书详细论述了与人类生活密切相关的噪声、振动、放射性、电磁、光、热等要素的污染、对人类的影响及防范措施，还简要介绍了污染物在大气、水、土壤中的迁移转化规律及人们对物理性污染利用的最新的科研动态。本书信息量大，内容全面，不仅包含了环境物理学的理论，而且图表、数据丰富，具有较大的理论价值和较强的实用性。

本书适用于高等学校环境工程专业、环境科学专业、市政工程等专业需要环境相关知识的专业作为教材，也适用于从事环境保护工作的专业技术人员和管理人员参考。

本书由哈尔滨工业大学张宝杰副教授、哈尔滨理工大学乔英杰副教授、哈尔滨工业大学赵志伟主编，深圳水务集团陶涛、哈尔滨工业大学石玉明讲师、哈尔滨师范大学李家云副教授担任副主编。书中绪论由张宝杰、乔英杰编写，第1章由张宝杰、李家云编写，第2章由乔英杰、赵志伟编写，第3章由乔英杰、张宝杰、陶涛编写，第4章由张宝杰、石玉明、陶涛编写，第5章由赵志伟、乔英杰编写，第6章由赵志伟、李家云编写，第7章由张宝杰、石玉明、陶涛编写，第8章由赵志伟、张宝杰编写。参加本书编写的还有丁雷、郭芳、闫立龙、魏健、刘涛、张贺新、徐志伟、谢颖等，全书由张宝杰统编修改定稿，由哈尔滨工业大学马放教授、中国海洋大学高忠文副教授主审。

本书在编写过程中引用了一些从事教学、科研和生产的同行撰写的论文、讲义、书籍、手册等，在此一并表示感谢。本书在编写过程中得到了哈尔滨工业大学市政环境工程学院姜安玺教授、宋金璞教授等老师的悉心指导，在此表示感谢。

环境物理性污染控制领域还处于发展之中，由于编写时间较短，篇幅有限，再加以编者的水平及知识面有限，书稿中疏忽与谬误之处，恳请读者予以批评指正。

编　者

2003 年 1 月于哈尔滨

# 目　　录

# 绪　　论

## 第一节　物理环境与环境物理性污染

在人类生存的环境中，各种物质都在不停地运动着，如机械运动、分子热运动、电磁运动等。在这些运动中，都进行着物质能量的交换和转化。这种物质能量的交换和转化构成了物理环境，物理环境是自然环境的一部分。物理环境可以分为天然环境和人工环境。

### 一、天然物理环境

火山爆发、地震、台风以及雷电等自然现象会产生振动和噪声，在局部区域内形成自然声环境和振动环境。此外，火山爆发、太阳黑子活动引起的磁暴以及雷电等现象还产生严重的电磁干扰。太阳是环境的天然热源还是天然光源。地球上的光环境也是由直射日光和天空扩散光形成的。由于气象因素和大气污染程度的差异，各地区的光环境特性也不同。地球上天然热环境决定于接受太阳辐射的状况，也与大气和地表面之间的热交换有关。这些自然声环境、振动环境、电磁环境、光环境、热环境构成了天然物理环境。

### 二、人工物理环境

声环境要求需要的声音（如讲话和音乐等）能高度保真，不失本来面目，而不需要的声音（噪声）不致干扰人们工作、学习和休息。城市噪声形成人工噪声环境。近年来，城市噪声的干扰与危害日益严重，已经成为公害。

人们的生活中，振动是不可避免的。物体作机械运动时，匀速运动对人体没有影响，但是非均匀的运动对人是有影响的。而长期处在强振动环境中，则可能会引起振动病。人们从事生产活动时，根据振动作用于人体的部位，可以分为全身振动和局部振动。它们对人们的影响是不同的。对于振动环境，要求其不干扰人们的生活和工作以及不危害人体的健康。

没有光就不存在人的视觉功能，电光源的迅速发展和普及使人工光环境较天然光环境更容易控制。人工光环境能够满足人们的各种需要。人对光的适应能力很强，人眼的瞳孔可以随环境的明暗进行调节。但是长期在弱光下看东西，目力会受到损伤。反之，强光会对眼睛造成永久性伤害。因此要求有适合于视觉功能的光环境。

适合于人类生活的温度范围是很窄的。人体不适应于剧烈寒暑变化的天然环境。人类造了房屋、火炉以及现代空调系统等设施以防御并缓和外界气候变化的影响，并获得生存所必需的人工热环境。

在人们生活的空间里到处都有电磁场，它作用于人体和电子设备。电磁场对于通信、广播、电视是必须的。但是不需要的电磁辐射会干扰电子设备的正常工作并危害人体健康。由于无线电广播、电视以及微波技术的发展，射频设备的功率不断增大，给环境带来污染和危害。

可见，各种人工物理环境具有不同的特点和影响，是环境物理学的主要研究对象。

## 三、物理学与环境污染的关系

### 1. 物理学的应用带来环境污染

物理学原理的应用，给人类带来光明，带来现代化和光辉灿烂的未来，同时也带来了环境污染的问题。我们的时代是人与机器共存的时代，人们利用物理学的基本原理，创造了各种机器为人类服务，物质文明得以不断提高，并步向空间。今天，巨大功率的喷气飞机可以载人在几十小时内绕地球一周，巨大的火箭发动机把人送入太空。然而这种巨大进步伴随而来的是不断增长的噪声。巨大的喷气噪声使人听力受损，连续的机器噪声、道路交通噪声使人难以入睡、长期失眠、发生疾病、工效降低、产生失误，甚至精神失常……人们利用热力学的基本原理制造了内燃机和各种制冷设备，使人类进入了一个崭新时代，但同时也带来了环境污染和大气臭氧层变薄的问题。臭氧层像一把保护人类的"生命之伞"，把来自太阳的对人体有害的紫外线辐射挡住，它与人类生存息息相关。臭氧层的破坏，紫外线的大量辐射会引发人类白内障增加、皮肤癌、免疫系统失调，造成农作物减产和影响海洋浮游植物的生长、破坏海洋食物链……。而目前全世界仍然拥有大约近 10 亿台电冰箱和数以亿计的空调，这些设备的制冷剂是破坏臭氧层的氟利昂。有人认为，物理学原理的应用与环境质量的明显退化成正比，例如，如果我们对热和热力学毫无所知，当然就不会制造出内燃机，空气污染也就会减少。这只看到了问题的一个方面，问题的另一个方面是我们能够应用物理学原理来控制和消除污染，从而控制和改善环境。

### 2. 应用物理学原理治理环境污染

物理学原理的应用在某些方面对我们的环境造成了一定程度的污染，但是我们也能借助物理学原理来改善环境。事实上，物理学家已经动用物理学的某些原理来解决环境污染的实际问题。例如应用波的相干性原理发展起来的有源消声技术，使用人为产生的次级声场去控制原有噪声场，其基本思想是从原有噪声场中拾取噪声信号，经延时、倒相和放大后建立次级声场，使其与原声场产生相消干涉。这个思想是 1933 年 Paul Lueg 在其申请的一个专利中提出的，但限于当时的电子技术水平，Lueg 没有给出一个实际的系统。随着电子电路与信号处理技术的发展，大规模集成电路与数字电路以极快的速度进入各种控制系统，特别是 20 世纪 80 年代后期人们集中更多的精力，从理论上和实验上反复探索，不断改进信号处理器软件、硬件技术，二维空间有源降噪声取得了显著进展。又如，为解决由内燃机引起的空气污染，人们利用力学原理寻找一种内燃机的代用品——超级飞轮，它是一个动能源，这种飞轮在瑞士公共汽车上已经使用了好几年，由于经济和其他因素，实验仅仅取得了一定的成功。目前，人们正在利用物理学的基本原理，寻找各种"清洁能源"以替代燃煤和燃油。在以色列和约旦，屋顶太阳能收集器已为家庭使用热水提供了 25%～65% 的能源。美国加利福尼亚有 1.5 万台风轮机，每年发电 25 亿千瓦时，足以满足旧金山所有家庭的需要。供上下班使用的太阳能小汽车的概念车已诞生，人们还正在研究由氢和氧混合时所释放出的爆炸性能量驱动发动机的汽车，用氢燃料代替汽油的无污染汽车可望不久将在马路上奔驰。

利用物理学基本原理控制环境污染是环境物理学的重要任务之一，同时物理学又是环境测量的理论基础。例如，许多热电厂利用湖水或河水作为冷却水，并把高温水排入湖泊或河流，这些热水一方面把鱼类杀伤，另一方面促使藻类和其他植物大量繁殖生长，使其像绿色地毯似的覆盖着水面，造成阳光辐射减弱，导致被覆盖在下面的生命消亡。如何准确地测量热水排放点及附近湖（河）水的温度呢？在物理学中，一个黑体吸收热辐射的全部波长，同样也发射出全部波长。作为一种很好的近似，即使河流通常并不黑，它的作用也与黑体相似，因而可以使用普朗克定律

$$E = \frac{K_1}{\exp(K_2/T) - 1}$$

测量特定波长发出的能量，从而求得温度。上式中，$K_1$、$K_2$ 均为常数；$T$ 为温度。又如，利用电磁辐射或激光检测海面的泄油情况。激光在水中的吸收作用可以用朗伯-比尔定律来描述，即

$$I = I_0 \exp(-\alpha z)$$

式中，$I$，$I_0$ 分别为反射光和入射光的光强；$z$ 为水或油的厚度；$\alpha$ 为吸收系数。由于油的 $\alpha$ 值比水大得多，因此在计算中可以不考虑油膜下面的水。在飞机上直接向油膜发射激光，利用反射光的白分数，就能直接标出油膜厚度。

总之，物理学的基本原理不仅能用来测量环境污染的程度，而且能用于控制污染，为人类创造适宜的物理环境。

## 四、物理性污染及特点

人类生活可适应的物理环境中。物理环境的声、光、热、电等是人类必需的，在环境中是永远存在的。它们本身对人无害，只是在环境中的含量过高或过低时才造成污染。物理性污染和化学性污染、生物性污染相比有两个特点。第一，物理性污染是局部性的，区域性和全球性污染较少见；第二，物理性污染在环境中不会有残余的物质存在，一旦污染源消除以后，物理性污染也即消失。

# 第二节　环境物理学产生和发展

## 一、环境物理学产生

随着人类的进步和人类生产、生活活动的发展，环境污染产生、发展并日益严重，威胁着千百万人的生命和健康。为了保护和改善环境，许多学科相互渗透，形成一门新兴的科学，即环境科学。20 世纪 50 年代以来，人们生活的物理环境遭受严重污染，危害健康，成为世界各国需要解决的重大问题之一。环境物理学就是在这样的社会背景下形成和发展的。环境物理学是环境科学的一个分支。

20 世纪初期，人们开始研究声、光、热等对人类生活和生产活动的影响，并逐渐形成在建筑物内部为人类创造适宜物理环境的学科——建筑物理学。20 世纪 50 年代以来，物理性污染日益严重，不但在建筑物内部，而且在建筑物外部对人们的危害也越来越严重，这促进了物理学各个分支学科开展对物理环境的研究。环境物理学就是在各个分支学科分散研究并取得一定成果的基础上逐渐汇集起来而形成的一个边缘学科。

环境物理学是一门新兴学科，是研究物理环境和人类之间的相互作用的科学，是环境科学的重要组成部分。它从物理学的角度探讨环境质量的变化规律，以及保护和改善环境的措施。

## 二、环境物理学的学科体系

环境物理学目前主要研究声、光、热、振动、电磁场和射线对人类的影响以及消除这些影响的技术途径和控制措施。它将在物理环境和物理性污染深入研究的基础上，发展其自身的理论和技术，形成一个完整的学科体系。环境物理学按其研究的对象可分为环境声学、环境振动学、环境热学、环境光学、环境电磁学和环境空气动力学等分支学科。

（1）环境声学　环境声学是环境物理学的一个分支学科，研究声音的产生、传播和接收以及声音对人体产生的心理、生理效应；研究改善和控制声环境质量的技术和管理措施，如

噪声机理、噪声影响、噪声评价和标准、噪声控制等。由于环境声学和人们的工作、生活密切相关，因此很早受到重视，并且发展较快。

（2）环境振动学　环境振动学研究有关振动的产生、测试、评价、控制措施；研究振动环境对人的影响。现代交通运输业和宇航声学的发展，使环境振动学得以迅速发展。

（3）环境热学　环境热学是研究热环境及其对人体的影响以及人类活动同热环境的互相作用的学科。人类活动对热环境的影响是多方面的，如大量燃烧排放的烟尘使大气浑浊度增加，影响环境接受太阳辐射，燃料燃烧过程中产生的能量一部分直接成为废热向环境散发，使周围温度增加产生温度梯度，即"热岛效应"，不仅有可能影响气象和气候条件，而且会影响生物、生态。

（4）环境光学　环境光学是在光度学、色度学、生理学、心理物理学、物理光学、建筑光学等学科的基础上发展起来的。它是研究人的光环境的学科，主要研究天然光环境和人工光环境，光环境对人的生理和心理的影响以及光污染（即"噪光"）的危害和防治等。

（5）环境电磁学　环境电磁学研究的主要内容有：电磁辐射的机理；高强度电磁辐射的物理、化学和生物效应，特别是对人体的作用和危害；电磁污染和防护、评价和标准等。

（6）环境空气动力学　自然界中的空气，进行着十分复杂的运动。环境空气动力学就是运用流体力学的基本理论和研究方法，研究自然界中大尺度气体运动规律以及运动着的气体相互之间以及与周围物体之间的受力、受压、受热、相变和扩散机理、变形特性等的一门新学科。

空气的运动规律对于污染物的迁移转化起着非常重要作用。环境空气动力学的研究内容除了研究自然界的流体运动，求解流场中各点的温度、压力、密度、速度、加速度等物理参数，寻找出它们之间的相互关系等外，还研究在地球自转作用、重力作用和太阳辐射作用引起的大气相变和对流以及产生波和波涛的机理；研究大气湍流、飘浮对流、沉降动力以及自然界中气体质量和固体质量迁移的机理；研究生命的空气动力环境，以弄清大气运动对人类的影响等。

当前，环境物理学主要的研究领域首先是以"清洁能"替代煤和石油，以"友好生产技术"（即不污染环境的技术）替代"污染生产技术"，其次是利用物理学的研究成果提高环境监测技术，例如用激光探测大气、水体污染物等。

我国自1972年开始，开展了一系列环境保护工作，从环境现状出发采用现代新技术对物理污染现状进行调查、分析、评价和预测，制定了城市区域环境噪声、电磁辐射防护、环境振动等标准和法规，环境物理学的研究队伍逐渐扩大。然而，环境物理学的研究领域非常广阔，有的分支学科尚处于创立时期，需要更多的物理学家和物理学工作者加入这一行列，从事环境物理学的基础理论和应用技术的研究，促使环境物理学进一步发展。

## 三、环境物理学的现状和发展

（1）自身亟待完善　环境物理学是环境科学和物理学发展到一定阶段相互交叉的产物，物理环境演化的规律，物理环境变化对人类生存的影响，人类生存质量与物理环境保护如何协调统一、物理性污染综合防治的技术措施和管理方法以及环境物理学的认识论和方法论等几方面的内容，构成了环境物理学的框架。但由于环境物理学目前对一些污染的条件及成因研究得还不充分，还不能形成系统的分类及较完整的环境质量要求与防范措施。并且由于传统学科条件和学术视野的限制及环境问题的综合性和广泛相关性所导致的研究难度大、进度慢，也限制了环境物理学在基本理论和研究方法及防治技术方面的进一步充实和完善。随着人们对环境问题本质和变化规律认识的深化，环境物理学的体系结构将逐渐完善、合理和深化。

（2）在实践的基础上，不断拓宽研究领域　20世纪50～60年代环境污染日益严重，造成的损失迅速增加，人们越来越关心污染形成的原因，积极从物理学角度探索治理污染的理论和技术。正是在这些实践工作的基础上，才形成了环境物理学。一方面，环境物理学的思维方法、理论体系和处理技术是在实践中产生的，这种实践性体现在环境物理学的各个领域里；另一方面，在人类社会向前发展的进程中环境问题不是一成不变的，会不断产生和提出新问题，这就要求环境物理学在新的领域中进行实践，以便解决这些新的问题。如水体的污染随工业生产的现代化由早期多是生物性污染出现了热污染乃至放射性的污染。新的问题引导人们进行新的实践，在新的实践中环境物理学得到丰富和发展。除此之外，人类社会要进步，就总是不满足于现有的生产力水平和对事物的认识水平，因此环境物理学面临着广阔的前景和严重的挑战，它将在反复实践的基础上不断拓宽研究领域，在更高的层次上得到进一步发展。

(3) 学科间的交叉与渗透，促进其快速发展　环境物理学是一门综合性强的学科，涉及声、光、热、电磁学、放射性和空气动力学等多个学科和领域，它们既是环境物理学的分支，又是环境物理学的组成部分。这些学科的发展进步为环境物理学的发展奠定了坚实的理论与技术基础。实践中，为解决一项环境问题，往往需要这些学科间相互借鉴、渗透，在一个总体目标或方案的构架之下，有针对性地将所涉及的各学科问题逐一解决。这种分支学科间的交叉与渗透，相互影响和兼容，为环境物理学提供了更多的拓展领域和创新机会，为其利用跨学科、多学科的理论和技能去解决当今世界面临的许多大型的综合性环境问题，提供了可能性，有力地促进了环境物理学向更高层次独立地发展。随着新的环境问题不断出现，这种交叉还将继续下去。

环境物理学不仅与物理学科关系密切，还依赖于其他学科为其提供坚实基础。环境系统是一个有机整体，不是哪一门学科能够包容环境全体和单独解决问题的，包括环境物理学在内的有关环境的研究课题都需要各门基础自然科学的合作和密切配合才能解决。这种来自不同学科、运用不同的原理、方法来解决环境问题的情况，反映了环境物理本身具有多学科性和跨学科性。同时，有关新学科、新理论的涌现，为环境物理学提供了不可缺少的理论基础、方法论原则和有效的研究工具，推动了其学科建设的实质性进展。

(4) 认识的逐步深化，为其发展奠定了思想基础　人类对环境问题的认识经历了由浅入深、由片面到全面、由现象到本质的过程。开始时，简单地认为只要开发和推广应用环境污染治理技术，就可以解决环境问题。后来，才认识到环境问题是在经济、社会发展中出现的，因而只能在经济、社会的进一步发展中才能解决，人们对环境问题性质认识的提高，导致环境保护战略思想的转变，即由过去局限于治理污染，转变为要从环境与经济的总体发展战略与规划上进行统筹兼顾，全面安排，寻求促进环境与经济持续、协调发展的最佳方案。

上述人们对环境与经济、社会相互关系认识逐步深化的过程，为环境物理学形成与发展奠定了思想基础。实践中，充分发挥人的主观能动性，是促进环境物理学尽快完善的有力保障。

环境物理学的形成同其他学科一样，都是人类社会生产力发展到一定程度的产物，是与人类认识水平相适应的。人类赖以生存的环境正在恶化。大气污染，水污染，温室效应，臭氧层破坏，土地沙漠化，海洋生态危机，"绿色屏障"（森林）锐减，物种濒危等趋势继续发展，人类面临严峻的挑战。控制环境污染和生态破坏，保护环境是关系到整个地球上全人类命运的大问题，也是包括环境物理学在内的环境科学各学科的主要研究课题。

目前环境物理学的发展还落后于工业生产，面临的任务也更加艰巨，迫切地需要增强自身体系结构与学科建设的发展。随着人们对环境问题认识的逐步深化，环境物理学将适应经济与社会发展的客观需要，在对物理环境和物理性污染全面、深入研究的基础上，进一步拓宽研究领域，促进自身基本理论、研究方法及防治技术向微观和宏观、广度和深度的方向深入扩展，在实践中逐渐完善成为一门系统而成熟的学科，为经济与环境的持续发展做出更大的贡献。

# 第一章　噪声污染控制

## 第一节　概　　述

### 一、声音及其物理特性

声音和物体振动密切相关。声的定义为物体振动通过在媒介中传播所引起人耳或其他接收器的反应。声源定义为发出声音的物体，也就是产生振动的物体。噪声源定义为产生噪声的物体或机械设备。

振动在弹性介质中以波的形式进行传播，这种弹性称之为声波。声音的产生和传播除了要有声源之外，还要有传播声音的介质作为载体。气体、液体和固体均可传播声音，作为传播声音的媒介。

#### （一）表示声音的基本物理量

**1. 频率与周期**

声音的频率是指在单位时间内声源振动的次数，用"$f$"表示，单位为赫兹（Hz）。声音的频率是反映音调高低的物理量。声源质点振动速度不同，产生的频率也不同。声音的频率取决于声源振动的快慢，振动速率越快，频率越高。周期是指声音完成一次振动所需要的时间，用"$T$"表示（$T=1/f$）。

**2. 波长与传播速度**

波长是指在介质中声波振荡一个周期所传播的距离，用"$\lambda$"表示。单位为 m。

波长与频率有如下关系：

$$\lambda = \frac{C}{f} \tag{1.1}$$

式中，$C$ 为波速。声波的传播速度与介质及温度等因素有关，如在 20℃水中的传播速度为 345m/s，而在钢中的传播速度为 6300m/s。声音在空气中的传播速度与温度之间的关系如下：

$$C = 331.4 + 0.6 \times t \tag{1.2}$$

式中，$t$ 为介质温度，℃。

#### （二）声音的传播

声源发出的声音必须要通过介质才能传播。下面以鼓面振动为例说明声音是如何通过介质传播出去的。

击鼓时，鼓面即会来回运动，鼓面两边的空气质点也随之振动，这时鼓面一侧的空气质点会因鼓面挤压而密集起来，另一侧则会变得稀疏。当鼓面做反方向运动时，原来空气质点密集的地方即会变为稀疏的地方，原来稀疏的地方则密集起来，空气质点在鼓面振动的作用下，鼓面两边的空气质点时密时疏。空气是一种弹性介质，它能将振动由鼓面的邻近空气质点传到较远的空气质点。这样，一层一层的空气就一密一疏相间地由近及远先后开始振动，结果就使鼓面的振动以一定速度传播。在空气中这种一疏一密的振动传播过程就是声波，其传播过程如图 1.1 所示。

声波传到耳中，引起鼓膜的振动，这种振动经听觉器官的传导与交换，使听觉神经末梢受到刺激，于是便听到声音。

声波在空气中传播时，空气质点本身并不随声波一起传播出去，空气质点只在它的平衡位置附近来回振动。所以说声音的传播实质上是振动的传播，传播出去的是物质能量而不是物质本身。

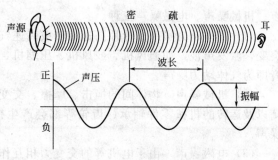

图 1.1　声音的产生和传播

声波不仅可以在空气中传播，在液体、固体等一切弹体媒介中也可以传播。根据传播介质的不同，声波可分为空气声、水声、固体声（结构声）等类型。在噪声控制问题中所研究的主要是在空气中传播的空气声，在没有切向恢复力只有体积弹性的液体和气体中，如在空气及水中，声波是纵波，这时质点的振动方向与声波的传播方向一致。质点振动方向与波的传播方向相垂直的波，叫横波，在固体介质中，除体积弹性外，还有伸长弹性、弯曲弹性、扭转弹性等，因此声波在固体中可能以横波，也可能以纵波或者二者都存在的方式传播，而在液体和气体中声波只能以纵波的方式传播。

## 二、噪声、噪声源的种类及特点

### （一）噪声的定义

声音在人们生活中起着非常重要作用。人类正是依赖于声音才能进行信息的传递，才能用语言交流思想感情，才能传播知识和文明，才能听到广播，欣赏优雅的音乐和悦耳的歌曲。此外，随着科学技术的发展，人们还利用声音在工业、农业、医学、军事、气象、探矿等领域为人类造福，由于声音的应用如此重要，人们无法设想没有声音的世界。但是，有些声音并不是人们所需要的，它们损害人们的健康，影响人们的生活和工作，干扰人们的交谈和休息。例如，机器运转时的声音、喇叭的声音以及各种敲打物件时所发出的声音，不但不需要并且会引起烦躁与厌恶。即使是美妙的音乐，但对于睡觉的人来说则是一种干扰，是不需要的声音。

如何判断一个声音是否为噪声，从物理学观点来说，不按原则办事和频率杂乱断续或统计上无规则的声振动称为噪声。从环境保护的角度来说，判断一个声音是否为噪声，要根据时间、地点、环境以及人们的心理和生理等因素确定。所以，噪声不能完全根据声音的物理特性来定义。一般认为，凡是干扰人们休息、学习和工作的声音，即不需要的声音统称为噪声。当噪声超过人们的生活和生产活动所能容许的程度，就形成噪声污染。

我国制定的《中华人民共和国环境噪声污染防治法》中把超过国家规定的环境噪声排放标准，并干扰他人正常生活、工作和学习的现象称为环境噪声污染。声音的单位是声压级，记为 dB，用于表示声音的大小。

按照国家标准规定，住宅区的噪音，白天不能超过 50dB，夜间应低于 45dB，若超过这个标准，便会对人体产生危害。那么，室内环境中的噪声标准是多少呢？国家《城市区域环境噪声测量方法》中第 5 条 5.4 规定，在室内进行噪声测量时，室内噪声限值低于所在区域标准值 10dB。

### （二）噪声来源及其种类

#### 1. 按噪声源的物理特性分类

噪声主要来源于物体（固体、液体、气体）的振动，按其产生的机理可分为气体动力噪

7

声、机械噪声、电磁噪声三种。

(1) 气体动力噪声　叶片高速旋转或高速气流通过叶片，会使叶片两侧的空气发生压力突变，激发声波，如通风机、鼓风机、压缩机、发动机迫使气体通过进、排气口时发出的声音即为气体动力噪声。

(2) 机械噪声　物体间的撞击、摩擦、交变的机械力作用下的金属板、旋转的动力不平衡以及运转的机械零件轴承、齿轮等都会产生机械性噪声，如锻锤、织机、机车等产生的噪声。

(3) 电磁噪声　由于电机等的交变力相互作用产生的声音。如电流和磁场的相互作用产生的噪声——如发动机、变压器的噪声。

**2. 按噪声源的时间特性分类**

环境中出现的噪声，按声强随时间是否有变化，大致可分为稳定噪声和非稳定噪声两种。

(1) 稳定噪声　稳定噪声的强度不随时间变化，如电机、风机和织机的噪声。

(2) 非稳定噪声　噪声的强度是随时间而变化的，有的是周期性噪声，有的是无规则的起伏噪声，如交通噪声；有的是脉冲噪声，如冲床的撞击声。

**3. 按城市环境噪声分类**

城市环境噪声主要来源于交通、工业、建筑施工以及社会活动等方面。现代城市中环境噪声的主要来源如下。

(1) 交通噪声　城市交通业日趋发达，给人们工作和生活带来了便捷和舒适，同时随着公路和铁路交通干线的增多，机车和机动车辆的噪声已成了交通噪声的元凶。交通噪声主要来自是汽车、飞机、火车和轮船等交通工具在启动、停止及运行时发出的噪声。这些噪声具有流动性大、污染面广、控制难等特点。

(2) 工业噪声　主要指工业生产劳动中产生的噪声。主要来自机器和高速运转设备。这也是室内噪声污染的主要来源。由于各种动力机、工作机做功时产生的撞击、摩擦、喷射以及振动，可产生 70～80dB 以上的声响。

(3) 建筑施工噪声　主要来自建筑施工现场产生的噪声。在施工中要大量使用各种动力机械，要进行挖掘、打洞、搅拌，要频繁地运输材料和构件，从而产生大量噪声。建筑施工现场噪声一般在 90dB 以上，最高达到 130dB。

(4) 社会生活噪声　主要来自商业、体育比赛、游行、集会、娱乐等各种社会活动中产生的喧闹声以及收录机、电视机、洗衣机等各种家电的嘈杂声，这类噪声一般在 80dB 以下。

此外，家用电器直接造成室内噪声污染。随着人们生活现代化的发展，家庭中家用电器的噪声对人们的危害越来越大。据检测，家庭中电视机、收录机所产生的噪音可达 60～80dB，洗衣机为 42～70dB，电冰箱为 34～50dB。近几年家庭卡拉 OK 机广泛流行，有些人不顾他人的感受，沉醉于自我享受之中，这无形中又增加了噪声的污染强度。

**(三) 噪声污染的特点及其危害**

**1. 噪声污染的特点**

噪声污染与水、大气污染不同，一般噪声污染具有以下几个方面的特点。

① 噪声具有一定的主观特性。从噪声的定义看出，噪声是人们不需要的声音的总称，因此一种声音是否属于噪声，除其本身的物理特性之外，主要与判断者有关。如优美的音乐对于欣赏者来说是美妙的声音，而对于思考问题的人来说却是噪声。从这个角度来说，任何

声音都可以成为噪声。

② 噪声污染具有瞬时性，或称为暂时性。噪声污染在环境中不会有残留的污染物质存在，噪声源停止发声后，噪声随即消失。

③ 噪声污染具有不确定性。声音在空气中传播时衰减很快，它的影响面不如大气污染和水污染那么广，具有局部性。但是在某些情况下，噪声的影响范围很广，如发电厂高压排气放空时，其噪声可能干扰周围几千米外的居民的安宁。

④ 噪声污染具有隐蔽性。噪声一般不直接致命或致病，它的危害是慢性的和间接的。

**2. 噪声的危害**

噪声的危害不仅表现在对人的影响，还在一定程度上影响物质结构。噪声对人的影响主要表现在社会影响（听力损失和干扰语言交流）和心理影响（引起烦恼、干扰睡眠、影响工作效率等）两个方面。噪声危害的具体表述如下。

(1) 听力损伤　噪声对人体的危害最直接的是听力损害。有关资料表明：当人连续听摩托车声 8h 以上听力就会受损；若是在摇滚音乐厅，半小时后，人的听力就会受损；若在 80dB 以上的噪声环境中生活，耳聋的可能性可达 50%。对听力的影响，是以人耳暴露在噪声环境前后的听觉灵敏度来衡量的，这种变化称为听力损失，即指人耳在各频率的听力阈值升移，简称阈值偏移，以声压级 dB 为单位。听力损失可能是暂时的，也可能是永久性的。暂时性听力损失包括暂时性阈值偏移，永久性听力损失包括永久性阈值偏移和听觉创伤。

例如，当你从较安静的环境进入较强烈的噪声环境中，立即感到刺耳难受，甚至出现头痛和不舒服的感觉，停一段时间，离开这里后，仍感觉耳鸣，马上（一般在 2min 内）做听力测试，发现听力在某一频率下降约 20dB 阈移，即听阈提高了 20dB。由于噪声作用的时间不长，只要你到安静的地方休息一段时间，再进行测试，该频率的听阈提高减少到零，这一噪声对听力只有 20dB 暂性阈移的影响。这种现象叫做暂时性阈值偏移，又称听力疲劳，听觉器官未受到器质性损害。如果人们长期在强烈的噪声环境下工作，日积月累，内耳器官不断受噪声刺激，恢复暴露前的听阈，便可发生器质性病变，成为永久性阈值偏移，这就是噪声性耳聋。噪声性耳聋有两个特点，一是除了高强噪声外，一般噪声性耳聋都需要一个持续的累积过程，发病率与持续作业时间有关，这也是人们对噪声污染忽视的原因之一。二是噪声性耳聋是不能治愈的，因此，有人把噪声污染比喻成慢性毒药。短暂地暴露于非常强烈的噪声环境中所导致的永久性听力损失称为听力损伤。

(2) 噪声对睡眠的干扰　睡眠是人们必不可少的。人类有近 1/3 的时间是在睡眠中度过的。人们在安静的环境下睡眠，能使大脑得到休息，从而消除疲劳和恢复体力。噪声会影响人的睡眠质量，强烈的噪声甚至使人无法入睡，心烦意乱。实验研究表明，人的睡眠一般分四个阶段，依次为：瞌睡阶段、入睡阶段、睡着阶段、熟睡阶段。睡眠质量好坏，取决于熟睡阶段的时间长短：时间越长，睡眠越好。一般研究结果表明，噪声促使人们由熟睡向瞌睡阶段转化，缩短睡眠时间；有时刚要进入熟睡便被噪声惊醒，使人不能进入熟睡阶段，从而造成多梦，睡眠质量不好，不能很好地休息。同时噪声还能使人惊醒。当睡眠被干扰后，工作效率和健康都会受到影响。研究结果表明，连续噪声和突然的噪声对人睡眠的影响是不一样的。连续噪声可以加快熟睡到轻睡的回转，使人多梦，并使熟睡的时间缩短；突然的噪声可以使人惊醒。一般来说，40dB 大连续噪声可使 10% 的人受到影响；70dB 可影响 50%；而突发性噪声在 40dB 时，可使 10% 的人惊醒，到 60dB 时，可使 70% 的人惊醒。长期干扰睡眠会造成失眠、疲劳无力、记忆力衰退，以致产生神经衰弱症候群等。

(3) 噪声对交谈、思考的干扰　在噪声环境下，人们之间的交谈、通信被妨碍是常见的。

这种妨碍，轻则降低交流效率，重则损伤人们的语言听力。研究表明，30dB 以下的噪声环境属于非常安静的环境（如播音室、医院等应该满足这个条件）；40dB是正常的环境（如一般办公室应保持这种水平）；50～60dB则属于较吵的环境，此时脑力劳动受到影响，谈话也受到干扰。当打电话时，周围噪声达65dB时，对话有困难；在80dB时，则听不清楚；在噪声达80～90dB时，距离约0.15m也得提高嗓门才能进行对话。如果噪声分贝数再升高，则不可能进行对话。因为人们思考也是语言思维活动，其受噪声干扰的影响与交谈是一致的，实验证明噪声干扰交谈、通信的情况如表1.1所列。

**表1.1 噪声对交谈和通信的干扰**

| 噪声级/dB(A) | 主观反映 | 保持正常谈话的距离/m | 通讯质量 |
| --- | --- | --- | --- |
| <45 | 安静 | 11 | 很好 |
| 45～55 | 稍吵 | 3.5 | 好 |
| 55～65 | 吵 | 1.2 | 较困难 |
| 65～75 | 很吵 | 0.3 | 困难 |
| 75～85 | 大吵 | 0.1 | 不可能 |

（4）噪声对人体的生理影响　噪声是一种恶性刺激物，长期作用于人的中枢神经系统，可使大脑皮质的兴奋和抑制失调，条件反射异常，出现头晕、头痛、耳鸣、多梦、失眠、心慌、记忆力减退、注意力不集中等症状，严重者可产生精神错乱。这种症状，药物治疗疗效很差，但当脱离噪声环境时，症状就会明显好转。噪声可引起植物神经系统功能紊乱，表现为血压升高或降低，心率改变，心脏病加剧。噪声会使人唾液、胃液分泌减少，胃酸降低，胃蠕动减弱，食欲不振，引起胃溃疡。噪声对人的内分泌机能也会产生影响，如：导致女性性机能紊乱，月经失调，流产率增加等。噪声对儿童的智力发育也有不利影响，据调查，3岁前儿童生活在75dB的噪声环境里，他们的心脑功能发育都会受到不同程度的损害，在噪声环境下生活的儿童，智力发育水平要比安静条件下的儿童低20%。噪声对人的心理影响主要是使人烦恼、激动、易怒，甚至失去理智。此外，噪声还对动物、建筑物有损害，在噪声下的植物也生长不好，有的甚至死亡。

① 损害心血管。噪声是心血管疾病的危险因子，噪声会加速心脏衰老，增加心肌梗塞发病率。医学专家经人体和动物实验证明，长期接触噪声可使体内肾上腺分泌增加，从而使血压上升，在平均70dB的噪声中长期生活的人，心肌梗塞发病率增加30%左右，特别是夜间噪声会使发病率更高。调查发现，生活在高速公路旁的居民，心肌梗塞率增加30%左右。调查1101名纺织女工，高血压发病率为7.2%，其中接触强度达100dB噪声者，高血压发病率达15.2%。

② 对女性生理机能的损害。女性受噪声的威胁，还可以导致女性性机能紊乱，有月经不调、流产及早产等。专家们曾在哈尔滨、北京和长春等7个地区经过为期3年的系统调查，结果发现噪声不仅能使女工患噪声聋，且对女工的月经和生育均有不良影响。另外可导致孕妇流产、早产，甚至可致畸胎。国外曾对某个地区的孕妇普遍发生流产和早产做了调查，结果发现她们居住在一个飞机场的周围，祸首正是起降的飞机所产生的巨大噪声。

③ 噪声还可以引起神经系统功能紊乱、精神障碍、内分泌紊乱甚至使事故率升高。高噪声的工作环境，可使人出现头晕、头痛、失眠、多梦、全身乏力、记忆力减退以及恐惧、易怒、自卑甚至精神错乱。

（5）噪声对儿童和胎儿的影响　研究表明，噪声会使母亲产生紧张反应，引起子宫血管收缩，以致影响供给胎儿发育所必需的养料和氧气。噪声还影响胎儿的体重。此外因儿童发育尚未成熟，各组织器官十分娇嫩和脆弱，不论是体内的胎儿还是刚出世的孩子，噪声均可损伤听觉器官，使听力减退或丧失。据统计，当今世界上有7000多万耳聋者，其中相当部分是由噪声所致；专家研究已经证明，家庭噪音是造成儿童聋哑的主要原因，若在85dB以上噪声中生活，耳聋者可达5%。

噪声会影响少年儿童的智力发展，在噪声环境下，老师讲课听不清，使儿童对讲授的内容不理解，长期下去，显然影响到长知识，显得智力发展缓慢。有人做过调查，吵闹环境下儿童智力发育比安静环境中的低20%。

（6）噪声对视力的损害　噪音会严重影响听觉器官，甚至使人丧失听力，尽人皆知。然而，耳朵与眼睛之间有着微妙的内在"联系"，当噪音作用于听觉器官时，也会通过神经系统的作用而"波及"视觉器官，使人的视力减弱。试验表明：当噪声强度达到90dB时，人的视觉细胞敏感性下降，识别弱光反应时间延长；噪声达到95dB时，有40%的人瞳孔放大，视模糊；而噪声达到115dB时，多数人的眼球对光的适应有不同程度的减弱。所以长时间处于噪声环境中的人很容易发生眼疲劳、眼痛、眼花和视物流泪等损伤现象。

研究指出，噪音可使色觉、色视野发生异常。调查发现，在接触稳态噪声的80名工人中，出现红、绿、白三色视野缩小者竟高达80%，比对照组增加85%。所以驾驶员应避免噪声干扰，否则易造成行车事故。

噪声对视力的影响在日常生活中随处可见，比如在安静明亮的商店购物时，显得愉快和镇静，买东西能做到挑选精细购买齐全。而在高音喇叭大声播放快节奏的音乐时购物，往往烦燥不安，眼花缭乱，甚至会混乱交易，该买的未买，买了的因识别不细也不满意。其中的主要原因就是噪声影响视力造成的。

（7）噪声对动物的影响　噪声对自然界的生物也是有影响的。如强噪声会使鸟类羽毛脱落，不产卵，甚至会使其内出血或死亡。科学家们已经全面研究了噪声对生物和人类的影响。如小白鼠在160dB的环境中，几分钟就会死亡，可见噪声对动物影响之大。

（8）噪声对物质结构的影响　140dB以上的噪声，可使墙震裂，瓦震落、门窗破坏，甚至使烟囱及古老的建筑物发生倒塌，钢产生"声疲劳"而损坏。强烈的噪声使自动化、高精度的仪表失灵，火箭发射的低频率的噪声引起空气振动，可能使导弹和飞船产生大幅度的偏离，导致发射失败。

极强的噪声危害更是骇人听闻，它能使人的听觉器官发生急性外伤，使整个机体受到严重损伤，引起耳膜破裂出血，双耳完全变聋，语言紊乱，神志不清，脑震荡和休克，甚至死亡。

# 第二节　噪声的物理度量

## 一、声功率、声强、声压

### 1. 声功率

单位时间内声源辐射出来的总声能，简称声功率，用 $W$ 表示。它是表示声源特点的物理量，单位为瓦（W）或者焦/秒（J/s）。

必须指出，声源的声功率与设备实际消耗功率是两个不同的概念。例如，一般大型500kW的鼓风机，其实际消耗功率为500kW，而它发出的声功率一般只为100W的数量级，约相当于鼓风机实际消耗功率的1/5000。

### 2. 声强

声强是在某一点上，一个与指定方向垂直的单位面积上在单位时间内通过的平均声能，通常用 $I$ 表示，单位是 $W/m^2$ 或 $J/(s \cdot m^2)$。声强是衡量声音强弱的物理量之一，它的大小与离开声源的距离有关，因为声源每秒辐射的声能是不变的，距离声源越远，在自由声场中声能的分布面积就越大，单位时间内单位面积上的声能就越少。因此，随距离增大，声强就减小。所以一般情况下离声源越近，声音即越大；离声源越远，声音即会越小。

在声波无反射地自由传播的自由声场中，声源为向四周均匀辐射声音的点声源时，声波作球面辐射，在距声源为 $r$ 处的声强为：

$$I_{球} = \frac{W}{4\pi r^2} \tag{1.3}$$

式中，$r$ 为距离，m；$I_{球}$ 为按球面平均的声强，$W/m^2$；$W$ 为声功率，W 或 J/s。

由上式可知，由于声功率是一个恒量，所以声强的大小在空间中是随距离变化的，它与声源距离的平方成反比。

### 3. 声压

有声波存在时，媒质中的压力会产生一定的变化。如图 1.1 所示，声音在空气中传播时，空气中的分子时疏时密，当某一部分体积内变密时，这部分的空气压强 $P$ 变得比平衡状态下的大气压强（静态压强）$P_0$ 大，当某一部分体积变疏时，这部分的空气压强 $P$ 变得比静态大气压强 $P_0$ 小，即声波传播时大气中的压强随着声波作周期性的变化。因此当声波通过时，可用媒质中的压力超过静压力的值 $P' = P - P_0$ 来描述声波状态，$P'$ 即为声压。声压的单位是帕斯卡（Pa），$1Pa = 1N/m^2$。

声压实际上是随时间迅速变化的，某瞬时媒质中压强相对无声波时内部压强的改变量，称为瞬时声压。但是，由于声压变化很快，人耳实际上辨别不出声压的起伏变化，仿佛声压是一个稳定的值，实际效果只与迅速变化的声压的某种时间平均结果有关，这叫做有效声压。有效声压是瞬时声压的均方根值。

正常人耳刚能听到的声音的声压称为闻阈声压，对于频率为 1000Hz 的声音，闻阈声压为 $2 \times 10^{-5}Pa$。使正常人耳引起疼痛感觉声音的声压称为痛阈声压，痛阈声压为 20Pa。

声压和声强一样，都是度量声音大小、强弱的物理量。一般来说，声强愈大表示单位时间内耳朵接收到的声能愈多；声压愈大，表示耳朵中鼓膜受到的压力愈大。前者是以能量关系说明声音的强弱；后者采用力的关系来说明声音的强弱。事实上声强与声压是有着内在联系的。

当声波在自由场中传播时，在传播方向上，声强 $I_{球}$ 与声压 $P$ 及声功率之间有如下关系：

$$I_{球} = \frac{P^2}{\rho C} \tag{1.4}$$

式中，$I$ 为声强，$W/m^2$；$P$ 为有效声压，$N/m^2$；$\rho$ 为空气密度，$kg/m^3$；$C$ 为声音速度，$m/s$；$\rho C$ 为空气特性阻抗，$kg/(s \cdot m^2)$。

## 二、声强级、声压级、声功率级

从闻阈声压 $2 \times 10^{-5}Pa$ 到痛阈声压 20Pa，声压的绝对值数量级相差 100 万倍，因此，用声压的绝对值表示声音的强弱是很不方便的，再者人对声音响度感觉是与对数成比例的，所以，人们采用声压或能量的对数比表示声音的大小，用"级"来衡量声压、声强和声功率，称为声压级、声强级和声功率级。

### 1. 声强级 ($L_I$)

声波以平面或球面传播时，相当于声强 $I$ 的声强级 $L_I$ 定义为：

$$L_I = 10 \lg \frac{I}{I_0} \tag{1.5}$$

式中，$L_I$ 为声强级，dB；$I$ 为声强，$W/m^2$；$I_0$ 为 1000Hz 的基准声强值，$10^{-12}$ $W/m^2$。

**2. 声压级（$L_P$）**

由式（1.4）知：

$$I = \frac{P^2}{\rho C}$$

$$I_0 = \frac{P_0{}^2}{\rho_0 C_0}$$

式中，$P_0$ 为 1000Hz 的基准声压 $2 \times 10^{-5}$ Pa。

将上两式代入式（1.5）中：

$$L_I = 10 \lg \frac{I}{I_0} = 10 \lg \frac{P^2/\rho C}{P_0{}^2/\rho_0 C_0} = 10 \lg \frac{P^2}{P_0{}^2} + 10 \lg \frac{\rho_0 C_0}{\rho C}$$

取

$$L_P = 10 \lg \frac{P^2}{P_0{}^2} = 20 \lg \frac{P}{P_0} \tag{1.6}$$

式中，$L_P$ 为声压级，dB。

一般情况下，$\rho C$ 与 $\rho_0 C_0$ 相差很小，$L_I \approx L_P$。

**3. 声功率级（$L_W$）**

与声强级相似，声功率也可用声功率级表示：

$$L_W = 10 \lg \frac{W}{W_0} \tag{1.7}$$

式中，$L_W$ 为声功率级，dB；$W_0$ 为基准声功率，$10^{-12}$ W。

## 三、声压级计算原理和方法

前述的声压级、声强级、声功率级都是通过对数运算得来的。在实际工程中，常遇到某些场所有几个噪声源同时存在，人们可以单独测量每一个噪声源的声压级，那么，当噪声源同时向外辐射噪声，它们总的声压级是多少呢？

**1. 声压级 dB 相加**

（1）声强级与声功率的合成　两个或两个以上相互独立的声源同时发出的声功率与声强，由于它们都是能量的单位，所以它们可以代数相加，设 $W_1$、$W_2$、$W_3$、$\cdots$、$W_n$ 和 $I_1$、$I_2$、$I_3$、$\cdots$、$I_n$ 分别为声源 1、2、3、$\cdots$、$n$ 的声功率和声强。它们合成的总声功率 $W$ 和合成声强 $I$ 为：

$$W = W_1 + W_2 + W_3 + \cdots + W_n \tag{1.8}$$

$$I = I_1 + I_2 + I_3 + \cdots + I_n \tag{1.9}$$

由此得总声功率级为：

$$L_W = 10 \lg \frac{W}{W_0} = 10 \lg \frac{W_1 + W_2 + W_3 + \cdots + W_n}{W_0} \tag{1.10}$$

合成声强级为：

$$L_I = 10 \lg \frac{I}{I_0} = 10 \lg \frac{I_1 + I_2 + I_3 + \cdots + I_n}{I_0} \tag{1.11}$$

（2）声压级的合成　下面以两个声源的声压级相加为例说明其合成原理。设这两个声源合成声压为 $P_总$，合成声源声压级为 $L_{P总}$。则甲、乙、合成声源的声强、声压、声压级分别为：$I_1$、$P_1$、$L_{P1}$，$I_2$、$P_2$、$L_{P2}$，$I_总$、$P_总$、$L_{P总}$。

由式（1.4）可得

$$I = \frac{P^2}{\rho C}$$

$$I_总 = \frac{P_总^2}{\rho C}$$

由式（1.9）可得 $I_总 = I_1 + I_2$，所以：

$$\frac{P^2}{\rho C} = \frac{P_1^2}{\rho C} + \frac{P_2^2}{\rho C}$$

$$P^2 = P_1^2 + P_2^2 \tag{1.12}$$

对于 $n$ 个声源合成时，合成声压 $P_{总}$ 为：

$$P_{总}^2 = \sum_{i=1}^{n} P_i^2 \tag{1.13}$$

由式 $L_P = 10 \lg \frac{P^2}{P_0^2}$ 可得 $P^2 = P_0^2 10^{L_P/10}$

则

$$P_1^2 = P_0^2 10^{L_{P1}/10}$$

$$P_2^{\,2} = P_0^2 10^{L_{P2}/10}$$

$$P^2 = P_1^2 + P_2^2 = P_0^2 (10^{L_{P1}/10} + 10^{L_{P2}/10})$$

$$\frac{P_{总}^2}{P_0^2} = 10^{L_{P1}/10} + 10^{L_{P2}/10}$$

$$L_{P总} = 10 \lg \frac{P_{总}^2}{P_0^2} = 10 \lg (10^{L_{P1}/10} + 10^{L_{P2}/10}) \tag{1.14}$$

若声源为 $n$ 个，$L_i$ 为其中一个声源的声压级，则合成声源的合成声压级为：

$$L_{P总} = 10 \lg \sum_{i=1}^{n} 10^{L_i/10} \tag{1.15}$$

若每个声源的声压级都相等，其值为 $L_i$，则：

$$L_{总} = 10 \lg(n 10^{L_i/10}) = L_i + 10 \lg n \tag{1.16}$$

当声源数目很多时，用式 (1.15) 计算合成声压级是很麻烦的，工程上常用查图的方法进行计算。

对两声源声压级 $\qquad\qquad L_{P1} > L_{P2}$

$$L_{P总} = 10 \lg(10^{L_{P1}/10} + 10^{L_{P2}/10}) = 10 \lg[10^{L_{P1}/10}(1 + 10^{-(L_{P1}-L_{P2})/10})]$$

$$= L_{P1} + [10 \lg(1 + 10^{-(L_{P1}-L_{P2})/10})] \tag{1.17}$$

令 $\qquad\qquad \Delta L_P = 10 \lg(1 + 10^{-(L_{P1}-L_{P2})/10})$

$$L_{P总} = L_{P1} + \Delta L \tag{1.18}$$

由式 (1.17) 和式 (1.18) 看出，总的声压级等于较大的声压级 $L_{P1}$ 加上一个修正项，修正项 $\Delta L$ 是两个声压级差值的函数。为方便起见，通常由声压级叠加（dB）的增值（图 1.2）来计算。

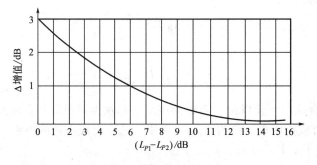

图 1.2　声压级叠加的增值

声压级的叠加与叠加次序无关，最后总声级是不变的。

## （二）声压级 dB 相减

用仪器测出的声源声压级实际上是声源本身的声压级与背景噪声的声压级之和。

所谓背景噪声是指声源停止发声后，环境的声压级大小。所以在背景噪声的环境里，被测对象的声压级是不能直接测出的，只能由仪器测到的合成声压级减去背景噪声得到。求噪声级差应按照能量相减的原则。

设 $L_C$ 是机器本身噪声和本底噪声的合成声压级；$L_A$ 是机器本身的声压级；$L_B$ 是本底噪声的声压级。

则
$$L_C = 10 \lg (10^{L_A/10} + 10^{L_B/10})$$
$$
\begin{aligned}
L_A &= 10 \lg (10^{L_C/10} - 10^{L_B/10}) \\
&= 10 \lg [10^{L_C/10}(1 - 10^{-(L_C - L_B)/10})] \\
&= 10 \lg 10^{L_C/10} + 10 \lg[1 - 10^{-(L_C - L_B)/10}] \\
&= L_C - 10 \lg\left[1 + \frac{1}{10^{(L_C - L_B)/10} - 1}\right] \\
&= L_C - \Delta L
\end{aligned}
\tag{1.19}
$$

其中

$$\Delta L = 10 \lg\left[1 + \frac{1}{10^{(L_C - L_B)/10} - 1}\right] \tag{1.20}$$

由式 (1.20) 可见 $\Delta L$ 是 $L_C - L_B$ 的函数，图 1.3 给出了声压级差值（dB）的增值图。

### （三）平均声压级

在噪声测量和控制中，若一车间有多个噪声源，各操作点的声压级不相同；一台机器在不同的时间里发出的声压级不同，或者在不同的时间里接受点的声压级不同；这时就要求出一天内的平均声压级；在测量一台机器的声压级时，由于机器各方向的声压级不同，因此，需测若干个点的声压级，然后求平均声压级。

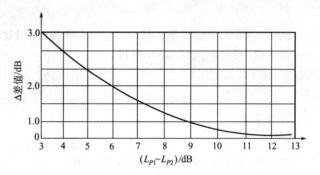

图 1.3　声压级分别差值的增值图

设有 $n$ 个声压级，分别为 $L_{P1}$，$L_{P2}$，$\cdots$，$L_{Pn}$。因为声波的能量可以相加，故 $n$ 个声压级的平均值 $\overline{L_P}$ 可由下式表示：

$$\overline{L_P} = 10 \lg \frac{1}{n} \sum_{i=1}^{n} 10^{L_{Pi}/10} \tag{1.21}$$

算术平均值不能很好地反映人耳对噪声的主观感受，因此，在评价操作岗位的噪声对人们的影响时，宜采用平均声压级。

## 四、频谱与频谱分析

### （一）倍频程与 1/3 倍频程

在乐音中有高音低音之分，在噪声中有尖锐的电锯噪声，也有低沉的柴油机噪声。声音的高低不同，可以说它音调不同。音调是人耳对声音的主观感受，在客观上它决定于声源振动频率，频率是描述声音特性的主要参数之一，要控制噪声必须研究声音频率的分布情况。

在噪声控制中，研究的噪声主要是可听声，可听声的频率范围为 20～20000Hz，其变化范围达 1000 倍，如果将机器所发出噪声的每一个频率及其对应的声压（或声压级等）都分别分析出来，虽然技术上可以办到，但不方便也不实用。为此通常是把可听声的频率变化范围分成若干较小的段落，称为频程或频带。目前采用 10 段方法，每一段高端频率比低端频率高一倍，所以叫倍频程。可听声频率范围用 10 段倍频程表列，如表 1.2 所列。每段则以中心频率来命名。例如对于 45～90Hz 这一段的中心频率为 63Hz，频段中频率最高的频率称为上限频率（$f_上$）如 90Hz，最低的频率如 45Hz 称为下限频率（$f_下$），上下限频率之差称为频带宽度简称为带宽。

**表 1.2　倍频程的中心频率与频率范围**

| 中心频率/Hz | 31.5 | 63 | 125 | 250 | 500 | 1000 | 2000 | 4000 | 8000 | 10000 |
|---|---|---|---|---|---|---|---|---|---|---|
| 频率范围/Hz | 22.4～45 | 45～90 | 90～180 | 180～355 | 355～710 | 710～1400 | 1400～2800 | 2800～5600 | 5600～11200 | 11200～22400 |

两个频率相差一个倍频程就是说两个频率之比为 2∶1，相差两个倍频程就意味着频率之比为 $2^2$，依此类推，两个频率相差 $n$ 个倍频程时，两个频率之比为 $2^n$，用公式表示为：

$$\frac{f_上}{f_下} = 2^n \qquad (1.22)$$

式中，$n$ 为倍频程数。

在噪声测量中，常用的倍频程是 $n=1$ 的 1 倍频程，简称倍频程，在 1 倍频程中，频程间的中心频率之比却是 2∶1，其中心频率是上下限频率的几何平均值，即：

$$f_中 = \sqrt{f_上 f_下} \qquad (1.23)$$

式中，$f_中$ 为中心频率，Hz；$f_上$ 为上限频率，Hz；$f_下$ 为下限频率，Hz。

由式(1.22) 与式(1.23) 可得：

$$f_上 = 2^{\frac{n}{2}} f_中 \qquad (1.24)$$

$$f_下 = 2^{-\frac{n}{2}} f_中 \qquad (1.25)$$

频带宽度：

$$\Delta f = f_上 - f_下 = 2^{\frac{n}{2}} f_中 - 2^{-\frac{n}{2}} f_中 \qquad (1.26)$$

对 1 倍频程（$n=1$）代入式(1.26) 得：

$$\frac{\Delta f}{f_中} = 0.707 \qquad (1.27)$$

这说明 1 倍频程的频率相对宽度是一个常数，即频程的绝对频率宽度随中心频率的增加而按一定比例增加。

此外为了使频程分得更细，可将倍频程数 $n$ 取小一些，如 $n=1/3$ 时称为 1/3 倍频程。表 1.3 为 1/3 倍频程的中心频率与频率范围。这种倍频程是在两个相距为 1 倍频程的频率之间插入两个频率，使 4 个频率依次都是相距 1/3 倍频程。

**表 1.3　1/3 倍频程的中心频率与频率范围**

| 中心频率/Hz | 倍频范围/Hz | 中心频率/Hz | 倍频范围/Hz | 中心频率/Hz | 倍频范围/Hz |
|---|---|---|---|---|---|
| 31.5 | 28.2～35.5 | 315 | 282～355 | 3150 | 2820～3550 |
| 40 | 35.5～44.7 | 400 | 355～447 | 4000 | 3550～4470 |
| 50 | 44.7～56.2 | 500 | 447～562 | 5000 | 4470～5620 |
| 63 | 56.2～70.8 | 630 | 562～708 | 6300 | 5620～7080 |
| 80 | 70.8～89.1 | 800 | 708～891 | 8000 | 7080～8910 |
| 100 | 89.1～112 | 1000 | 891～1120 | 10000 | 8910～11200 |
| 125 | 112～141 | 1250 | 1120～1410 | 12500 | 11200～14100 |
| 160 | 141～178 | 1600 | 1410～1780 | 16000 | 14100～17800 |
| 200 | 178～224 | 2000 | 1780～2240 | | |
| 250 | 224～282 | 2500 | 2240～2820 | | |

在 1/3 倍频程中 $n=1/3$，代入式(1.26) 得：

$$\frac{\Delta f}{f_{\text{中}}} = 0.231 \qquad\qquad (1.28)$$

**（二）　频谱与频谱分析**

声音的频谱成分是很复杂的，为了较详细地了解声音成分范围和性质，通常对一个噪声源发出的声音，将它的声压级、声强级，或者声功率级按频率顺序展开，使噪声的强度成为频率的函数，并考查其频谱形状，这就是频谱分析，也称频率分析。通常以频率为横坐标，声压级（声强级、声功率级）（dB）为纵坐标，来描述频率与噪声强度的关系图，这种图称为频谱图。

声音的频谱有多种形状，一般可分为线谱、连续谱及混合谱三种。

（1）线谱　若声源为一系列分离频率成分所组成的声音，在频谱图上就是一些竖直的直线如图 1.4（a）所示。

（2）连续谱　若声源的声能连续地分布在宽广的频率范围内，成为一条连续的谱线，其频谱称为连续谱，如图 1.4（b）所示。

（3）混合谱　有些声源如鼓风机，球磨机等所发出的声音频谱中，既有连续的噪声频谱也有线谱，是两种频谱的混合，如图 1.4（c）所示，听起来有明显的音调，称有调噪声。

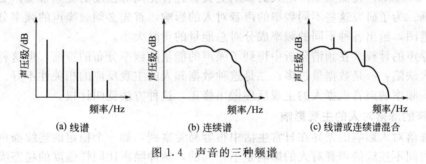

(a) 线谱　　　　　　(b) 连续谱　　　　　(c) 线谱或连续谱混合

图 1.4　声音的三种频谱

# 第三节　噪声的评价与标准

## 一、噪声的评价

在噪声测量中，人们往往通过声学仪器反映噪声的客观规律，如采用声压、声压级或频带声压级等作为噪声测量的物理参数。声压级越高，噪声强度越强。但是涉及人耳听觉时，只用声压、声压级、频带声压级等参数就不能说明问题了。人们对可听声频率范围以外的次声和超声，尽管其声压级很高，人耳也听不见。又如，空气压缩机工作时的声级同旅行轿车中速行驶时的声级，同样是 90dB，但人耳听觉却截然不同。前者感到刺耳，后者感觉并不怎么响。显然，这是由于频率参数不同所致。前者多为高频噪声；后者多为低频噪声。

从噪声对人的心理和生理影响来看，它是多方面的，如烦恼、语音干扰、行为妨害等，因此噪声的客观量度并不能正确反映人对噪声的感受程度。例如说声音很响、很烦人，然而究竟烦到什么程度，响到什么程度却因人而异。为了正确反映各种噪声对人产生的各种心理和生理的影响，应当建立噪声的主观评价方法，并把主观评价量同噪声的客观物理量联系起来。

噪声评价的目的是为了有效地提出适合于人们对噪声反应的主观评价量。由于噪声变化特性的差异以及人们对噪声主观反应的复杂性，使得对噪声的评价较为复杂。

噪声的评价是对不同强度、不同频谱特性的噪声以及噪声的时间特性等所产生的危害与干扰程度所进行的研究，这种研究的基本方法主要有两种。

① 在实验室进行测量。即将已经记录下的声音或新产生一定程度和频率的声音，然后进行播放，以此测量它对许多人的影响，这种影响可能是噪声引起的暂时性听阈改变，也可能是噪声引起的响度和吵闹度。

② 进行社会调查或现场实验。例如测量一个车间的噪声后，检查该车间里工人的听力和身体健康状况，调查访问人群对某些噪声影响的反应，组织一些人到现场实地评价某些噪声的干扰。

这两种方法各有其优点，可以互相补充。前者虽然条件容易控制，但它与环境有差异；后者因有很多复杂因素和困难条件，也不容易掌握。本节主要介绍几种最基本和常用的评价量。

### （一）评价量建立的基础

#### 1. 噪声频率分析和计权声级

（1）噪声的频率分析　不同频率的声音对人的影响不同，一般情况下，中、高频噪声（频率大于 1000Hz）比低频噪声对人的影响更大，纯音比同等强度的宽频带噪声更容易引起人们的烦恼。为了研究这些不同频率的声音对人的影响，首先必须做噪声的频率分析，得到噪声的频谱图，给出各种不同的频率成分对总能量的贡献大小。

（2）噪声的计权　在频谱分析中得到了噪声的能量随频率分布的特征，但这种分析的结果存在两大缺陷：一是数据量过多；二是这种数据和人的主观反应的相关性不好。因而，就必须对不同频率的声音根据人的主观反应做出修正，这种方法就叫计权。

#### 2. 噪声的涨落对人的主观影响

噪声涨落对人影响的差异在日常生活中很容易觉察到，如一个稳定的连续噪声和一个同样强度但时间不连续的声音对人的影响是不相同的，脉冲噪声比同样强度的稳态噪声对人的干扰更大，尤其在夜间。

噪声涨落声级随时间的变化曲线可以实际测量绘制。但不能反映出人的主观反应，而只是表明噪声的客观变化，所以如果想获得人对各种统计特征的反应，必须采取各种各样的主观"测量"（反应调查）。

对人的主观反应调查与噪声的下面两个特征有良好的相关性：一是噪声涨落的大小（数学表达为数据的标准偏差）；二是噪声的持续时间。一般认为，噪声涨落越大，对人的影响也越大。

#### 3. 噪声出现的时间特征对人的主观影响

噪声出现在不同的时间对人的影响有很大差异，一个同等强度的噪声在夜间休息时对人的影响要远大于昼间对人的影响，因此，在对噪声进行评价时必须考虑到它的污染时间，亦即对特定时段的噪声应分别做出评价。

#### 4. 噪声对不同心理和生理特征人群的影响

噪声的评价涉及人的主观反应，而每个人对噪声并不具有相同的反应，这种反应的差异性有时很大，如具有失眠和神经衰弱症的人群对一些普通人认为无足轻重的噪声却表现得难以接受；而同一种声音在人心情不同时其感受也不尽相同，一些人认为优美的音乐，另一些人听来却是噪声。因而一般的评价量，只是针对正常健康人做出的。

### （二）评价量的分类

评价量的分类有多种方法，从评价量的使用频率上有主、次之分；从评价量的使用范围上，有一般城市公共噪声评价、道路交通噪声评价、航空噪声评价等；从评价的噪声特征分类，有的重点在噪声频谱，有的重点在噪声涨落程度，有的重点在噪声暴露时间等方面。如总声压级、计权声级、响度级等是与噪声频谱直接相关的；累积百分数声级、交通噪声指数等是与噪声涨落程度直接相关的量。

详细的分类比较复杂，因为这些评价量是相互联系、相互交叉的，既可以用于这个方面，有时也可以用于别的方面。

### （三）常用的评价量

#### 1. 响度、响度级和等响曲线

（1）纯音的响度、响度级　前面已经提到，人耳对于不同频率的声音的主观感觉是不一样的，显然人耳对于声的响应已不纯粹是一个物理问题了。对于不同频率的声音，即使其声强级相同，人耳听起来也可能不一样响。

为了使人耳对频率的响应与客观量声压级联系起来，采用响度级来定量地描述这种关系，它是以1000Hz纯音为基准，对听觉正常的人进行大量比较视听的方法来确定的，其定义是以1000Hz的纯音的声压级为其响度级。也就是说，对于1000Hz的纯音，它的响度级就是这个声音的声压级，对频率不是1000Hz的纯音，则用1000Hz纯音与这一待定的纯音进行试听比较，调节1000Hz纯音的声压级，使它和待定的纯音听起来一样响，这时1000Hz纯音的声压级就被定义为这一纯音的响度级。响度级记为$L_N$，单位是方（phon）。例如60dB 1000Hz纯音的响度级是60phon，而100Hz的纯音要达67dB才是60phon，两者听起来一样响。

对各个频率的声音都做这样的试听比较，把听起来同样响的各相应声压级连成一条条曲线，这些曲线便称为等响曲线，如图1.5所示。在同一条曲线上的每个频率的声音感觉上都一样响，它们的响度级都是这条曲线上1000Hz处的声压级值。

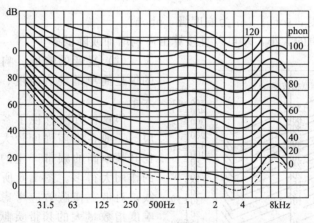

图1.5　等响曲线

从等响曲线图上可以看出以下内容。

① 由等响曲线可以得出各个频率的声音在不同的声压级时，人们主观感觉出的响度级是多少。从频率上看，人耳能听到的声音在20～20000Hz的频率范围内。另一方面，即使在20～20000Hz的声频范围内也不是任意大小的声音都能被人耳所听到，图1.5中最下面的一根虚曲线表示人耳刚能听到的声音的强弱，其响度级为0phon，叫听阈，低于这根曲线的声音人耳是听不到的；图中最上面的曲线是痛觉的界限，叫痛阈，超过此曲线的声音人耳也听不到，感觉到的是痛觉。介于听阈和痛阈之间的声音为人耳可听声，从曲线中看出，人耳能感受为声音的声能量范围达$10^{12}$倍，相当于120dB的变化范围。

② 声压级小和频率低的声音，其声压级与响度级之值相差也越大。例如 50dB 声压级 60Hz 的响度级为 25phon，500Hz 时则为 54phon，1000Hz 时为 50phon。

③ 等响曲线反映了人耳对高频声敏感的特性，特别对于频率为 3000～4000Hz 的声音特别灵敏，而对低频声和特高频声（>8000Hz）都不敏感。例如要引起 70phon 的声音感觉，对于 3000～4000Hz 的高频声来说声压级为 62dB 就够了，但对于 100Hz 的声音则要求声压级为 75dB。因此在噪声控制中，首先应将中、高频的刺耳声降低。

④ 在高声压级时，曲线较为平坦。这说明声音强度达到一定程度后，声压级相同的各频率声音响度几乎是一致，而与频率的关系不大。日常我们收听广播，当收音机的音量开得小时，总感到缺乏低音。当将音量适当开大后，就感到低音也比较丰富了，其原因就在于：当音量增大后（即声压级增高了），人耳对低频声和高频声的响应近乎平直了。这使人们注意到：不能笼统地讲人耳对低频噪声不太敏感。事实上，当声压级达到一定值后（100dB）即使低频声听起来，也是相当响的。因此，平时说的"人耳对低频声不敏感"的说法，只有在声压级较低时才是对的。

上述的响度级是相对值，它只表示出待研究的对象声与什么样的声音（已知）响度相当，而并没有解决一个声音比另一个声音响多少或弱多少的问题。事实上 80phon 的声音并不比 40phon 的声音响 1 倍，由此看来，响度级还没有表达出响度计量的全部内容。有时需要用绝对量来表征人耳听觉对声音轻弱的判断，因此引入了响度这个绝对量，即用来描述声音大小的主观感觉量，用 $N$ 表示，单位为"宋"（sone），并定义 1000Hz 纯音声压级为 40dB 的响度为 1sone。

响度级 $L_N$ 与响度 $N$ 的关系为：

$$N = 2^{0.1(L_N-40)}$$

或
$$L_N = 40 + 10\log_2 N \tag{1.29}$$

式中，$N$ 为响度，sone；$L_N$ 为响度级，phon。

用响度表示噪声的大小，就可以直接算出声响增加或降低多少了。

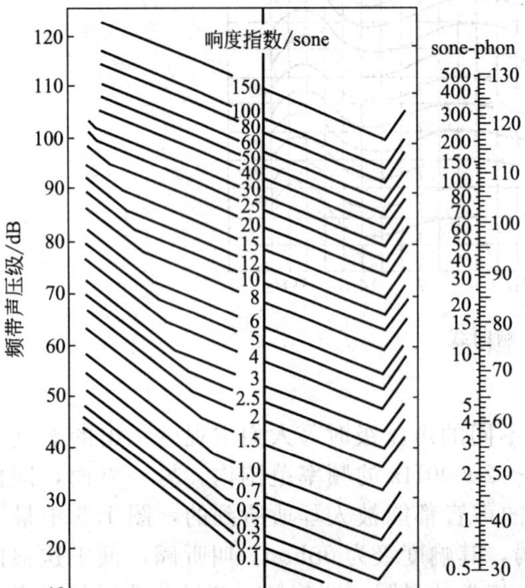

（2）复音的响度、响度级　在前面所述的仅是简单的纯音响度、响度级与其声压的关系。

但这种方法忽视了各个频率间的掩蔽效应。一般在噪声强度较大的频带附近，对于比其频率高的频带产生的掩蔽要比较低频带的作用大得多。图 1.6 所示的等响度指数曲线，对带宽掩蔽效应考虑了计权因素，认为响度指数量大的频带贡献最大，而其他频带由于最大响度指数频带声音的掩蔽，它们对总响度的贡献应乘上一个小于 1 修正因子，这个修正因子和频带宽度的关系为：频带宽度为倍频带带宽修正因子 $F$ 为 0.30；频带宽度为 1/3 倍频带带宽修正因子为 0.15。

对复合噪声响度计算方法如下：

① 测出频带声压级（倍频带或 1/3 倍频带）；

② 从图 1.6 上查出每一个频带声压级对

图 1.6　等响度指数曲线

应的响度指数；

③ 在求得的响度指数中找出最大值 $S_m$，将总响度指数扣除最大值 $S_m$ 再乘以相应计权因子 $F$，最后与 $S_m$ 相加即为此复合声的响度 $S$，数学表达式为：

$$S = S_m + F\left(\sum_{i=1}^{n} S_i - S_m\right) \tag{1.30}$$

求出响度值就可以由式：$S = 2^{0.1(L_N - 40)}$ 求出此声音的响度级的值。

噪声的响度除了和声音的频率有关外，还和声音的持续时间，即它的总能量（强度×时间）相关，特别对于脉冲噪声，由于其上升和降落时间都很快，因而其响度计算除了考虑其强度是时间的函数外，还要考虑各个瞬时声级的频率差异。如果频率成分相差不大，则脉冲声必须以瞬时声压级计权相加。

响度不能直接测量，而是需要通过计算得到。Stevens 和 Swicker 根据大量的生理声学试验提出了计算方法：首先测出噪声的倍频声压级，然后由图 1.7 查出响度指数，最后按下式计算出总响度：

$$N_t = N_{max} + F\left(\sum N_i + N_{max}\right) \tag{1.31}$$

式中，$N_t$ 为噪声的总响度，sone；$N_i$ 为某频率和声压级对应的响度指数，sone；$N_{max}$ 为 $N_i$ 中最大的一个响度指数，sone；$F$ 为计权因子（与频带有关，对于 1/3 倍频程 $F = 0.15$，0.5 倍频程 $F = 0.2$，1 倍频程 $F = 0.3$）。

**2. A 计权声级**

从等响曲线中可以看出，人耳对高频带声很敏感，而对于低频带声不敏感。为了模拟人耳的听觉特性，使得声音的客观度量与人耳的主观感受一致，在测量仪器中，安装一套滤波器（又称计权网络），对不同频率的声音进行一定的放大和衰减，即对不同频率的声压级进行一定的加权修正。一般设有 A、B 和 C 三套计权网络的频率响应，其响应特性见图 1.8。

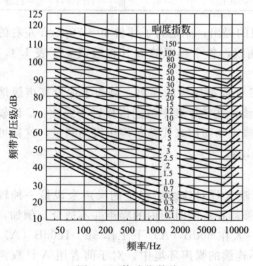

图 1.7　等响指数线

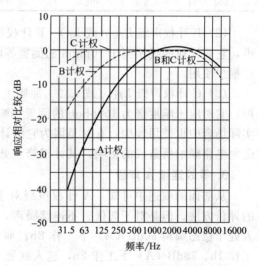

图 1.8　A、B、C 计权网络的频率响应

（1）A 计权声级（又称 A 声计）$L_{PA}$（或 $L_A$）　A 计权声级是对频率进行计权后求得的总声压级，这种计权是按倒置的 40phon 等响曲线得出的，它能很好地反映出人耳对噪声轻度与频率的主观感觉，因此，对于一个连续的稳态噪声来说，A 计权声级是一种很好的评价方法。

大量的实践结果表明，A 计权声级几乎和许多复杂的评价量和评价方法保持有良好的相关性，至今还没有任何一个评价量能做到这一点。因此 A 计权声级几乎被各国毫无例外地用于有各种噪声源存在的城市噪声评价，并作为处理人耳对各种频率声音的灵敏度做出修正的一种切实可行的方法。

一般噪声测试仪器都具有 A 计权的挡位，可以直接测得 A 计权的声级，也可由测得的频谱声压级计算出 A 声级，计算式如下：

$$L_{PA} = 10 \lg \left[ \sum_{i=1}^{n} 10^{0.1(L_{Pi} + \Delta L_{Ai})} \right] \tag{1.32}$$

式中，$L_{Pi}$ 为第 $i$ 个频带的声压级，dB；$\Delta L_{Ai}$ 为相应频带的 A 计权修正值（见表 1.4）。

表 1.4　由平直响应到 A、B 和 C 计权的转换表

| 频率/Hz | A 计权/dB | B 计权/dB | C 计权/dB | 频率/Hz | A 计权/dB | B 计权/dB | C 计权/dB |
|---|---|---|---|---|---|---|---|
| 10 | −70.4 | −38.2 | −14.3 | 500 | −3.2 | −0.3 | 0 |
| 12.5 | −63.4 | −33.2 | −11.2 | 630 | −1.9 | −0.1 | 0 |
| 16 | −56.7 | −28.5 | −8.5 | 800 | −0.8 | 0 | 0 |
| 20 | −50.5 | −24.2 | −6.2 | 1.000 | 0 | 0 | 0 |
| 25 | −44.7 | −20.4 | −4.4 | 1.250 | +0.6 | 0 | 0 |
| 31.5 | −39.4 | −17.1 | −3.0 | 1.600 | +1.0 | 0 | −0.1 |
| 40 | −34.6 | −14.2 | −2.0 | 2.000 | +1.2 | −0.1 | −0.2 |
| 50 | −30.2 | −11.6 | −1.3 | 2.500 | +1.3 | −0.2 | −0.3 |
| 63 | −26.2 | −9.3 | −0.8 | 3.150 | +1.2 | −0.4 | −0.5 |
| 80 | −22.5 | −7.4 | −0.5 | 4.000 | +1.0 | −0.7 | −0.8 |
| 100 | −19.1 | −5.6 | −0.3 | 5.000 | +0.5 | −1.2 | −1.3 |
| 125 | −16.1 | −4.2 | −0.2 | 6.300 | −0.1 | −1.9 | −2.0 |
| 160 | −13.4 | −3.0 | 0.1 | 8.000 | −1.1 | −2.9 | −3.0 |
| 200 | −10.9 | −2.0 | 0 | 10.000 | −2.5 | −4.3 | −4.4 |
| 250 | −8.6 | −1.3 | 0 | 12.500 | −4.3 | −6.1 | −6.2 |
| 315 | −6.6 | −0.8 | 0 | 16.000 | −6.6 | −8.4 | −8.5 |
| 400 | −4.8 | −0.5 | 0 | 20.000 | −9.3 | −11.1 | −11.2 |

（2）B 计权声级 $L_{PB}$（或 $L_B$）　B 计权声级的提出，原是为了评价 60～70phon 左右的噪声，它的计权曲线相当于 70phon 的倒置等响曲线，各个频率的 B 计权数值见于表 1.4，现已很少使用。

（3）C 计权声级 $L_{PC}$（或 $L_C$）　原则上，C 计权声压级的提出，是为了评价高声级地噪声，它对应于响度级为 100phon 的倒置等响曲线，在整个频率范围内接近于线性。C 计权在实际场合中也使用较少，有时是因为它的计权修正小而用来代替总声压级的测量，这样可以避免电路频响所造成的影响，其计权修正见表 1.4。

**3. 等效连续 A 声级**

从前面的叙述中可知，A 计权声级对于反映人耳对连续而稳定的噪声来说是一种较好的评价方法。但是对于起伏、不连续噪声，或暴露在不同时间内的噪声并不适合。例如，某人处于稳态噪声 50dB（A）下工作 8h；而另一人在 60dB（A）下工作 5h、120dB（A）下工作 1h，78dB（A）下工作 2h，这人就处于不连续的噪声环境中，对于前者用 A 计权声级来评价是适合的，但对于后者用 A 计权声级评价显然不适合。

为了评价这种不连续噪声，人们尝试将不连续噪声用连续噪声的方式进行评价，即在某段时间内的不连续噪声的 A 声级，用平均能量的方法，将其等效为一个连续不变的 A 声级来表示该时间段内噪声的声级。用这种方法计算出来的声级叫等效声级或等效连续 A 声级，用 $L_{eq}$ 表示，单位为 dB（A）。等效声级实际上是反映按能量平均的 A 声级。它能反映 A 声级在不稳定的情况下，人们实际所能接受噪声的能量大小。

等效连续 A 噪声级又称等能量 A 计权声级。它是一个在相同时间 $T$ 内与起伏噪声能量相等的连续稳态的 A 声级，数学表示为以下几种形式。

（1）如果已知 A 计权声压 $P_A$ 或声级 $L_{PA}$ 为时间函数：

$$L_{eq} = 10 \lg \left\{ \frac{1}{t_2 - t_1} \int_{t_1}^{t_2} \left[ \frac{P_A^2(t)}{P_0^2} \right] dt \right\} \tag{1.33}$$

式中，$P_A(t)$ 为噪声信号瞬时 A 计权声压，Pa；$P_0$ 为基准声压，Pa；$t_2 - t_1$ 为测量时段 T 的间隔，s。

或

$$L_{eq} = 10 \lg \left[ \frac{1}{t_2 - t_1} \int_{t_1}^{t_2} 10^{0.1 L_{PA}(t)} dt \right] \tag{1.34}$$

（2）已知在相同采样时间下的测试数据序列：

$$L_{eq} = 10 \lg \left( \frac{1}{T} \sum_{i=1}^{N} 10^{0.1 L_{Ai \tau_i}} \right) \tag{1.35}$$

或

$$L_{eq} = 10 \lg \left( \frac{1}{N} \sum_{i=1}^{N} 10^{0.1 L_{Ai}} \right) \tag{1.36}$$

式中，$T$ 为总的测量时段，s；$L_{Ai}$ 为第 $i$ 个 A 计权声级，dB；$\tau_i$ 为采样间隔时间，s；$N$ 为采样个数。

（3）已知不同检测数据所占的采样时间百分数或数据百分数：

$$L_{eq} = 10 \lg \left( \sum_{i=1}^{N} \tau_i 10^{0.1 L_{Ai}} \right) \tag{1.37}$$

式中，$\tau_i$ 为相应于取样 $L_{Ai}$ 所占的时间百分数或数据百分数。

（4）如果声级的统计分布符合正态分布，那么 $L_{eq}$ 又可表示为：

$$L_{eq} = L_{50} + \frac{(L_{10} - L_{90})^2}{60} \tag{1.38}$$

或

$$L_{eq} \approx L_{50} + 0.115\sigma^2 \tag{1.39}$$

式中，$\sigma$ 为测试数据的标准偏差。

$L_{eq}$ 是随着噪声的起伏而变化的，如果起伏程度较小，$L_{eq}$ 就接近于一个中值声级的 $L_x$，如 $L_{50}$；如果变化较大，由于高声级能量的决定作用，则 $L_{eq}$ 越来越偏向于较低的累积百分声级 $L_x$ 值，如 $L_{10}$、$L_5$ 等。

等效声级的缺点是略去了噪声的变动特性，因而有时会低估了噪声的效应。特别是包含有脉冲成分与纯音成分的噪声，仅用等效声级来衡量是不够充分的。

等效声级对衡量工人噪声暴露量是一个重要的参数，许多噪声的生理效应均可以用等效声级为指标。听力损失、神经系统与心血管系统病，都发现与等效声级有较好的相关性。因此，绝大多数国家听力保护标准和我国颁布的《工业噪声标准》均以等效声级作为指标。

**4. 昼夜等效噪声级 $L_{dn}$**

近年来在等效声级的基础上，发展为采用昼夜等效声级来评价城市环境噪声。昼夜等效声级是对昼夜的噪声能量加权平均而得到的。由于人们对夜间的声音比较敏感，因而在夜间测得的所有声级都加上 10dB（A 计权）作为补偿，可表示为：

$$L_{dn} = 10 \lg \left[ \frac{5}{8} \times 10^{0.1 \overline{L}_d} + \frac{3}{8} \times 10^{0.1 (\overline{L}_n + 10)} \right] \tag{1.40}$$

式中，$\overline{L}_d$ 为昼间测得的噪声能量平均 A 声级 $L_{eq,d}$；$\overline{L}_n$ 为夜间测得的噪声能量平均 A 声级 $L_{eq,n}$。

或

$$L_{dn} = 10 \lg \left[ \frac{\sum_{i=1}^{n_1} 10^{0.1 L_i}}{n_1} + \frac{\sum_{j=1}^{n_2} 10^{0.1 (L_j + 10)}}{n_2} \right] \tag{1.41}$$

式中，$L_i$，$L_j$ 分别为昼夜的第 $i$ 个和第 $j$ 个 A 声级；$n_1$ 为昼间测得的总的 A 声级个数；$n_2$ 为夜间测得的总的 A 声级个数。

夜间时间为（22：00～7：00），昼间时间为（7：00～22：00），或根据当地的规定。

调查表明，高烦恼人数的百分率同日夜等效声级具有很强的相关性；同时，说话干扰、睡眠干扰以及广播电视干扰等效应，与日夜等效声级之间也有很强的依赖关系。

$L_{dn}$ 的缺陷是没有计入纯音和脉冲声的影响，这是因为这种修正比较复杂，以致于使噪声监测及数据处理过程中遇到很大困难。

**5. 累积百分声级**

现实生活中，许多环境噪声是属于非稳态的，对于这类噪声，可用等效连续声级表示其大小，但是对噪声随机的起伏程度却没有表达出来，一般认为声级变化的声音比稳态声音更令人烦恼。因而需要用统计方法，以噪声级出现的时间概率或者累积概率来表示。目前，主要采用累积概率的统计方法，也就是用累积百分声级 $L_x$ 表示。

$L_x$ 是表示 $x$％的测量时间内所超过的噪声级。例如，$L_{10}=70$dB（A），是表示在整个测量时间内有 10％的时间，其噪声级超过 70dB（A），其余 90％的时间则噪声级低于 70dB（A）；同理，$L_{50}=60$dB（A）表示有 50％的时间噪声级不低于 60dB（A），$L_{90}=50$dB（A）表示有 90％的时间噪声级超过 50dB（A），只有 10％的时间噪声级低于 50dB（A）。因此，$L_{90}$ 相当于本底噪声级，$L_{50}$ 相当于中值噪声级，$L_{10}$ 相当于峰值噪声级。

如果某声级的统计特性符合正态分布，那么等效声级也可用下式累积百分数声级近似得出，为：

$$L_{eq} \approx L_{50} + \frac{(L_{10} - L_{90})}{60} \tag{1.42}$$

在累积百分数声级和人的主观反应所做的相关调查中，发现 $L_{10}$ 用于评价涨落较大噪声时相关性较好，已被美国联邦公路局作为公路设计噪声限值的评价量。但总体来讲，用累计百分数声级来评价噪声并不理想，一般它只用于有较好正态分布的噪声评价。

**6. 噪声污染级和交通噪声指数**

噪声污染级是综合能量平均值和变动特性（用标准偏差表示）两者的影响而给出对噪声（主要是交通噪声）的评价数值，以 dB 表示。其计算式为：

$$L_{NP} = L_{eq} + 2.56\sigma \tag{1.43}$$

式中，$L_{NP}$ 为噪声污染级；$L_{eq}$ 为等效声级；$\sigma$ 为标准偏差。

在正态分布条件下，

$$L_{NP} = L_{50} + d + \frac{d^2}{60} \tag{1.44}$$

其中 $$d = L_{10} - L_{90}$$

式中，$L_{10}$ 为只有 10％的时间超过的 A 声级；$L_{50}$ 为只有 50％的时间超过的 A 声级；$L_{90}$ 为只有 90％的时间超过的 A 声级。

道路交通噪声指数 TNI 是一个综合的评价量，它定义为 $L_{10}$ 和 $L_{90}$ 的计权组合：

$$TNI = 4(L_{10} - L_{90}) + L_{90} - 30 \tag{1.45}$$

式中，$4(L_{10} - L_{90})$ 为"噪声气候"范围和说明噪声的起伏变化程度；$L_{90}$ 为本底噪声；30 是为了获得比较习惯的数值而引入的。

TNI 的基本测量方法为：在 24h 周期内进行大量的室外 A 计权声压级不连续时间取样。将这些取样声级进行统计。求得累计百分级 $L_{10}$ 和 $L_{90}$。

对于正态分布的交通噪声，可用下式简化计算：

$$L_{eq} \approx L_{50} + 0.115\sigma^2 \tag{1.46}$$

或
$$L_{eq} = L_{50} + d^2/60 \tag{1.47}$$

TNI 强调 $L_{10}$ 和 $L_{90}$ 之间的差值，亦即噪声的涨落对人的影响乘上系数 4 的加权数。它在与主观反映相关性的测试中获得较好的相关系数。

交通噪声指数 TNI 的缺陷是：①不能用于车流量较少的噪声环境，因为这时 $L_{10}$ 和 $L_{90}$ 差值较大，得到的 TNI 值也很大，使计算出的数值明显地夸大了噪声的干扰程度；②不能用于附近有固定噪声源（例如工厂噪声）的环境，因为固定噪声源的噪声的相对稳定，且声级较高，假定 $L_{10} = L_{50} = L_{90} = 104$dB，这时 TNI = 74dB，它表明人的干扰不大，但是 $L_{90} = 104$dB，如此之高，肯定对人产生不可容忍的干扰，所以 TNI 只适用于交通繁忙的街道。

### 7. 噪度和感觉噪声级

(1) 噪度 $N$  感觉噪声度是人对噪声烦扰感觉的反应的程度，或者说是与人们主观判断噪声的"吵闹"程度成比例的数量值。其噪度单位是呐（noy），定义为：中心频率为 1000Hz 的倍频带在声压级为 40dB 的噪声的感觉噪度为 1noy。它和 sone 一样，一个 3noy 的声音听起来为 1noy 声音的 3 倍响度。

等感觉噪度曲线见图 1.9。在图中同一根曲线的呐值感觉的吵闹程度相同。从图上也可以看出该曲线和等响度曲线有相似的形状。

复合声的总感觉噪度的计算方法如下。

① 由各个频带声压从图 1.9 中求出各个频带的相应感觉噪度值。

② 由频带的感觉噪度值中找出最大值 $N_m$，再对其余频带的噪度之和加以计权并加上 $N_m$，即可得该复合声的总感觉噪度。数学表示为：

$$N_a = N_m + F(\sum N_i - N_m) \tag{1.48}$$

式中，$N_m$ 为最大感觉噪度，noy；$F$ 为频带计权因子，倍频带为 1，1/3 倍频带为 0.5；$N_i$ 为第 $i$ 个频带的噪度，noy。

(2) 感觉噪声级 $L_{PN}$  感觉噪声级与

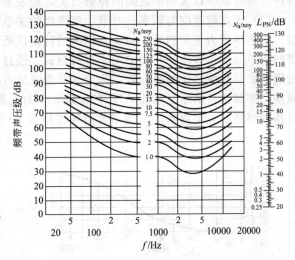

图 1.9  等感觉噪度曲线

响度及响度级类似，如果将噪度转换到单位为 dB 的指标，这一分贝值便称为感觉噪声级（PNdB），它们的转换关系见图 1.9 右边。当感觉噪度呐值每增加 1 倍，感觉噪声度增加 10dB，它们之间的关系用数学表示为：

$$N_a = 2^{0.1(L_{PN}-40)} \tag{1.49}$$

或
$$L_{PN} = 33.3 \lg N + 40 \tag{1.50}$$

式中，$L_{PN}$ 为感觉噪声级，PNdB；$N_a$ 为感觉噪声度，noy。

感觉噪声级的应用比较普遍，但从感觉噪度来计算感觉噪声级比较复杂，尤其在实际测量中不方便，除查图 1.9 旁侧标度外，也可近似地用现有的 D 计权声级加上 7dB 或 A 计权声级加上 13dB 来计算，数学表示为

$$L_{PN} = L_D + 7 \tag{1.51}$$

$$L_{PN} = L_A + 13 \tag{1.52}$$

在上述提出的评价量中有两个评价因素没有考虑：①在宽频带中存在可闻纯音而引起的额外干扰；②不同的噪声持续时间引起的额外干扰。这两个因素的考虑形成了另外一个评价量，即等效感觉噪声级 $L_{EPN}$。

在感觉噪声级的基础上，考虑持续时间和纯音修正，建立等效感觉噪声级（EPNL），其定义为：

$$EPNL = PNL_{T,\max} + D \tag{1.53}$$

式中，$PNL_{T,\max}$ 为考虑噪声频谱中的分立成分而得到的最大感觉噪声级；$D$ 为噪声作用持续时间的修正值。

$$PNL_{T,\max} = PNL + F \tag{1.54}$$

式中，$F$ 为考虑噪声中纯音成分的修正值。

感觉噪度和感觉噪声级最初是为了对航空噪声的评价而提出的，后来也有用于工业噪声和城市噪声对人听力损失的评定。

**8. 语言清晰度指数 AI**

语言清晰度指数 AI 是一个正常的语言声级信号能为听者听懂的分数。这一分数与背景噪声、语言频率以及频率之间的掩蔽有关，是表示噪声对语言通信干扰评价的一个方法。

（1）语言清晰度与频率、音节、清晰度的关系　在清晰度的评价中，常常采用特定的试验，它选择听力正常的男人和女人组成的特定试听队，对经过仔细选择的材料包含意义不连贯的音节（汉语方块字）和单句来进行测试。经过试验测得听者对音节所做出的正确响应与发送的音节总数之比的百分数，称为音节清晰度 $S$，若为有意义的语言单位，则称为语言可懂度，亦即语言清晰度指数 AI，它与频率 $f$ 的关系见图 1.10，可知高频声比低频声的清晰度指数要高。音节清晰度 $S$ 与语言清晰度指数 AI 的关系如图 1.11 所示。

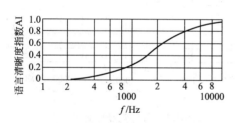

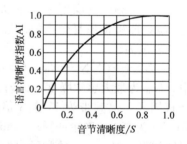

图 1.10　清晰度指数 AI 与频率的关系　　图 1.11　清晰度指数 AI 与音节清晰度 $S$ 的关系

（2）语言清晰度与背景噪声和对话者距离的关系　通过试验测试分析，在稳态的背景噪声下得出的一组语言清晰度指数 AI 与对话者距离的关系如图 1.12 所示，因为有些听不懂的单字或音节可以从句中进行推测出，一般 95% 的清晰度对语言通话是允许的。例如，一对一的交谈，距离 1.5m，若要保持正常的语言对语，A 计权噪声级须保持在 60dB 以下。若在公共会议室和庭院，距离一般为 3.7～9m，要保持正常的语言通话，背景噪声级必须在 45～55dB 以下。

**9. 语言干扰级（SIL）和更佳语言干扰级（PSIL）**

（1）语言干扰级 SIL　语言干扰级是作为对清晰度指数的一个简化代用量，它是中心频率 600～4800Hz 的 6 个倍频带（人的语言能量大致分布在此频带内）声压级的算术平均值。最初用于飞机客舱等的评价，现已广泛用于其他场合。

（2）更佳语言干扰级 PSIL　由于低于 600Hz 的低频噪声的影响不能忽略，对已有语言干扰级 SIL 做了修改，提出了以 500Hz、1000Hz、2000Hz 为中心频率的三个倍频带平均声压级来表示，称之为更佳语言干扰级 PSIL。后来为强调高频成分的重要性，又提出了用 500～4000Hz 的 4 个倍频带。经实践证明，后者比上述两个更为切合实际。

更佳语言干扰级（PSIL）与语言干扰级（SIL）的关系即加上 3dB：

$$PSIL = SIL + 3 \qquad (1.55)$$

关于 PSIL 与讲话者声音大小、背景噪声级之间的关系，经测试结果如表 1.5 所示。表 1.5 列出的数据表示两个人之间距离和相应干扰级情况下，只能勉强保持有效的语言通信，干扰级是男性声音的平均值，女性减 5dB。测试条件是讲话者与听者面对面，用意想不到的词句，并假定附近没有加强声音的反射面。

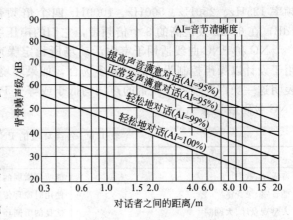

图 1.12　清晰度指数 AI 与对话者距离之间的关系

例如两个人相距 0.15m 以正常声音对话，能保证听懂话的干扰级（作为背景噪声级）只允许 74dB（A），远隔 3.7m 对话，只允许干扰级 46dB（A）。如果干扰级再高，就必须提高讲话声音才能听懂讲话。

表 1.5　更加语言干扰级

| 讲话者与听者间的距离/m | PSIL/dB | | | |
| --- | --- | --- | --- | --- |
| | 声音正常 | 声音提高 | 声音很响 | 非常响 |
| 0.15 | 74 | 80 | 86 | 92 |
| 0.30 | 68 | 74 | 80 | 86 |
| 0.60 | 62 | 68 | 74 | 80 |
| 1.20 | 56 | 62 | 68 | 74 |
| 1.80 | 52 | 58 | 64 | 70 |
| 3.70 | 46 | 52 | 58 | 64 |

**10. 噪声标准（NC）和更佳噪声标准（PNC）曲线**

在进行噪声对语言、通信与舒适程度的影响评价时，如果当噪声在低频有较高声压级时，它向较高频率部分扩展的掩蔽可能会显著地影响清晰度，而在语言干扰级中只涉及可听声的部分频率范围，这样用语言干扰级就显得不够，需要对各个频带提出一个适当的噪声标准。

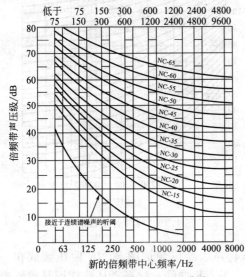

图 1.13　噪声评价标准 NC 曲线

（1）NC 曲线　由于语言干扰级的大小并不是对主观反应起决定性的量。例如当响度级大于语言干扰级 30dB 时，人群便会有强烈的抱怨，因而提出了一个室内可接受的噪声标准 NC 曲线，如图 1.13 所示。由图可以看出该曲线是一组声压级与倍频带频率的关系曲线，使用时，将测得噪声的各个频带的声压级与图上的纵坐标进行比较，就可以查出对应的 NC 号数，最大的号数值即为此环境噪声的评价值。

（2）PNC 曲线　NC 曲线有些频率与实际情况有差距，经过改进，提出了更佳噪声评价曲线（PNC），如图 1.13 所示。这些 PNC 曲线在中心频率 125Hz、250Hz、500Hz、1000Hz 四个倍频带的声压级比同样评价数的 NC 曲线低 1dB，在 63Hz 及最高的 3 个倍频带，它们的声压级均低 4～5dB。

NC 和 PNC 曲线适用于室内活动场所稳定噪声的评价。两条曲线使用方法一样，都适用于设计以噪声控制为目的的许多场合，如果环境噪声或建筑设计中噪声达到 PNC-35，则表明这一噪声环境各个频带的声压均低于或等于 PNC-35 上所对应的噪声值，不同噪声环境 PNC 号码数见表 1.6。

**表 1.6　各类环境的 PNC 曲线推荐值**

| 空间类型 | 声学要求 | PNC 曲线推荐值/dB |
|---|---|---|
| 音乐厅、歌剧厅 | 能听到微弱的音乐声 | 10～20 |
| 播音室、录音室 | 使用时原理传声器 | 10～20 |
| 大型观众厅、大剧院 | 优良的听闻环境 | 不超过 20 |
| 广播、电视和录音室 | 使用时靠近传声器 | 不超过 25 |
| 小型音乐厅、歌剧院、音乐排练厅、会议室等 | 具有良好的听闻效果 | 不超过 35 |
| 卧室、宿舍、医院、住宅等 | 适宜睡眠、休息 | 25～40 |
| 担任办公室、小会议室、图书馆等 | 具有良好的听闻效果 | 30～40 |
| 起居室和住宅中类似的房间 | 作为交谈、听收音机、电视机声音 | 30～40 |
| 大的办公室、商店、食堂、饭店等 | 比较好的听闻环境 | 35～40 |
| 实验室、休息室等 | 有清晰的听闻条件 | 40～50 |
| 维修车间、办公室、厨房等 | 中等清洗听闻条件 | 50～60 |

### 11. 噪声评价数（NR）或 N 评价曲线

A 声级和等效连续 A 声级是对噪声的所有频率的综合反映，很容易测量，所以，国内外普遍使用 A 声级作为噪声的评价标准。但是，A 声级不能代替频带声压级来评价噪声。对于评价办公室、建筑室内其他稳态噪声的场所，国际标准化组织（ISO）推荐使用一簇噪声评价曲线，即 NR 曲线，亦称噪声评价数 NR，如图 1.14 所示。曲线 NR 数为噪声评价曲线的函数，它等于中心频率为 1000Hz 的倍频程声压级的分贝数。它的噪声级范围为 0～130dB，适用中心频率从 31.5Hz 到 8kHz9 个倍频程。

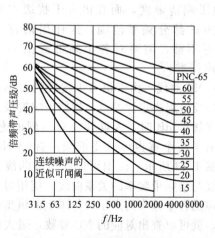

图 1.14　更佳噪声标准 PNC 曲线

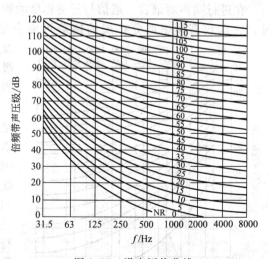

图 1.15　噪声评价曲线

如果需求其噪声的噪声评价数，可将测得倍频程声级绘成频谱图与 NR 曲线簇放在一起，噪声各频带声压级的频谱折线最高点接触到的一条 NR 曲线。这条 NR 曲线即是该噪声的评价数。

国际标准化组织建议使用 NR 或 N 评价曲线，常用于室内噪声评价，也可用于外界噪声的评价。

如图 1.15 在每一条曲线上，1000Hz 倍频带的声压级值规定为噪声评价数 NR，其他 63～8000Hz 倍频带的声压级和 NR 的关系也可由下式算出：

$$NR_i = a + bL_{Pi} \tag{1.56}$$

式中，$L_{Pi}$ 为第 $i$ 个频带声压级，dB；$a,b$ 为不同中心频率倍频带的系数，见表 1.7。

表 1.7　不同中心频率的系数 $a$ 和 $b$

| 中心频率/Hz | 63 | 125 | 250 | 500 | 1000 | 2000 | 4000 | 8000 |
|---|---|---|---|---|---|---|---|---|
| $a$/dB | 35.5 | 22.0 | 12.0 | 4.8 | 0 | −3.5 | −6.1 | −8.0 |
| $b$/dB | 0.790 | 0.870 | 0.930 | 0.974 | 1.000 | 1.015 | 1.025 | 1.030 |

实际求 NR 值的方法如下：①将测得噪声的各个倍频带的声压级与图 1.15 上的曲线进行比较，得出其 $NR_i$ 值；②取其中最大的 $NR_m$ 值（取整数）；③将最大值 $NR_m$ 加 1 即为所求的此环境的 NR 值。

NR 曲线最初仅仅作为非正规的标准，在美国一般用 NC 曲线作标准，一直到 1971 年 NR 曲线才被国际标准化组织 1996 号建议的附录所采用，它用于评价公众对户外噪声的反应。

NR 数与 A 声级有很好的相关性，它们之间可近似表示为：

$$NR \approx N + 5 \tag{1.57}$$

近年来，各国规定的噪声标准都以 A 声级或其等效值作为评价标准，如生产车间噪声评价标准定为 90dB，由式(1.57)可算出相当于 NR-85。由此可知，NR-85 上各倍频声压级的数值即为标准规定值。

NR 曲线对应的倍频程声压级见表 1.8。

**12. 噪声冲击**

合理地评价噪声对环境的污染，除噪声级分布外，还应该考虑受某一声级影响的人口数即人口密度这一因素。人口密度越高，噪声的影响越大。噪声对人们的生活和社会环境的影响可以以噪声冲击的总计权人口数（TWP）来描述：

$$TWP = \sum W_i P_i \tag{1.58}$$

式中，$P_i$ 为处于 $i$ 声级范围的人数；$W_i$ 为 $i$ 声级的无量纲的计权因素，表示 $i$ 声级的冲击的大小，相当于受到影响的程度指数。

从 TWP 的表达式中可以看出，高噪声级对少数人的冲击能力可等量于低噪声级对多数人的冲击。每人平均受到的噪声冲击量用噪声冲击指数 NII 表示：

$$NII = \frac{TWP}{\sum P_i} \tag{1.59}$$

式中，$\sum P$ 为总人数。

常用的计权因素称为干扰计权因素。研究结果表明，干扰冲击可以作为在一般较长时间内噪声对人们的各种活动（睡眠、休息、工作、学习等）影响的一种总的评价。各声级的干扰计权因素见表 1.9。

**表 1.8  噪声评价数 NR 的倍频程声压级数值（NR≤50.0）**

| 中心频率/Hz | 倍频程声压级 | | | | | | | |
|---|---|---|---|---|---|---|---|---|
| NR | 63 | 125 | 250 | 500 | 1000 | 2000 | 4000 | 8000 |
| 10 | 43.4 | 30.7 | 21.3 | 14.5 | 10 | 6.7 | 4.2 | 2.2 |
| 15 | 47.4 | 35.1 | 26.0 | 19.4 | 15 | 11.7 | 9.3 | 7.4 |
| 16 | 48.1 | 35.9 | 26.9 | 20.4 | 16 | 12.7 | 10.3 | 8.4 |
| 17 | 48.9 | 36.8 | 27.8 | 21.4 | 17 | 13.8 | 11.3 | 9.4 |
| 18 | 49.7 | 37.7 | 28.7 | 22.3 | 18 | 14.8 | 12.4 | 10.4 |
| 19 | 50.5 | 38.5 | 29.7 | 23.3 | 19 | 15.8 | 13.4 | 11.5 |
| 20 | 51.3 | 39.4 | 30.6 | 24.3 | 20 | 16.8 | 14.4 | 12.5 |
| 21 | 52.1 | 40.3 | 31.5 | 25.3 | 21 | 17.8 | 15.4 | 13.5 |
| 22 | 52.9 | 41.1 | 32.5 | 26.2 | 22 | 18.8 | 16.5 | 14.6 |
| 23 | 53.7 | 42.0 | 33.4 | 27.2 | 23 | 19.8 | 17.5 | 15.6 |
| 24 | 54.5 | 42.9 | 34.3 | 28.2 | 24 | 20.9 | 18.5 | 14.6 |
| 25 | 55.3 | 43.8 | 35.3 | 29.2 | 25 | 21.9 | 19.5 | 17.7 |
| 26 | 56.0 | 44.6 | 36.2 | 30.1 | 26 | 22.9 | 20.6 | 18.7 |
| 27 | 56.8 | 45.5 | 37.1 | 31.1 | 27 | 23.9 | 21.6 | 19.7 |
| 28 | 57.6 | 46.4 | 38.0 | 32.1 | 28 | 24.9 | 22.6 | 20.7 |
| 29 | 58.4 | 47.2 | 39.0 | 33.0 | 29 | 25.9 | 23.6 | 21.8 |
| 30 | 59.2 | 48.1 | 39.9 | 34.0 | 30 | 27.0 | 24.7 | 22.8 |
| 31 | 60.0 | 49.0 | 48.0 | 35.0 | 31 | 28.0 | 25.7 | 23.8 |
| 32 | 60.8 | 49.8 | 41.8 | 36.0 | 32 | 29.0 | 26.7 | 24.9 |
| 33 | 61.6 | 50.7 | 42.7 | 36.9 | 33 | 30.0 | 27.7 | 25.9 |
| 34 | 62.4 | 51.6 | 43.6 | 37.9 | 34 | 31.0 | 28.8 | 26.9 |
| 35 | 63.2 | 52.5 | 44.6 | 38.9 | 35 | 32.0 | 29.8 | 28.0 |
| 36 | 63.9 | 53.3 | 45.5 | 39.9 | 36 | 33.0 | 30.8 | 29.0 |
| 37 | 64.7 | 54.2 | 46.4 | 40.8 | 37 | 34.1 | 31.8 | 30.0 |
| 38 | 65.5 | 55.1 | 47.3 | 41.8 | 38 | 35.1 | 32.9 | 31.0 |
| 39 | 66.3 | 55.9 | 48.3 | 42.8 | 39 | 36.1 | 33.9 | 32.1 |
| 40 | 67.1 | 56.8 | 49.2 | 43.8 | 40 | 37.1 | 34.9 | 33.1 |
| 41 | 67.9 | 57.7 | 50.1 | 44.7 | 41 | 38.1 | 35.9 | 34.1 |
| 42 | 68.7 | 58.5 | 51.1 | 45.7 | 42 | 39.1 | 37.0 | 35.2 |
| 43 | 69.5 | 59.4 | 52.0 | 46.7 | 43 | 40.1 | 38.0 | 36.2 |
| 44 | 70.3 | 60.3 | 52.9 | 47.7 | 44 | 41.2 | 39.0 | 37.2 |
| 45 | 71.1 | 61.2 | 53.9 | 48.6 | 45 | 42.2 | 40.0 | 38.2 |
| 46 | 71.8 | 62.0 | 54.8 | 49.6 | 46 | 43.2 | 41.1 | 39.3 |
| 47 | 72.6 | 62.9 | 55.7 | 50.6 | 47 | 44.2 | 42.1 | 40.3 |
| 48 | 73.4 | 63.8 | 56.6 | 51.6 | 48 | 45.2 | 43.1 | 41.3 |
| 49 | 74.2 | 64.6 | 57.6 | 51.6 | 49 | 46.2 | 44.1 | 42.4 |
| 50 | 75.0 | 65.5 | 58.5 | 53.5 | 50 | 47.3 | 45.2 | 43.4 |

**表 1.9  干扰计权因数**

| $L_{dn}$范围/dB | $W_i$ | $L_{dn}$范围/dB | $W_i$ | $L_{dn}$范围/dB | $W_i$ |
|---|---|---|---|---|---|
| 35～40 | 0.01 | 55～60 | 0.18 | 75～80 | 1.20 |
| 40～45 | 0.02 | 60～65 | 0.32 | 80～85 | 1.70 |
| 45～50 | 0.05 | 65～70 | 0.54 | 85～90 | 2.31 |
| 50～55 | 0.09 | 70～75 | 0.83 | | |

当 $L_{dn}$ 大于 75dB 时，要考虑噪声对人体健康的危害，其中最明显的是噪声对听力的影响。预计听力损失 PHL 代表暴露在昼夜声级 $L_{dn}$ 下，40 年后平均在 500Hz、1000Hz、2000Hz、4000Hz 的噪声性听力损失。它等于

$$PHL = \frac{\sum H_i P_i}{\sum P_i} \tag{1.60}$$

式中，$H_i$ 为听力保护计权因数。

由于这种危害随声级增加很快，因此按声级每一分贝值给出计权因数，见表 1.10。预

计听力损失 PHL 可以与噪声冲击指数 NII 同用，但不能代替后者。此外，尚有睡眠、语言干扰等各种计权因数，但应用不普遍。

表 1.10　听力保护计权因数

| $L_{dn}$/dB | $H_i$ | $L_{dn}$/dB | $H_i$ | $L_{dn}$/dB | $H_i$ |
|---|---|---|---|---|---|
| 75～76 | 0.01 | 82～83 | 1.4 | 89～90 | 5.3 |
| 76～77 | 0.05 | 83～84 | 1.8 | 90～91 | 6.0 |
| 77～78 | 0.2 | 84～85 | 2.3 | 91～92 | 6.8 |
| 78～79 | 0.3 | 85～86 | 2.8 | 92～93 | 7.7 |
| 79～80 | 0.5 | 86～87 | 3.3 | 93～94 | 8.5 |
| 80～81 | 0.8 | 87～88 | 3.9 | 94～95 | 9.5 |
| 81～82 | 1.1 | 88～89 | 4.6 | | |

**13. 噪声的掩蔽作用**

由于噪声的存在，通常会降低人耳对另外声音的听觉灵敏度，并使听阈推移，这种现象称之为掩蔽。定量地讲，掩蔽是由于噪声干扰，听觉对于所听声音的阈值提高的 dB 数。如一频率为 1000Hz 的纯音，当声压级下降 3dB 时，刚刚可以听到，再低就听不见了，这就是说，1000Hz 纯音的阈值为 3dB。如果这时，发出一声压级为 70dB 的噪声，此时能听到1000Hz 纯音的声压级为 84dB 时，就可以认为噪声对 1000Hz 纯音的掩蔽是 84－3＝81dB。

（1）噪声对纯音的掩蔽　正如人们所知，一个低频的声音，至少要比噪声的声压谱级高过 14～18dB 时，才能超出噪声而听到；对高频纯音甚至还要大一些。

图 1.16 表示在噪声中刚刚听到纯音时，纯音所必须超过噪声的声压级。（a）表示要听到纯音时，纯音必须超过噪声声压谱级的量；（b）、（c）和（d）表示刚能听到纯音时，分别超过噪声的 1/3 倍频带、1/2 倍频带和倍频带的量。现在，举一个例子，如噪声的声压谱级在 200Hz 时为 70dB，考虑噪声对纯音的掩蔽作用，从图 1.16（a）查得，声压级必须有 70＋14＝84（dB）时才能听到。

（2）噪声对语言的掩蔽　人们在吵闹的噪声环境中，相互间的谈话会感到吃力，常常为了克服噪声的掩蔽作用而提高讲话的声压级。通常，对于 200Hz 以下，7000Hz 以上的噪声，即使声压级高一些，响度大一些，噪声对语言交谈的干扰还不致引起很大反应，因为此时噪

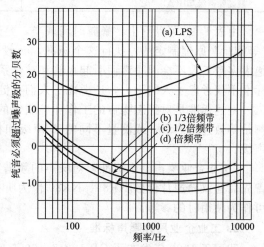

图 1.16　噪声中刚能听到纯音时，
纯音必须超过噪声的声压级

声对语言的掩蔽作用减少了。而一般语言声的频率多集中在以 500Hz-1000Hz-2000Hz 为中心的三个倍频程中，所以噪声对语言的掩蔽作用的大小和噪声的频率有关。

（3）剩余掩蔽　人耳听觉由于噪声的掩蔽会使听觉灵敏度下降，并且当噪声源停止后的很短的一段时间内，仍然保持听觉灵敏度下降的情况。这种延长，称之为剩余掩蔽。剩余掩蔽的结果，导致听力的暂时偏移。

## 二、噪声的控制标准

环境噪声不但干扰人们的工作、学习和休息，还危害人们的身心健康。噪声对人的影响不但与噪声的物理特性有关，还与噪声暴露时间、场合及个体差异有关。因此必须对环境噪

声加以控制，但应控制到什么程度，即噪声允许值的确定，是一个复杂的问题。制定标准必须从噪声对人体影响的各主要方面进行研究，找出噪声级大小、起伏状况、持续时间等参数对人体诸方面的影响的定量关系，为制定标准提供可靠的科学依据。考虑到在不同环境场所对各类人的保护，防止噪声的经济危害，并兼顾目前的技术条件及经济的合理性等规定了环境噪声标准。目前很多国家制定的噪声标准，大都以听力损伤为评价依据，而缺少噪声对人体影响的准确、可靠的依据。目前国家权力机关根据实际需要和可能性，针对不同行业、不同领域、不同时间的噪声暴露分别制定了相关的标准。

### （一）工业企业噪声标准

#### 1. 工业企业噪声卫生标准

1980 年 1 月 1 日我国卫生部和国家劳动总局颁发了《工业企业噪声卫生标准》。本标准规定：对于新建、扩建、改建的工业企业的生产车间和作业场所的工作地点，其噪声标准为 85dB（A）；对于一些现有老企业经过努力，暂时达不到标准，其噪声容许值可取 90dB（A）。对于每天接触噪声不到 8 h 的工种，根据企业种类和条件，噪声标准可按表 1.11 相应放宽。

表 1.11 　车间内部允许噪声级

| 项　　目 | 数值/dB | | | |
|---|---|---|---|---|
| 每个工作日噪声暴露时间/h | 8 | 4 | 2 | 1 |
| 新建、改建、扩建企业的允许噪声级/dB(A) | 85 | 88 | 91 | 94 |
| 现有企业的允许噪声级/dB(A) | 90 | 93 | 96 | 99 |
| 最高噪声级/dB(A) | <115 | | | |

由表 1.11 可以看出，暴露时间减半，允许噪声可相应提高到 3dB（A），此标准也是按"等能量"原理制定的。执行这个标准，一般可以保护 95％以上的工人长期工作不致耳聋，绝大多数工人不会因噪声而引起血管和神经系统等方面的疾病。因此可见，我国的噪声卫生标准不仅考虑了人的听力，还考虑了人们在健康方面的保护。

上述标准是对稳态噪声的工作环境制定的，对于非稳态环境，应根据检测规范的规定，测量等效连续声级，或测量不同的 A 声级和相应的暴露时间，然后进行折算成等效连续 A 声级。

《工业企业噪声卫生标准》对噪声的频谱特性未做明确的规定。国际标准化组织（ISO）曾先后建议噪声评价数 NR85、NR80 作为听力损失的危险标准，这与上述标准一致，因此可作为使用时的参考。

#### 2. 工业企业厂界噪声标准

我国于 1990 年发布了 GB 12348—90《工业企业厂界噪声标准》。

（1）适用范围　GB 12348—90 适用于工厂及有可能造成噪声污染的企事业单位的边界。

（2）标准值　各类厂界噪声标准限值列于表 1.12。

表 1.12 　各类厂界噪声标准限值 $L_{eq}$ 　　　　　　单位：dB

| 类别 | 昼夜 | 夜间 | 类别 | 昼夜 | 夜间 |
|---|---|---|---|---|---|
| 1 | 55 | 45 | 3 | 65 | 55 |
| 2 | 60 | 50 | 4 | 70 | 55 |

（3）各类标准适用范围的划定　1 类标准适用于以居住、文教机关为主的区域；2 类标准适用于居住、商业、工业混杂区及商业中心区；3 类标准适用于工业区；4 类标准适用于交通干线道路两侧区域；5 类标准适用范围由地方人民政府划定。其中，夜间频繁突发的噪声（如排气噪声）其峰值不准超过标准值 10dB（A），夜间偶然突发的噪声（如短促鸣笛

声），其峰值不准超标准 15dB（A）。

本标准昼间、夜间的时间由当地人民政府按当地习惯和季节变化划定。

2008 年发布了 GB 12348—2008《工厂企业厂界环境噪声排放标准》代替了 GB 12348—90，该标准是对 GB 12348—90《工业企业厂界噪声标准》和 GB 12349—90《工业企业厂界噪声测量方法》的第一次修订，并将上述两个标准合并为《工业企业厂界环境噪声排放标准》。该标准规定了工业企业和固定设备厂界环境噪声排放限值及测量方法，适用于工业企业噪声排放的管理、评价及控制。机关、事业单位、团体等对外环境排放噪声的单位也按此标准执行。规定工业企业厂界环境噪声不得超过表 1.13 规定的排放限值。

表 1.13　工业企业厂界排放限制　　　　　　　　　　单位：dB

| 厂界外声环境能区类别 | 时　段 | | 厂界外声环境能区类别 | 时　段 | |
| --- | --- | --- | --- | --- | --- |
| | 昼间 | 夜间 | | 昼间 | 夜间 |
| 0 | 50 | 40 | 3 | 65 | 55 |
| 1 | 55 | 45 | 4 | 70 | 55 |
| 2 | 60 | 50 | | | |

其中，夜间频发噪声的最大声级超过限值的幅度不得高于 10dB（A）；夜间偶发噪声的最大声级差过限值的幅度不得高于 15dB（A）；工业企业若位于未规划分声环境功能区的区域，当厂界外有噪声敏感建筑物时，由当地县级以上人民政府参考 GB 3096 和 GB/T 15190 的规定确定厂界外区域的声环境质量要求，并执行相应的厂界环境噪声排放限值；当厂界与噪声敏感建筑物之间距离小于 1m 时，厂界环境噪声应在噪声敏感建筑物的室内测量，并将表 1.13 相应的限值降低 10dB（A）作为评价依据。

## （二）环境噪声标准

我国在进行大量评价、测试和研究的基础上，公布了 GB 3096—93《中华人民共和国城市区域环境噪声标准》，要求城市环境噪声标准按 5 类划分。GB 3096—93 适用于城市区域，乡村生活区域可参照执行；标准规定了城市五类区域的环境噪声最高限值。

城市五类环境噪声标准值列于表 1.14。

表 1.14　我国城市区域环境噪声标准值　　　　　　　单位：dB

| 类别 | 昼间 | 夜间 | 类别 | 昼间 | 夜间 |
| --- | --- | --- | --- | --- | --- |
| 0 | 50 | 40 | 3 | 65 | 55 |
| 1 | 55 | 45 | 4 | 70 | 55 |
| 2 | 60 | 50 | | | |

表 1.14 中，0 类标准适用于疗养区、高级别墅区、高级宾馆区等特别需要安静的区域。位于城郊和乡村的这一类区域按严于 0 类 5dB 执行；1 类标准适用于以居住、文教机关为主的区域。乡村居住环境可参照执行该类标准；2 类标准适用于居住、商业、工业混杂区；3 类标准适用于工业区；4 类标准适用于城市中的道路交通干线道路两侧区域，穿越城区的内河航道两侧区域。穿越城区的铁路主、次干线两侧区域的背景噪声（指不通过列车时的噪声水平）限值也执行该类标准。此外，夜间突发噪声其最大值不超过标准值 15dB。监测参见 GB/T 14623 城市区域环境噪声测量方法。

# 第四节　噪声的测量

从前面的叙述中知道，噪声对人体的健康有很大的危害作用，为了达到有效控制的目的，必须对所处理的环境噪声进行测量，取得可靠的数据，以便正确制订有效的控制措施。

在噪声测量前，应根据测量的目的与要求，周密地制订测量方案，选取必要的仪器设备，熟悉其基本性能，掌握正确操作要点，以保证测量数据的完整性和精确性，作为对噪声的评估和控制的可靠依据。噪声测量包括各种噪声源和噪声场基本特性参量的测量；噪声控制中使用的吸声和隔声材料、减振阻尼材料的声学性能测定；吸声、隔声、消声、减振、隔振等控制措施的技术效能评定测量等。此外，研究噪声对人体的影响和危害、对噪声进行的主观评价，制定各种环境噪声标准等工作也需要噪声测量提供科学的依据。准确地完成这些测量工作需要采用各种技术手段。

## 一、测量仪器

随着电子工业的迅速发展，现代声学测量仪器日新月异，常用的噪声控制仪器有声级计、频谱分析仪、实时分析仪、噪声声级分析仪、快速傅立叶分析仪、噪声剂量计、自动记录仪、磁带记录仪等。

### 1. 声级计

声级计是在噪声测量中最基本和最常用的一种声学仪器。它的结构包括有传声器、放大器、衰弱器、计权网络、检波器和读数显示。另外，有的声级计还有讯号输出，供记录、录音、分析和计算机对信号贮存运算等应用。

近代声级计趋向小型发展，具有体积小和质量轻、携带方便的优点，是现场噪声测量中的常规仪器。声压级使用范围非常广泛，不仅用于室内噪声、环境噪声、机械噪声、车辆噪声的测量，还适用于电声学、建筑学等的测量。它不仅具有不随频率变化的平直频率响应，可用来测量客观量的声压级；而且还有模拟人耳频响特性的 A、B 和 C（有的还有 D）计权网络，可作为主观声级测量仪器。它的"快"、"慢"挡装置，可对涨落较快噪声做适当反应，以反映和观察噪声性质。

（1）声级计的工作原理　声级计的工作原理是：由传声器将声音转换成电信号，再由前置放大器变换阻抗，使传声器与衰减器匹配。放大器将输出信号加到计权网络，对信号进行频率计权（或外接滤波器），然后再经衰减器及放大器将信号放大到一定的幅值，送到有效值检波器（或外按电平记录仪），在指示表头上给出噪声声级的数值。

（2）声级计的分类　声级计的精度按国际电工委员会（IEC）651 和国标 GB 3785—83文件分为四种等级：O 型、Ⅰ型、Ⅱ型、Ⅲ型。O 型和Ⅰ型声级计，供研究工作用，为精密型声级计；Ⅱ型声级计，适用于一般测量；Ⅲ型声级计，可作普通调查和普测用；Ⅱ型和Ⅲ型均属普通声级计。

声级计按精度可分为精密声级计和普通声级计。精密声级计的测量误差约为±1dB，普通声级计约为±3dB。

声级计按用途一般可分成普通声级计、精密声级计、冲精密声级计和积分脉冲声级计、脉冲式声级计四大类。

① 普通声级计：精度虽不高，但操作简便。如丹麦 BK 公司的 2219，国产 RSJ-2 等。它们的技术规格符合Ⅱ型声级计的要求。

② 精密声级计：精密度高，如与 1/1 或 1/3 倍频程滤波器连接，可以组成一台便携式频谱仪。如丹麦 BK 公司的 2103、2215，国产 SJ-1 等。它们的技术规格符合Ⅰ型声级计的要求。

③ 冲精密声级计和积分脉冲声级计：如丹麦 BK 公司的 2209，国产 ND6 等。

④ 脉冲式声级计：这是近年来开发的新产品，其不仅具有一般声级计功能，还有测量固定时间内的等效声级 $L_{ep}$ 和噪声暴露级 $L_{se}$（SEL）的功能。这类声级计除普通型（属 E型精度）外，还有精密积分声级计。脉冲声级计，如丹麦 BK 公司的 2230，国产 ND14 等，

它们的技术规格符合Ⅰ型声级计的要求。

（3）声级计的结构　图1.17为噪声测量仪器系统。

① 传声器　传声器也称话筒或麦克风，传声器是一种将声波撞击传声器膜片的振动转换为电信号的电声换能器。传声器产生的电信号相当微弱，必须有前置放大器放大，这一放大器有每挡为10dB可调范围，加强后的信号通过A、B或C计权网络或滤波器，馈送到带有每10dB一挡衰减器的第二级放大器，然后分两路输出：一路是可以接外面的记录器和录音机等，另一路输出到检波器，将经整流过的信号送到dB指示的电表，电表指针有"快"、"慢"两个偏转速率的时间响应装置；或将信号输入数字显示装置。传声器是直接影响声级计测量准确程度的关键部件。一般对其有如下要求：①频率响应特性平直；②灵敏度高而且稳定；③受外界环境（温度、湿度、电磁场、振动等）的影响小；④无指向性；⑤线性动态范围大；⑥噪声低。

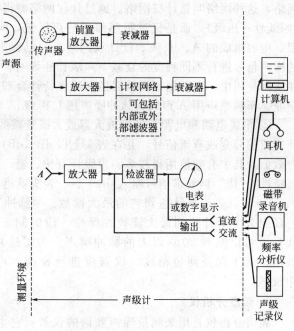

图1.17　噪声测量仪器系统

按照换能原理和结构，传声器可以分为晶体传声器、电动式传声器、电容传声器和驻极体传声器。其中电动式传声器的频率响应不够平直、灵敏度较低、体积大、易受磁声干扰、稳定性较差，但固有噪声低，能在低温和高温环境下工作，电动式传声器已基本不用。晶体式传声器灵敏度较高，频率响应较平直，结构简单，价格便宜。但它受温度影响较大，即在10～45℃范围内可使用，动态范围较窄，主要用于普通传声器中。最常用的是电容传声器，它具有频率范围宽、灵敏度变化小、频率响应平直及稳定性好等特点，主要用于精密声级计中。但也存在一定的不足，如内阻高，需要用阻抗变化器与后面的放大器和衰减器匹配，而且要加极化电压才能正常工作。

电容传声器主要由紧靠着的后极板和绷紧的金属膜片组成，后极板和膜片两者相互绝缘，从而构成一个以空气为介质的电容器。当声波作用在膜片上时，后极板膜片与膜片间距发生变化，随之电容也变化，从而产生一个电信后极板号输送到仪器中，这个电信号的大小和形式取决于声压的大小。

电容传感器的灵敏度有自由场灵敏度（传声器输出端的开路电压和传声器放入声场前该点自由声场声压之比）、声压灵敏度（传声器输出端的开路电压与作用在传感器膜片上的声压之比）和扩散场灵敏度（传声器置于扩散声场中，其输出端开路电压与传声器未放入该扩散声场的声压之比）三种表示方法。

② 放大器和衰减器　传声器是把声音信号变成电信号，此信号一般是很微弱的，不能在电表上直接显示，要将信号加以放大，这个工作由放大器来完成；当输入信号较强时，为避免表头过载，需对信号加以衰减，这就需要采用衰减器，衰减器对噪声不衰减，信噪比不会提高。

③ 计权网络　为了测量噪声的计权声级，使声音的客观物理性和人耳听觉得主观感觉近乎一致，在声级计内设有一种能够模拟人耳的听觉特性，把电信号修正为与听感近似值的

网络，这种网络叫做计权网络。通过计权网络测得的声压级，已不再是客观物理量的声压级（叫线性声压级），而是经过听感修正的声压级，叫做计权声级或噪声级。声级计内装有电阻、电容组成的 A、B、C、D 计权网络，并已标准化。它们从等响曲线出发，对不同频率的噪声信号进行不同程度的衰减。声级计还设有"线性"响应，用来测量非计权的声压级。在实际使用中，可根据不同的目的和噪声特性合理选择计权网络进行噪声测量。如一般工矿企业、车辆噪声用 A 声级，脉冲噪声用 C 声级，飞机等航空噪声用 D 声级。

④ 电表电路和电源　经过放大器放大或衰减的信号，被送到电表电路进行有效值检波，使交流信号变成直流信号，并在表头上以 dB（dB）指示。表示信号的大小有峰值、平均值、有效值，其中有效值用得较多。声级计有快、慢、脉冲、脉冲保持和峰值保持等挡的时间计权特性。"快"挡要求信号输入 0.2s 后，表头就迅速达到其最大读数。"慢"挡表示信号输入 0.5s 后，表头指针达到它的最大读数。"脉冲"和"脉冲保持"挡表示信号输入 35ms 后，表头上指针达到最大读数并保持一段时间。"峰值保持"挡的上升时间小于 20$\mu$s，就是说可以测量 20$\mu$s 以上的脉冲噪声。为了适用野外测量，声级计电源一般要求电池供电。为了保证测量精度，仪器应进行校准，可使用声级校准器对仪器进行准确的声学校核。

**2. 频谱分析仪**

频谱分析仪是用来测量噪声频谱的仪器。它主要由两大部分组成，一部分是测量放大器，另一部分是滤波器。在声级计上加接一滤波器也具有对频率分析功能。测量放大器的原理大致与声级计相同，不同的是测量放大器可以直接测量电压、峰值、平均值，有的放大器还可以直接测量正峰、负峰以及最高峰值的正确读数。滤波器是把声信号中的声能按频率给以分离的仪器。理想的滤波器能使一个或几个声频带的信号毫无衰减地通过，而在此频带以外的信号则全部被衰减掉，它的滤波特征如图 1.18 所示。表征一个滤波器的参量有截止频率、频带宽度和两侧边缘截频斜率。这三个参量越接近理想滤波器，表明其滤波性能越佳。实际滤

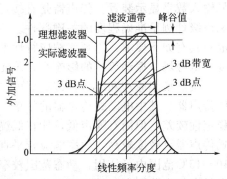

图 1.18　滤波器的频率响应

波器的频带宽度是以两侧曲线从顶端下降到 3dB（半功率点）处的上、下频率差值来衡量的，如图 1.18 中虚线所示。滤波器的截频斜率越陡峭则性能越佳，通带内的起伏越平直，即图 1.18 中曲线顶上的峰谷值越小越好。

**3. 实时分析仪**

前面所讲的分析仪是将信号频带成分依次分析出来的，这样不仅费时，而且对瞬时声音，例如飞机噪声、道路交通噪声等无法立即进行实地频率分析，除非是利用高质量磁带记录仪录音，才能得到完整的信号频谱。实时分析仪可以把瞬时噪声信号立即全部显示在屏幕上，存储后可利用电平记录仪、计算机等记录或打印。经常使用的实时分析仪有 1/3 倍频和窄带实时分析仪两种。1/3 倍频实时分析仪主要是由 1/3 倍频滤波器、显像管和数字显示电路等部分组成，在几十毫秒的时间内就可以显示一个频谱。窄时实时分析仪是利用时间压缩的原理，将输入信号存入数字存储器，通过模-数转换系统中的高速取样，然后用模拟滤波器进行分析。实时分析仪具有分析速度快，可以测定连续的或瞬时的频谱变化，能立即观察到噪声变化过程，并能存储大量信号的优点。实时分析仪由于它的优越性以及电子器件和技术的迅速发展，产品越来越多，有实验室用的，也有小型便于携带可供现场用的，其功能正在迅速发展中。

### 4. 噪声声级分析仪

对于道路交通噪声、航空噪声等随时间变化的非稳态噪声，目前均采用 $L_{ep}$、$L_{10}$、$L_{50}$ 及 $L_{90}$ 等量作为评价量。噪声声级分析仪是一种可以直接在现场分析噪声声级随时间分布的仪器，可用交、直流电源，且易于携带。噪声声级分析仪可以和带有前置放大器的传声器、声级计连用，同时可以进行 $1 \sim 4$ 个通道的测量。动态范围一般为 $70 \sim 110dB$。它由电路、微机和打印机构成。电路部分与前面声级计基本一样，它将接收到的声压转变为电压，经过模拟量转换为数字量输入微机，经微机处理分析的结果可以在显示屏上显示，或由打印机打印在纸带上。微机中贮存器，可以贮存所需要的各种声级，这种仪器不仅可以测得现场数据，而且还能同时对数据分析和处理，得出所需要的各种综合结果，可作公共噪声、航空噪声、道路交通噪声等噪声的统计分布测量。并能根据编入贮存器内的各种程序，迅速地得出各种噪声评价量。噪声声级分析仪适合于各类环境噪声的监测和评价。

### 5. 快速傅立叶分析仪

快速傅立叶分析仪的基本原理是通过若干取样的瞬时值，利用傅立叶分析方法在计算机上进行运算，首先求出各个频率的分量，随后通过相应设备进行记录和显示的仪器。利用快速傅立叶分析仪的基本软件可以求出互动频谱、功率谱、相干函数、传输函数等很多参数。随着分析技术的不断进步，这类仪器的应用前景非常广阔。

### 6. 噪声剂量计

噪声剂量计又称噪声暴露监视器。它是将一定时间内的声能提供累计结果的仪器，如个人噪声监视计。这是一种体积很小也很轻的仪器，可佩带在身上，能够显示出每天暴露在噪声中的工作人员所接受的噪声能量是否合乎规定剂量标准。

### 7. 自动记录仪

声级记录仪是一种自动绘出声级的图示仪器，又称图示声级记录仪。它具有一只能在记录纸上来回走动的绘图笔，随着输入信号的大小，在刻有 dB 线条的记录纸上作相应幅度运动。

### 8. 磁带记录仪

磁带记录仪即为录音机，它是将电信号变为磁性变化以及将磁性变化转为电信号的一种设备，但声学测试用的这种设备要求质量很高。利用这种设备进行噪声测量有很多优点，特别是在现场测量，可以录下噪声，带到实验里将录得信号多次重复分析以及重放现场声信号，进行试听评价。

### 9. 测量系统主要附属设备

（1）声校准器　校准传声器最精密方法是在实验室应用声学互易原理对传声器进行互易校准。但该校准方法比较麻烦，在一般测量中很少应用。利用干电池策动活塞，发出已知的固定纯音声压级的装置，是现代普遍使用的便携式校准器。校准时小心地卸去传声器保护罩，将校准器的套筒紧套在传声器上，然后使活塞振动发声，按活塞发声器指定频率拨正声级计或仪器上的滤波器，此时声级计或仪器上的指示器与活塞发声器标定的声级应相符，如有偏差，则利用仪器或声级计上的微调衰减器调节到两者相符为止。这类校准器分活塞发声器和 4230 型声级校准器两种。

（2）防风罩　在室外测量必须避免风对传声器的影响。因为较大的风速会在传声器周围引起空气湍流，致使传声器膜片产生高噪声级的类似振动，影响测量结果。利用风罩可以降低这一影响。但其防风作用有一定限度，一般使用的风罩类型有两种：一种是圆球形钢丝骨架上网以细尼龙丝类的薄丝；另一种是互相贯通的多孔塑料圆球，两者均能将声波导入其中心的圆孔。

（3）鼻形锥　鼻形锥是一种防风附件，其形状似子弹头的中空锥形壳体，近底部有许多方形条缝，并蒙有金属细网，防止向着传声器膜片迎面而来的单向风速，即对垂直膜片的风所产生的噪声影响有一定作用。测量时将其开口的底部装在传声器上代替传声器的保护罩，锥端朝迎风方向，使气流顺滑通过，以降低传声器对气流阻力，而声压则从侧面条缝传至传声器，在大多数情况可降低因气流而产生的噪声影响。

（4）延伸电缆　在对测量精度要求较高的情况下，为避免测试仪器本身和监测人员对声场的干扰，或因不可能接近测点等特殊情况，可用有屏蔽的延伸电缆一端，连接传声器（随同前置放大器），另一端与声级计或放大器等连接，将传声器固定在支架上，放在测点处，以远离仪器与测试人员。

## 二、噪声污染的测量

### （一）测量的基础知识

在进行噪声测量之前，应了解测量的目的和项目，以及与此有关的测量方法和噪声评价量。同时，还要了解声源和声场的声学特性（声强、频率特性、时间特征）和声源的性能参数，环境状况以及声源的尺寸。

#### 1. 仪器的选择

测量环境不同。所选用仪器也会有差别。在实验室条件下，宜选精度较高的精密测量仪器；在现场，可采用普通便携式仪器。稳态环境噪声可用普通声级计；非稳态环境噪声要求测量噪声的统计参量，宜选用积分声级计或用可以进行定时取样的数字式声级计。大面积地测量非稳态环境噪声，宜选用多台声级计和多通道数据处理装置，或选用多通道磁带记录仪进行现场测量，然后回到实验室进行数据处理。普通稳态噪声的频谱分析可采用倍频带频率分析仪；对包含纯音成分的噪声，则使用 1/3 倍频带或窄带分析仪较为适宜；对瞬态噪声可采用脉冲声级计测量脉冲峰值，或使用磁带记录仪在现场录音，然后到实验室使用示波器观察脉冲波形，测量峰值。如果需要频率分析，则须使用实时分析仪对脉冲信号进行频率分析。

#### 2. 测量条件

测量中要考虑背景噪声的影响。当所测噪声高出背景噪声不足 10dB 时，应按规定修正测量结果；当所测噪声高出背景不足 3dB 时，测量结果不能作为任何依据，只能作为参考；当环境大气风速大于四级时，应停止室外测量；测量时要避免高温、高湿、强磁场、地面和墙面反射等因素的影响。

#### 3. 读取方法

噪声的读取要根据噪声本身的特点而定。当噪声为稳态噪时，用慢挡读取指示值或等效声级；当噪声发生周期性变化时，用快挡读取最大值并读取随时间变化的噪声值，也可以测量等效声级；当噪声是脉冲噪声时，读取其峰值和脉冲保持值，或测量等效声级；当噪声发生无规则变化时，应测量若干时间段内的等效声级及每个时间段内的最大值。

#### 4. 干扰的消除

主要是减少外界环境条件对噪声测量的影响。①减少反射声的影响。在测量现场附近有尺寸大于声波波长的物体时产生反射声。为消除其对测量的影响，应使这种物体远离声源及传声器，或在选取测点时尽可能使直达声超过反射声 10dB 以上。在自由场进行精密测量，应使用长电缆，将声级计远离传声器和声源，以减少反射声级的影响。②消除背景噪声的影响。为消除这种影响，首先将待测声源关闭，使用同一测量仪器在相同位置上测量环境背景噪声，然后比较各频带的声压级，如果各频带声压级相差大于 10dB，则背景噪声对测量没有影响，如果差值小于 10dB 则应进行修正。声源噪声声压级等于测量值与修正值之和。③减少颤噪声的影响。高强声（倍频带声压级在 120dB 以上）可能引起仪器壳体的振动。这种振动传导至传声器上会引起颤噪声。为减少或消除颤噪声的影响，可将测量仪器与噪声场隔离。④减少风声的影响。风也会影响测量结果。在室外测量时，最好在无风时进行。当风力小于三级，可使用防风罩罩住传声器进行测量；当待测的噪声强度不高而风力超过三级，测量结果偏差很大。

**（二）城市区域环境噪声的测量**

城市区域环境噪声昼间和夜间两部分应分别进行测定。测点选在居住或工作建筑物外，离任一建筑物的距离不小于 1m。传声器距地面的垂直距离不小于 1.2m。必须在室内测量时，室内噪声限值应低于所在区域标准值 10dB，测点距墙面和其他主要反射面不小于 1m，距窗约 1.5m，开窗状态下测量。测量每小时的等效声级，进行 24 h 连续监测。

**1. 测量目的与要求**

环境噪声测量主要是为取得能描述城市噪声的分布状况和指定的土地利用规划区以及邻近地区的噪声概况的有用数据；此外还需根据地方环境保护部门的规定和要求测量，例如对区域噪声进行监测。

**2. 需要测量的噪声数据**

在整个测量时段内，A 计权声级是要测量的基本声级；另外，需要用噪声统计分析仪直接测量出，或由测出的单个 A 计权声级算出的等效连续 A 声级 $L_{eq}$；有些情况还需要用等效连续 A 计权声级的统计分布来说明噪声随时间变化的情况，例如常以统计的累积百分 A 计权声级 $L_{90}$（或 $L_{95}$）、$L_{50}$ 和 $L_{10}$（或 $L_s$）来表达声级涨落情况。

**3. 测量仪器的要求**

测量的仪器可采用 I 型或 II 型声级计。使用任何存贮仪器时，如磁带记录仪或统计分析仪、声级记录仪或自动监测系统，需要有足够的动态范围，并保证有足够的测量精度。

**4. 测量地点的选择**

测量地点应根据所需要测量的环境噪声要求来确定，一般有两种情况。当测量建筑物外部环境时，为使反射声影响减至最低限度，测量时应尽可能离开其他大型反射面 3.5m 以上，如无其他规定，测点位置应距窗前 1.0m，离地面或楼层地面高度 1.2~1.5m。当测点离建筑物外墙面 1m 位置时，应从测得数值中减去反射声 2.5dB（在 2m 以内均应减去此值），得出入射声的近似声级；当测量建筑物内部环境的噪声时，测点应至少离墙面或其他大的反射面 1m、距窗 1.5m、高度 1.2~1.5m，同时应考虑到门窗的侧向传递以及机器设备或家具等对声音的遮挡和散射等的影响。

**5. 城市噪声普查的测点布置、测点数与布点位置**

城市噪声普查的测点布置、测点数与布点位置有网格布点、代表性测点位置及表征噪声源的测点三种。

（1）网格布点　在地图上划成相等的网格，测点布置在网格中心位置上，网格的大小取决于噪声级空间变化程度，变化越大，网格面积应取得越小，一般取 500m×500m，但网格数目一般应多于 100 个。如相邻网格点之间声级相差 10dB 以上，则应补充测点，以观察其间是否有突变的较大噪声级区域。

（2）代表性测点位置　如果噪声级空间变化在所考虑的地区内不大，则测点可以选取能近似代表整个地区噪声的位置。

（3）表征噪声源的测点　为估计各单独的或同类噪声源的作用，以减少其他声源影响，测点一般须选取近声源位置，对来自其他位置的噪声级，可以根据大气吸声、球面扩散、地面影响及屏障效应等的衰减修正，做出估计。

**6. 测量时段的选取**

在选取测量时段之前，应事先对噪声情况做适当长时间调查测量。

① 测量时段要能代表典型的人们活动和声源噪声变化的时间，例如交通密度、工厂的工作时间和休假日等。测量时段的长短要使所有声音发射和传递的重要变化都能包括在内，并应当使取得的数据如长时期的平均 A 计权声级或评价声级能达到所要求的精度。

② 如果声音显示明显的循环性，测量时段至少应包括一个循环时间，如果不能连续测量一个循环，则每次应选取测量循环的一部分，各次测量结果的合成应能代表整个循环过程噪声。

③ 如果声音是无规则的，则应选取能给出有足够独立的样品，足以估计长时期平均 A 计权声级或评价声级。

④ 如要得到某区域（如工业区、居民区、学校、医院等）昼夜噪声的变化，则应选定测点进行 24h 监测，以得到昼夜等效连续 A 计权声级 $L_{dn}$，也可以进行整个白天或夜间 12h 的监测，得出昼间或夜间的噪声级 $L_d$ 或 $L_n$。

⑤ 在一般情况下，环境噪声的测量数据变化很大的，要得到较精确的结果，需要长时期的测量。

**（三）工业企业噪声测量**

按照 GB 1234—2008《工厂企业厂界环境噪声排放标准（发布稿）》的要求，其测量方法如下。

**1. 测量仪器的要求**

测量仪器为积分平均声级计或环境噪声自动监测仪，其性能不低于 GB 3785 和 GB/T 17181 对 Ⅱ 型仪器的要求。测量 35dB 以下的噪声应使用 Ⅰ 型声级计，且测量范围应满足所测量噪声的需要。校准所用仪器应符合 GB/T 15173 对 1 级或 2 级声校准器的要求。当需要进行噪声的频谱分析时，仪器性能符合 GB/T 3241 对滤波器的要求。

此外，测量仪器和校准仪器应定期鉴定，并在使用有效期内；每次测量前后必须在现场进行校正；测量时传声器加防风罩；测量仪器时间计权特性设为"F"档，采样时间间隔不大于 1s。

**2. 测量条件**

① 气候条件：测量应在无雨、雪、雷、电天气及风速为 5m/s 以下时进行。不得不在特殊气候条件下测量时，应采取必要措施保证测量准确性，同时注明当时所采取的措施及天气情况。② 测量工况。测量应在被测量声源正常工作时间进行，同时表明当时的工况。

**3. 测点位置**

根据工业企业声源、周围噪声敏感建筑物的不足以及比邻的区域类别，在工业企业厂界布多个测点，其中包括距噪声敏感建筑物附近以及受被测声源影响大的位置。测点位置的一般规定：一般情况下，测点选在工业企业厂界外 1m、高度 1.2m 以上、距任一反射面距离不小于 1m 的位置。此外，当厂界有围墙且周围有受影响的噪声敏感建筑物时，测定应选在厂界外 1m、高于围墙 0.5m 以上的位置；当厂界无法测量到声源的实际排放情况（如声源位于高空、厂界设有声屏障等），应按上面的设置测点，同时在受影响的噪声敏感建筑物户外 1m 处另设测点；当测量室内噪声时，室内测量点位设在距任一反射面至少 0.5m 以上、距地面 1.2m 高度处，在受噪声影响方向的窗户开启状态下测量；在测定固定设备结构传声至室内的噪声时，测点应距任一反射面至少 0.5m 以上、距地面 1.2m，距外窗 1m 以上，窗户关闭状态下测量。

#### 4. 测量时段

分别在昼间、夜间两个时段测量。夜间有频发、偶发噪声影响时同时测量最大声级。当被测声源是稳态噪声时，采用1min的等效声级；当被测声源是非稳态声源时，测量被测声源有代表性时段的等效声级，必要时需测量被测声源整个正常工作时段的等效声级。

（1）现场机械噪声的测量　现场机械噪声的测量应按照相关标准测试方法进行（包括国家规范、行业规范等）。必须设法减小或避免测量环境的背景噪声和反射声的影响。一般机械噪声的现场测量，选取测点的原则是尽可能接近机器，使机器的直达声远大于背景噪声或反射声。测量通风机、鼓风机、压缩机、内燃机、燃气轮机等进气噪声的测点应选取在进气口轴向上，距管口平面不应小于管口直径的1倍，也可选在距管口0.5m或1m处。排气噪声的测点，应选取在排气口轴线45°的方向上，或管口平面上距离管口中心0.5m、1m或2m处。

① 测点位置的确定。对于外形尺寸小于0.3m的机器，测点距表面为0.3m为宜；外形尺寸在0.3~1.0m之间时，测点距表面0.5m为宜；对于外形尺寸大于1.0m时，测点距表面1.0m为宜。

② 测定数的确定。测点数可视机器大小和发声部位的多少选取4、6或8个等。

③ 测点高度的确定。测点高度以机械半高度为准或选择在机械轴水平线的水平面上，传声器对准机械表面，测量A、C声级和倍频声带声压级，并在相应测定点上测量背景噪声。

（2）厂（场）区环境噪声测量　对厂（场）区内部环境的测量，常采用点阵法选择测点。测试过程如下：①在厂（场）区总平面布置图上选择一条厂（场）区总轴线（可选择主干道的中心线）作为坐标基准线；②按警卫坐标关系将厂（场）区按10~40m间距划成若干网格，各个网格节点（建筑物上除外）即为厂（场）区噪声的测点。

对于工业企业厂界噪声测定，应围绕厂界布点。布点数及间距视实际情况而定。测点应选在法定厂界外1m，高度1.2m以上的噪声敏感处。如厂界有围墙，测点应高于围墙。若厂界与居民住宅相连，厂界噪声无法测量时，测点应选在居室中央，室内限值应比相应标准值低10dB（A）。当测量值与背景噪声差值小于10dB（A）时应按表1.15进行修正。

**表 1.15　噪声差值修正**

| 类　　别 | 数　　值 | | |
|---|---|---|---|
| 差值/dB(A) | 3 | 4~5 | 6~10 |
| 修正值/dB(A) | −3 | −2 | −1 |

（3）车间内噪声测量　车间噪声测量是在正常工作时，将传声器置于操作人员耳朵附近，或是在工人观察和管理生产过程中经常活动的范围内，以人耳高度为准选择数个测点进行测量。如果车间内部各点噪声变化小于3dB时，测1~3个典型点；如果车间内部各点噪声变化较大，则可把车间内部分成若干区域，使每个区域的噪声变化小于3dB，每个区域取1~3个测点。

## 第五节　噪声控制技术——吸声

吸声降噪是控制室内噪声常用的技术措施。把能够吸收较高声能的材料或结构称之为吸声材料或吸声结构。把通过吸声材料和吸声结构来降低噪声的技术称之为吸声降噪，简称吸声。吸声过程是声波通过吸声材料或入射到吸声材料界面上时声能的减少过程。声波传播到某一边界面时，一部分声能被边界面反射（或散射），一部分声能被边界面吸收，这包括声波在边界材料内转化为热能被消耗掉，或是转化为振动沿边界构造传递转移，或是直接透射到边界另一面空间。对于入射声波来说，除了反射到原来空间的反射（散射）声能外，其余能量都看做被边界面吸收。

# 一、吸声材料

室内噪声包括声源直接通过空气传来的直达声以及室内各壁面反射回来的混响声。如隧道中的噪声级比其行驶在空旷处可高出 5～10dB（A），若在隧道内壁贴上强吸声材料，则噪声可大为减弱乃至消失。实践证明，如吸声材料布置合理，可降低混响声 5～10dB（A），甚至更大些。采取这项措施不仅不影响原有的生产活动，而且还能美化环境。

## （一）吸声系数

声波遇平面障碍物，一部分声能被反射，一部分声能被吸收，其余一部分声能透过此障碍物（图 1.19）。被吸收的声级（$E$）与入射总声能（$E_0$）之比值称为吸声系数（$\alpha$），$\alpha$ 值一般在 0～1 范围内变化，$\alpha$ 值越大，材料的吸声性能越好。当 $\alpha=0$ 时，表示声波被完全反射，材料不吸声；当 $\alpha=1$ 时，声能全部被吸收。用于衡量吸声性能的大小，其数学表达式为：

$$\alpha=\frac{E}{E_0} \tag{1.61}$$

吸声系数的大小与材料的物理性质、声波频率及声波射线的入射角有关。密度小和孔隙多的材料（如玻璃棉、矿渣棉、泡沫塑料、木丝板、微孔砖等）吸声性能好，而坚硬、光滑、结构紧密和重的材料（如水磨石、大理石、混凝土、水泥粉刷墙面）吸声能力差。

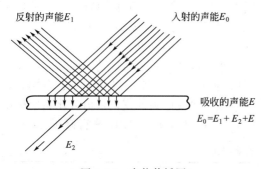

图 1.19 声能传播图

各种材料的吸声系数是频率的函数，因此同一种材料在不同频率下，其吸声系数也不一样。一般采用 125Hz、250Hz、500Hz、1000Hz、2000Hz、4000Hz 六个频率的吸声系数之算术平均值来表示某种吸声材料的吸声频率特性，用 $\bar{\alpha}$ 表示。常见吸声材料的吸声系数见表 1.16。$\bar{\alpha}$ 大于 0.2 的为吸声材料，$\bar{\alpha}$ 大于 0.5 的材料认为是理想的吸声材料。

工程设计中，常用的吸声系数有混响室测量的无规则入射吸声系数 $\alpha_T$ 和驻波管测量的垂直入吸声系数 $\alpha_0$ 两种。$\alpha_T$ 和 $\alpha_0$ 之间可相互换算。

表 1.16 常见吸声材料的吸声系数

| 吸声材料 | 密度/(kg/m³) | 厚度/cm | 倍频程 $\alpha$ | | | | | |
| --- | --- | --- | --- | --- | --- | --- | --- | --- |
| | | | 125 | 250 | 500 | 1000 | 2000 | 4000 |
| 玻璃棉 | 15 | 2.5 | 0.02 | 0.07 | 0.22 | 0.59 | 0.94 | 0.94 |
| 矿物棉 | 240 | 6 | 0.25 | 0.55 | 0.78 | 0.75 | 0.87 | 0.91 |
| 聚氨酯泡沫塑料 | 40 | 4 | 0.10 | 0.19 | 0.36 | 0.70 | 0.75 | 0.80 |
| 膨胀水泥 | 350 | 5 | 0.16 | 0.46 | 0.64 | 0.48 | 0.56 | 0.56 |
| 珍珠岩板 | 350 | 8 | 0.34 | 0.47 | 0.40 | 0.37 | 0.48 | 0.55 |
| 玻璃窗 | — | — | 0.35 | 0.25 | 0.18 | 0.12 | 0.07 | 0.04 |
| 实木板 | 1.3 | — | 0.30 | 0.30 | 0.15 | 0.10 | 0.10 | 0.10 |

## （二）吸声量

吸声量用于评价吸声材料的实际吸声效果，其定义为吸声系数与吸声面积的乘积，又称等效吸声面积，即：

$$A = \alpha S \tag{1.62}$$

式中，$A$ 为实际吸声量，$m^2$；$\alpha$ 为某频率声波的吸声系数；$S$ 为吸声面积，$m^2$。

从式（1.62）可知，在相同吸声量的条件下，高吸声系数所用的材料较小。例如在某频率下的吸声系数为 0.4，面积为 $100m^2$ 的某种材料，则该频率下的吸声量应为 $40m^2$，若吸声系数提高到 0.8，则所需材料仅为 $5m^2$。

如果组成厂房各壁面的材料不同，则墙面在不同频率下的总吸声量 $A_T$ 为：

$$A_T = \sum_{i=1}^{n} A_i = \sum_{i=1}^{n} \alpha_i S_i \tag{1.63}$$

式中，$A_i$ 为第 $i$ 种材料组成的壁面的吸声量，$m^2$；$S_i$ 为第 $i$ 种材料组成的壁面的面积，$m^2$；$\alpha_i$ 为第 $i$ 种材料在某频率下的吸声系数。

### （三）多孔吸声材料

吸声材料按照吸声机理可分为多孔性吸声材料和共振吸声结构。通常所说的吸声材料主要指多孔性吸声材料。

**1. 多孔吸声材料吸声机理**

多孔材料内部具有无数细微孔隙，孔隙间彼此贯通，且通过表面与外界相通，当声波入射到材料表面时，一部分在材料表面反射掉，另一部分则透入到材料内部向前传播。在传播过程中，引起孔隙的空气运动，与形成孔壁的固体筋络发生摩擦，由于黏滞性和热传导效应，将声能转变为热能而耗散掉。其次，小孔中的空气和孔壁与纤维之间的热交换引起的热损失也使声能衰减。声波在刚性壁面反射后，经过材料回到其表面时，一部分声波透射到空气中，一部分又反射回材料内部，声波通过这种反复传播，使能量不断转换耗散，如此反复，直到平衡，由此使材料"吸收"了部分声能。另外，高频声波可使空隙间空气质点的振动速度加快，空气与孔壁的热交换也加快。这就使多孔材料具有良好的高频吸声性能。

**2. 多孔吸声材料的种类**

多孔性吸声材料主要包括纤维材料和泡沫材料，按其选材的物理特性和外观主要分为有机纤维吸声材料、无机纤维吸声材料、泡沫吸声材料和建筑吸声材料。

（1）无机纤维材料　无机纤维材料主要指岩棉、玻璃棉以及硅酸铝纤维棉等人造无机纤维材料。这类材料不仅具有良好的吸声性能而且具有质轻、不燃、不腐、不易老化等特性，在声学工程中获得广泛的应用。但由于其性脆易断，受潮后吸声性能下降严重、易对环境产生危害等原因，适用范围受到很大的限制。

（2）泡沫塑料　主要有聚氨酯、聚醚乙烯、聚氯乙烯、酚醛等。具有良好的弹性，容易填充均匀等。缺点是不防火、易燃烧、易老化。

（3）有机纤维材料　早期使用的吸声材料主要为植物纤维制品，如棉麻纤维、毛毡、甘蔗纤维板、木质纤维板以及稻草板等有机天然纤维材料。有机合成纤维材料主要是化学纤维，如腈纶棉、涤纶棉等。这些材料在中、高频范围内具有良好的吸声性能，但防火、防腐、防潮等性能较差，从而大大限制了其应用。

（4）建筑吸声材料　建筑上采用的吸声材料有加气混凝土、膨胀珍珠岩、微孔吸声砖等。

为保持良好的吸声性能，在选择吸声材料时，要注意以下几点：①多孔；②孔与孔之间要互相贯通；③这些贯通孔要与外界连通。另外，值得注意的是不能把多孔吸声材料当作隔声材料来使用。

常用各种吸声材料的吸声系数见表1.17。

表 1.17　常用各种吸声材料的吸声系数（驻波管法）

| 种类 | 材料名称 | 厚度/cm | 密度/(kg/m³) | 各频率的吸声系统 | | | | | | 说明 |
|---|---|---|---|---|---|---|---|---|---|---|
| | | | | 125Hz | 250Hz | 500Hz | 1000Hz | 2000Hz | 4000Hz | |
| 无机纤维材料 | 超细玻璃棉 | 5 | 20 | 0.10 | 0.35 | 0.85 | 0.85 | 0.86 | 0.86 | |
| | | 10 | 20 | 0.25 | 0.60 | 0.85 | 0.87 | 0.87 | 0.85 | |
| | | 15 | 20 | 0.50 | 0.80 | 0.85 | 0.85 | 0.86 | 0.80 | |
| | 矿渣棉 | 6 | 240 | 0.25 | 0.55 | 0.78 | 0.75 | 0.87 | 0.91 | |
| | | 7 | 200 | 0.32 | 0.63 | 0.76 | 0.83 | 0.90 | 0.92 | |
| | | 8 | 150 | 0.30 | 0.64 | 0.73 | 0.78 | 0.93 | 0.94 | |
| | | 8 | 300 | 0.35 | 0.43 | 0.55 | 0.67 | 0.78 | 0.92 | |
| | | 5 | 175 | 0.25 | 0.33 | 0.70 | 0.76 | 0.89 | 0.97 | |
| | 熟玻璃丝 | 4 | 200 | 0.13 | 0.20 | 0.53 | 0.98 | 0.84 | 0.80 | |
| | | 6 | 200 | 0.25 | 0.35 | 0.82 | 0.99 | 0.89 | 0.82 | |
| | | 9 | 200 | 0.30 | 0.54 | 0.94 | 0.89 | 0.86 | 0.84 | |
| 泡沫塑料 | 聚氨酯泡沫塑料 | 3 | 45 | 0.07 | 0.14 | 0.47 | 0.88 | 0.70 | 0.77 | 上海产 |
| | | 4 | 40 | 0.10 | 0.19 | 0.36 | 0.70 | 0.75 | 0.80 | |
| | | 5 | 45 | 0.15 | 0.35 | 0.84 | 0.68 | 0.82 | 0.82 | |
| | | 6 | 45 | 0.11 | 0.25 | 0.52 | 0.87 | 0.79 | 0.81 | |
| | | 8 | 45 | 0.20 | 0.40 | 0.95 | 0.90 | 0.98 | 0.85 | |
| | 氨基甲酸酯 | 2.5 | 25 | 0.05 | 0.07 | 0.26 | 0.87 | 0.69 | 0.87 | 天津产 |
| | | 5.0 | 36 | 0.21 | 0.31 | 0.86 | 0.71 | 0.80 | 0.71 | |
| 有机纤维材料 | 稻草纤维板 | 1.8 | 340 | 0.13 | 0.28 | 0.28 | 0.31 | 0.43 | 0.53 | |
| | | 2.3 | 340 | 0.25 | 0.39 | 0.40 | 0.26 | 0.33 | 0.72 | |
| | 工业毛毡 | 1 | 370 | 0.04 | 0.07 | 0.21 | 0.50 | 0.52 | 0.57 | |
| | | 3 | 370 | 0.10 | 0.30 | 0.50 | 0.50 | 0.50 | 0.52 | |
| | | 5 | 370 | 0.11 | 0.30 | 0.50 | 0.50 | 0.50 | 0.52 | |
| | | 7 | 370 | 0.18 | 0.35 | 0.43 | 0.50 | 0.53 | 0.54 | |

**3. 影响多孔吸声材料吸声吸能的因素**

多孔吸声材料的吸声特性主要受入射声波和材料的性质影响。其中声波性质主要与入射角和频率有关。多孔材料的特性与本身性质、空气流阻、厚度、密度、使用时的结构和条件（温度、湿度等）有关。下面就一些影响多孔吸声材料吸声吸能因素分别予以叙述。

（1）空气流阻　空气流阻反映了空气通过多孔材料时，材料两面的静压差和气流线速度之比。流阻对材料的吸声特性的影响表现为，当材料流阻降低时，其低频吸声系数很低，但到了某一中高频段后，吸声系数陡然增大；而且高流阻材料与低流阻材料相比高频吸声系数明显下降，低中频吸声系数有所提高。

（2）厚度和密度　在实际工程中，测定材料的流阻及孔隙率通常比较困难，可以通过材料的密度粗略估算其比流阻。多孔材料的密度与固体密度关系密切。当厚度一定而增加密度时，不仅可以提高中低频吸声系数（但比材料厚度所引起的吸声系数变化要小），在同样用料情况下，当厚度不限制时，多孔材料以低密度为宜；同时可以提高材料密实性，引起流阻增大，减少空气透过量，造成吸声系数下降。所以，材料密度也有一个最佳值。常用的玻璃棉的最佳密度范围为 $15\sim25kg/m^3$，但密度相同时，增加厚度并不改变比流阻，所以，吸声系数一般先是随厚度增加而增大，至厚度增加到一定值时，吸声性能的改变就不明显了。

（3）护面层　多孔材料一般很疏松，无法直接使用，也不美观。在实际应用中，经常要对其进行护面处理。为尽可能保持材料原有的吸声特性，饰面的透气性要好。例如使用微穿孔板罩时，穿孔板的穿孔率要大于20％，否则会影响吸声效果。

（4）结构因子　在研究吸声材料时，为了使理论与实践尽量相符合，必须考虑一个修正系数，称此为结构因子，它是一个无量纲参数，是材料内部微观结构的反映。实验证明，结构因子对低频吸收基本上无什么影响；当流阻较小时，增大材料结构因子，在中高频随吸声系数周期性变化。我们在工程设计时，选用 $10 \sim 20 kg/m^3$ 的超细玻璃棉材料，宜用结构因子 $2 \sim 4$；选用 $80 \sim 120 kg/m^3$ 的矿渣棉，结构因子用 3 的选用 $60 \sim 70 kg/m^3$ 的泡沫塑料，结构因子用 $6 \sim 20$；选用了 $400 \sim 800 kg/m^3$ 的微孔砖，结构因子用 $6 \sim 20$；选用 $100 \sim 400 kg/m^3$ 的毛毡结构因子用 $5 \sim 10$。

（5）环境条件　包括温度、湿度的影响。温度能够引起声速、波长及空气黏度的变化，进而影响材料的吸声性能。一般，温度升高，材料的吸声特性向高频方向偏移；温度降低，材料的吸声特性向低频方向偏移。湿度对吸声性能的影响表现在：湿度增加，导致材料孔隙内水分的增加，从而堵塞微孔，进而降低材料的吸声系数。

## 二、吸声结构

### （一）中、高频噪声吸声结构

#### 1. 吸声板

由多孔吸声材料与穿孔板组成的板状吸声结构称为吸声板。多孔吸声材料大多是松散的，不能直接布置在室内和气流通道内。在实际使用中，用透气的玻璃布、纤维布、塑料薄膜等，把吸声材料（玻璃棉泡沫塑料）放进木制的或金属的框架内，然后再加一层护面穿孔板。护面穿孔板可使用胶合板、纤维板、塑料板、也可使用石棉水泥板、铝板、钢板、镀锌铁丝网等。

在实际应用中，根据气流速度不同，吸声板的护面结构也采取不同形式。图 1.20 所示不同护面的结构形式。

穿孔板的穿孔率一般大于 $20\%$，否则，会由于未穿孔部分面积过大造成入射声的反射，从而影响吸声性能。另外，穿孔板的孔心距离越远，其吸收峰就越向低频方向移动。轻织物大多使用玻璃布和聚乙烯塑料薄膜，为不降低高频吸声性能，聚乙烯薄膜的厚度在 0.03mm 以内。常见的吸声板结构示意图见图 1.21。

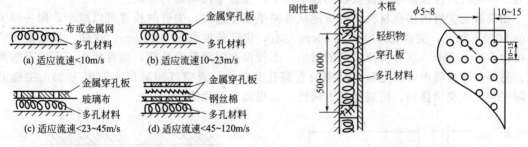

图 1.20　不同护面的结构形式　　　图 1.21　吸声板结构（单位：mm）

近年来还发展了定型规格化生产的穿孔石膏板、穿孔石棉水泥板、穿孔硅酸盐以及穿孔硬质护面吸声板。在室内使用的各种颜色图案、外形美观的吸声板，不仅能起到吸声作用，而且起装饰美化作用。

#### 2. 空间吸声体

吸声体是由框架、吸声材料和护面结构制成的。它可以悬挂在声场的空间内起空间吸声体作用。吸声体通常有平板形、圆柱形、球形、圆锥形等，其中以平板矩形最为

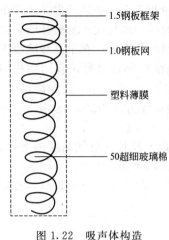

图 1.22 吸声体构造
（单位：mm）

1.5钢板框架

1.0钢板网

塑料薄膜

50超细玻璃棉

常用。

空间吸声体的构造见图 1.22，它是由框架、吸声材料和护面结构组成，在框架四角设有吊环，可供吊装（平挂或垂挂），因吸声体对高频声的吸收效果是随着空间吸声体的尺寸的减小而增加；对于低频声的吸收，则随着空间吸声体的尺寸的加大而升高；同时考虑运输和吊挂方便，吸声体的尺寸不宜过大和过小，常用的规格有 1m×1m，还有 2m×1m、2m×1.5m 等几种。

空间吸声体吸声系数高，两个或两个以上面（包括边棱）与声接触，平均吸声系数＞1。

目前，国内吸声体大多采用超细玻璃棉，根据噪声情况，计算及实测其填充密度、厚度。工程上护面层常用金属网、塑料窗纱、玻璃布、麻布、纱布及各类金属板等。

吸声体加工制作简单、原材料易购、价廉、安装方便、维修容易。

应用空间吸声体可降低噪声10dB 左右。

悬挂吸声体应遵循下列原则：悬挂吸声体的面积比厂房平顶面积要小；悬挂高度尽量在靠近噪声源处挂得低；在面积比相同的条件，垂直悬挂和水平悬挂降噪效果基本相同。分散悬挂优于集中悬挂，特别对中高频的吸声效率可提高40％～50％。

**3. 吸声劈尖**

吸声劈尖是一种楔子形空间吸声体，即在金属网架内填充多孔吸声材料，如图 1.23 所示。这是用于消声室的特殊吸声结构。该吸声结构吸声系数较高，低频特性极好。当吸声劈尖的长度大约等于所需吸收的声波最低频率波长的一半时，吸声系数可达 0.99，几乎可以吸收绝大部分入射的声能。有人认为，这种对吸声提高的作用是由于接触面积的增大造成的。

当声波入射到波浪外形的楔槽斜壁上，一部分进入吸声材料，大多数被吸收，被反射的声波又入射到楔槽斜壁对面的吸声材料表面，进入部分大多数被吸收，如此循环往复。可以认为，声波进入波浪形楔槽被吸收的效率高于声波被平接声面的吸收。

如果填充尖劈的多孔材料的容重能从外向里逐步增大，尖劈的长度可以减小，即去掉尖部的 10％～20％，尖劈底部宽度取 20cm 左右，尖劈长度取 80～100cm，这样，最低截止频率可达 70～100Hz。这种去掉尖部的做法，不仅没有降低吸声性能，而且增大了室内有效面积。另外，可在吸声劈尖底板的后面设有穿孔共振器，或空气间隔层。如图 1.24，尖劈的实际安装，应交错排列，应避免其方向性，以提高吸声性能。

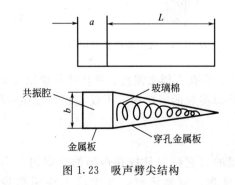

图 1.23 吸声劈尖结构

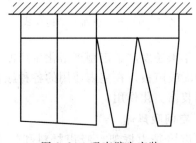

图 1.24 吸声劈尖安装

## （二）低频噪声吸声结构

这类结构的吸声材料相当于多个海姆霍兹吸声共振器并联而成的共振吸声结构。当声波垂直入射到材料表面时，材料内及周围的空气随声波一起来回振动，相当于一个活塞，它反抗体积速度的变化是个惯性量。材料与壁面间的空气层相当于一个弹簧，可以起到阻止声压变化的作用。不同频率的声波入射时，这种共振系统会产生不同的响应。当入射声波的频率接近系统的固有频率时，系统内空气的振动很强烈，声能大量损耗，即声吸收最大。相反，当入射声波的频率远离系统固有的共振频率时，系统内空气的振动很弱，因此吸声的作用很小。可见，这种共振吸声结构的吸声系数随频率而变化，最高吸声作用出现在系统的共振频率处。

### 1. 穿孔板共振吸声结构

在薄板上穿孔，并在与结构层有一定距离处安装，就形成穿孔板共振吸声结构。金属板制品、胶合板、硬质纤维板、石膏板及石棉水泥板等，在其表面开一定数量的孔，其后具有一定厚度的封闭空气层就组成了穿孔板吸声结构。它的吸声性能是和板厚、孔径、孔距、空气层的厚度以及板后所填的多孔材料的性质和位置有关。由于穿孔板上每个孔后都有对应空腔，即为许多并联"海姆霍兹"共振器。当入射声波的频率和系统的共振频率一致时，就激起共振，穿孔板孔颈处空气柱往复振动，速度、幅值达到最大值，摩擦与阻尼也最大，此时，使声能转变为热能最多，即消耗声能最多。

穿孔板吸声结构有单孔共振吸声结构和多孔共振吸声结构两种。

（1）单孔共振吸声结构　单孔共振吸声结构是一个封闭的空腔，在腔壁上开一个小孔与外界空气相通。其吸声原理也是质量块和弹簧的振动。使用条件：颈口尺寸必须比空腔尺寸小很多，且声波的波长 $\lambda$ 大于空腔尺寸。基本特点：吸声频带窄，适用于对低频噪声的吸收。

在颈口处放置玻璃棉等多孔材料或加贴一薄层尼龙布等透声结构，可增加颈口处的摩擦阻力，从而增宽吸声频带，提高吸声降噪效果。

（2）多孔共振吸声结构　是单孔板共振器的并联组合。其吸声的原理类似于单孔吸声板，但吸声状况和效果大大改善。

### 2. 薄板共振吸声结构

用各类薄板固定在骨架上，板后留有空腔就构成了薄板共振吸声结构。当声波入射到该结构时，薄板在声波交变压力激发下被迫振动，使板心弯曲变形出现了板内部摩擦损耗，而将机械能变为热能。

薄板共振吸声结构的固有频率 $f_0$ 可由式（1.64）计算：

$$f_0 = \frac{600}{\sqrt{MD}} \tag{1.64}$$

式中，$M$ 为薄板的面密度，$kg/m^2$；$D$ 为空气层厚度，cm。

由式（1.64）可以看出，增加薄板的面密度 $M$ 或空气层厚度 $D$，可使薄板结构的固有频率降低，反之，则会提高。常用木质薄板共振吸声结构的板厚取 $3\sim6mm$，空气层厚度取 $30\sim100mm$，共振吸收频率约在 $80\sim300Hz$，吸声系数一般在 $0.2\sim0.5$。常用薄板共振吸声结构的吸声系数见表 1.18。

类似结构还有薄膜共振吸声结构，其吸声机理与薄板结构的吸声原理基本相同，这里不再叙述。

薄板共振的主要缺点是吸声频率窄、吸声系数不高（$0.2\sim0.5$）。改善措施有：增加结构阻尼，如使用海绵条或毛毡等；在相邻薄板的空腔中设置矿物棉或玻璃棉毡等。

表 1.18 各种薄板共振吸声结构的吸声系数

| 材 料 | 构造/cm | 不同频率(Hz)下的吸声系数 | | | | | |
| --- | --- | --- | --- | --- | --- | --- | --- |
| | | 125 | 250 | 500 | 1000 | 2000 | 4000 |
| 三夹板 | 空气厚度5,框架间距45×45 | 0.21 | 0.73 | 0.21 | 0.19 | 0.08 | 0.12 |
| 三夹板 | 空气厚度10,框架间距45×45 | 0.59 | 0.38 | 0.18 | 0.05 | 0.04 | 0.08 |
| 五夹板 | 空气厚度5,框架间距45×45 | 0.08 | 0.52 | 0.17 | 0.06 | 0.10 | 0.12 |
| 五夹板 | 空气厚度10,框架间距45×45 | 0.41 | 0.30 | 0.14 | 0.05 | 0.10 | 0.16 |
| 侧花压轧板 | 板厚1.5,空气厚度5,框架间距45×45 | 0.35 | 0.27 | 0.20 | 0.15 | 0.25 | 0.39 |
| 木丝板 | 板厚3.0,空气厚度5,框架间距45×45 | 0.05 | 0.30 | 0.81 | 0.63 | 0.70 | 0.91 |
| 木丝板 | 板厚3.0,空气厚度10,框架间距45×45 | 0.09 | 0.36 | 0.62 | 0.53 | 0.71 | 0.89 |
| 草纸板 | 板厚3.0,空气厚度10,框架间距45×45 | 0.15 | 0.49 | 0.41 | 0.38 | 0.51 | 0.64 |
| 草纸板 | 板厚3.0,空气厚度10,框架间距45×45 | 0.50 | 0.48 | 0.34 | 0.32 | 0.49 | 0.60 |
| 胶合板 | 空气厚度5 | 0.28 | 0.22 | 0.17 | 0.09 | 0.10 | 0.11 |
| 胶合板 | 空气厚度10 | 0.34 | 0.19 | 0.10 | 0.09 | 0.12 | 0.11 |

### 3. 微穿孔板吸声结构

由于穿孔板吸声结构存在吸声频带较窄的缺点,近年来国内研制出了微穿孔板吸声结构。微穿孔板吸声结构克服了穿孔板吸声结构存在吸声频率窄的缺点,并具有结构简单、加工方便,特别适用高温、高速、潮湿及要求清洁卫生的环境下使用等优点。我国著名声学专家马大猷教授等奠定了微穿孔板吸声结构的理论基础,给出了具体设计方法,可以设计制造各种形式的微穿孔板吸声结构。

微穿孔板吸声结构实质上仍属于共振吸声结构,因此,吸声机理也相同。利用空气柱在小孔中的来回摩擦消耗声能,用腔深来控制吸声峰值的共振频率,空腔越浅,共振频率越高。但因为其板薄孔细,与普通穿孔板相比,声阻显著增加,声质量显著减小,因此,吸声系数(有时高达0.9以上)和吸声带宽度(可达4~5个倍频以上)也明显增加,属于性能良好的宽带吸声结构。

微穿孔板吸声结构的共振频率计算用式 $f_0 = \dfrac{C}{2\pi}\sqrt{\dfrac{p}{hL_k}}$,其中小孔的有效颈长 $L_k$ 由式(1.65)计算:

$$L_k = t + 0.8d + \frac{ph}{3} \tag{1.65}$$

式中,$C$ 为声速,m/s;$ph/3$ 为修正项;$p$ 为穿孔率,%;$h$ 为空腔深度,m。

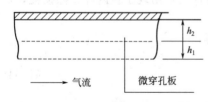

图 1.25 双层微穿孔板吸声结构

在实际中,将它做成双层或多层微穿孔板结构,可加宽吸收的频带向低频方向扩展,见图1.25。这种双层微穿孔板结构之间留有一定的距离。如果要吸收较低的频率,距离要大些,空腔一般控制在20~30mm;如果主要吸收中高频声波,空腔可以减小到10mm,甚至更小。此外,减小微穿孔板的孔径,提高穿孔率可增加吸声系数和吸声带宽度。但孔径过小,容易堵塞,对于金属微穿孔板厚 $t$ 为 0.2~1mm,孔径 $d$ 为 0.2~1mm,穿孔率 $p$ 为 1%~3%,一般穿孔率取1%~2.5%,此时吸声效果最佳。

### 4. 薄塑料盒式吸声体

除以上几种共振结构外,近年来出现一种新的称为薄塑料盒式的吸声体,是用塑料制成的若干个小盒固定在塑料框架上,每个小盒构成一个封闭的腔体。当声波入射时,由于盒面薄片发生弯曲振动,从而引起盒内封闭的空气体积的变化,导致四周薄片也发生振动,由于塑料片的阻尼作用,从而消耗了声能。当入射声波的频率与盒体固有频率相同时,发生共振，可得最大吸声系数。

## 三、吸声技术的应用

### 1. 应用时的注意事项

（1）面积　在大房间中，采用吸声处理降噪，要注意其吸声面积的大小。经验证明，当房间容积小于 $3000m^3$ 时，采用吸声饰面降低噪声效果较好。

（2）壁面材料　当原房间内壁面平均吸声系数较小时，采用吸声降噪措施，才能收到良好效果；如原房间壁面及物体具有一定的吸声量，亦即吸声系数较大，再采取吸声措施，很难取得理想效果。

（3）距离　在离噪声源较远处，宜采用吸声措施。离噪声源较近时，主要是直达声，采取吸声措施不会有多大效果，只有离噪声源较远，反射声较直达声强烈，采用吸声措施才有明显效果。

（4）效果　吸声措施的降噪量一般在 $6\sim10dB$。对于一般室内混响声只能在直达声的基础上增加 $4\sim12dB$。而吸声则是减弱反射声的作用，因此，吸声处理最多只能取得 $4\sim12dB$ 的降噪效果。在实际工程中，能使室内减噪量达到 $6\sim10dB$ 是比较切实可行的，要想获得更高的减噪效果，困难会大幅度增加，从经济方面考虑，很不合算。

（5）声源　吸声处理适宜噪声源多且分散的室内。若室内有较多噪声源，且分散布置，当对每一噪声源都采取噪声控制措施（如隔声罩等）困难会较多，可以配合采用吸声措施，将会收到良好的降噪效果。

### 2. 吸声技术的应用场合

吸声法适用于混响声为主的情况。如在车间体积不太大，内壁吸声系数很小，混响声较强，接受者距离声源较远时，可以采用吸声处理来获得较理想的降噪效果。而在车间体积很大的情况下，类似声源在开阔空间辐射噪声或接受者距离声源较近，直达声占优势时，吸声效果不会明显。

## 四、吸声降噪设计

### （一）吸声降噪的设计程序

室内采取吸声降噪措施，其设计步骤与一般噪声控制工作步骤大致相同。

① 详细了解待处理房间的噪声级和频谱。首先了解车间内各种机电设备的噪声源资料，如资料不全可进行实测及估算，求出车间有关测点的噪声级及频谱图。

② 根据有关噪声标准，确定各频程所需的降噪量。

③ 估算或进行实际测量要采取吸声处理车间的吸声系数（或吸声量）。求出吸声处理需增加的吸声量或平均吸声系数。

④ 选取吸声材料的种类及吸声结构类型，确定吸声材料的厚度、容重、吸声系数，计算吸声材料的面积和确定安装方式等。

### （二）吸声降噪的设计计算

### 1. 房间平均吸声系数的确定

房间内各反射面的吸声系数可能不一样，设房间内不同反射面的吸声系数和面积分别为 $\alpha_1$、$\alpha_2$、$\alpha_3$、$\cdots$、$\alpha_n$ 和 $S_1$、$S_2$、$S_3$、$\cdots$、$S_n$，那么房间平均吸声系数 $\bar{\alpha}$ 可按下式计算：

$$\bar{\alpha} = \frac{\sum\limits_{i=1}^{n} S_i \alpha_i}{\sum\limits_{i=1}^{n} S_i} \tag{1.66}$$

## 2. 房间内声压的计算

房间内噪声的大小和分布与房间形状、墙壁、地面、天花板等室内固有的吸声特性及噪声源的位置和性质有关。有关房间内某一点的噪声是由直达声与反射声两部分构成的。

直达声的声压级（dB）由下式计算：

$$L_P = L_W + 10 \lg \left( \frac{Q}{4\pi r^2} + \frac{4}{R} \right) \tag{1.67}$$

式中，$L_P$ 为房间内某一接受点的声压级；$L_W$ 为噪声源的声功率级，dB；$\frac{Q}{4\pi r^2}$ 为表示直达声场的作用；$R$ 为接受点与噪声源的距离，m；$4/R$ 为表示混响声场（反射）的作用；$Q$ 为声源的指向性因素，当声源位于室内中心时，$Q=1$；当声源位于室内地面或墙面中心时，$Q=2$；当声源位于室内某一边线中心时，$Q=4$；当声源位于室内某一角落时，$Q=8$；$R$ 为房间常数，$\text{m}^2$，$R = \frac{S\bar{\alpha}}{1-\bar{\alpha}}$。

## 3. 混响时间计算

由于房间内的混响现象，房间内声场的声能在声源停止发声后衰减的快慢可用混响时间来表示。在总体积为 $V$ 的房间内，当声源停止发声后，声能密度下降为原有数值得百万分之一，即声压级衰减 60dB 所需要的时间，用 $T_{60}$ 表示，单位为秒（s），其可用赛宾公式进行计算：

$$T_{60} = \frac{0.161V}{S\bar{\alpha}} \tag{1.68}$$

由该式可以看出，在房间体积一定时，因为吸声量是 $S$ 和 $\alpha$ 的乘积，所以 $A$ 和 $\alpha$ 越大，$T_{60}$ 越小。

## 4. 吸声降噪量的计算

设处理前房间平均吸声系数为 $\bar{\alpha_1}$，声压级为 $L_{P1}$，房间常数为 $R_1$，吸声处理后为 $\bar{\alpha_2}$，声压级降为 $L_{P2}$，则降噪量 $\Delta L_P$ 为

$$\Delta L_P = L_{P1} - L_{P2} = \left[ L_W + 10 \lg \left( \frac{Q}{4\pi r^2} + \frac{4}{R_1} \right) \right] - \left[ L_W + 10 \lg \left( \frac{Q}{4\pi r^2} + \frac{4}{R_2} \right) \right]$$

$$= 10 \lg \frac{\frac{Q}{4\pi r^2} + \frac{4}{R_1}}{\frac{Q}{4\pi r^2} + \frac{4}{R_2}} \tag{1.69}$$

# 第六节　噪声控制技术——消声器

消声器是一种允许气流通过，又能有效阻止或减弱声能向外传播，使噪声衰减的装置。它是降低空气动力性噪声的主要技术措施，一般安装在气流通过的管道中或进、排气口上，有效地降低空气动力性噪声。

消声器的类型很多，按降噪原理和功能一般可分成阻性消声器、抗性消声器、微穿孔板消声器和扩散消声器。

一个理想的消声器应满足以下要求：①在使用现场的正常工作状态下，具有良好的吸声性能；②要有良好的空气动力性能，阻力损失要控制在一定范围内，不影响空气动力设备的正常工作；③体积小、质量轻、结构简单，便于安装和维修；④空间摆放要合理；⑤价格便宜，经久耐用。

## 一、消声器声学性能

衡量消声器的声学性能常用插入损失、传声损失、轴向声衰减及声压级差四个评价量进行评价。

### 1. 插入损失

指一管道系统安置消声器前后，在相同条件的固定点测得的声压级之差或声功率级之差，其关系式为：

$$L_{IL}=L_{P1}-L_{P2} \tag{1.70}$$

式中，$L_{IL}$ 为消声器的插入损失，dB；$L_{P1}$，$L_{P2}$ 分别为装消声器前后某定点的声压级，dB。

插入损失是现场测量消声器消声量最常用的一种方法。它的优点是比较直观，测量简单。但它不仅决定于消声器的性能，而且与声源、末端负载以及系统总体装置的情况关系密切，因此，适于在现场测量中用来评价安装消声器前后的综合效果。

### 2. 传声损失

入射于消声器前的声功率 $W_1$ 与透过消声器后声功率 $W_2$ 之比，取以常用对数并乘以10，其表示式为：

$$L_{TL}=10\lg\frac{W_1}{W_2}=L_{W1}-L_{W2} \tag{1.71}$$

式中，$L_{TL}$ 为消声器的传声损失，dB。

传递损失反映的是消声器固有的特性，与声源、末端负荷等因素无关，因此，该评价量适于理论分析计算和在实验室中检验消声器本身的消声特性。

### 3. 轴向声衰减

主要用来描述消声器内声传播的声衰变特性，通常以消声器单位长度的声衰减量（dB/m）来表征。此法只适用于声学材料在较长管道内连续而均匀分布的直通管道的消声器。

### 4. 声压级差

又称末端声压级差或噪声降低量。系指消声器进口和出口端截面上的平均声压级差。常用于测量已安装好的消声器的消声量，其表示式为：

$$\Delta L_P=\bar{L}_{P1}-\bar{L}_{P2} \tag{1.72}$$

式中，$\Delta L_P$ 为消声器进出口端的声压级差，dB；$\bar{L}_{P1}$，$\bar{L}_{P2}$ 分别为消声器进口和出口端截面上的平均声压级，dB。

这种测量方法容易受气候条件、背景噪声等影响，现在已很少用。

## 二、消声器的设计

消声器的设计基本上可以分成噪声源的声频谱分析、消声量的计算、消声器类型选取及设计效果检验四个步骤。

### 1. 噪声源的声频谱分析

通常需测定 $63\sim8000\text{Hz}$ 范围内倍频程的 8 个频带声压级和计权 A 声级。如果噪声中含有明显的纯音成分，则需做 1/3 倍频程或更窄频带的频谱分析。

### 2. 计算所需消声量 $\Delta L$

对于不同的频带消声量要求是不同的，应分别按下式进行计算：

$$\Delta L=L_{Ps}-\Delta L_d-L_{Pr} \tag{1.73}$$

式中，$L_{Ps}$ 为噪声源某一频带的声压级，dB；$\Delta L_d$ 为无消声措施时，从声源至控制点经相应频带自然衰减所降低的声压级，dB；$L_{Pr}$ 为控制点对相应频带所允许的噪声标准值，dB。

消声量也可以按下列公式进行估算。

（1）赛宾（H. J. Sabine）轴向声衰减量经验公式

$$\Delta L = 1.05 \times \bar{\alpha}^{1.4} \frac{Pl}{S} \tag{1.74}$$

式中，$\Delta L$ 为长度为 $l$ 的轴向声衰减量，dB；$\bar{\alpha}$ 为无规入射的平均吸声系数；$P$ 为消声通道上敷设吸声材料后的截面有效周长，m；$l$ 为消声器的有效长度，m；$S$ 为消声器辐射吸声材料后的通道截面积，$m^2$。

该式只能用于静态条件下，管内传播的声波是平面波，即必须满足 $l/\lambda < 0.5$ 或 $D/\lambda > 0.3$（$l$ 和 $D$ 分别为长方形截面最大一边尺寸和圆管截面的半径）时才可靠，随着比值的增大，准确性渐差。

（2）A·H 彼洛夫（А·Н·Велов）公式，其 $l$ 长的轴向声衰减量为：

$$\Delta L = \varphi(\alpha_0) \times \frac{Pl}{S} \tag{1.75}$$

$$\varphi(\alpha_0) = 4.34 \frac{1 - \sqrt{1 - \alpha_0}}{1 + \sqrt{1 - \alpha_0}} \tag{1.76}$$

式中，$\alpha_0$ 为吸声材料的正入射吸声系数。

式（1.75）的适用条件大体上与式（1.74）相同。由计算公式指出，要使 $\Delta L$ 值增大，应选用吸声系数较大的材料，并增加周长与截面积之比（其比值以长方形为佳，圆形最小）和加长消声器长度。

**3. 消声器类型选取**

根据各频带所需的消声量来选择不同类型的消声器，在选消声器类型时，应综合考虑各项因素，并予以权衡后确定。

**4. 设计效果检验**

检验实际装置消声器的消声效果，观察是否达到了预期的要求，如未达到，则需进一步分析原因，修改或另选消声器。

## 三、阻性消声器

### （一）原理及结构特点

**1. 消声原理**

阻性消声器是利用吸声材料消声的。把吸声材料固定在气体流动的管道内壁，或按一定的方式在管道中排列起来，就构成了阻性消声器。声波进入消声器后，引起吸声材料的细孔或间隙内空气分子的振动，使一部分声能由于小孔的摩擦和黏滞而转化为热能，使声波衰减。与电学类比，吸声材料相当于电阻，因此称为阻性消声器。

**2. 结构形式及适用范围**

阻性消声器的结构形式很多，按通道几何形状分为管式、片式、蜂窝式、折板式及迷宫式等。其结构、特性及适用范围见表 1.19 所列。

**3. 特点**

阻性消声器的特点是结构简单、加工容易，对高、中频噪声有较好的消声效果。其缺点是在高温、水蒸气以及对吸声材料有侵蚀作用的气体中使用寿命较短；另外，它对低频噪声消声效果较差。

**表 1.19　阻性消声器的结构和性能**

| 名称 | 图　　例 | 消声频率 | 阻　力 | 流速/(m/s) | 适用范围 |
|------|----------|----------|--------|------------|----------|
| 管式 | | 中 | 小 | <15 | 中小型风机进排气消声 |
| 片式 | | 中 | 小 | <15 | 大中型风机进排气消声 |
| 蜂窝式 | | 中 | 小 | <15 | 中型风机进排气消声 |
| 折板式 | | 中高 | 中 | <10 | 大中型风机进排气消声 |
| 迷宫式 | | 中高 | 大 | <5 | 小型风机进排气消声 |
| 声流式 | | 中高 | 大 | <20 | 大、中型风机排气消声 |

## （二）影响阻性消声器性能的因素

### 1. 频率的影响

消声器的消声量大小还与噪声的频率有关。对于单通道直管的消声器，它的通道截面不宜过大，否则，声波频率高到某一频率之后，声波以窄束状从通道穿过，不与或很少与吸声材料作用，因而造成高频消音效果显著下降。把消音量开始下降的频率称为高频失效频率（Hz），其经验计算式为：

$$f_失 = 1.85 \times \frac{c}{\overline{D}} \tag{1.77}$$

式中，$c$ 为声波速度，m/s；$\overline{D}$ 为消声器通道的当量直径，对于圆截面通道即为直径，m。

当频率高于失效频率 $f_失$ 以后，每增加一个倍频带，其消声量约下降 1/3，这个高于失效频率的某一频率的消声量可用下式估算：

$$\Delta L' = \frac{3-n}{3} \Delta L \tag{1.78}$$

式中，$\Delta L'$ 为高于失效频率的某一倍频带的消声量，dB；$n$ 为高于失效频率的倍频程带数；$\Delta L$ 为失效频率处的消音量，dB。

由于高频失效，设计消声器时，当消声器通道管径小于 300mm 时，可设计成直管式单通道；当管径介于 300~500mm 时，可在通道中加一片吸声层；当管径大于 500mm 时，消声器可设计成片、蜂窝式、折板式、声流式和迷宫式等。

由于高频失效的存在，所以在设计消声器时，对于小风量的细管道，可选用直管式；对于较大风量的粗管道则采用多通道形式。

在采用吸声片、蜂窝式、折板式、声流式和迷宫式等形式的消声器时，它们可显著地提高高频消声效果，但对低频噪声消音效果不大，同时增加阻力损失，影响消声器的空气动力性能。因此，要依照现场的使用情况而定。

**2. 气流的影响**

气流对消声器声学性能的影响，主要表现在两方面：一是气流会引起声传播和衰减规律变化；二是气流在消声器内产生"气流噪声"。

气流噪声主要由两方面引起的，一方面是气流经过消声器时因局部阻力和摩擦阻力形成湍流产生噪声；另一方面是高速气流激发消声器构件振动而辐射的噪声。

气流噪声在很大程度上取决于气流流动速度。流速越大，气流再生噪声也越大。从而影响消声器的声学性能，致使消声器达不到其消声目的。

根据实验研究和实验证实，气流再生噪声可由下式估算：

$$L_{oa} = (18 \pm 2) + 60 \lg v \tag{1.79}$$

式中，$L_{oa}$ 为气流再生噪声，dB（A）；$v$ 为消声器通道内的流速，m/s。

气流再生噪声通常是低频噪声，试验表明，随着频率的增高，声级逐渐下降，每增加一个倍频程声功率大约下降 6dB，表 1.20 表示出由试验得到的在不同流速下各频带的再生噪声数值，可供设计时参考。

表 1.20　不同流速下各频带气流再生噪声数值

| 流速/(m/s) | 不同频率下的噪声值/dB | | | | | |
| --- | --- | --- | --- | --- | --- | --- |
| | 250Hz | 500Hz | 1000Hz | 2000Hz | 4000Hz | 8000Hz |
| 5 | 62 | 58 | 51 | 47 | 40 | 31 |
| 10 | 80 | 76 | 69 | 65 | 58 | 49 |
| 15 | 91 | 87 | 80 | 75 | 65 | 59 |
| 20 | 98 | 95 | 87 | 83 | 76 | 67 |
| 25 | 104 | 101 | 93 | 89 | 82 | 72 |
| 30 | 109 | 105 | 98 | 93 | 86 | 77 |
| 35 | 113 | 109 | 102 | 97 | 90 | 81 |
| 40 | | 113 | 105 | 101 | 94 | 85 |

**（三）阻性消声器的设计**

阻性消声器的设计一般要注意以下几点。

（1）合理选择消声器的结构形式　阻性消声器宜消除中、高频噪声。为防止高频失效，当按前述的消声器通道截面直径小于 300mm，采用单管直通道；当通道截面直径大于 300mm 时，在管中间设置吸声片、吸声芯。通道截面直径大于 500mm 时，可采用片式、蜂窝式及其他形式。

（2）合理确定消声器的长度　增加消声器的有效长度，可以提高消声量。这里根据噪声源声级的大小和现场减噪的要求决定。一般风机、电机的消声器长度为 1～3m，特殊情况时为 4～6m。

（3）合理使用吸声材料　阻性消声器是由吸声材料制造成的，吸声材料的性能决定消声器的消声频率特性和消声量。除考虑吸声性能外，还要考虑高温、潮湿等特殊环境。

（4）合理选择吸声材料的护面结构　阻性消声器的吸声材料是在气流流动下工作的，所以吸声材料要用牢固的护面结构如用玻璃布、穿孔板或铁丝网等固定，如果护面结构不合理，吸声材料会被气流吹跑或者使护面结构产生振动，导致消声器性能的下降。护面结构的形式取决于消声器通道内的气流速度，表 1.21 为不同流速下吸声材料的护面结构。图中"平行"表示吸声材料与气流平行；"垂直"则表示吸声材料与气流方向垂直。

表 1.21　不同流速下吸声材料的护面结构

| 气流流速 | | 护面结构形式 | 气流流速 | | 护面结构形式 |
|---|---|---|---|---|---|
| 平行/(m/s) | 垂直/(m/s) | | 平行/(m/s) | 垂直/(m/s) | |
| 10 以下 | 7 以下 | 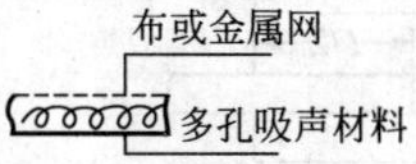 布或金属网<br>多孔吸声材料 | 23～45 | 15～38 |  穿孔金属板<br>玻璃布<br>多孔吸声材料 |
| 10～23 | 7～15 | 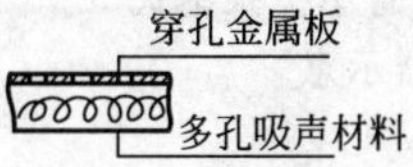 穿孔金属板<br>多孔吸声材料 | 45～120 | |  多孔吸声材料<br>钢丝棉<br>多孔吸声材料<br>多孔吸声材料 |

（5）考虑高频失效和气流再生噪声的影响　除考虑消声器的结构及截面尺寸，还应控制消声器内流速。

## 四、抗性消声器

抗性消声器借助管道截面的突变或旁接共振腔，利用声波的反射或干涉来达到消声的目的。抗性消声器种类很多，常见的有扩张室式和共振腔式两种。

### （一）扩张室式

#### 1. 单节扩张室式消声器

扩张室式消声器也称膨胀室式消声器。最简单的形式是由一个扩张室和连接管组成，结构如图 1.26 所示。其消声量 $\Delta L$ 由下式求出：

$$\Delta L = 10 \lg\left[1 + \frac{1}{4}\left(m - \frac{1}{m}\right)^2 \sin(KL)\right] \qquad (1.80)$$

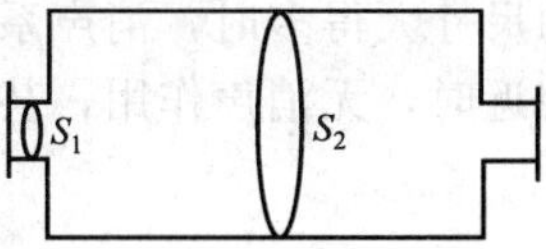

式中，$\Delta L$ 为消声量，dB；$m$ 为扩张比，$m = S_2/S_1$（分别为管和室的截面积）；$K$ 为波数，$K = 2\pi/\lambda$；$L$ 为扩张室的长度，m。

图 1.26　单节扩张式消声器

一定的 $K$ 值相当于一定的频率，由此可计算出各频率下噪声的降低值。

由此可见，消声量的大小由 $m$ 决定，其频率特性由扩张腔长度 $L$ 决定，因 $\sin(KL)$ 为周期性函数，故 $L_{TL}$ 也随 $KL$ 作周期变化。当长度 $L$ 已定，则 $L_{TL}$ 随 $m$ 而增大。

这类消声器有一定的 $L_{TL}$ 峰和谷值频率。

① 当 $KL$ 为 $\pi/2$ 的奇数倍，即 $L = \lambda/4$ 的奇数倍时，传声损失 $\Delta L$ 为最大值：

$$\Delta L_{\max} = 10 \lg\left[1 + \frac{1}{4}\left(m - \frac{1}{m}\right)^2\right] \qquad (1.81)$$

可见增大扩张比可以增大消声量。当 $m$ 大于 5 时，可以近似地取：

$$\Delta L_{\max} = 20 \lg\frac{m}{2} = 20 \lg m - 6 \qquad (1.82)$$

② 当 $KL$ 为 $\pi/2$ 的偶数倍，即 $L = \lambda/2$ 的整数倍时，消声器最小的传声损失值 $L_{TL\min}$ 趋近 0，无消声效果。这一波长的相应频率称通过频率。

#### 2. 多扩张室式消声器

如上所述，单扩张室式消声器的消声特性如图 1.27 的实线所示。

即当 $L = \lambda/2$ 或其整数倍时，消声量等于零。为了改变这种情况，可采用内插管的方法，即一端插入 $L$ 的 1/2 长，另一端插入 1/4，如图 1.28 所示，这样可以消除通过频率，得到较平坦的消声特性曲线。

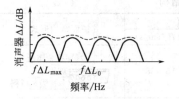

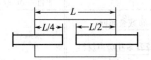

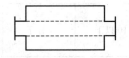

图 1.27　单扩张室式消声器　　　图 1.28　内插管单扩张室式　　　图 1.29　改良的扩张室式
　　　　的消声特性　　　　　　　　　　消声器示意　　　　　　　　　消声器示意

为了提高扩张室式消声器的消声效果，改善空气动力特性，可把内插管用穿孔管（穿孔率高于 30%）连接起来，如图 1.29 所示。

多节扩张室消声器的总消声量，理论计算较为繁琐，故一般仍按各级单独使用时的消声量以算数相加的方法做粗略的估计。

（1）扩张室式消声器的上界失效频率 $f_H$　　当 $m$ 增大到某一值时，会产生与阻性消声器相似的高频失效现象，即声波形成"束状"通过扩张室，消声效果将急速下降，上界失效频率 $f_H$ 阻性消声器相近，即：

$$f_H = 1.22 \frac{C}{D} \tag{1.83}$$

式中，$C$ 为声速，m/s；$D$ 为扩张室的当量直径，m。

（2）扩张室式消声器的下界失效频率 $f_L$　　在很低频率区域，当波长比扩张室和进出口的尺寸大得多时，消声系统为集总声学元件构成的声振系统。当声波与此系统的共振动频率相近时，无消声作用，甚至会扩大噪声，此频率为下界截止频率 $f_L$：

$$f_L = \frac{\sqrt{2}C}{2\pi} \sqrt{\frac{S_1}{Vl}} \tag{1.84}$$

式中，$l$ 为腔室长度，m；$C$ 为声速，m/s；$S_1$ 为进出端连接管的截面面积，$m^2$；$V$ 为扩张室容积，$m^3$。

（3）气流的影响　　当气流达到一定流速时，消声量将下降，此时，可按下式计算：

$$\Delta L = 10 \lg \left[ 1 + \left( \frac{m_e^2}{2} \right)^2 \sin^2 KL \right] \tag{1.85}$$

式中，$m_e$ 为等效扩张比，当流速的马赫数 $M < 1$ 时，若为扩张室，则 $m_e = \dfrac{m}{1 + mM}$。

**3. 扩张式消声器的设计**

① 根据声源的频谱特性，合理地分布最大消声频率，并以此来确定各节扩张室及其插入管的长度。插入管的长度一般按 1/4 和 1/2 腔长设计。

② 根据需要的消声量和气流速度，确定扩张比 $m$，设计扩张室隔部分截面尺寸。在允许的范围内，尽量使 $m$ 大些。当通道直径较大时，$5 < m < 9$；当通道直径较小时，$16 < m < 20$。

③ 检验所设计的扩张室消声器的上、下限截止频率，使其在所需要的范围以外。

④ 检验在给定气体流速下的消声值，使其能够满足要求。

**（二）共振消声器**

共振消声器主要利用共振吸收原理进行消声。其大小与颈中空气柱的振动速度有关。当外来声波的频率与消声器的共振频率相同时，就产生共振。在共振频率及附近，空气振动速度达到最大值。共振消声器示意见图 1.30。

### 1. 消声原理

共振消声器实质是共振吸声结构的一种应用，其基本原理基于亥姆霍兹共振器。管壁小孔中的空气柱类似活塞，具有一定的声质量，密闭空腔内空气对声质量起着弹簧的作用，两者组成一个共振系统。当声波传至颈口时，在声压作用下空气柱产生振动，振动时的摩擦阻尼使一部分声能转化为热能散失掉，另一部分声能被返回声源。当声波频率与共振腔固有频率一致时，便形成共振系统，空气柱振动速度达到最大值，此时声能消耗量达到最大。

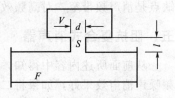

图 1.30　共振消声器示意

### 2. 消声量的计算

当声波波长大于共振强消声器的最大尺寸的 3 倍时，共振消声器的共振频率 $f_0$ 为：

$$f_0 = \frac{C}{2\pi}\sqrt{\frac{S}{L_K V}} \tag{1.86}$$

式中，$f_0$ 为共振消声器的共振频率，Hz；$L_K$ 为颈的有效长度，$L_K = L + 0.8d$，cm；$d$ 为颈的直径，cm；$L$ 为颈的实际长度，cm；$V$ 为空腔的体积，$cm^3$；$S$ 为颈口面积，$S = \pi d^2/4$，cm；$C$ 为声速，一般取 3400，cm/s。

其消声量为：

$$\Delta L = 10 \lg\left[1 + \left(\frac{f \times f_0 \times K}{f^2 - f_0^2}\right)^2\right] \tag{1.87}$$

其中

$$K = \frac{\sqrt{GV}}{2F}$$

$$G = \frac{ns}{t + 0.8d}$$

式中，$F$ 为通道截面积，$m^2$；$f$ 为外来声波频率，Hz；$n$ 为孔数。

式(1.87)是纯音计算的消声值。在实际工程中常需计算某一频率的消声量，故设 $K = \frac{\sqrt{GV}}{2F}$，则倍频带和 1/3 倍频带消声量分别由以下两式估算：

$$\Delta L = 10 \lg(1 + 2K^2) \tag{1.88}$$

$$\Delta L = 10 \lg(1 + 20K^2) \tag{1.89}$$

不同频带的消声量（dB）与 $K$ 值关系可查表 1.22。

表 1.22　不同频带的消声量与 $K$ 值的关系

| 频带类型 ＼ $K$ | 0.2 | 0.4 | 0.6 | 1.0 | 2.0 | 3.0 | 4.0 |
|---|---|---|---|---|---|---|---|
| 倍频带 | 0.33 | 1.2 | 2.4 | 4.8 | 9.5 | 12.8 | 15.2 |
| 1/3 倍频带 | 2.5 | 6.2 | 9.0 | 13.2 | 19 | 22.6 | 25.1 |

### 3. 共振消声器的设计

① 根据需要算出 $K$ 值。

② 求出共振腔的体积 $V$、传导率 $G$，使其达到 $K$ 值得要求。

③ 确定消声器的几何尺寸。共振腔形式、尺寸、孔径、板厚和穿孔数都具有不确定性，它们之间有很多组合。在实际设计中，应根据现场条件和所用的板材，事先确定几个量，如孔径、腔深等，然后再设计其他参数。

抗性消声器具有良好的消除低频噪声的性能，而且能在高温、高速、脉动气流下工作。

缺点是消声频带窄，对高频效果较差。

## 五、阻抗复合式消声器

从前面所述内容中得知，阻性消声器对中、高频噪声消声效果好，抗性消声器对中、低频噪声消声效果好，如果将二者结合起来使用，将会使消声器的频带范围拓宽，于是产生了该种消声器。

阻抗复合消声器是由阻性消声器与抗性消声器复合而成，是工程实践中经常应用的消声器。其特点是消声量大，消声频带宽。常用的形式有：阻性-扩张室复合式、阻性-共振腔复合式及阻性-扩张室-共振腔复合式等。图1.31给出了几种阻抗复合消声器的示意图，其中，(a)、(b)为扩张室-阻抗复合消声器；(c)、(d)为共振腔-阻抗复合消声器；(e)、(f)为穿孔屏-阻抗复合消声器。

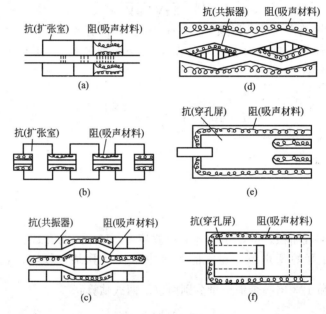

图1.31　几种阻抗复合消声器示意图

阻抗复合消声器的消声机理不能简单地认为是阻性和抗性原理的结合。当声波波长较长时，因耦合、干涉等因素的影响，声波的传播过程非常复杂，很难用上述机理进行解释。在实际应用中，一般通过试验或实际测量的方法确定阻抗复合消声器的消声量。

由于阻抗复合消声器中使用了吸声材料，因此在高温（特别是有火时）、蒸气侵蚀和高速气流冲击下使用寿命较短。

## 六、微穿孔板消声器

这是利用微穿孔板吸声结构制成的一种新型消声器。我国20世纪70年代末研制成功。为一种新型消声器。特点是可以不用任何多孔材料，而且在厚度小于1mm的薄板上开适量的微孔，由理论分析可知，声阻与穿孔板上的孔径成反比。与一般的穿孔板相比，因孔较小，声阻就很大，从而提高了结构的吸声系数（孔径一般为0.8～1mm，穿孔率一般控制在1%～3%）。较之共振消声结构，减少了孔径，扩大了气流通道上穿孔的数量与范围，声阻提高，消声频带增宽。同时因穿孔率很低，降低了其声质量，因而也拓宽了吸声频带的宽度。

**1. 结构特性与分类**

微穿孔板声学结构在消声技术领域有十分广泛的应用，利用微穿孔板声学结构设计制造的微穿孔板消声器种类繁多，最简单的是直管式消声器，而多数是阻抗复合式消声器。微穿孔板消声器用金属穿孔薄板制成，常见的微穿孔板可用钢板（管）、不锈钢板（管）、合金板（管）等材料制作，由于微穿孔板后的空气层内可填装多孔性岩棉材料，即利用吸声材料的阻性吸声原理，进一步达到降噪消声目的。其吸声系数高，吸收频带宽，压力损失很小，气流再生噪声低，且易于控制。为获得宽频带高吸收效果，一般用双层微穿孔板结构。微穿孔板与外壳之间以及微穿孔板之间的空腔尺寸大小按需要吸收的频带不同而异，吸收低频、中频、高频时，空腔尺寸依次为 150～200mm、80～120mm 和 30～50mm，双层结构的前腔深度一般应小于后腔，前后腔深度之比不大于 1∶3，前部接近气流的一层微穿孔板穿孔率应高于后层，为减小轴向声传播的影响，可在微穿孔板消声器的空腔内每隔 500mm 左右加一块横向隔板。

若采用薄金属板，则具有耐高温、防湿、防火、防腐等独特的优点，适用性强且还适宜在高速气流流场中使用，例如放空排气、内燃机、空压机等排气系统，压力损失极小。

图 1.32(a) 是最简单的筒式微穿孔板消声器，常用金属板厚为 1mm，穿孔率为 1%～3%，孔径 1mm 以下，腔深根据共振频率的要求计算而得。

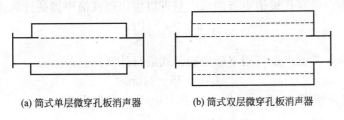

(a) 筒式单层微穿孔板消声器　　　(b) 筒式双层微穿孔板消声器

图 1.32　微穿孔板消声器示意图

图 1.32(b) 是简单的筒式双层微穿孔板消声器。组成气流通道的金属微穿孔板，称为第一层。最外层密闭的钢板，称为外壳。在两端部第一层微穿孔板与外层之间，用预定形状的钢板堵截焊牢，构成密闭的空腔。在第一层微穿孔板与其外壳之间，再加一道微穿孔板，称为第二层。一、二层之间所占有的空间，称为前腔，二者之间的垂直距离，称为前腔腔深。第二层微穿孔板与外壳之间所占有的空间，称为后腔，二者之间的垂直距离，称为后腔腔深。前、后腔腔深，皆视所需降噪噪声的共振频率而定。

与其他类型消声器相比，微穿孔板消声器有以下优点：适用于要求阻损小的设备。微穿孔板上的孔径小，外表整齐平滑，因此空气动力学性能好，阻损小；气流再生噪声低，允许有较高的气流速度。试验证明，消声量与流速有关，与消声器温升无关。流速增高，气流再生噪声提高，消声性能下降，金属微穿孔板消声器可承受较高气流速度的冲击，当流速达到 70m/s 时，仍有 10dB 以上的消声量。这也是微穿孔板消声器优于一般阻性消声器的又一重要特点；可用于对卫生环境要求严格的行业。不使用多孔吸声材料，没有纤维粉尘的泄漏，卫生环境好；可用于一些恶劣环境中。一些微穿孔板用金属制成，可用于高温、潮湿、有腐蚀或有短暂火焰的环境中。

**2. 设计与计算**

(1) 微穿孔板的设计　微穿孔板消声器除用微穿孔板结构代替阻性吸声材料外，其余均与阻性消声器相同。在空腔厚度上，前后腔可相同，也可不同，一般比值低于 1.3。在穿孔率上，以前层略高于后层为宜。结构形式的选择与阻损要求有关。当可以有一定的阻损时，可采用声波式或多室式；当要求阻损不能太大时，可设计成直通道形式。

（2）消声量的计算　单层管式微穿孔板消声器是一种共振式的吸声结构。对于低频消声，当声波波长大于共振腔（空腔）尺寸时，可以应用共振消声器计算式（1.90）来计算微穿孔板消声器的消声量 $L_{TL}$：

$$L_{TL} = 10 \lg \left\{ 1 + \frac{a + 0.25}{a^2 + \left[ b^2 \Big/ \left( \dfrac{f}{f_0} - \dfrac{f_0}{f} \right)^2 \right]} \right\} \tag{1.90}$$

式中，$a = rS$；$b = \dfrac{SC}{2\pi f_0 V}$；$r$ 为相对声阻；$S$ 为通道截面积，$m^2$；$V$ 为板后空腔体积，$m^3$；$C$ 为空气中的声速，$m/s$；$f$ 为入射声波频率，$Hz$；$f_0$ 为共振频率，$Hz$，可按下式计算：

$$f_0 = \frac{C}{2\pi} \sqrt{\frac{p}{\left( t + 0.8d + \dfrac{PD}{3} \right) D}} \tag{1.91}$$

式中，$t$ 为微穿孔板的厚度，$m$；$p$ 为穿孔率，$\%$；$d$ 为板后空腔深度，$m$；$D$ 为穿孔孔径，$m$。

对于中频消声，微穿孔板消声器的消声量可以应用阻性消声器的计算式进行计算：

$$L_{TL} = \varphi(\alpha_0) \frac{PL}{S} \tag{1.92}$$

对于高频消声，其消声量可用下面经验公式进行计算：

$$L_{TL} = 75 - 34 \lg v \tag{1.93}$$

式中，$v$ 为气流速度，$m/s$，一般不高于120m/s，不低于20m/s。

## 七、扩散消声器

小喷口高压排气或放空（如汽轮机厂的高压蒸汽排放和石油化工厂大油气管放空）所产生的强烈的空气动力性噪声在工业生产中普遍存在，这类噪声具有声级高、频带宽、传播远、危害大等特点，严重污染环境。

**1. 扩散消声器原理**

扩散消声器原理是通过增加排气面积、降低排气压力、提高噪声的频率范围等方式达到消声降噪的目的。

**2. 扩散消声器的分类**

扩散消声器按其原理可分为小孔喷注、多孔扩散和节流降压三种形式。扩散消声器具有宽频带消声特点。

（1）小孔喷注消声器　其原理是从发生机理上降低噪声，而不是噪声产生后把它减弱或消除。其特点是体积小、质量轻、消声量大，主要用于热电厂不同压力锅炉蒸汽的排空及空压机的排气。

（2）多孔扩散消声器　随着材料工业的不断发展，已研发出很多新材料，并开发出很多新用途，包括控制各种空气动力性噪声。这些材料孔隙微小，孔隙率大，当气流通过这些材料制成的消声器时，排放气流被剪切成无数个小气流，这样，气体压力被降低，流速被减弱，辐射噪声的强度自然会降低。同时，这类材料自身也具有一定的吸声作用，也会进一步降低噪声。

（3）节流降压消声器　节流降压原理告诉我们，当高压气流流过具有一定流通面积的节流孔板时，压力会降低，基于此，人们通过将多级节流孔板串联，就可以将一次性的高压气体的排放分散成为渐变压降的多次排放。因噪声排放功率正比于压降的高次方，所以通过将压力突然排放改为压力渐变排放，便可取得消声效果，节流降压消声器就是这样制成的。

# 第七节　噪声控制技术——隔声

隔声就是把发声的物体，或把需要安静的场所封闭在一个小的空间（如隔声罩及隔声间）中，使其与周围环境隔绝起来。隔声是一般工厂控制噪声的最有效措施之一。

根据声波传播方式，隔声可分为空气传声隔绝和固体传声隔绝两种。此处仅介绍前者。

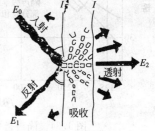

图 1.33　隔声原理示意图

空气隔声的原理是：声波在通过空气的传播途径中，碰到一匀质屏蔽物时，由于两分界面特性阻抗的改变，使得一部分声能被屏蔽物反射回去，一部分声能被屏蔽物吸收，还有一部分声能透过屏蔽物传到另一空间去（图 1.33），显然透过的声能仅是入射声能的一部分，因此，通过设置适当的屏蔽物就可以使大部分声能不能传播出去，进而降低了噪声的传播。隔声的效果用透声系数和隔声量表示。

## 一、隔声性能的评价

### 1. 透声系数

声音在传播过程中，当遇到墙、板等障碍物时，声能 $E_0$ 的一部分 $E_1$ 被反射回去，一部分 $E$ 被吸收，还有一部分 $E_2$ 则透过障碍物（墙或板），传到另外的空间，如图 1.33 所示。

透声系数 $\tau$ 按下式计算：

$$\tau = \frac{E_2}{E_0} \tag{1.94}$$

即

$$\tau = \frac{I_t}{I} = \frac{P_t{}^2}{P^2} \tag{1.95}$$

通常 $\tau$ 是各入射角度透声系数的平均值。

### 2. 隔声量和平均隔声量

一般隔声构件的 $\tau$ 很小，约为 $10^{-5} \sim 10^{-1}$，使用不方便，在实际工程中，常用 $\tau$ 的倒数取对数来表示隔件的隔声性能，以隔声量 $R$（又称传声损失或透射损失 $L_{TL}$）表示，单位为 dB，其数学表达式为：

$$R = -10 \lg\tau \tag{1.96}$$

从上式可知，$\tau$ 值越小，$R$ 值越大，隔声材料的隔声性能越好。通常在中心频率 $100 \sim 3150\text{Hz}$，用 16 个 1/3 倍频程中心频率的隔声量表示，或也可用 $125 \sim 4000\text{Hz}$ 6 个倍频程中心频率的隔声量表示。为了简便也有用各中心频率隔声量的算术平均值表示的，称为平均隔声量。平均隔声量考虑了隔声性能与频率的关系，但仅是求算术平均值，并未考虑人耳听觉的频率特性和材料的频率特性。

### 3. 隔声指数

对不同类型的隔声构件，隔声量虽相同，但其隔声频率特性可能有很大差异，考虑到这一因素，而又需以单一数值表示，ISO/R 717—1968 推荐《居住建筑的隔声评价方法》中，以空气声隔声指数 $I_0$ 作为统一评价指标，图 1.34 给出了用该指数 $I_0$ 评价空气声隔声性能的方法。

先将测得构件的隔声量与按 $I_0$ 折线相同大小的坐标绘成曲线，再将 $I_0$ 折线绘在透明纸

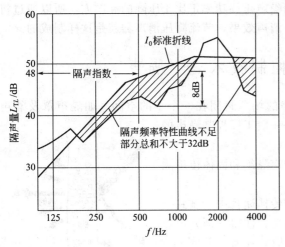

图 1.34　隔声指数计算实例

上，对齐两者频率的纵坐标线，上下移动，使评价曲线满足下述两个条件：①任一个 1/3 倍频程隔声量与相应 $I_0$ 折线值之差值必须小于或等于 8dB；②试件从 100～3150Hz 测量的 1/3 倍频程隔声量总和（图中阴影部分）必须小于相应 $I_0$ 折线之值的总和 32dB，即平均 1/3 倍频程偏差值不大于 2dB。

当满足上述条件时，$I_0$ 标准折线的 500Hz 相应纵坐标的 $L_{TL}$ 读数，即为该构件的隔声指数 $I_0$。

如果用一倍频程隔声曲线，则规定中心频率从 125～4000Hz 各倍频程隔声量小于相应标准折线的总和不得超过 10dB，任一倍频程的最大偏差数不大于 5dB。

**4. 插入损失**

在声场中插入隔声构件前后，声音入射构件的另一侧在同一特定测点位置上的声压级差，称为插入损失，记作 $L_{IL}$，即

$$L_{IL}=L_{P0}-L_{P1} \tag{1.97}$$

这一评价量应用较为广泛，特别适用于现场环境中，对声场环境无特殊要求，其结果又比较直观。插入损失通常在现场用来评价隔声罩、隔声屏等构件的隔声效果。

## 二、单层密实均匀墙的隔声性能

在隔声技术中，通常将板状或墙状的隔声构件称作隔板、隔墙或墙板，简称墙。有的仅有一层墙板作单层墙，也有两层或多层的，层间有空气或其他材料，称作双层或多层墙。

单层密实均匀的隔声构件受声波作用后，其隔声性能一般由构件的面密度、板的劲度、材料的内阻尼、声波的频率决定。

**1. 单层密实均匀的隔声构件的隔声量-质量定律**

理论分析和实验研究表明，单层均质的隔声构件（砖墙、混凝土墙、金属板、木板等），其隔声性能主要是随着构件的面密度和声波的不同而变化的。

单层结构的隔声量可用下列经验公式计算：

$$R=18 \lg m+12 \lg f-25 \tag{1.98}$$

式中，$m$ 为隔声构件的面密度，kg/m$^2$；$f$ 为入射声波的频率，Hz。

由式(1.98) 看出，构件隔声量大小与构件密度和入射声波频率有关。当 $m$ 不变时，$f$ 增加一倍时，其隔声量约增加 3.6dB；当 $f$ 不变时，$m$ 增加一倍，隔声量约增加 6dB，这一关系称为质量定律。

在实际应用中，为了方便起见，通常取 50Hz 和 5000Hz 两频率的几何平均值——500Hz 的隔声量来表示平均隔声量，记作 $R_{500}$。因此，式(1.98) 中频率因素可以不考虑，其隔声量计算式为：

$$当 m>100kg/m^2 \quad R_{500}=18 \lg m+8 \tag{1.99}$$

$$当 m \leqslant 100kg/m^2 \quad R_{500}=13.5 \lg m+13 \tag{1.100}$$

隔声量 $R_{500}$ 值还可由图 1.35 查得。

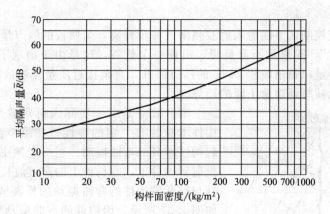

图 1.35　构件面密度与 $R_{500}$ 的关系

**2. 隔声频率特性**

单层密实均匀板材的隔声性能，除与质量（面密度）、劲度、阻尼特性有关外，还与声波的频率有关。图 1.36 较为全面地反映了单层均质构件的隔声频率特性。按频率的不同，可以划分为四个区域：劲度控制区、阻尼控制区、质量控制区以及吻合效应控制区。

（1）劲度控制区　在很低频率范围，即低于墙板的最低减振频率时，$L_{TL}$ 主要由板的劲度所控制。在这个区域中，墙板对声压的反应类似于弹簧，板材的振动速度与板墙劲度和声波频率成反比，因此，通常板的劲度越大隔声量越高。

（2）阻尼控制区（又称板共振区）　当入射波的频率与墙板固有频率相同时，引起振动，进入共振区，共振区的隔声量最小。此时墙板振幅最大，振速最高，因而透射声能急剧增大，隔声量达到最低；当声波频率是共振频率的谐振时，

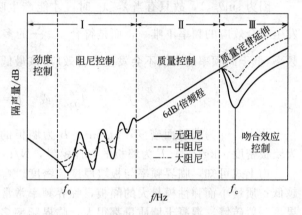

图 1.36　单层匀质墙隔声频率特性曲线

墙板发生的谐振也会使隔声量下降，所以在图中隔声量曲线几次出现极小值。一般把第一个极小值称作第一共振频率。

共振频率与构件的几何尺寸、面密度、弯曲劲度和外界条件有关，对于一般的土建材料（如钢筋混凝土、砖等）构成的墙体，共振频率较低，可以不予考虑；对于金属板等障板，其共振频率可能分布在声频范围内，会影响隔声效果。单层隔声构件共振频率 $f_0$ 可按下式计算：

$$f_0 = 60 \sqrt{\frac{S}{mV}} \tag{1.101}$$

式中，$f_0$ 为共振频率，Hz；$m$ 为单位面积质量，$kg/m^2$；$V$ 为隔声结构的体积，$m^3$；$S$ 为隔声结构的内表面积，$m^2$。

（3）质量控制区　随着声波频率的升高，共振现象逐渐消失，这时在声波的作用下，板墙的隔声量受墙板惯性质量的影响，即进入质量控制区，隔声量按"质量定律"增加，每增加一倍频程，隔声量增加 6dB。这是因为此时声波对墙板的作用如同一个惯性力作用于质量块上，质量块质量越大，惯性也越大，产生的振动速度就越小，其隔

声量越大。

（4）吻合效应控制区　随着入射波频率进一步升高，匀质板的隔声量到达某一频率后不再遵循"质量定律"，隔声量不升反降，出现一个低谷，这是由于出现了吻合效应的结果。越过低谷后，隔声量以每倍频程10dB的趋势回升，直至接近质量控制区的隔声量。增加板的厚度和阻尼可以减缓隔声量下降的趋势。

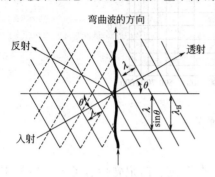

图 1.37　由平面波激发的自由弯曲波

吻合效应是由于实际入射声波来自各个方向，而构件本身具有一定的弹性，如果声波入射其上，将激起构件本身的弯曲振动。当一定频率的声波以入射角 $\theta$ 投射到构件上，在构件上的声波波长 $\lambda$ 的投影 $\lambda/\sin\theta$ 正好与被激发构件的弯曲振动的横波波长 $\lambda$ 产生吻合时，如图 1.37 所示，因构件的弯曲振动致使向另一侧的声能辐射很大，使隔声量大为降低。其吻合表示式为：

$$\lambda_B = \frac{\lambda}{\sin\theta} \tag{1.102}$$

式中，$\lambda_B$ 为结构构件的弯曲波长；$\lambda$ 为空气中声波的波长；$\theta$ 为声波的入射角。

因为 $\sin\theta \leqslant 1$，故只有当 $\lambda \leqslant \lambda_B$ 时，才能产生吻合效应。因构件的 $\lambda_B$ 是一定的，因此，发生吻合效应的频率不唯一，而是符合 $f \geqslant \dfrac{C}{\lambda_B}$ 的多个值。当 $\lambda = \lambda_B$ 时为产生吻合效应的最低频率，低于此频率的声波不会发生吻合效应，该最低频率称为"临界频率"$f_c$。

$$f_c = \frac{C^2}{2\pi}\sqrt{\frac{m}{B}} \quad 或 \quad f_c = 0.551\frac{c^2}{l}\sqrt{\frac{\rho}{E}} \tag{1.103}$$

式中，$m$ 为墙板面密度，$kg/m^2$；$B$ 为墙板的弯曲劲度，$N \cdot m$；$l$ 为墙板厚度，$m$；$\rho$ 为墙板密度，$kg/m^3$；$E$ 为墙板的弹性模量，$N/m^2$。

由上式可知，临界频率与板墙厚度、密度、弯曲劲度等因素有关。墙板越厚，临界频率越低；质量小而弹性模量大的隔板，临界频率常常低到听觉敏感的程度，不利于降低隔声效果。一般砖墙、混凝土墙质量都很大，临界频率多发生在低频段，即在人耳的听阈范围下，人们一般感受不到；而木板、金属板等薄墙板多发生在听阈范围以内，所以感觉到漏声很多。一般在进行墙体设计时，尽可能使吻合效应发生在 100Hz 以下，对于较薄墙板，则应使吻合效应控制在 5000Hz 以上，以求得到良好的隔声效果。为了方便计算，将几种常见材料的密度和弹性模量列于表 1.23。

表 1.23　常见材料的密度和弹性模量

| 材料名称 | 密度 $\rho/(kg/m^3)$ | 弹性模量 $E/(N/m^2)$ | 材料名称 | 密度 $\rho/(kg/m^3)$ | 弹性模量 $E/(N/m^2)$ |
|---|---|---|---|---|---|
| 铝 | $2.7 \times 10^3$ | $7.15 \times 10^{10}$ | 砖 | $1.8 \times 10^3$ | $2.45 \times 10^{10}$ |
| 铸铁 | $7.8 \times 10^3$ | $8.8 \times 10^{10}$ | 混凝土 | $2.6 \times 10^3$ | $2.45 \times 10^{10}$ |
| 钢 | $7.8 \times 10^3$ | $19.6 \times 10^{10}$ | 玻璃 | $2.4 \times 10^3$ | $8.5 \times 10^{10}$ |
| 铅 | $11.3 \times 10^3$ | $1.67 \times 10^{10}$ | 胶合板 | $0.5 \times 10^3$ | $0.36 \times 10^{10}$ |

## 三、双层均质构件的隔声量

按质量定律选用单层墙，若要求 $R$ 值很大，就需要增加墙板的厚度来增加墙板的面密度，但是仅依靠增加墙板的厚度来提高隔声量浪费材料，相应增大造价，且效果不佳。若将实体墙分成为两片独立墙，在墙间留出足够大的空气层，则 $R$ 值将比同样质量的单层墙要高。一般情况下，双层墙比单层墙隔声量大 5～10dB；若达到相同的隔声效果，双层墙仅为单层墙的 1/4～1/3。双层结构之所以比质量相等的单层结构隔声量高，主要原因是双层之间有空气层（吸声材料），当声波透过第一层墙时，由于墙外以及空气层与墙板特性阻抗的不同，噪声声波两次反射，形成衰减，同时空气层对受声波激发振动的结构有缓冲作用和附加吸声作用，使声能得到很大的衰减之后再传到第二层墙的表面上，所以，总的隔声量就提高了。

**1. 双层结构的隔声量**

由质量定律可知，相同材料、相同厚度的两层板材合在一起，隔声量仅比单层板增加 4～8dB。当两层板相距无限远时，隔声量应当加倍，但在实际工程中，两板距离是有限的，其隔声量的增加必然与墙板的面密度空气层状况有关。

双层结构的隔声量可以用下列经验公式计算。

一般情况下，隔声量可由下式计算：

$$R = 18\lg(m_1+m_2) + 12\lg f - 25 + \Delta R \tag{1.104}$$

当 $m_1+m_2 > 100\text{kg/m}^2$ 时，其平均隔声量为：$\overline{R} = 18\lg(m_1+m_2) + 8 + \Delta R$

当 $m_1+m_2 \leqslant 100\text{kg/m}^2$ 时，$\overline{R} = 13.5\lg(m_1+m_2) + 13 + \Delta R \tag{1.105}$

式中，$R$，$\overline{R}$ 分别表示隔声量和平均隔声量，dB；$m_1$，$m_2$ 分别代表双层结构的面密度，$\text{kg/m}^2$；$\Delta R$ 为附加隔声量，dB。

图 1.38 为双层结构附加隔声量与空气层厚度的关系。

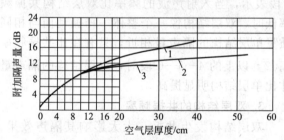

图 1.38 双层结构附加隔声量与空气层厚度的关系

1—双层加气混凝土墙（$m=140\text{kg/m}^2$）；

2—双层无纸石膏板墙（$m=48\text{kg/m}^2$）；

3—双层纸面石膏板墙（$m=28\text{kg/m}^2$）

在工程应用中，由于受空间位置的限制，空气层不能太厚，当取 20～30cm 的空气层时，附加隔声量为 15dB 左右，取 10cm 左右的空气层时，附加隔声量一般为 8～12dB。

和单层结构一样，双层结构也有吻合效应存在。为避免吻合时隔声性能下降，常采用密度不同的结构，使二者的临界频率错开，从而避免在临界频率处吻合效应对双层结构隔声性能的破坏。

为了减少双层结构共振时的透声，提高隔声量，可在双层结构中间的空气层中加入多孔吸声材料。

设计双层结构，除了注意共振及吻合效应外，还应考虑双层结构空腔中的刚性连接。如有刚性连接，前一层结构的声能将通过刚性连接（亦称声桥）传到后一层结构，使空气层的附加隔声量受到严重影响。另外，双层结构采用不同材料时，如果是一层面密度较大，一层密度较小，那么设计时应将材料面密度较小的一层对着噪声源一侧，这样可降低面密度较大的结构的辐射，提高双层结构的隔声效果。常见双层墙的平均隔声量见表 1.24。

**2. 双层结构的隔声特性**

双层结构以空气层作为弹性结构，从而提高了隔声性能。但这种双层墙体和空气层组成的弹性系统也存在不足。当入射声波的频率和构件的共振率 $f_0$ 一致时，就会产生共振，此时构件的隔声量大大降低；只有当入射声波的频率超过 $\sqrt{2}f_0$ 的频率时，双层结构的隔声效果才会明显。

**表 1.24  常见部分双层墙的平均隔声量**

| 材料及构造/mm | 面密度/(kg/m²) | 平均隔声量/dB |
|---|---|---|
| 炭化石灰板双层墙(90+60中空+90) | 130 | 48.3 |
| 炭化石灰板双层墙(120+30中空+90) | 145 | 47.7 |
| 90炭化石灰板+80中空+12厚纸面石膏板 | 80 | 43.8 |
| 90炭化石灰板+80填矿棉+12厚纸面石膏板 | 84 | 48.3 |
| 加气混凝土双层墙(15+75中空+75) | 140 | 54.0 |
| 100厚加气混凝土+50中空+18厚草纸板 | 84 | 47.6 |
| 100厚加气混凝土+50中空+三合板 | 82.6 | 43.7 |
| 50厚合板蜂窝板+56中空+30厚塑料板 | 19.5 | 35.5 |
| 240厚砖墙+80中空内填矿棉50+6厚塑料板 | 500 | 64.0 |
| 240厚砖墙+200中空+240厚砖墙 | 960 | 70.7 |
| 12~15厚钢丝网抹灰双层中填50厚矿棉毡 | 94.6 | 44.4 |
| 双层1厚铝板(70中空) | 5.2 | 30 |
| 双层1厚铝板涂3厚石棉漆(70中空) | 6.8 | 34.9 |
| 双层1厚铝板+0.35厚镀锌铁板(70中空) | 10.0 | 38.5 |
| 双层1厚钢板(70中空) | 15.6 | 41.6 |
| 双层2厚铝板(70中空) | 10.0 | 31.2 |
| 双层2厚铝板填70厚超丝棉 | 12.0 | 37.3 |
| 双层1.5厚钢板(70中空) | 23.4 | 45.7 |

图 1.39 表示出了具有空气层的双层结构的隔声量与频率的关系。

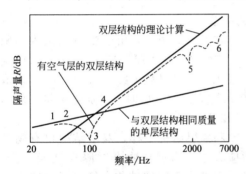

图 1.39  有空气层的双层结构
隔声量与频率的关系

图中 3 点处发生共振，隔声值下降为 0；1—2 段表示，当入射声波的频率比双层结构共振频率低时，双层结构像一个整体一样振动而与相同质量单层结构的隔声量相近，只有在比共振频率高 $\sqrt{2}f_0$ 以上的 4—5—6 段时，双层结构的隔声量才比单层结构明显提高。

**3. 双层结构的共振频率**

双层结构发生共振，大大影响其隔声效果。双层结构的共振频率可由下式计算：

$$f_0 = \frac{1}{\pi}\sqrt{\frac{\rho_0 C^2}{(m_1+m_2)b}} \qquad (1.106)$$

式中，$f_0$ 为共振频率，Hz；$\rho_0$ 为空气密度，常温下为 1.18kg/m³；$C$ 为空气中声速，常温下为 344m/s；$b$ 为空气层厚度，m；$m_1$，$m_2$ 分别表示双层结构的面密度，kg/m²。

一般较重的砖墙、混凝土墙等双层墙体的共振频率低，大多在 15～20Hz，对人们听觉没有多大影响，故共振的影响可以忽略。对于轻薄双层墙，当其面密度小于30kg/m²，而且空气层厚度小于 2～3cm 时，其共振率一般在 100～250Hz，如产生共振，隔声效果极差。因此，在设计薄而轻的双层结构时，要注意避免这一不良现象的发生。在具体应用中，可采取在薄板上涂阻尼涂料或增加两结构层之间的距离等措施来弥补共振频率下的隔声不足。

## 四、多层复合结构

考虑到实际应用中隔声构件不能太重、太厚，常常采用轻质多层复合结构。

多层复合结构是由几层面密度或性质不同的材料组成的复合隔声结构，通常是用非金属或金属的坚实薄材料做护面层，内部覆盖阻尼材料或填入多孔吸声结构，或填充空气层等。

利用多层材料构成的复合墙板，因各层材料声阻抗不匹配，产生分层界面上的多次反射，还因其中阻尼材料的作用，可减弱薄板振幅，对在共振频率或吻合频率出现的隔声"低谷"起抑制作用。典型的复合结构及其隔声频率特性和质量定律比较如图1.40所示。

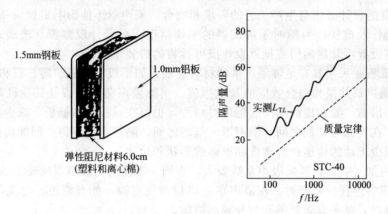

图1.40　一种典型的复合结构及其隔声频率特性和质量定律比较

## 五、隔声罩

### 1. 分类

对某些强噪声机器设备，为了降低其辐射噪声对周围环境的影响，常将噪声源封闭在特定的小空间内，这种封闭小空间的壳体结构就称为隔声罩。

隔声罩按声源机器的操作、维护及通风冷却要求，分为固定密封全隔声罩、活动密封型隔声罩及局部敞开式隔声罩等几类。

### 2. 插入损失 $L_{IL}$

$$L_{IL} = L_{P1} - L_{P2} \tag{1.107}$$

式中，$L_{IL}$ 为插入损失，dB；$L_{P1}$ 为声源无隔声罩前室内某点的声压级，dB；$L_{P2}$ 为声源加上隔声罩后室内与上述同一点的声压级，dB。

或

$$L_{IL} = L_{W1} - L_{W2} \tag{1.108}$$

式中，$L_{W1}$ 为声源声功率级，dB；$L_{W2}$ 为声源通过隔声罩辐射的声功率级，dB。

隔声罩的插入损失可以从理论上得出，即由声源通过隔声罩时透射和吸声的声能平衡得出，其平衡式为：

$$W_2 = W_1 \left( \frac{S_e \bar{\tau}}{S \bar{\alpha}} \right) \tag{1.109}$$

式中，$W_1$ 为声源辐射的声功率，W；$W_2$ 为声源通过隔声罩辐射的声功率，W；$S_e$ 为罩壁和顶板的面积，$m^2$；$S$ 为罩内总面积（包括地面），$m^2$；$\bar{\tau}$、$\bar{\alpha}$ 分别为罩内总面积的平均射透系数和吸声系数。

一般隔声罩的地面面积比总面积 $S$ 小得多，即 $S_e \ll S$，于是从式(1.109)便得到隔声罩的插入损失：

$$L_{IL} = 10 \lg \frac{W_1}{W_2} = 10 \lg \frac{\bar{\alpha}}{\bar{\tau}} \tag{1.110}$$

式中，$\bar{\tau} \leqslant \bar{\alpha} \leqslant 1$。从式(1.110)可得出下列两种极限情况：

① 当 $\bar{\alpha} = \bar{\tau}$，则 $L_{IL} = 0 dB$；

② 当 $\bar{\alpha} = 1$，则 $L_{IL} = 10 \lg \frac{1}{\bar{\tau}}$，即 $L_{IL} = L_{TL}$。

第①种情况是最不利的，第②种情况插入损失近乎同罩壳的隔声量相接近，是最理想的状况。在工程应用中，应尽量使 $\bar{\alpha}$ 增大，而 $\bar{\tau}$ 则尽可能小。

**3. 隔声罩设计注意事项**

① 隔声罩的设计必须与生产工艺的要求相吻合。隔声罩不能影响机械设备的正常工作，也不能妨碍操作及维护。为随时了解机器的工作情况，要设计观察窗（玻璃），为了检修、维护方便，需设置可开启的门或把罩设计成可拆装的拼装结构。

② 隔声罩板要采用具有足够隔声量的材料制成，如铝板、钢板、砖、石和混凝土等。

③ 防止隔声罩共振和吻合效应的其他措施。消除隔声薄金属板及其他轻质材料的共振和吻合效应的措施，除在地面涂一层阻尼材料外，也可在罩板上加筋板，减少振动，减少噪声向外辐射；在声源与基础之间、隔声罩与基础之间、隔声罩与声源之间加防振胶垫，断开刚性连接，减少振动的传递；合理选择罩体的形状和尺寸。

④ 罩壁内加衬吸声材料的吸声系数要大，否则，不能满足隔声罩所要求的隔声量。

⑤ 隔声罩各连接件要密封。在隔声罩上尽量避免空隙。如有管道、电缆等其他部件在隔声罩上穿过时，要采取必要的密封及减振措施。

⑥ 为了满足隔声罩的设计要求，做到经济合理，可设计几种隔声罩结构。通过对比它们的隔声性能及技术指标，并根据实际情况及加工工艺要求确定隔声罩的结构形式。考虑到隔声罩工艺加工过程不可避免地会有孔隙漏声及固体隔绝不良等问题，设计隔声罩的实际隔声量稍大于要求的隔声量，一般以 3~5dB 为宜。

## 六、隔声间

隔声间亦称隔声室，是用隔声围护结构建造的一个较安静的小环境。由于人在其内活动，隔声间要有通风（通风量一般每人为 $20m^3/h$）、采光、通行等方面的要求。隔声间有封闭式和半封闭式之分。一般多采用封闭式。隔声间除需要有足够隔声量的隔声墙外，还根据需要设定一些如门、窗等具有一定隔声性能的其他结构，这些结构设计的好坏，会在很大程度上影响隔声效果。一般隔声间的降噪范围为 20~50dB。

### （一）组合墙体隔声量的计算

隔声间一般由几面板墙组成，而每一面墙板又由墙体、门窗等隔声构件组合而成。一面墙包括了门、窗等，称为组合墙体。这种组合墙体的门、窗等构件是由几种隔声能力不同的材料构成的，像这种组合墙体的隔声性能，主要取决于各个组合构件的透声系数和它们所占面积的大小。

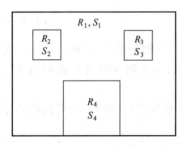

图 1.41 隔声组合墙体

图 1.41 为隔声组合墙体示意图，图中墙体的隔声量为 $R_1$，面积为 $S_1$；左窗的隔声量为 $R_2$，面积为 $S_2$；门的隔声量为 $R_4$，面积为 $S_4$；右窗的隔声量为 $R_3$，面积为 $S_3$。为计算该组合墙体的隔声量，首先应由各构件的隔声量求出相应的透声系数，即：

$$\tau_1 = 10^{-\frac{R_1}{10}}, \tau_2 = 10^{-\frac{R_2}{10}}, \cdots, \tau_n = 10^{-\frac{R_n}{10}}$$

然后，计算组合墙体的平均透声系数：

$$\bar{\tau} = \frac{\tau_1 S_1 + \tau_2 S_2 + \cdots + \tau_n S_n}{S_1 + S_2 + \cdots + S_n} = \frac{\sum \tau_i S_i}{\sum S_i} \tag{1.111}$$

式中，$\bar{\tau}$ 为组合墙体的平均透声系数；$\tau_i$ 为组合墙体各构件的透声系数；$S_i$ 为组合墙体各构件的面积，$m^2$。

这样，组合墙体的平均隔声量 $\bar{R}$ 由下式计算：

$$\overline{R}=10\lg\frac{1}{\overline{\tau}}=10\lg\frac{\sum\tau_i S_i}{\sum S_i} \tag{1.112}$$

如果 $i=2$，即隔声墙仅有两种不同隔声性能的构件，则 $\overline{\tau}=\dfrac{\tau_1 S_1+\tau_2 S_2}{S_1+S_2}=\tau_1\left[\dfrac{1+\dfrac{\tau_2 S_2}{\tau_1 S_1}}{1+\dfrac{S_2}{S_1}}\right]$，

对应的隔声量为

$$\overline{R}=R_1-10\lg\left[\frac{1+\dfrac{S_2}{S_1}\times 10^{\frac{(R_1-R_2)}{10}}}{1+\dfrac{S_2}{S_1}}\right] \tag{1.113}$$

为方便计算，式(1.113) 中的第二项已绘成曲线（见图 1.42），只要知道两种构件的面积比与隔声量，就可在图中查出这一附加值，很快计算出组合墙体的隔声量。

如果构件由两种以上部件组成，可利用图 1.42 先算出其中两种部件组合的隔声量，然后与第三个部件合并求取，以此类推，可求出总的隔声量。

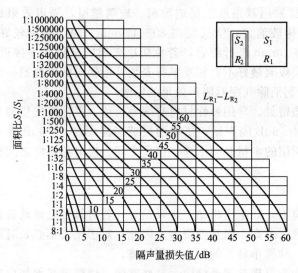

图 1.42  组合隔声量计算图

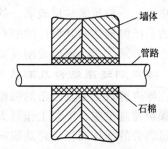

图 1.43  孔洞管路密封

## （二）孔洞和缝隙对隔声的影响及消除

由于声波的衍射，组合墙体上的孔洞和缝隙对隔声性能影响很大。门、窗的缝隙、各种管道的孔洞及安装缝隙等都会降低组合墙体的隔声量。

### 1. 孔洞和缝隙对隔声的影响

声波传播至小的孔洞和缝隙处时，若声波的波长小于孔隙的尺寸（高频波），声波可全部透过去；若声波的波长大于孔隙尺寸（低频波），透过多少则与孔隙的形状及孔隙的深度有关。在建筑隔声组合中，门窗的缝隙、各种管道的孔洞、焊接构件焊缝隙的存在，直接引起组合结构隔声量的下降。因此在隔声结构中，对结构的孔洞或缝隙必须进行密封处理。如隔声间的通风管道，应在孔洞处加一套管，并将管围扎严密，见图 1.43。

在建筑施工中，还应注意砖缝和灰缝饱满，混凝砂浆夯实，防止出现孔洞和缝隙，提高隔声结构的隔声效果。

### 2. 隔声门的设计

隔声门是隔声结构中的重要构件，对隔声间和隔声罩的隔声效果起着控制作用，因此，

图1.43的孔洞管路密封合理对设计隔声门是极其重要的。

隔声门多采用轻质隔声结构，一般隔声门的门扇隔声性能是能够达到较理想的设计要求的，隔声门的隔声性能主要取决于门与门框的搭接缝处的密封程度。

日常用的单层木门，一般隔声量都在20dB以下，为了提高门的隔声能力，通常是将门扇做成前述的双层和多层复合结构，并在层与层之间加填吸声材料，这样的门扇隔声量可达30～40dB。

门的隔声效果好坏，还与门缝的密封程度有关。若要提高门的隔声量，就要处理好门缝的密封问题。

为了使隔声门关闭严密，在门上应设加压关闭装置。一般较简单的是锁闸。门铰链应离开门边至少50mm，以便门扇沿着四周均匀地压紧在软橡皮垫上。门框与墙体接缝处的密封也应注意。

### 3. 隔声窗的设计

同隔声门一样，隔声窗的隔声性能好坏，同样是控制隔声结构隔声量大小的主要构件。窗的隔声效果取决于玻璃厚度、层数、层间空气层厚度以及窗扇、玻璃与骨架、窗框与墙之间的密封程度。为了提高窗隔声量，通常采用双层或三层玻璃窗。玻璃越厚，隔声效果越好。一般玻璃厚度取3～10mm。双层结构玻璃窗，空气层在80～120mm，隔声效果较好，玻璃厚度宜选用3mm与6mm或5mm与10mm进行组合，避免两层玻璃的临界频率接近，产生吻合效应造成窗的隔声量下降。各层玻璃最好不要相互平行安装，把朝向噪声源的一面玻璃做成上下倾斜，倾角为85°左右，以利消除共振对隔声效果的影响。

玻璃与窗框接触处，用压紧的弹性垫密封。常用弹性材料有细毛长毡、多孔橡皮垫和U形橡皮垫。一般压紧一层玻璃，约提高4～6dB隔声量；压紧两层玻璃能增加6～9dB隔声量。为保证窗扇达到其设计的隔声量，所用的木材必须干燥，窗扇之间、窗扇与窗框之间全部接触面必须严密、窗扇的刚度要好。

### （三）隔声间适用场合及形式

在噪声源数量多且复杂的强噪声环境下，如空压机站、水泵站等，若对每台机械设备都采取噪声控制措施，不仅工作量大、技术要求高，而且投资多。因此，对于工人不必长时间站在机器旁的操作岗位，建造隔声间是一种简单易行的噪声控制措施。

隔声间设有门窗、穿墙管道等，使构造出现空洞及缝隙。这些空洞、缝隙等必须加以密封，否则会大大影响隔声间的隔声性能。

## 七、隔声屏

在声源与接受点之间设置挡板，阻断声波的直接传播，这样的结构叫隔声屏或声屏障。一般用于车间、办公室或道路两侧，隔声屏的降噪量可以在10～20dB，对于高频声源，隔声屏的降噪量可选取大值。设置隔声屏的方法简单、经济，便于拆卸与移动，因而应用广泛。国外一些国家从20世纪60年代末就开始了隔声屏的应用，我国近年来才开始研究和应用。

### （一）隔声屏的降噪原理

声波在传播中遇到障碍物产生衍射（绕射）现象，与光波照射到物体的绕射现象相似，光线被不透明的物体遮挡后，在阻碍物后面出现阴影区，而声波产生"声影区"，同时，声波绕射，必然产生衰减，这就是隔声屏隔声的原理。对于高频噪声，因波长较短，绕射能力差，隔声效果显著；低频声波波长长，绕射能力强，所以隔声屏隔声效果是有限的。

图1.44为低、中、高频声波遇到障碍物绕射的示意。

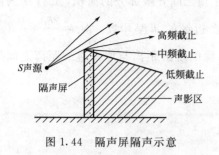

图 1.44　隔声屏隔声示意

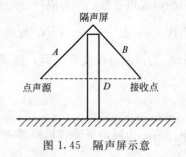

图 1.45　隔声屏示意

## （二）隔声屏的声学性能

隔声屏的声学性能包括三个方面：隔声性能、吸收性能及降噪性能。

隔声屏的隔声性能采用 $100\sim3150\,Hz$ 的 1/3 倍频带传声损失进行评价，单一评价量则采用上述频段的平均吸声系数表示。

隔声屏的吸收性能采用 $100\sim5000\,Hz$ 的 1/3 倍频带吸声系数进行评价，单一评价量则采用上述频段的计权隔声量或平均隔声量表示。

隔声屏的降噪效果采用 $50\sim5000\,Hz$ 的 1/3 倍频带插入损失或 $63\sim4000\,Hz$ 的倍频带进行评价。插入损失是指在某特定位置上安装隔声屏前后的声压级的差值，它描述的是隔声降噪效果的最佳值，单一评价量则采用等效连续 A 声级插入损失表示。

## （三）隔声屏降噪效果的计算

### 1. 自由声场中隔声屏降噪量的计算

当在空旷的自由声场中设置一道有一定高度的无限长屏障，透过隔声屏障本身的声音假设忽略不计，那么，相对于同一噪声源的条件，同一接收位置，在设置隔声屏和不设置隔声屏的两次测量到的声压级的差值，即屏障的降噪量可用下式计算：

$$\Delta L=20\,\lg\left[\frac{\sqrt{2\pi N}}{\tanh\sqrt{2\pi N}}\right]+5 \tag{1.114}$$

$$N=\frac{2}{\lambda}(A+B-D) \tag{1.115}$$

式中，$\Delta L$ 为噪声衰减量，dB；$N$ 为越过屏障顶端衍射的菲涅耳数，它是描述声波传播中绕射性能的一个量，参见图 1.45 隔声屏示意；$\lambda$ 为声波波长，m；$A$ 为噪声源到隔声屏顶端的距离，m；$B$ 为接收点到隔声屏顶端的距离，m；$D$ 为声源到接收点之间的直线距离，m。

式（1.114）中，当 $N\geqslant1$ 时，双曲正切函数 $\tanh\sqrt{2\pi N}$ 的值很快便趋于 1，这时式（1.114）可化简为：

$$\Delta L=10\,\lg N+13 \tag{1.116}$$

### 2. 非自由声场中隔声屏降噪量的计算

当隔声屏位于室内时，隔声屏的实际降噪效果同时受室内的声源指向性因素和室内吸声情况的影响，这样，室内隔声屏的降噪效果可由下式近似计算：

$$\Delta L=10\,\lg\left\{\frac{\dfrac{\eta Q}{4\pi D^2}+\dfrac{4K_1K_2}{S(1-K_1K_2)}}{\dfrac{Q}{4\pi D^2}+\dfrac{4}{S_0\overline{\alpha_0}}}\right\} \tag{1.117}$$

式中，$\Delta L$ 为隔声屏的噪声衰减量，dB；$Q$ 为声源的指向性因素；$D$ 为声源到接收点的直线距离，m；$S_0\overline{\alpha_0}$ 为设置隔声屏前室内的总吸声量，$m^2$；$S_0$ 为室内总表面积，$m^2$；$\overline{\alpha_0}$ 为室内表面平均吸声系数；$S$ 为隔声屏边缘与墙壁、平顶之间开敞部分的面积，$m^2$；$\eta$ 为隔声屏衍射系数，$\eta = \sum \dfrac{1}{3+20N_i}$；$N_i$ 为隔声屏第 $N_i$ 个边缘的菲涅耳数，$N_i = \dfrac{2\delta_i}{\lambda} = \dfrac{2}{\lambda}(A_i + B_i - D)$；$\delta_i$ 为声源与接收者之间，经隔声屏第 $i$ 边缘的绕射距离与原来直线距离之间的行程差，$m$。

$$K_1 = \frac{S}{S + S_1 a_1}$$

式中，$S_1 a_1$ 为隔声屏放置后声源一侧的吸声量，$m^2$。

$$K_2 = \frac{S}{S + S_2 a_2}$$

式中，$S_2 a_2$ 为隔声屏设置后接收者一侧的吸声量，$m^2$。

### （三）隔声屏及适用场合

对于某些场合，如车间里，有很多高噪声的大型机械设备，有些设备能泄漏出易燃气体而要求防爆，有些设备需要散热，在换气量较大以及操作和维修不便等情况下，可采用隔声屏来降低接收点的噪声。隔声屏是用隔声结构做成，在朝向声源一侧进行了高效吸声处理的屏障。将它放在噪声源与接收点之间，是阻挡噪声直接向接收点辐射的一种降噪措施。这种措施简单、经济，除了适用于车间内一些不宜直接用全封闭的隔声罩降噪的机械设备及减噪量要求不大的情况外，还适用于露天场合，使声源与需要安静的区域隔离。

### （四）隔声屏设计应注意的事项

① 室内应用的隔声屏要考虑室内的吸声处理。研究表明，当室内壁面和天花板以及隔声屏表面的吸声系数趋于零时，室内形成混响声场，隔声层的降噪值为零。因此，隔声屏两侧应做吸声处理。

② 隔声层材料的选择及构造。需考虑其本身的隔声性能，一般隔声屏的隔声量要比希望的"声影区"的声级衰减量大 10dB，只有这样，才能避免隔声屏透射声所造成的影响。同时，还要防止隔声屏上的孔隙漏声，注意结构制作的密封。如用在室外，需考虑材料的防雨及气候变化对隔声性能的影响。

③ 隔声屏设计要注意构造的刚度。在隔声屏底边一侧或两侧用型钢条加强，对于可移动隔声屏，可在底侧加万向橡胶轮，可随时调整它与噪声源的方位，以取得最佳降噪效果。

④ 隔声屏要有足够的高度、长度。隔声屏越高，噪声的衰减量越大，所以隔声屏应有足够的高度，隔声屏长度，一般要求为高度的 3~5 倍。

⑤ 隔声屏主要用于阻挡直达声。根据实际需要，可制成多种形式，如二边形、遮檐式、三边形、双重式等。一般要因地制宜，根据需要也可在隔声屏上开设观察窗，观察窗的隔声量与隔声屏大体相近。

⑥ 使用隔声屏时，一般应配合吸声处理，尤其是在混响声明显的场合。

# 第八节  噪声污染控制新技术

## 一、有源消声

通常采用的三种降噪措施即在声源处降噪、在传播过程中降噪及在人耳处降噪，都是消极被动的。为了积极主动地消除噪声，人们发明了"有源消声"这一技术。它的原理是：所有的声音都由一定的频谱组成，如果可以找到一种声音，其频谱与所要消除的噪声完全一样，只是相位刚好相反（相差 $180°$），两者叠加后就可以将这种噪声完全抵消掉。实际采取的做法是：从噪声源本身出发，设法通过电子线路将原噪声的相位倒过来。将两相位相反的噪声叠加，称为"以噪降噪"。

有源消声控制技术在低频范围、软件可行性及成本等方面有着其他方法无可比拟的优势，已成为噪声控制领域的新研究热点。

## 二、新型吸声材料

日本正在研究一种消除列车噪声的新型吸声材料。这种材料来自垃圾废弃物，是从垃圾焚烧残留物中提取出的具有吸能降噪效果的再生材料。实际验证表明，其吸声效果非常好。

## 三、"绿浪"降噪工程

原联邦德国在柏林的希尔街进行了一项被称为"绿浪"的降噪工程。当汽车以 60～80km/h 的恒速在街道上行驶时，汽车将不会遇到红灯。这样既能保证行驶的平稳性，同时又能降低因起、停车引起的能耗损失，此外因发动机一直在良好状态下运转，可以避免偶发噪声的产生。

# 第二章 振动污染及其控制

振动是一种很普遍的运动形式,在自然界、日常生产和生活中极为常见。当物体在其平衡位置围绕平均值或基准值做从大到小,又从小到大的周期性往复运动时,就可以说物体在振动。从高层建筑物的随风晃动到昆虫翅翼的微弱抖动都属于振动这一现象。某些振动对人体是有害的,甚至可以破坏建筑物和机械设备。本章主要讨论机械物理系统振动的一些基本概念、术语、数学模型;振动的危害及其评价标准;振动测量的方法和常用仪器;振动的控制技术和方法;隔振系统的设计以及隔振材料、器件的分类和选择等。

## 第一节 概　　述

### 一、振动与振动污染

#### 1. 振动

任何物理量,当其围绕一定的平衡值做周期性的变化时,都可称该物理量在振动。换言之,当一个物体处于周期性往复运动的状态时,就可以说物体在振动。振动是自然界最普遍的现象之一。各种形式的物理现象,诸如声、光、热等都包含振动;人的生命现象也离不开振动,心脏的搏动、耳膜和声带的振动,都是人体不可缺少的功能;声音的产生、传播和接收都离不开振动。

在工程技术领域中振动现象比比皆是。例如,桥梁和建筑物在阵风或地震激励下的振动、飞机和船舶在航行中的振动、机床和刀具在加工时的振动、各种动力机械的振动、控制系统中的自激振动等。

#### 2. 振动污染

振动污染即振动超过一定的界限,从而对人体的健康和设施产生损害,对人的生活和工作环境形成干扰,或使机器、设备和仪表不能正常工作。人类生产活动产生的地基振动传递到建筑物,使人直接感受或通过门窗等发出的声响而间接感受到心理危害。振动也可直接对物体产生危害,过强的振动会使房屋、桥梁等建筑物或构筑物强度降低甚至损坏,使机器和交通工具等设备的部件损耗增大;振动本身可以形成噪声源,以噪声的形式影响和污染环境。

与噪声污染一样,振动污染带有强烈的主观性,是一种危害人体健康的感觉公害。即振动本身不像大气污染物那样对人体有很大的影响;相反,适度的振动有时还会使身体感到舒适、安稳(例如,在行驶的车内打盹,婴儿在摇篮中安睡以及电动按摩器等)。振动污染的这一特征不仅使振动污染问题的解决复杂化,而且也有碍于防治政策的顺利实施。

振动污染和噪声污染一样是局部性的。即振动传递时,随距离衰减大,仅涉及振动源邻近的地区。振动污染也不像大气污染物那样随气象条件而改变,不污染场所,是一种瞬时性的能量污染。正如在地震时所见到的那样,振动只是简单通过在地基内的物理变化传递,随着距离衰减而逐渐消失,不引起环境的其他变化。

## 二、振动污染源

环境振动污染主要来源于自然振动和人为振动。自然振动主要由地震、火山爆发等自然现象引起。自然振动带来的灾害难以避免，只能加强预报减少损失。人为振动污染源主要包括工厂振动源、工程振动源、道路交通振动源、低频空气振动源等。

### 1. 工厂振动源

在工业生产中的振动源主要有旋转机械、往复机械、传动轴系、管道振动等，如锻压、铸造、切削、风动、破碎、球磨以及动力等机械和各种输气、液、粉的管道。常见的工厂振源在其附近的面上加速度级为80~140dB，振级为60~100dB，峰值频率在10~125Hz。

### 2. 工程振动源

工程施工现场的振动源主要是打桩机、打夯机、水泥搅拌机、碾压设备、爆破作业以及各种大型运输机车等。常见的工程振源在其附近的面上振级为60~100dB。

### 3. 道路交通振动源

道路交通振动源主要是铁路振源和公路振源。对周围环境而言，铁路振动呈间歇振动状态；而公路振则取决于车辆的种类、车速、公路地面结构、周围建筑物结构和离公路中心远近等因素。一般说来，铁路振动的频率成分一般在20~80Hz；在离铁轨30m处的振动加速度级在85~100dB，振动级在75~90dB。而公路交通振动的频率在2~160Hz，其中以5~63Hz的频率成分较为集中，振级多在65~90dB。

### 4. 低频空气振动源

低频空气振动是指人耳可听见的100Hz左右的低频振动，如玻璃窗、门产生的低频空气振动。这种振动多发生在工厂。

振动污染源按其形式又可分为两类：①固定式单个振动源，如一台冲床或一台水泵等；②集合振动源，如厂界环境振动、建筑施工场界环境振动、城市道路交通振动等均是各种振源的集合作用。

# 第二节　振动基础

## 一、自由振动

### （一）单自由度系统的组成

对于一个实际的单自由度系统的振动进行分析时，可以将其抽象成一个简单的数学模型。最普遍的振动系统力学模型如图2.1所示。它主要由三部分组成：质量为 $m$ 的振动物体，阻尼器和弹簧。$m$、$C$、$K$ 是振动系统的三个主要参数：$m$ 是物体的质量，单位为千克（kg）；$C$ 是阻尼器黏性阻尼系数，单位为牛顿·秒每米（N·s/m）；$K$ 是弹簧刚度系数，单位为牛顿每米（N/m）。实际工程中，可以将阻尼器与弹簧看成一个弹性元件，称之为弹性支承或隔振器。

### （二）单自由度系统的数学方程

### 1. 自由振动和外力引起的受迫振动

单自由度系统根据有无外力 $F_0$ 作用，可分为自由振动和受迫振动。自由振动又可以根据有无阻尼分为无阻尼自由振动和有阻尼自由振动；受迫振动又可分为外力引起的受迫振动和基础运动引起的受迫振动。自由振动和外力引起的受迫振动其力学模型可由图2.1表示。对这个数学模型的运动方程进行求解，可得出单自由度系统振动的一般运动方程为：

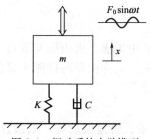

图 2.1 振动系统力学模型

$$m\frac{\mathrm{d}^2x}{\mathrm{d}t^2}+C\frac{\mathrm{d}x}{\mathrm{d}t}+Kx=F_0\sin\omega t \qquad (2.1)$$

式中，$m$ 为物体质量，kg；$C$ 为阻尼器黏性阻尼系数，N·s/m；$K$ 为弹簧刚度系数，N/m；$F_0$ 为简谐激励力，N；$\omega$ 为激励力振动角频率，rad/s。

其中角频率与简谐振动频率 $f$ 的关系为：

$$\omega=2\pi f$$

它们的运动方程数学模型具体表示如表 2.1 所列。

表 2.1 运动方程数学模型

| 名称 | 数学表达式 | 通解 | | 备注 |
|---|---|---|---|---|
| 无阻尼振动 | $m\dfrac{\mathrm{d}^2x}{\mathrm{d}t^2}+Kx=0$ | $x(t)=C_1\cos\omega_0 t+C_2\sin\omega_0 t$ | | $C_1$、$C_2$ 为积分常数，$\omega_0=\sqrt{K/m}$ |
| 有阻尼振动 | $m\dfrac{\mathrm{d}^2x}{\mathrm{d}t^2}+C\dfrac{\mathrm{d}x}{\mathrm{d}t}+Kx=0$ 或 $\dfrac{\mathrm{d}^2x}{\mathrm{d}t^2}+2\zeta\omega_0\dfrac{\mathrm{d}x}{\mathrm{d}t}+\omega_0^2 x=0$ | $\zeta<1$ | $x=e^{-\zeta\omega_0 t}(A\cos\omega_d t+B\sin\omega_d t)$ | $\zeta=C/C_c\ C_c=2\sqrt{Km}$ $\omega_0=\sqrt{K/m}$ $\omega_d=\sqrt{1-\zeta^2}\ u=\sqrt{\zeta^2-1^t}$ $A$、$B$ 为积分常数 |
| | | $\zeta=1$ | $x=e^{-\omega_0 t}(A+Bt)$ | |
| | | $\zeta>1$ | $x=e^{-\zeta\omega_0 t}(Ae^{u\omega_0}+Be^{-u\omega_0})$ | |
| 外力引起的受迫振动 | $m\dfrac{\mathrm{d}^2x}{\mathrm{d}t^2}+C\dfrac{\mathrm{d}x}{\mathrm{d}t}+Kx=F_0\sin\omega t$ | $x=Xe^{-\zeta\omega_0 t}\cos(\omega_d t-\varphi)$ $+\dfrac{F_0\sin(\omega t-\varphi)}{\sqrt{(K-m\omega^2)^2+(C\omega)^2}}$ $X=\dfrac{F_0}{K\sqrt{\left[1-\left(\dfrac{\omega}{\omega_0}\right)^2\right]^2+\left(2\zeta\dfrac{\omega}{\omega_0}\right)^2}}$ $\varphi=\arctan\dfrac{2\zeta\dfrac{\omega}{\omega_0}}{1-\left(\dfrac{\omega}{\omega_0}\right)^2}$ | | $\zeta=C/C_c\ C_c=2\sqrt{Km}$ $\omega_0=\sqrt{K/m}$ $\omega_d=\sqrt{1-\zeta^2}\ u=\sqrt{\zeta^2-1^t}$ $A$、$B$ 为积分常数 |

### 2. 基础位移引起的受迫振动

由于基础的运动，激振力通过弹簧和阻尼器间接地作用在物体上，这种受迫振动称之为基础位移引起的受迫振动，其力学模型见图 2.2，则运动方程为：

$$m\ddot{y}=-K(y-x)-C(\dot{y}-\dot{x}) \qquad (2.2)$$

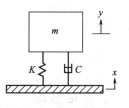

图 2.2 位置引起的受迫振动力学模型

$y$ 和 $x$ 分别表示物体和基础的绝对运动，设 $y=X\sin\omega t$，则方程的解为：

$$y=Y\sin(\omega t-\varphi) \qquad (2.3)$$

其中

$$Y=X\sqrt{\frac{1+\left(2\zeta\dfrac{\omega}{\omega_0}\right)^2}{\left[1-\left(\dfrac{\omega}{\omega_0}\right)^2\right]^2+\left(2\zeta\dfrac{\omega}{\omega_0}\right)^2}}$$

$$\varphi=\arctan\frac{2\zeta\left(\dfrac{\omega}{\omega_0}\right)^3}{1-\left(\dfrac{\omega}{\omega_0}\right)^2+\left(2\zeta\dfrac{\omega}{\omega_0}\right)^2}$$

### （三）单自由度振动系统中弹簧刚度 $K$ 和固有频率的计算

在描述振动系统的主要参数中，弹簧的刚度 $I$（是由弹簧的本身性质所决定的）在各种单自由度的振动系统中有其固有的计算公式，表 2.2、表 2.3 列出了一些常见的弹簧刚度和振动系统固有频率的计算公式。

**表 2.2　弹簧刚度计算公式**

| 序号 | 名　称 | 图　例 | 公　式 |
|---|---|---|---|
| 1 | 螺旋弹簧,弹簧直径 $D$,钢丝直径 $d$,圈数 $i$,材料剪切模量 $G$ | | $K=\dfrac{Gd^4}{8iD^3}$ |
| 2 | 并联弹簧 | | $K=K_1+K_2$ |
| 3 | 串联弹簧 | | $K=\dfrac{1}{1/K_1+1/K_2}$ |
| 4 | 杠杆弹簧 | | $K=K_1\dfrac{r^2}{l^2}$ |
| 5 | 螺旋弹簧的扭转,弹簧直径 $D$,钢丝绳直径 $d$,圈数 $I$,弹性模量 $E$ | | $K=\dfrac{Ed^4}{32iD}$ |
| 6 | 卷弹簧,弹簧长度 $l$,钢丝截面二次矩 $I$ | | $K=\dfrac{EI}{l}$ |
| 7 | 悬臂梁、截面二次矩 $I$、弹性模量 $E$ | | $K=\dfrac{3EI}{l^3}$ |
| 8 | 两端铰支梁 | | $K=\dfrac{3EIl}{l_1^2 l_2^2}$ |
| 9 | 两端固支梁 | | $K=\dfrac{3EIl^3}{l_1^3 l_2^3}$ |
| 10 | 扭转轴,剪切模量 $G$,轴截面二次矩 $I$,弹性模量 $E$ | | $K=\dfrac{GI}{l}$ |
| 11 | 圆管,外径 $D$,内径 $d$,剪切模量 $G$,弹性模量 $E$ | | $K=\dfrac{\pi G(D^4-d^4)}{3200l}$ |
| 12 | 悬臂梁 | | $K=\dfrac{EI}{l}$ |

**表 2.3　单自由度系统固有频率计算公式**

| 序号 | 名　称 | 图　例 | 公　式 |
|---|---|---|---|
| 1 | 物体质量 $m$,弹簧刚度 $K$,考虑弹簧质量 $m'$ 时 | | $\omega_0=\sqrt{K/m}$ <br> $\omega_0'=\sqrt{K/(m+m'/3)}$ |
| 2 | 圆盘惯性矩 $J$,考虑轴的惯性矩 $J'$ 时 | | $\omega_0=\sqrt{K/J}$ <br> $\omega_0'=\sqrt{K/(J+J'/3)}$ |
| 3 | 两端有圆盘的轴 | | $\omega_0=\sqrt{\dfrac{K/(J_1+J_2)}{J_1 J_2}}$ |
| 4 | 齿轮轴系、$K_2$ 轴的转速为 $K_1$ 轴的 $n$ 倍 | | $\omega_0=\sqrt{K/J}\quad J=\dfrac{n^2 J_1 J_2}{J_1+n^2 J_2}$ <br> $K=\dfrac{n^2 K_1 K_2}{K_1+n^2 K_2}$ |

77

## 二、波动的产生与传播

### （一）波的产生

波产生的机理是由于激振力的作用。由往复运动、旋转运动之类周期运动产生的激振力直接作用于介质，就会发生振动。这种振动往往以波动的形式迁移，或将周期性作用力施加到其他部件或基座上，形成振源。压缩机、破碎机、自动织布机、各种风钻、振动输送机等就是典型例子。

### （二）共振引起的扩大

激振力有时以原有形式传递，但多数场合存在若干种形式的共振现象，激振力受到过滤乃至变形，某些成分被突出、扩大后传递。共振现象的主要形式列举如下。

① 包括基础在内的机器质量和支承基础的支承弹簧引发的力的传递即为共振。一般为多自由度共振，除上下的直线振动外，还有因回转振动而引起的共振。不但各种机械及其基础，而且机械所在的建筑物及其基础以及建筑地基的弹簧作用而引起的共振都几乎以类似的形式发生。

② 激振力在传递过程中，可能发生因地质构造引起地基共振的现象。在进行公害振动测量时很难将其分离测知，一般也不能控制。

③ 从受振即受损方还需考虑与振源方同样的机械或建筑及其支承引起的共振。通常，振动测量时建筑内部振动大于地面振动，原因之一是地面测量结果往往并不等于传导到建筑物的真实振动，往往建筑物整体或部分会发生共振现象，从而使振动扩大。

④ 当机械或建筑的部分或部件的固有频率与传递来的激振力频率一致时，就会强烈共振，使激振力扩大。通常这种共振现象出现得并不多。

### （三）振动波的种类与形态

一般在流体场中必须考虑的只是体积弹性。因此，在空气中只发生纵波，在液体表面发生以重力和表面张力为恢复力的横波。然而，在固体中，除体积变化的阻尼外，还有很强的形变阻尼，前者是纵波产生的原因，后者导致横波产生。以一根圆杆为例，当施以纵向冲击力时，长度变形的弹性，即体积变化的阻尼导致产生纵波；反之，当弯曲或扭转时，形变弹性是横波产生的原因。纵波又称压缩波或疏密波，横波又称剪切波，是不发生体积变化的波。由于纵波的传播速度快，在振源观测时总是先到达观测点，故也称纵波为一次波（primary wave），简称 P 波；称横波为二次波（secondary wave），简称 S 波。

在无限大的介质体中传播的仅为纵波和横波，两者也称为实体波（body wave）。但在性质完全不同的固体界面或固体与真空、固体与气体的界面所产生的波称为表面波。瑞利波（Rayleigh wave）是最具代表性的表面波，在公害振动中起重要作用。另外，在不同固体表面层内发生的表面波称为乐甫波（Love wave）。

各种波的形态如图 2.3 所示。纵波的传播是以介质体积伸长或压缩的形式变化，质点只沿波的行进方向做前后运动；横波中质点运动与波的传播方向垂直，介质体积不发生变化；瑞利波中质点运动与波的传播方向垂直，乐甫波中质点运动与波的传播方向垂直且水平移动。

### （四）波动沿地面的传递特性

#### 1. 波动传递的顺序

作用于匀质且广阔的地表面上一点的纯冲击波，一般随着距离的增加，波形本身将产生变形。假定波形传播时保持原状，则波动传递顺序如图 2.4 所示。首先观测到的是与地面平行的 P 波，其次是 S 波，而后是具有与地面垂直振动的分量的 R 波。

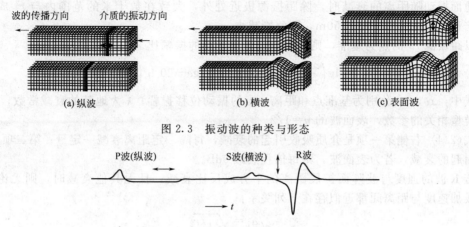

图 2.3　振动波的种类与形态

图 2.4　振动波传递顺序示意

### 2. 波动的空间分布特征

图 2.5 所示为置于地表上的圆板受到垂直冲击振动时，P 波、S 波、R 波的空间传播状况。P 波最快，S 波次之，两者都以振源为中心呈球面波传播；R 波稍滞后，以振源为中心呈圆柱波传播。质点运动如粗箭头所示，P 波与振动传播方向平行运动；S 波与振动传播方向垂直运动；R 波的运动由水平分量（图右侧）和垂直分量（图左侧）组成，其质点无论向何方向运动都是两种分量的合成。在地表水平分量大，垂直分量稍小；地表稍向下，水平分量为 0 处质点运动仅为垂直分量；在再深处，水平分量与表面做反相位运动，并随深度增加而急剧减弱。

在图 2.5 模拟情况下，R 波能量最强，约占总能量的 67%，横波占 26%，纵波能量最小，仅为 7%。因此，振动公害处理时，首要考虑的是 R 波。

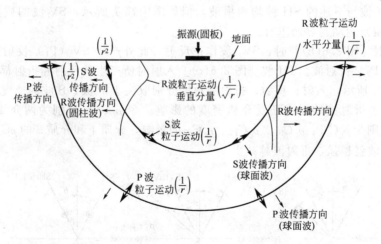

图 2.5　在均匀地面上施加振动力时波的传播状况示意图

### 3. 波动随距离的衰减

振动以波动的形式从振源传递到地面，随波动距离的增加逐渐减小，直至衰灭。如图 2.5 所示，因波的形态不同，波动随距离的衰减也不同。沿地表面传播的 P 波和 S 波的位移或速度与 $1/r^2$ 成正比衰减，R 波则与 $1/\sqrt{r}$ 成正比衰减；若按强度计，则 P 波和 S 波与 $r^4$ 成反比急剧衰减，而 R 波与 $r$ 成反比缓慢衰减；在地中 P 波和 S 波的位移或速度与 $1/r$ 成正比衰减。圆柱波的强度与距离 $r$ 成反比，以 dB 计，即每倍程（double distance）衰减 3dB。但测量地面振动随距离的衰减时，除距振源极近处外，大致在数十米的范围内与 $r^2$ 成反比，即每倍程约衰减 6dB；超过 50m，则急剧减小。

以距振源 $r_0$ 的点为基准，则基准点与距离 $r$ 点的振幅比 $x_r/x_0$ 为

$$20\lg\left(\frac{x_r}{x_0}\right) = -20\lambda(r-r_0)\lg e - 20\lg\left(\frac{r}{r_0}\right)^n \tag{2.4}$$

式中，$x_0$、$x_r$ 分别为基准点和距离 $r$ 点的振动位移振幅；$\lambda$ 为地基的衰减常数；$n$ 为与波动类型相关的参数，表面波的 $n=1/2$。

式(2.4) 右侧第一项是介质吸收引起的衰减，每隔一定距离衰减一定量；第二项是波面扩展引起的衰减，若为表面波，则每倍程衰减 3dB。

若 R 波的强度与波阵面扩展距离的平方成反比衰减，且无其他衰减时，则无论位移、速度或加速度与距离间都近似存在下列关系：

$$a_2/a_1 = \sqrt{r_1/r_2} \tag{2.5}$$

式中，$a_1$、$a_2$ 分别为与距离 $r_1$、$r_2$ 对应的振动量位移、速度或加速度。

**4. 波动的反射、折射和衍射**

振动在固体中的反射、折射、衍射、透射等基本原理都与声场无异，复杂之处在于固体中纵波、横波、表面波共存，且传播速度不同。

图 2.6 所示为 P 波、S 波从固体介质 1 传递到固体介质 2 的界面产生反射和折射的情况。设 P 波、S 波在介质 1 中的振动速度分别为 $C_{P1}$、$C_{S1}$；在介质 2 中的振动速度分别为 $C_{P2}$、$C_{S2}$。由图 2.6（a）可知，P 波以角度 $\alpha$ 入射时，在两介质界面上 $P_1$ 波以相同的 $\alpha$ 角反射，相当于光的正反射。此时在介质 2 中形成折射波 $P_2$，折射角为 $e$。此时，还产生反射波 $SV_1$ 和折射波 $SV_2$，其入射角和反射角分别为 $b$ 与 $f$，则有如下关系成立：

$$\frac{\sin\alpha}{C_{P1}} = \frac{\sin e}{C_{P2}} = \frac{\sin b}{C_{S1}} = \frac{\sin f}{C_{S2}} \tag{2.6}$$

这里，SV 波与下述的 SH 波均为横波，但如图中箭头所示，SV 波的质点运动与界面平行，SH 波质点运动与界面垂直。

SV 波入射 [图 2.6(b)] 时，$SV_1$ 波作正反射，此外产生 SV（$P_1$）反射波、SV（$SV_2$）折射波和 SV（$P_2$）折射波。SH 波 [图 2.6(c)] 入射时所产生的反射和折射都是 SH 波。

如式(2-6) 所示，入射、反射、折射的角度分别取决于 P 波、S 波的速度。此外，不同种类的反射波和折射波的强度还受介质密度的影响。令 $\rho_1$、$\rho_2$ 分别为两介质的材料密度，不同波的强度则受 $\rho_1 C_{P1}$、$\rho_1 C_{S1}$、$\rho_2 C_{P2}$、$\rho_2 C_{S2}$ 的影响，介质 1 和介质 2 的 $\rho C$ 比越大，材质越相异，反射波就越强，折射波越减少。

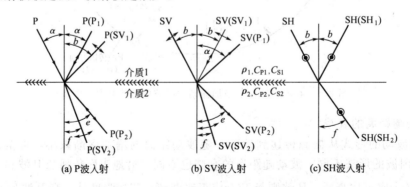

(a) P波入射　　　(b) SV波入射　　　(c) SH波入射

图 2.6　不同入射波的反射波和折射波

若界面的一侧是气体或液体，则其中只存在 P 波，即压缩波（纵波），界面阻抗显著变

化、相互折射显著减少，与声场情况相同。若为固-固界面，即使是异质材料，阻抗变化也很小，振动易于导入，折射透过也相当大。

如图 2.7 所示，当波动在不同材质的多层介质中传播时，各种形式的波重叠反射、折射，情况极其复杂，界面（1）会产生 R 波，层间界面（2）、（3）也会产生岳甫波，沿界面传播。

图 2.8 是 R 波在固体端部传播的示例。R 波在固体端部反射，同时向端部侧面弯曲传播。例如，地面的沟深远远大于波长时，部分表面波沿沟内侧行进，其中会有若干波到达沟对侧。

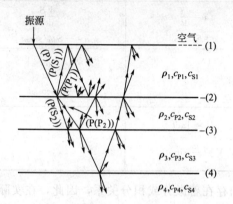

图 2.7　各层间的多重反射、折射

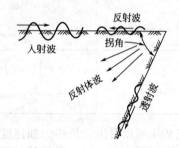

图 2.8　在固体端部的 R 波的反射波和透射波

# 第三节　振动测量

## 一、振动的主要参数

描述振动的物理量主要有两类：一是描述振动振幅的量，如振动速度、振动加速度和振动位移等；另一类是描述振动变化的量，如周期、频率、频谱等。

### 1. 振动位移

振动位移是物体振动时相当于某一个参照坐标系的位置移动，单位为米（m），常用于机械结构的强度、变形的研究。在振动测量中，常用位移级 $L_S$ 来表示，单位为 dB：

$$L_S = 20 \lg\left(\frac{S}{S_0}\right) \tag{2.7}$$

式中，$S$ 为位移，m；$S_0$ 为位移基准值，$8 \times 10^{-12}$ m。

### 2. 振动速度

振动速度，即物体振动时位移的时间变化，单位是 m/s。振动的速度和噪声的大小有直接关系，常用于描述振动体的噪声辐射。常用速度级 $L_v$ 来表示振动速度，单位为 dB：

$$L_v = 20 \lg\left(\frac{v}{v_0}\right) \tag{2.8}$$

式中，$v$ 为振动速度，m/s；$v_0$ 为速度基准值，$5 \times 10^{-8}$ m/s。

### 3. 振动加速度

振动加速度是物体振动速度的时间变化，单位是 m/s²，振动加速度一般在研究机械疲劳、冲击等方面被采用，现在也普遍用来评价振动对人体的影响，常用 $g$（重力加速度）作单位。分析和测量振动加速度时常用加速度级 $L_a$ 来表示，单位为 dB：

$$L_a = 20 \lg\left(\frac{a}{a_0}\right) \tag{2.9}$$

式中，$a$ 为振动加速度，$\mathrm{m/s^2}$；$a_0$ 为加速度基准值，$5\times10^{-4}\,\mathrm{m/s^2}$。

振动位移、速度、加速度之间存在一定的数学函数关系，见表2.4。

**表 2.4 振动位移、速度、加速度关系**

| 已知量 | 相互变换 | | |
|---|---|---|---|
| | $S$ | $v$ | $a$ |
| $S$<br>$S = S_0 \sin\omega t$ | | $v = \dfrac{\mathrm{d}S}{\mathrm{d}t}$<br>$v = S_0 \cos\omega t$ | $a = \dfrac{\mathrm{d}^2 S}{\mathrm{d}t^2}$<br>$a = -S_0 \omega^2 \sin\omega t$ |
| $v$<br>$v = v_0 \sin\omega t$ | $S = \displaystyle\int v\,\mathrm{d}t$<br>$S = -\dfrac{v_0}{\omega}\cos\omega t$ | | $a = \dfrac{\mathrm{d}v}{\mathrm{d}t}$<br>$a = v_0 \omega \cos\omega t$ |
| $a$<br>$a = a_0 \sin\omega t$ | $S = \displaystyle\int\left(\int a\,\mathrm{d}t\right)\mathrm{d}t$<br>$S = -\dfrac{a_0}{\omega^2}\sin\omega t$ | $V = \displaystyle\int a\,\mathrm{d}t$<br>$V = \dfrac{a_0}{\omega}\sin\omega t$ | |

由表2.4可以看出，位移、加速度和速度之间存在着微分或积分关系，因此，在实际测量中，只要测量出其中的一个量就可以用积分或微分来对另外两个量进行求解。例如，利用加速度计测量振动的加速度，再利用合适的积分器进行积分运算，一次积分可以求得振动速度，二次积分求得振动位移。

**4. 振动周期**

按一定时间间隔做重复变化的振动，称作振动周期。在振动中，振幅由最大值—最小值—最大值变化一次所需要的时间称为周期，单位是秒（s）。

**5. 振动频率**

振动频率指在单位时间内振动的周期数，单位为赫兹 Hz。简谐振动只有一个频率，在数值上等于周期的倒数；非简谐振动称为谐振动，具有很多个频率，周期只是基频的倒数。

## 二、惯性测振仪原理

如图2.9所示，惯性测振仪原理的简图包括质量为 $m$ 的惯性物体，刚度为 $K$ 的弹簧和

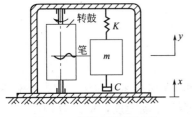

图 2.9 惯性测振仪原理

阻尼器（阻尼系数为 $C$）。将测振仪的外壳与被测物体相固定，那么在外壳与振动体一起运动的同时，质量体对外壳的相对运动便被测振仪上的笔和转鼓记录下来。

该系统的振动与基础位移引起的受迫振动基本相同，所以其运动方程为：

$$m\ddot{y} = -K(y-x) - C(y-\dot{x}) \tag{2.10}$$

设相对位移 $(y-x)=z$，则该方程变为：

$$m\ddot{z} + c\dot{z} + Kz = m\omega^2 X\sin\omega t \tag{2.11}$$

因此受迫振动的振幅和相位用 $z = Z\sin(\omega t - \varphi)$ 表示，则有：

$$Z = \frac{a^2 X}{\sqrt{(1-a^2)^2 + (2\zeta a)^2}} \tag{2.12}$$

其中 $\qquad\qquad\qquad\qquad\qquad\qquad a = \omega/\omega_0$

式中，$\omega$ 为振动计系统的频率，Hz；$\omega_0$ 为振动计本身的固有频率，Hz；$\zeta$ 为阻尼比。

## 三、测量仪器

### 1. 振动计（位移仪）

若 $a \geqslant 1$，则 $\dfrac{Z}{X}$ 近似等于 1，即相对位移 $Z(t)$ 等于要测量的位移 $x(t)$，只是相位相相差 180°，这时惯性体 $m$ 在空间位置几乎静止不动。因此，若将振动计本身的固有频率 $\omega_0$ 设计得很低，就可以保证 $a \geqslant 1$，在此基础上设计出的位移仪就是一种本身固有频率很低的振动计传感器，用于测量大型机器的振动或地震。

### 2. 加速度计

当 $a \leqslant 1$ 时，即 $\omega \leqslant \omega_0$，这时记录所反映的为被测物体的振动加速度，以此为原理设计出来的加速度计就是一种固有频率很高的传感器，它的固有频率 $\omega_0$ 比激励频率 $\omega$ 高得多，从而保证 $\omega/\omega_0$ 足够小。根据加速度换能原理的不同，加速度计可分为电磁式、压电式两种，目前应用最多的是压电式加速度计，结构示意图见图 2.10。在测量振动时，它可以将机械能转化成电能，即产生电信号，而这个电信号是机械振动的加速度的函数，电信号的输出与加速度相对应。如图 2.10 所示，该加速度计换能元件为两个压电片（石英晶体或陶瓷），压电片上放置一个质量物体，它借助于弹簧把压电片夹紧，整个结构放置于具有坚固的厚底座的金属壳中。在测量振动时将传感器的底座固定在被测振动物体上。工作时，当传感

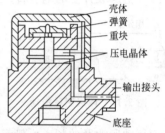

图 2.10　压电式加速度仪

器受到振动时，质量物体对压电片施加与振动加速度成正比例的交变作用力。在压电效应的作用下，两片压电片上会产生一个与交变作用力成正比，即正比于质量物体的加速度的交变电压。这个交变电压被传感器以电信号的形式输出，以用来确定振动的振幅、频率等。此外，该加速度计还可以与电子积分网络联合使用，以此可以获得与位移或者是速度成正比的交变电压。这种加速度计尺寸小，仅有 $\phi 15mm \times 20mm \sim \phi 5mm \times 7mm$，质量轻，为 0.03～2g，灵敏度较高和有较宽的频率范围，加速计的频率响应可达 2～22Hz，可测量 0～2000g 范围内的加速度，可以在 $-150 \sim +260℃$ 温度范围内使用，有时甚至可达 600℃，而且结构简单，使用方便。但它的抗低频性能较差，阻抗高，噪声大，特别是利用它的二次积分测量位移时，干扰影响很大。

加速度计的灵敏度是衡量它性能优越与否的重要指标。在单位加速度作用下加速度计的输出电压或输出电荷量，分别称为电压灵敏度和电荷量灵敏度。研究表明，电缆对电压灵敏度有较大的影响，电缆不同会造成电压灵敏度的差异，但它只需要用一般放大器就可以进行放大和测量，如与声级计配合使用；而电荷灵敏度只取决于加速度计的本身，与电缆无关，必须与电荷放大器配合使用。在测量低频振动时，加速度计的低频响应取决于所用的前置放大：若使用电压前置放大器，低频响应决定于其输入阻抗和加速度计、电缆和前置放大器输入电容；如使用电荷放大器，则低频响应由放大器的低频响应决定。

此外，加速度计本身的谐振频率及安装谐频率都会限制其工作性能。因此，选择加速度计时，要考虑其工作频率：例如在靠近谐振 1/3（±10％）的频带内灵敏度的偏离是 1/3（±10％）的一倍左右。再者，由于压电元件的电压系数及其他特性都会随温度变化，故加速度计的灵敏度易受温度影响。几种加速度计的性能参数如表 2.5 所示，供使用时选择。

表 2.5　集中加速度计性能参数

| 项　　目 | YD-1 | YD-3-G | YD-4-G | YD-5 | YD-8 | YD-12 |
|---|---|---|---|---|---|---|
| 电压灵敏度/(mV/g) | 80～130 | 10～15 | 10～15 | 4～6 | 8～10 | 40～60 |
| 电荷灵敏度/(pC/g) | | | | 2～3 | | |
| 频率范围/Hz | 2～10000 | 2～10000 | 2～10000 | 2～10000 | 2～18000 | 1～10000 |
| 电容/pF | 700 | 1000～1300 | 1000～1300 | 500 | 390 | 1000 |
| 可测最大加速度/(m/s²) | 200 | 200 | 200 | 3000 | 500 | 500 |
| 温度范围/℃ | 常温 | <260 | <260 | -20～+40 | 常温 | 常温 |
| 质量/g | 约40 | 约12 | 约12 | 约10 | 约3 | 约25 |
| 最大尺寸/mm | 30×15 | 14×14 | 14×14 | 12×14 | 9×9 | 16×15 |
| 特点 | 灵敏度高 | 高温 | 高温 | 抗冲击 | 微型 | 中心压轴式 |

### 3. 利用声级计测量振动

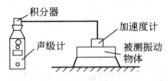

图 2.11　声级测量振动

当把声级计上的电容传声器换成振动传感器（如加速度计），再将声音计权网络换成振动计权网络，就组成了一个测量振动的基本系统，如图 2.11 所示。当测量加速度时，将声级计头部的传声器取下，换上积分器，利用电缆将积分器的输入端与加速度计连接起来，加速度计固定在被测物体上，积分器起到了一组积分网络的作用。利用声级计测量振动比较方便，但它有一定的适用范围，它仅适用于声频范围内的振动测量。对于振动，尤其是作为公害的地面振动所涉及的频率一般都在 20Hz 以下，它的测量可选用专用的公害测量仪器，它一般由传感器、放大器和衰减器、频率计权网络、频率限制电路、有效检波器、振幅或振级指示器组成，用来进行公害的专门测量。

## 四、振动的测量

### 1. 环境振动的测量

环境振动是指使人整体暴露在振动环境中的振动，其特点一般是振动强度范围广，加速度有效值的范围约为 $3×10^{-3}～3m/s^2$，振动频率约为 1～80Hz 或 0.1～1Hz 的超低频。因此，要选择灵敏度高的加速度计、1/1 或 1/3 倍频带滤波器、低振频振动测量放大器和窄带。环境振动测量一般测量 1～80Hz 范围内的振动在 $x$、$y$、$z$ 三个方向上的加速度有效值，通过测量值与振动标准值相比较来进行评价。为了准确地进行测量，振动测量点应该尽可能选择在振动物体和人表面接触的地方。在住宅、医院、办公室等建筑物内的测量，应该在室内地面中心附近选择几个点进行测量，当对楼房进行测量时，因为建筑物具有振动的放大作用，所以应该在楼内各层都选择几个房间进行测量。在测量道路两侧由于机动车辆引起的振动时，应在距离道路边缘 5m、10m、20m 处选择测量点，测量时拾振器要水平放置在平坦坚硬的地面上，避免放在泥地、沙地和草地上。当对振动机械进行振动测量时，应该充分了解振动源的振动范围和振动特征，测量点要选择在振动源的基础座上以及距离基础座 5m、10m、20m 等位置点上。

### 2. 振动物体的测量

对辐射噪声物体的振动测量，不仅要测量发声物体的振动，还要测振动源的振动和振动传导物体的振动，根据实际情况选择测量点。在声频范围内的振动测量，一般取 20～20000Hz 的均方根振动值，用窄带来分析振动的频谱。当振动频率的测量扩展到 20Hz 以下时，可按振源基座三维正交方向测量振动加速度。在测量过程中，加速度计必须与被测物体良好接触，以避免在水平或垂直方向上产生相对运动，影响测量结果。常用的压电加速度计可用金属螺栓、绝缘螺栓和云母垫圈、永久磁铁、黏合剂和胶合螺栓、蜡膜黏附七种固定方法固定，见图 2.12。方法①，将加速度计用钢栓固定在被测物体上，加速度计不要拧得过紧以免影响其灵敏度，可在接触面上涂硅蜡以消除表面不平整带来的影响。方法②，先在表面垫上绝缘云母垫圈，再用绝缘螺栓固定。方法③，用永久磁铁将加速度计吸附在被测物体上，环境温度一般应在 150℃ 以下，加速度一般要小于 $50g$。方

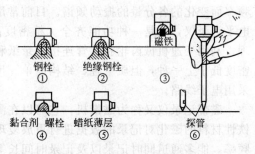

图 2.12　加速度计的安装方法

法④，用黏合剂和螺栓将加速度计直接粘贴在被测物体上，简单方便但不容易取下。方法⑤，使用薄蜡层将加速度计固定在被测物体上，这种方法适用于十分平整的表面，频率响应较好，但不抗高温。方法⑥，使用探针接触。该方法适宜测量狭缝或高温物体，但频率范围不应高于 1000Hz。

　　测量前应该充分了解温度、湿度、声场和电磁场等环境条件，认真选择加速度计，其灵敏度、频率响应都应该满足测量的要求。使用加速度计测振时，加速度的感振方向和振动物体测点位置的振动方向应该一致。如果两个方向之间的夹角为 $\alpha$，则测量值的相对误差为 $C=1-\cos\alpha$。对于质量小的振动物体，附在它上面的加速度计要足够小，以免影响振动的状态。

## 五、振动测量分析系统

　　振动测量的分析系统通常由拾振、放大和记录分析三部分组成，它们有两种组合方式。

　　（1）整体式　将传感器、放大器、记录分析和显示仪表组成一个完整的测量仪器，可以直接在表头上读出有关的量级，这种称为测振仪的振动测量仪器一般适合于现场测振使用。

　　（2）组合式　由各独立仪表、如拾振器（传感器）、放大器、滤波器、显示仪、记录仪和分析仪等组成一个完整的振动测量分析系统，精度高。

### 1. 传感器

　　测量振动的拾振仪又称传感器，是一种机电参数转化元件，在振动的测量中它可以将被测对象的振动信号转化为电信号的形式输出。目前常用的传感器可以分为以下几类：输出电量与输入振动位移成正比的位移式传感器；输出电量与输入振动速度成正比的速度式传感器；输出电量与输入振动加速度成正比的加速度式传感器。目前常用的是压电式加速度计传感器，它具有灵敏度高、高频性能好、频响范围宽和测量范围大、相位失真小、使用稳定等优点。但由于它内部的压电式晶体阻抗高，故要求放大器输入较高的阻抗，所以对电缆导线有较高的要求，而且使用中容易受电场的干扰，在测量时会出现零位漂移的现象，即使所测量的瞬间加速度消失后，加速度计仍有一个直流输出。

　　为保证在一些高温、强声场和有电磁干扰的环境中加速度计使用的可靠性，加速度计的选取应该注意以下几点：加速度计的质量要小于待测物体质量的 1/10；工作频率上限要小于加速度计谐振频率的 10 倍，下限要小于待测对象工作频率下限的 4 倍左右；连续振动加速度值要小于最大冲击额定值的 1/3。

### 2. 测量记录设备

　　振动测量中的记录设备有机械式记录仪、电平记录仪、磁带数据记录仪、记忆示波器以及阴极射线示波器等。

　　电平记录仪可以将交流或直流的电信号作对数处理后把振动量级随时间变化的历程连续记录在坐标纸上，还可以与滤波器联合使用，用刻有频率的记录纸，实现同步扫描，记录随

频率而变化的各分量的振动频谱。目前常用的电平记录仪有两种。一种是实验室使用的精密电平记录仪，这是一种功能齐全、精密度高的电子综合仪器。信号放大与分析应用电子原理，利用变速机械齿轮和软管连接记录纸和联动装置。另一种是便携式电平记录仪，它的精密度低于上一种，但质量轻、结构简单、尺寸小、使用方便。记录纸和滤波器的联动装置都采用电子线路。

磁带记录仪又称为磁带机，它可以在测量现场对测量和记录的信息进行储存。它利用磁铁性材料的磁化对记录的数据进行重放复现和转录。磁带机具有工作带频宽，可以变换信号频率，能多通道同时记录以及记录时间长等优点。另外可以作为计算机的外围设备配合计算机进行数据处理。磁带机可以分为模拟磁带记录仪和数字磁带记录仪两种。数字磁带记录仪可以把模拟信号转化为数字量，然后采用数字记录技术进行二进制的"模数"转化。复放时可通过解码器将数字信号恢复成振动信号实现振动的重现。从结构上讲，可分为大型立柜式磁带机和小型便携式磁带机；按工作原理可分为工作频率在 $10\sim20000\mathrm{Hz}$ 的直接记录磁带机（适合于声频信号的记录）和工作频率在 $0\sim10000\mathrm{Hz}$ 的调频记录磁带机（适用于记录振动信号，也是目前最常用的一种记录机）。

### 3. 放大器

测量放大器又称二次仪表，可分为电压放大器和电荷放大器两种。目前最常用的是电荷放大器。这是一种输出电压与输入电荷成正比的前置放大器，它具有传感器的线性好、信噪小、电荷的灵敏度与输入电缆无关且不受其长度和种类的制约、低频响应好等优点。在测量中首先要根据待测目标的振级、频率范围等选择合适的电荷放大器和传感器。然后选用绝缘性能好的电缆将电荷放大器和传感器牢固地连接。测量前事先释放加速度计上的积聚电荷，选择合适的高、低通滤波器范围和合适的衰减输出量程来进行测量。测量过程中系统的连接要遵循"单点接地"的原则。

### 4. 滤波器

滤波器是振动测量和分析系统中经常使用的辅助仪器，主要用来将不需要的频率成分过滤掉，以最小的衰减传输有用频段内的信号。根据通频带，滤波器可以分为低通滤波器、高通滤波器、带通滤波器和带阻滤波器几种。

### 5. 频率分析仪

频率分析仪为测振中的三次仪表。它的主要作用是将振动时间信号转化成频率域，给出频谱，或将测量的模拟信号转化为数字信号，在表头或打印设备上显示出来。模拟式频率分析仪由测量放大器和滤波器两部分组成，基本方法就是使输入的电信号通过放大器放大后依次通过一系列不同的中心频率，或一个由中心频率连续可调的模拟式滤波器分别对每一个通过滤波器的功率进行测定，以获得频谱。20 世纪 70 年代后计算机上做快速傅立叶分析的 FFT 实时频率分析仪的应用提高了频谱分析仪的性能。它具有分析速度快，可以对瞬间或连续的信号进行分析，能在整个分析范围内对所有的频率同时提供平行的实时分析等优点。除了进行频谱分析外，它还可以进行数据处理和相关分析，包括函数处理、平滑处理、数字滤波、概率密度函数等数学运算。采用专门的计算机可以在软件和硬件上实现 FFT 频率的实时分析，它的处理速度快、操作简单方便，经过培训一般人员就可以熟练掌握，并且随着计算机的不断完善和发展，该技术正得到日益广泛的应用。

### 6. 测量步骤和方法

测量前需要对测振仪器进行标定以保证仪器处于良好的工作状态。对传感器需要确定如位移、速度和加速度等振动量级转化为电量或电压后的大小，即对传感器的灵敏度包括频率响应等参数进行标定。对于如放大器和滤波器类的电子仪表一般可采用标准信号源和高精度电压表校正。

(1) 绝对标定法　绝对标定就是对振动参数如时间、长度等基本单位进行精确的测量，测量数据经过计算后，得到各个参数的标准值。根据得到的标准值可以计算出测振仪器的灵敏度。测量中标准值的取得都是通过波形计算得到的。因此要有如振动台或激振器之类的激振设备。

常用的激振设备是振动台和激振器。根据激振方向可分为单向、两向和三向几种。目前主要有：①电磁式激振器或振动台，它向处于磁场中的线圈通入交流电，在线圈中产生的电动力驱动线圈产生周期性的正弦振动；②机械式激振器或振动台，通过曲柄连杆对台面的驱动或通过偏心旋转产生的离心力来产生周期性的正弦振动；③电动-液压式振动台，利用油缸的运动产生周期性正弦振动。其中以电磁式振动台或激振器最为常用，它具有波形好，操作调节简单等优点，如图2.13所示。工作时通过在励磁线圈中输入交流电，使中心磁极与磁极板间的空气间隙中形成一个强大的磁场，同时再给动圈输入交流电，通过电流对磁场的感应作用产生电磁感应力。在感应力的作用下，顶杆上下运动，并传给试件一个由惯性力、弹性力和阻尼力之差产生的激振力。当输入的电流作简谐变化时，激振力也相应地做简谐规律的变化。

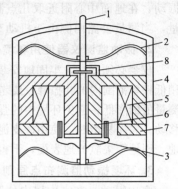

图 2.13　电磁式激振器
机构原理
1—顶杆；2—弹簧；3—动圈；
4—外壳；5—励磁线圈；
6—中心磁极；7—磁极板；
8—限幅器

(2) 相对标定法　用经过校准的仪器去对一般的仪器进行标定就称为相对标定法，其精度在2%左右。使用相对标定法时，标定传感器或全套测振系统的灵敏度、频响和其他过程均与绝对标定法相同，只是通过两套仪器来对同一个目标进行振动测量，以标准测振仪器读数来对被测仪器进行校订。为了保证两套仪器所受的振动影响相同，标定时应尽可能将它们的安装位置相靠近。

(3) 测量　当测量仪器校准完毕后，就可以进行振动物体的测量了，其步骤如下。①对需要测量的振动类型和振级进行判别来确定振动是周期性的还是随机瞬时型的。②选定有代表性的位置来安装测量振动传感器的位置并对产生的传感器的附加质量是否会对被测物体有所影响进行考虑。③考虑外界的环境条件如电磁场、湿度、温度等各种因素，以此来选定合适的振动换能器的类型和传感器的种类。④确定测量参数，选择仪器的测频范围以满足测量限度的要求；并考虑测振仪的动态范围，避免在测量中出现过载和饱和。⑤检查测振系统的背景噪声，使之至少低于10dB。⑥进行振动测量和相关的记录和绘图。

# 第四节　振动评价及其影响

## 一、振动监测技术

### 1. 振动监测基本原理

振动的测量技术核心是如何用实地测量或模拟实验的方法来观察、研究振动系统的振动特性，如位移、速度或加速度的幅值、频率、相位、频谱等。由于振动的位移、速度和加速度等参量在简谐振动或多共振系统的随机振动中，存在着一定的关系。因此，原则上只要测量其中一个量就可以计算其他两个量。一般来说，测量位移用静电式换能器，测量速度用动圈式换能器，测量加速度用动圈式换能器。相对来说，位移测量比较容易，而位移在很多实际问题中不一定是振动的主要特性。因此位移测量用于运动振幅是主要因素的情况中。而在声辐射的控制问题中要测量速度。在机械零件损伤是主要测量因素的地方则测量加速度最有用。

环境振动测量一般测量 $1\sim 8Hz$ 范围内的振动，要在 $x$、$y$、$z$ 三个方向分别测量。为了精确测定人体的振动，振动测点应该尽可能选在振动物体与人体接触的地方。在房间内测量振动，在地面中心附近取几点测量然后取平均。对振动源的测量则应该在基础上及其附近测量，当测量公路两侧由于机动车辆驶过引起的振动时，测点应选在公路边缘处。

**2. 振动监测仪器使用环境条件**

仪器必须妥贴，牢固地安装在被测物体上，否则除了仪器本身固有的共振峰外，又附加了稍低频率范围内的共振峰；要考虑仪器本身质量的影响问题，例如对薄板的振动测量将会引起测量值的降低；避免环境中的强电磁场和温度剧变的影响；放置在混凝土等坚硬面上时，不得移动；表面易滑时，使用橡皮泥粘牢；放置在沥青面的坚硬地面时，轻轻放稳即可；要避开草地、田地等柔软的地表面，不得已时，应该先除草，并把土地充分踩实后放置。

**3. 环境振动监测布点原则**

室内振动：在室内居中位置选择一个测点，一般情况下在室内较为空旷的地方选其居中位置。室外振动：在受干扰的城郊居住区、机关、学校、医院等环境，室外距建筑物外墙 1m 处选择测点，对于建筑稠密区的测点，距外墙距离可缩短到 0.5m。工厂厂界振动：在工厂法定边界线上布置测点，若工厂有围墙，则在围墙外 1m 处布点。铁路振动：距铁路中心线 7.5m 处选择测点，若要掌握铁路振动传播规律和影响，则在 15m、30m 处加布测点。交通干线振动：应在公路便道上距公路边缘 0.5m 处（距路口距离应大于 50m）选择测点。若要掌握公路振动传播及影响，则在距边缘 2.5m、5m、10m 处加布测点；建筑施工振动；应该在规定的工地边界上选择测点。

# 二、振动的评价及其标准

**1. 振动量标**

任何机械在工作时都会产生振动，要完全消除一切振动是不可能的，因此只能规定某一允许的界限范围，在此范围内机械工作所产生的振动不会对机械结构本身以及周围环境产生不良的影响，并能保证人们正常的工作和生活，那么这个允许的界限就是振动标准。显然，根据研究对象的不同，所采用的振动标准也会不同。在评价振动的强弱时，一般要对振动的量标进行考察，振动量标一般采用振幅、振动速度、加速度，但每一种都有其局限性，究竟采用哪一个量标主要取决于：研究对象、适用的频率范围、使用习惯、测量方法等。

例如：①作为人体的感受适度标准，以振动加速度为宜，而引起结构和机器破坏的主要因素是振动速度；②在频率 20Hz 以下时，振幅起主要作用，而在声频范围内振动作用主要表现为振动速度；③在航空工业中，欧美与前苏联就有所区别，前者常用振幅作为振动量标，后者则以振动加速度作为振动量标。

**2. 振动的评价及标准**

根据评价的对象不同，振动评价的方法和标准也不一样，国际标准化组织（ISO）和一些国家推荐提出了不少标准，概括起来可以分成以下几类。

（1）振动对人体影响的评价　振动对人体的影响比较复杂，人的体位，接受振动的器官，振动的方向、频率、振幅和加速度都会对其造成影响。振动的强弱常用振动的加速度来评价，当加速度在 $0.01\sim10\mathrm{m/s^2}$ 时，人体就可以感觉到振动。振动加速度的数学表达式为：

$$L_a = 20\ \mathrm{lg}\left(\frac{a_\mathrm{m}}{\sqrt{2}a_0}\right) \tag{2.13}$$

式中，$a_\mathrm{m}$ 为振动时的加速度；$a_0$ 为常数，常取 $3\times10^{-4}\mathrm{m/s^2}$。

对于振动频率不同、振动加速度相同的情况，对人的主观感觉造成的影响进行如下修正：

$$VL = L_a + Cn \tag{2.14}$$

式中，VL 称作振动级，Cn 称作感觉修正值，如表 2.6、表 2.7 所列。

**表 2.6 垂直振动的修正值**

| 频率/Hz | 1 | 2 | 4 | 8 | 16 | 31.5 | 63 | 90 |
|---|---|---|---|---|---|---|---|---|
| Cn/dB | −6 | −3 | 0 | 0 | −6 | −12 | −18 | −21 |

**表 2.7 水平振动的修正值**

| 频率/Hz | 1 | 2 | 4 | 8 | 16 | 31.5 | 63 | 90 |
|---|---|---|---|---|---|---|---|---|
| Cn/dB | 3 | 3 | −3 | | −9 | −15 | −21 | −27 | −30 |

振动级与感觉的关系如表 2.8 所列。根据振动强弱对人的影响，大致有四种情况。

**表 2.8 振动级与感觉的关系**

| 振动级/dB | 振动感觉状况 | 振动级/dB | 振动感觉状况 |
|---|---|---|---|
| 100 | 墙壁出现裂缝 | 70 | 门窗振动 |
| 90 | 容器中的水溢出，暖壶倒地等 | 60 | 人能感觉到振动 |
| 80 | 电灯摇摆，门窗发出响声 | | |

① 振动的"感觉阈"：在此范围内人体刚能感觉到振动的信息，但一般不觉得不舒适，此时大多数人可以容忍。

② 振动的"不舒适阈"：振动增加到使人感觉到不舒服，或有厌烦的反应，此时就是不舒适阈。这是一种大脑对振动的本能反应，不会产生生理的影响。

③ 振动的"疲劳阈"：当振动的强度进入到"疲劳阈"时，人体不仅对振动产生心理反应，而且出现了生理反应，如出现注意力转移，工作效率低下等。但当振动停止后，这些生理反应也随之消失。

④ 振动的"危险阈"：当振动的强度不仅对人体产生心理影响，而且还造成生理性伤害时，振动强度就达到了"危险阈"。超过危险阈的振动将使人体的感觉器官和神经系统产生永久性的病变，即使振动停止也不能复原。

（2）振动的标准 根据振动强弱对人体的影响，国际标准化组织对局部振动和整体振动都提出了相应的标准。

① 局部振动标准。国际标准化组织于 1981 年起草了局部振动标准（ISO 5349），该标准规定了 $8\sim1000\mathrm{Hz}$ 不同暴露时间的振动加速度和振动速度的允许值，用来评价手传振动对人体的损伤，如图 2.14 为手的暴露评价曲线。从标准曲线可以看出，人对加速度最敏感的振动频率范围是 $8\sim16\mathrm{Hz}$。

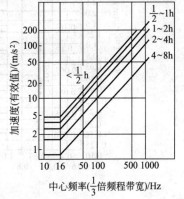

图 2.14 手的暴露评价曲线

② 整体振动标准，国际标准化组织 1978 年公布推荐了整体振动标准（ISO 2631），如图 2.15、图 2.16 所示。该标准规定了人体暴露在振动作业环境中的允许界限，振动的频率范围为 1～80Hz。这些界限按三种公认准则给出，即"舒适性降低界限"，"疲劳-工效降低界限"和"暴露极限"。这些界限分别按振动频率、加速度值、暴露时间和对人体躯干的作用方向来规定。图 2.15、图 2.16 分别给出了纵向振动和横向振动"疲劳-工效降低界限"曲线，横坐标为 1/3 倍频程的中心频率，纵坐标是加速度的有效值。当振动暴露超过这些界限时，常会出现明显的疲劳和工作效率的降低。"暴露极限"和"舒适性降低界限"具有相同的曲线，当"疲劳-工效降低界限"相应的量级提高一倍（即＋6dB）就是"暴露极限"的曲线，当相应值减去 10dB 即可得到"舒适性降低界限"的曲线。

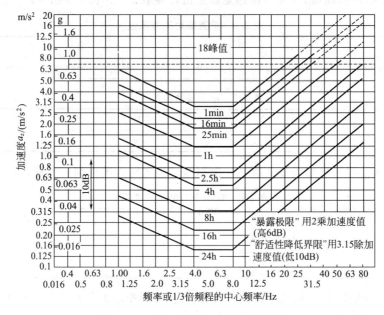

图 2.15　纵向"疲劳-工效降低界限"

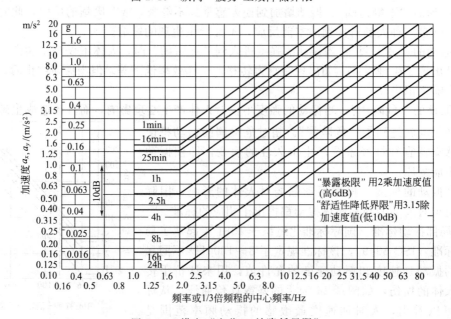

图 2.16　横向"疲劳-工效降低界限"

由上述两图可以看出，对于垂直振动，人最敏感的频率范围是4～8Hz；对于水平振动，人最敏感的振动范围是1～2Hz。低于1Hz的振动会出现许多传递形式，并产生一些与较高频完全不同的影响，例如引起晕动病和晕动并发症等。0.1～0.63Hz的振动传递到人体引起从不舒适到感到极度疲劳等病症，ISO 2631对0.1～0.63Hz人承受$z$轴方向的全身振动极度不舒适限定值见表2.9。高于80Hz的振动，感觉和影响主要取决于作用点的局部条件，目前还无80Hz以上的关于人体整体的振动标准。

**表2.9　$z$轴（垂直）方向用振动机速度数值表示的极度不舒适限定值**

| 1/3 倍频程的中心频率/Hz | 加速度/(m/s²) | | | 1/3 倍频程的中心频率/Hz | 加速度/(m/s²) | | |
| --- | --- | --- | --- | --- | --- | --- | --- |
| | 振动时间 | | | | 振动时间 | | |
| | 30min | 2h | 8h(暂行) | | 30min | 2h | 8h(暂行) |
| 0.10 | 1.0 | 0.5 | 0.25 | | | | |
| 0.125 | 1.0 | 0.5 | 0.25 | 0.315 | 1.0 | 0.5 | 0.25 |
| 0.16 | 1.0 | 0.5 | 0.25 | 0.40 | 1.5 | 0.75 | 0.37 |
| 0.20 | 1.0 | 0.5 | 0.25 | 0.50 | 2.15 | 1.08 | 0.54 |
| 0.25 | 1.0 | 0.5 | 0.25 | 0.63 | 3.15 | 1.60 | 0.80 |

（3）我国环境振动的评价及标准　由各种机械设备，交通运输工具所产生的环境振动对人们正常的工作、生活都会产生较大的影响。我国已经制定了《城市区域环境振动标准》（GB10070—88）和《城市区域环境振动测量方法》（GB 10070—88）。表2.10是我国为控制城市环境振动污染制定的GB 10070—88中的标准值及适用区域，表中列出了城市各类区域铅垂向$z$振级标准值，其适用于连续发生的稳态振动、冲击振动和无规则振动。每日发生几次的冲击振动，其最大值昼间不允许超过标准值10dB，夜间不超过3dB。

**表2.10　城市各类区域铅垂向$z$振级标准/dB**

| 适用地带范围 | 昼间 | 夜间 | 适用地带范围 | 昼间 | 夜间 |
| --- | --- | --- | --- | --- | --- |
| 特殊住宅区 | 65 | 62 | 工业集中区 | 75 | 72 |
| 居民、文教区 | 70 | 67 | 交通干线道路两侧 | 75 | 72 |
| 混合区、商业中性区 | 75 | 72 | 铁路干线两侧 | 80 | 80 |

"特殊住宅区"是指需要特别安静的住宅区；"居民、文教区"指纯居民和文教、机关区；"混合区"是指一般居民与商业混合区以及工业、商业、少量交通与居民混合区；"商业中心区"指商业集中的繁华地段；"工业集中区"是指城市中明确规划出来的工业区；"交通干线道路两侧"是指每小时车流量大于100辆的道路两侧；"铁路干线两侧"是指每日车流量不少于20列的铁道外轨30m外两侧的住宅区。

（4）机械设备振动的评价　目前世界各国大多采用速度有效值作为量标来评价机械设备的振动（振动的频率范围一般在10～1000Hz），国际标准化组织颁布的国际标准ISO 2372 1974《转速为10～200r/s机器的机械振动——规定评价标准的基础》规定以振动烈度作为评价机械设备振动的量标。它是在指定的测点和方向上，测量机器振动速度的有效值，再通过各个方向上速度平均值的矢量和来表示机械的振动烈度。振动等级的评定按振动烈的大小来划分为四个等级：

A级，不会使机械设备的正常运转发生危险，通常标作"良好"；

B级，可验收、允许的振级，通常标作"许可"；

C级，振级是允许的，但有问题，不满意，应加以改进，通常标作"可容忍"；

D级，振级太大，机械设备不允许运转，通常标作"不允许"。

对机械设备进行振动评价时，可先将机器按照下述标准进行分类：

第一类，在其正常工作条件下与整机连成一个整体的发动机及其部件，如15kW以下的电机产品；

第二类，刚性固定在专用基础上的 300kW 以下发动机和机器；设有专用基础的中等尺寸的机器，如输出功率为 15～75kW 的电机；

第三类，装在振动方向上刚性或重基础上的具有旋转质量的大型电机和机器；

第四类，装在振动方向上相对较软的基础上的有旋转质量的大型电机和机器如结构轻的透平发动电机组。

然后可参见表 2.11 机械设备的评价具体进行评价。

**表 2.11 机械设备的评价**

| 振动烈度的量程/(mm/s²) | 判定每种机器质量的实例 | | | |
|---|---|---|---|---|
| 量程 | 第一类 | 第二类 | 第三类 | 第四类 |
| 0.28 | A | A | A | A |
| 0.45 | A | A | A | A |
| 0.71 | A | A | A | A |
| 1.12 | B | A | A | A |
| 1.8 | B | A | A | A |
| 2.8 | C | B | B | A |
| 4.5 | C | C | B | B |
| 7.1 | D | C | C | B |
| 11.2 | D | C | C | B |
| 18 | D | D | C | C |
| 28 | D | D | D | C |
| 45 | D | D | D | D |
| 71 | D | D | D | D |

## 三、振动危害及其影响

### 1. 振动对机械设备的危害和对环境的污染

在工业生产中，机械设备运转发生的振动大多是有害的。振动使机械设备本身疲劳和磨损，从而缩短机械设备的使用寿命，甚至使机械设备中的构件发生刚度和强度破坏。对于机械加工机床，如振动过大，可使加工精度降低；飞机机翼的颤振、机轮的摆动和发动机的异常振动，都有可能造成飞行事故。各种机器设备、运输工具会引起附近地面的振动，并以波动形式传播到周围的建筑物，造成不同程度的环境污染，从而使振动引起的环境公害日益受到人们的关注。具体说来，振动引起的公害主要表现在以下几个方面。

① 由振动引起的对机器设备、仪表和对建筑物的破坏，主要表现为干扰机器设备、仪表的正常工作，对其工作精度造成影响，并由于对设备、仪表的刚度和强度的损伤造成其使用寿命的降低；振动能够削弱建筑物的结构强度，在较强振源的长期作用下，建筑物会出现墙壁裂缝，基础下沉，甚至发生过振级超过 140dB 使建筑物倒塌的现象。

② 冲锻设备、加工机械、纺织设备如打桩机、锻锤等都可以引起强烈的支撑面振动，有时地面垂直向振级最高可达 150dB 左右。另外为居民日常服务的设备如锅炉引风机、水泵等都可以引起 75～130dB 的地面振动振级。调查表明，当振级超过 70dB 时，人便可感觉到振动，超过 75dB 时，便产生烦躁感，85dB 以上，就会严重干扰人们正常的生活和工作，甚至损害人体健康。

③ 机械设备运行时产生的振动传递到建筑物的基础、楼板或其相邻结构，可以引起它们的振动，这种振动可以以弹性波的形式沿着建筑结构进行传递，使相邻的建筑物空气发生振动，并产生辐射声波，引起所谓的结构噪声。由于固体声衰缓慢，可以传递到很远的地

方，所以常常造成大面积的结构噪声污染。

④强烈的地面振动源不但可以产生地面振动，还能产生很大的撞击噪声，有时可达100dB，这种空气噪声可以以声波的形式进行传递，从而引起噪声环境污染，进而影响人们的正常生活。

**2. 对人体的危害**

振动与噪声相结合会严重影响人们的生活，降低工作效率，有时会影响到人的身体健康。

振动对人体的第一个影响是人体感觉，感觉是通过人体的许多感受器官接收的，如表皮中的末梢神经、细胞组织中的环层小体、肌肉中的肌梭和高尔基腱梭，以及前庭器官等。人体对振动的感受有一个振幅和频率的范围，当振幅和频率在这个范围内时人体才能感觉得到振动。振动频率低于10Hz时人体最敏感的器官是前庭器官，前庭器官是协调运动、维持人体平衡的内耳神经系统。内耳迷路中，除耳蜗外还有三个半规管、椭圆囊和球囊，后三者称为前庭器官，是人体对自身运动状态和头的空间位置的感受器，当机体进行旋转或者直线变速运动时，速度的变化——包括正、负加速度——会刺激三个半规管或椭圆囊中的感受细胞；当头的位置和地球引力的作用方向出现相对关系的改变时，就会刺激球囊中的感受细胞，这些刺激引起的神经冲动沿第八脑神经的前庭支传向中枢，引起相应的感受或其他效应。10Hz以上，肌肉深处的感受器官感受振动；1000Hz以上，则表皮感受器官是最敏感的。振动感受器。人体通过这些感受器最灵敏地感受各种不同频率的振动。

从物理学和生理学上看，人体是一个复杂的系统，它可以近似看成一个等效的机械系统。它包含着若干线性和非线性的"部件"，且机械性很不稳定。骨骼近似为一般固体，但比较脆弱；肌肉比较柔软，并有一定弹性，其他诸如心、肝、胃等身体器官都可以看成弹性系统。研究表明，人体的各部分器官都有其固有频率，当振动频率接近某个器官的固有频率时，就会引起共振，对该器官影响较大。如胸腹系统对3～8Hz的振动有明显的共振响应；对于头、颈、肩部分引起共振的频率为20～30Hz，眼球为60～90Hz。另外，频率100～200Hz的振动能引起"下颚-头盖骨"的共振，造成身体的损伤。振动主要通过振动振幅和加速度对人体造成危害，其危害程度与振动频率有关：在高频振动时，振幅的影响是主要的；在低频振动时，则加速度在起主要作用。如振动频率为40～100Hz，振幅达到0.05～1.3mm后，就会引起末梢血管痉挛；当振动频率较低时如15～20Hz，随着加速度的增大，会引起前庭器官反应和使内脏、血管位移，造成不同程度的皮肉青肿、骨折、器官破裂和脑震荡等。

振动按其对人体的影响，可分为全身振动与局部振动。前者是指振动通过支撑面传递到整个人体，主要在运输工具或振源附近发生，表2.12给出了全身振动的主观反应；后者振动主要通过作用于人体的某些部位，如使用电动工具，振动通过操作手柄传递到人的手和手臂系统，往往会引起不舒适，降低工作效率、危及身体健康。

**表 2.12　全身振动的主观反应**

| 主观感觉 | 频率/Hz | 振幅/mm | 主观感觉 | 频率/Hz | 振幅/mm |
|---|---|---|---|---|---|
| 腹痛 | 6～12 | 0.049～0.163 | 尿急感 | 10～20 | 0.024～0.028 |
|  | 40 | 0.063～0.126 | 粪迫感 | 9～20 | 0.024～0.12 |
|  | 70 | 0.032 | 头部症状 | 3～10 | 0.4～2.18 |
| 胸痛 | 5～7 | 0.6～1.5 |  | 40 | 0.126 |
|  | 6～12 | 0.094～0.163 |  | 70 | 0.032 |
| 背痛 | 40 | 0.63 | 呼吸困难 | 1～3 | 1～9.3 |
|  | 70 | 0.32 |  | 4～9 | 2.4～19.6 |

由于物理振动模型随着受观测者不可预知的状态及动机不同而不同，而与受观测者的身体、生理、心理反应有关的生物参数使得特性统计具有一定的限制。个体情况可能与平均水平具有相当大的差别。在病理方面，人体受到全身振动时引起的病理效应以长期坐姿操作的载重汽车、拖拉机、工程机械、装卸机械的驾驶员所受乘坐振动最为严重，研究和调查表明，他们明显地患有两种职业病——脊柱损伤和胃病。"白手病"就是因为长期使用风镐的工人其体内器官受到大振幅的机械振动，神经系统、心血管系统、肌肉和关节系统受到危害而使新陈代谢发生变异的结果。其表现为头晕目眩、反应迟钝、疲劳虚弱、机体失调等，在生理方面全身受到振动时，人体心血管、呼吸、消化、神经及感知觉等系统都受到影响而有明显变化。在心理反应方面则主要表现为操作能力降低，如对视力、平衡能力、反应时间和协调能力的影响。

除了人体感受到振动以外，人体经受振动后还发生各种不良的生理反应。例如：经受振动后感到不舒服、烦躁不安、疲劳等。频率在 30Hz 左右的振动使得眼球发生共振，结果使视力模糊，降低了视力的敏锐性，从而大大削弱了人体完成各种工作的能力。频率高而振幅小的振动主要作用于组织的神经末梢，频率较低而振幅较大的振动使前庭器官受刺激。中等振幅的全身性振动由前庭器官传递，发生恶心、眩晕和运动疾病等不良反应。较大振幅的振动引发病理的影响。

研究表明，人受振动的时间越长，危害越大。长时间从事与振动有关的工作会患振动职业病，主要表现为手麻、无力、关节痛、白指、白手、注意力不集中、头晕、呕吐甚至丧失活动能力。此外，振动还能造成听力损伤，噪声性损伤以高频（3000～4000Hz）段为主，振动性损伤是以低频（125～250Hz）为主。

# 第五节　振动的控制

在实际工程中，振动现象是不可避免的，因为有许多产生振源（激振力）的因素难以避免。例如，机械设备中的转子不可能达到绝对的平衡（包括静平衡或动平衡），往复机械的惯性力无法平衡，又如涡轮机械中气流对叶片的冲击，在机床上加工零件时产生的振动等都是产生振动的来源。振动的产生不但会造成一定的环境污染和机械设备的损伤，而且对人体的健康也有一定的影响，因此，这些不可避免的振动需要采取一定的方法加以控制。对于机械振动的根本治理方法是改变机械的结构，来降低甚至消除振动的发生，但实践中很难达到这一点，人们在长期的实践中，积累了丰富的控制振动的有效方法。任何一个振动系统都可概括为三部分：振源、振动途径和接受体，并按照振源、振动途径（传递介质）、接受体这一途径进行传播。根据振动的性质及其传播的途径，振动的控制方法主要是通过控制振源、切断振动的途径和保护接受体来研究。

振动控制的任务就是通过一定的手段使受控对象的振动水平满足预定要求。这里，受控对象是各类产品、结构或系统的统称。为达到控制振动的目的通常需经历五个环节。

（1）确定振源特性与振动特征　不同性质的振源引起的振动不同，其解决的方法也不同。故首先要确定振源的位置、激励的特性（简谐性、周期性、窄带随机性或宽带随机性）；振动特征（受迫型、自激型或参激型）等。

（2）确定振动控制水平　即确定衡量振动水平的量及其指标，这些量可以是位移、速度或加速度、应力等，也可以是其最大值或均方根值。

（3）确定振动控制方法　振动控制方法包括隔振、吸振、阻振、消振及结构修改等，各自的适用性不同。

（4）进行分析与设计　包括建立受控对象与控制装置（如吸振器、隔振器、阻尼器等）

的力学模型，进行振动分析，以及对控制装置参数与结构的设计。

（5）实现振动控制 将控制装置的结构与参数从设计转化为实物。可实现性是振动控制研究中必须注意的重要问题。

# 一、控制方式

## （一）振动源控制

日常生活中的振动源无处不在，各类运行中的机械设备和交通工具都可以产生振动，成为振源。振源由于自身运动中产生的不平衡力导致了振动不可避免地产生，振动不但会对设备、机器本身造成损害，还会产生噪声以及共振，造成严重的环境污染。在城市区域的环境保护中遇到的振动源主要有：工厂振源，如为居民生活设施配套的机械设备和混合在居民区中的中小型工厂内的工业设备；交通振源，如公路交通、穿越城区的铁路和地铁以及城市上空的飞机等；建筑工地，如在城区建筑施工的打桩、压路等机械设备；大地脉动及地震等。以上的环境振动污染源按其形式，可分为固定式单个振动源（如一台冲床或一台水泵等）和集合振动源（如厂界环境振动、建筑施工厂界环境振动，城市道路交通振动等，均是各种振源的集合作用）两类。按其动态特征又可分成四类，见表2.13。

表 2.13 环境污染振动源动态特征

| 项 目 | 稳态振动 | 冲击振动 | 无规则振动 | 铁路振动 |
| --- | --- | --- | --- | --- |
| 定义 | 观测时间内振级变化不大的环境振动 | 具有突发性振级变化的环境振动 | 未来任何时刻不能预先确定的环境振动 | 由铁路列车行驶带来的轨道两侧 30m 环境振动 |
| 振动污染源举例 | 往复运动机械,如空压机、柴油机等　旋转机械类,如发电机、发动机通风机等 | 建筑施工机械类,如打桩机等　锻压机械类,如冲床、纺锤等 | 道路交通振动、居民生活振动,如房屋施工、室内运动等 | 铁路机车运行 |

虽然振动源不同，就机械设备而言，引起振动的原因主要有以下三个：一是由突然的作用力或反作用力引起的冲击振动，如打桩机、剪板机、冲锻设备等，这是一种瞬间的作用力；二是由于旋转机械静平衡力或动平衡力所产生的不平衡力引起振动，如风机、水泵等；三是往复机械，如内燃机或空压机等，由于本身不平衡引起振动。从振源控制来讲，改进振动设备的设计和提高制造加工装配精度，可以使其振动减小，是最有效的控制方法。例如，鼓风机、蒸汽机轮、燃气机轮等旋转机械，大多数转速在每分钟千转以上，其微小的质量偏心力或安装间隙的不均匀常带来严重的危害。性能差的风机往往是动平衡不佳，不仅振动厉害，还伴有强烈的噪声。为此，应尽可能调好其动、静平衡，提高其制造质量，严格控制安装间隙，减少其离心、偏心惯性力的产生。

## （二）机械振动控制

一般机械设备产生的振动可分为两种类型，一种是稳态振动，一种是冲击振动。产生稳态振动的机器有风机、水泵、发电机等旋转式机器及柴油机、往复式空气压缩机等往复式机器，产生冲击振动的机器有锻锤、冲床、剪板机、折边机、压力机及打桩机等冲击式机器，这两种类型的振动控制及隔离方法都有所不同。

### 1. 降低机械的振动加速度

振动传递到地面的力是通过加速度产生的，故降低机械的振动加速度对振动控制尤为重要。采用使自由振幅倍率减小的设计，可以降低机械的振动加速度。设自由位移振幅为 $x_f$，则自由振幅倍率（也称加速度振幅倍率）$\dfrac{x_0}{x_f}$ 定义为

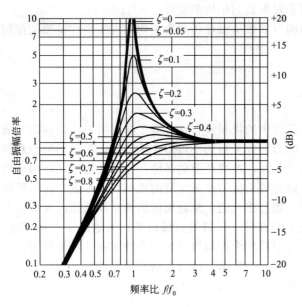

图 2.17　自由振幅倍率曲线

$$\frac{x_0}{x_f}=\frac{\left(\dfrac{\omega}{\omega_0}\right)^2}{\sqrt{\left[1-\left(\dfrac{\omega}{\omega_0}\right)^2\right]^2+\left(2\zeta\dfrac{\omega}{\omega_0}\right)^2}}$$

$$(2.15)$$

如图 2.17 所示，频率比 $\omega/\omega_0$（$f/f_0$）$<1$ 时，自由振幅倍率急剧减小；$\omega/\omega_0=3$ 时，全部为 0.1；$\omega/\omega_0=1$ 时，为无穷大；$\omega/\omega_0>3$ 时，全部为 1。

图 2.17 的自由振幅倍率曲线也可用来表示机械置于隔振弹簧的振动地面上时，地面位移引起的受迫振动使机械产生的相对位移值。

**2. 利用支承台架质量的减振措施**

激振力的频率 $f$ 与系统的固有频率 $f_0$ 之比，即频率比 $\omega/\omega_0$ 可由下式表示：

$$\omega/\omega_0=2\pi\sqrt{\frac{m}{k}}\cdot f \qquad (2.16)$$

因此，当机械的质量 $m$ 越大，弹簧劲度 $k$ 越小，且激振力的频率 $f$ 越大时，则 $\omega/\omega_0$ 越大。

在阻尼小的情况下，当 $\omega/\omega_0>1$ 时，机械的质量 $m$ 越大，自由振幅倍率随 $\omega/\omega_0$ 增大而减小，当 $\omega/\omega_0<1$ 时，则 $m$ 越小，自由振幅倍率随 $\omega/\omega_0$ 减小而减小。由此可见，通过增减机械支承台架的质量能够降低振动加速度。同样，需要将机械的位移振幅控制在容许值以内时，也可利用支承台架的质量予以调节。

位移振幅 $x_0$ 为

$$x_0=\frac{F_0}{k}\left|\frac{1}{\left(\dfrac{\omega}{\omega_0}\right)^2-1}\right| \qquad (2.17)$$

质量 $m$ 为

$$m=\frac{1}{x_0}\times\frac{F_0}{\omega_0^2}\left|\frac{1}{\left(\dfrac{\omega}{\omega_0}\right)^2-1}\right| \qquad (2.18)$$

若要控制位移振幅 $x_0$ 在许可位移振幅以下，可按上式求得相应的质量 $m$ 或劲度系数 $k$。

**3. 利用动力吸振的减振措施**

当外力的频率与质量-弹簧系统的固有频率接近时，就会产生共振。因此，在机械安装不良而形成共振状态等情况下，可采用动力吸振器的方法作为减振处理措施之一。

如图 2.18 所示，当弹簧上的机械质量 $M$ 的振幅异常大时，在 $M$ 上通过弹簧 $k$ 再加以质量 $m$（吸振器）。在此二自由度无阻尼系统中，机械（质量 $M$）的位移振幅 $x_{01}$ 为

$$x_{01}=\frac{\left[1-\left(\dfrac{\omega}{\omega_2}\right)^2\right]x_{st}}{\left[1-\left(\dfrac{\omega}{\omega_2}\right)^2\right]\left[1+\dfrac{k}{K}-\left(\dfrac{\omega}{\omega_1}\right)^2\right]-\dfrac{k}{K}} \qquad (2.19)$$

吸振器（质量 $m$）的位移振幅 $x_{02}$ 为

$$x_{02} = \frac{x_{st}}{\left[1-\left(\frac{\omega}{\omega_2}\right)^2\right]\left[1+\frac{k}{K}-\left(\frac{\omega}{\omega_1}\right)^2\right]-\frac{k}{K}} \tag{2.20}$$

式中：$\omega_1 = \sqrt{\frac{K}{M}}$，$\omega_2 = \sqrt{\frac{k}{m}}$。

要使 $x_{01}$ 趋近于 0，就是要使 $\omega_1 \approx \omega_2$，即此时吸振器施加给机械的力为 $-F\sin\omega t$，与外力 $F\sin\omega t$ 相互抵消，理论上机械处于静止状态。又由于机械处于共振状态的前提是

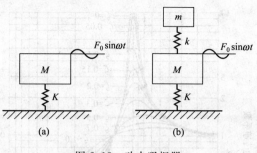

图 2.18 动力吸振器

$$\omega \approx \omega_1 \approx \omega_2$$

则

$$\frac{k}{K} \approx \frac{m}{M} \tag{2.21}$$

如图 2.19 所示，机械避开了状态（a）的共振，形成了两个新的共振点（b）。应用实例如图 2.20 所示为质量部分可以滑动调节的吸振器。有阻尼情况下的动力吸振器减振机理很复杂，有专著论述。

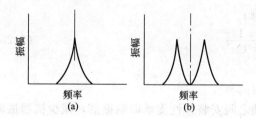

图 2.19 动力吸振器引起的共振频率的变化

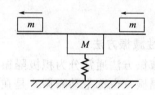

图 2.20 可滑动调节的动力吸振器

## （三）弹性减振

### 1. 弹性减振原理

描述和评价隔振效果的物理量很多，最常用的是振动传递系数 $\tau$。振动传递系数 $\tau$ 是指通过隔振元件传递的力 $F_\tau$ 与激振力 $F_0$ 的比值 $F_\tau/F_0$，按下式计算：

$$\tau = \sqrt{\frac{1+\left(2\zeta\frac{\omega}{\omega_0}\right)^2}{\left[1-\left(\frac{\omega}{\omega_0}\right)^2\right]^2+\left(2\zeta\frac{\omega}{\omega_0}\right)^2}} \tag{2.22}$$

以阻尼比 $\zeta = c/c_0$ 为参数，将上式绘图（图 2.21），由图清楚地知道振动传递系数 $\tau$ 的特性如下。

（1）$f \ll f_0$ 的区域　$\tau$ 接近于 1，表明振动完全被传递，无减振效果。

（2）$0 < f < \sqrt{2}f_0$ 的区域　$\tau > 1$，传递力大于激振力，振动被放大，隔振系统设计失败时可能出现此情况。若增大阻尼，可使 $\tau$ 减小。

（3）$f \approx f_0$ 区域　为共振状态，防振设计中需极力避免这种状态。

（4）$f \approx \sqrt{2}f_0$ 的区域　$\tau \approx 1$，$\tau$ 与阻尼有无和阻尼的大小均无关，此时传递力与激振力相同。

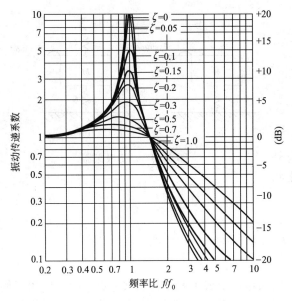

图 2.21 振动传递系数图

（5）$f > \sqrt{2} f_0$ 的区域 $\tau < 1$，传递力小于激振力，有防振效果。频率越高，$\tau$ 越小；阻尼越大，$\tau$ 越大。$\zeta = 0$ 时，$\tau$ 最小，防振效果最大。这就是用弹性材料支承机械，使传递到基础的激振力减少的原理。实际防振设计中可以先确定质量，再选定弹簧；或者先大致选择弹簧，再用附加质量调节弹簧所支承的质量；或者选定弹簧个数，调节所支承的质量。

防振设计时需注意由弹性支承决定的振动传递系数，在忽视阻尼，$\tau < 1$ 时

$$\tau = \frac{1}{\left(\dfrac{\omega}{\omega_0}\right)^2 - 1} \qquad (2.23)$$

又，$\omega_0^2 = k/m$，代入上式，则

$$\omega^2 = \frac{\tau + 1}{\tau} \times \frac{k}{m} \qquad (2.24)$$

因此，若 $\omega$ 和 $k$ 都不变，欲使振动传递系数为 $\tau'$（$\tau' < \tau$），则依据下式附加质量来实现：

$$\frac{m'}{m} = \frac{(\tau' + 1)\tau}{(\tau + 1)\tau'} \qquad (2.25)$$

**2. 弹性减振方法**

弹性减振方法通常分为积极隔振和消极隔振两类。

积极隔振（也称主动隔振）是在机器与基础之间安装弹性支承即隔振器，减少机器振动激振力向基础的传递量，迫使机器振动得以有效隔离的方法。图 2.22 所示为主动隔振系统，其作用是降低设备的扰动对周围环境的影响，同时使设备自身的振动较小。一般情况下，风机、水泵、压缩机及冲床的隔振都是积极隔振。

消极隔振（也称被动隔振）是在仪器设备与基础之间安装弹性支撑（即隔离器），以减少基础的振动对仪器设备的影响程度，使仪器设备能正常工作或不受损害。图 2.23 所示的隔振系统即为消极隔振系统，其作用是减小地基的振动对设备的影响，使设备的振动小于地基的振动，达到保护设备的目的。一般情况下，仪器与精密设备的隔振都是消极隔振，在房屋下安装隔振器防止地震破坏也属此类。

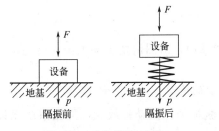

图 2.22 积极隔振示意

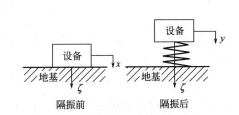

图 2.23 消极隔振示意

**（四）冲击减振**

与周期性激励力的振动隔离相似，对脉冲冲击的隔离减振也分为积极冲击隔离和消极冲

击隔离两类。积极冲击隔离是隔离锻压机、冲床及其他具有脉冲冲击力的机械，以减少其对环境的影响；消极冲击隔离是隔离基础的脉冲冲击，使安装在基础上的电子仪器及精密设备能正常工作。

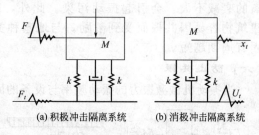

(a) 积极冲击隔离系统　　(b) 消极冲击隔离系统

图 2.24　单自由度冲击隔振系统

图 2.24 为单自由度冲击隔离系统。冲击传递系数按下式计算：

$$\tau_a = \tau_b \approx \frac{\omega_0}{e^{\zeta\omega_0 t}} \qquad (2.26)$$

式中，$\tau_a$、$\tau_b$ 分别为积极冲击传递系数和消极冲击传递系数。

由上式可知，积极冲击隔离和消极冲击隔离的传递系数估算相同，即隔离原理是相同的。冲击传递系数与系统的固有频率成正比，即系统的固有频率越小，传递系数越小；隔离支承的阻尼越大，传递系数越小。为了达到一定的隔离效果，需选择较软的刚度低的弹性支承，并设法增大弹性支承的阻尼。

需要指出的是冲击隔离与缓冲有区别，缓冲是使缓冲材料介于相互碰撞的物体之间，使碰撞的冲击力比直接碰撞降低，如汽车缓冲器、飞机着陆架等。冲击隔离与振动隔离的性质既有相似之处，也有区别。一些设备的隔振系统或有些隔振器同时具有隔振和防冲击的作用。

### （五）传播途径的减振对策

若振源振动难以消除，则需要考虑采取措施阻断振动的传播途径，以减轻振动。振动随距离的衰减是振动传播阻断措施之一，另外还可采用防振沟和隔墙的方法。增大距离，使受影响对象远离振源，当距离为 4～20m 时，使距离增大一倍，则振动衰减 3～6dB；当距离大于 20m 时，使距离增大一倍，则振动衰减 6dB 以上。一般情况下不提倡防振沟，为使振动下降 6dB 以下，沟的深度要达 5～10m，且施工困难，维护也困难，一旦积水，效果就受影响。

振源产生的沿地面传播的波动，有振动方向与波动传播方向一致的纵波、振动方向与传播方向垂直的横波以及在包括波的前进方向在内的垂直面内做椭圆运动且振幅随表面向内加深而明显减小的表面波等。

一般在坚硬的基础上存在表面层时，瑞利波的速度受到频率的影响，这种现象称为频散。频率增高时，该速度与表面层的横波速度接近；频率降低时，则与基底层的横波速度接近。乐甫波只限于在基础上有比较柔软的表面层的情况下存在。振动仅在与波的前进方向成直角的水平面内产生，也具有频散性。

表 2.14 列出了地基的种类和纵波、横波传播速度的大致值。所测量的地表振动是这些波的合成，表面波的传播速度为横波传播速度的 95%～98%。

**表 2.14　地基的种类与纵波、横波传播速度的大致值**

| 地基种类 | 纵波速度/(m/s) | 横波速度/(m/s) | 地基种类 | 纵波速度/(m/s) | 横波速度/(m/s) |
|---|---|---|---|---|---|
| 冲击黏土或淤泥 | 300～800 | 80～150 | 冲击砂或砂砾 | 800～2000 | 250～800 |
| 冲击砂或砂砾 | 300～1500 | 120～250 | 砂岩 | 1000～2000 | 500～1200 |
| 冲击砂或黏土 | 500～1500 | 150～500 | 岩石 | 2000～6000 | 800～2000 |

另有一种必须引起重视的地基的特征振动，即地基经常性微动，是具有固有特殊周期的振动。这种振动不像一般有感振动那样强烈，而是微弱的振动。不同地区和特性的地基，经常存在这种周期的固有振动。若以接近这种振动的频率激振，则波动随距

离的衰减不大，会引起振动污染。此外，若地面建筑物的固有频率与该频率相近，则建筑物容易因共振而受到激励。与地基种类相对应，地基越硬，微弱振动的频率越高，固有周期越短。

## （六）防止共振

当振动机械激振力的振动频率与设备的固有频率一致时就会产生共振，产生共振的设备将振动得更加厉害，振动对设备本身的损伤也更大。由于共振的放大作用，其放大倍数可有几倍到几十倍，因此带来了十分严重的破坏和危害。手持的加工机械如锯、刨会产生强烈的振动并伴有受体的共振，产生的抖动使操作者手会感到难以忍受的麻；载重的货车在路面行驶时，往往对路两侧的居民建筑物产生共振影响，会发生地面的晃动和门窗的抖动。最为著名的如美国塔克马峡谷中的长 853m、宽 12m 的悬索吊桥，在 1940 年的 8 级飓风的袭击中发生了难以理解的振动，引起的共振使笨重的钢铁桥发生扭曲最后彻底毁坏。因此，减少和防止共振响应是振动控制的一个重要方面。

对于建筑物来说，主要振源是安装在建筑物内的辅助机械设备，另外建筑物外的如打桩机、地铁和机械工程以及载重卡车都能引起建筑物的共振。建筑物内振动传递主要通过四种振动波，分别是纵向波、切向波、扭转波、弯曲波，如图 2.25 所示。

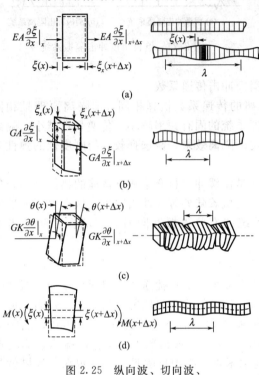

图 2.25　纵向波、切向波、扭转波、弯曲波示意

纵向波是一种沿着构件振动与传递方向一致的疏密波；切向波是沿构件横截面振动与传递方向垂直的一种疏密波；扭转波是由扭曲、剪切和旋转力所引起的；弯曲波是在构件表面产生的波动，是大多数材料最容易产生的一种波，是建筑构件振动传递的主要波。

控制振动的主要方法有：可以改变机器的转速或改换机型来改变振动的频率；将振动源安装在非刚性的基础上以降低共振响应；用粘贴弹性高阻尼结构材料来增加一些波壳机体或仪器仪表的阻尼，以增加能量散逸，降低其振幅；改变设施的结构和总体尺寸或采取局部加强法来改变结构的固有频率。

为了防止建筑物产生共振响应，需要对建筑物各个构件各自的共振频率进行估算。当机械设备安装在房屋地板（楼板）上时可用下式计算其固有频率（Hz）：

$$f_0 = \frac{1}{2\pi}\sqrt{\frac{K}{m}} = 0.498\sqrt{\frac{K}{W}} \approx 0.5\sqrt{\frac{1}{\xi_d}} \tag{2.27}$$

式中，$\xi_d$ 为地面（楼板）的变形量，m；$W$ 为物体的重量，N；$K$ 为弹簧的刚度系数，N/m；$m$ 为物体的质量，kg。

只要估算出地面（楼板）的变形，便可以大致确定建筑结构中大多数公共系统中地面（楼板）的共振频率。表 2.15 列出了不同跨距混凝土楼板的固有频率，可供参考。

当机器安装在悬臂梁或间支梁不同位置时，由于梁的变形不同，固有频率也不同。当机器从梁的中心点移向支撑点时，由于梁的变形的逐渐减小，其固有频率也逐步提高。

表 2.15　混凝土楼板结构固有频率

| 跨距/m | 固有频率/Hz | 跨距/m | 固有频率/Hz |
|---|---|---|---|
| 3 | 12 | 12 | 6 |
| 6 | 9 | 18 | 5 |
| 9 | 7 | | |

## 二、采用控制技术

### （一）隔振技术

振动的影响，特别是对于环境来说，主要是通过振动的传递来达到的，因此减少或隔离振动的传递就可以有效地控制振动。隔振就是利用振动元件阻抗的不匹配以降低振动传播的措施。隔振技术常应用在振动源附近，把振动能量限制在振源上而不向外界扩散，以免激发其他构件的振动，有时也应用在需要保护的物体附近，把需要低振动的物体同振动环境隔开，避免物体受到振动的影响。采用大型基础来减少振动的影响是最常用最原始的方法。根据工程振动学原理合理地设计机器的基础，可以减少基础（和机器）的振动和振动向周围的传递。根据经验，一般的切削机床的基础是本身质量的 1~2 倍，冲锻设备要达到本身的 2~5 倍，有时达到 10 倍以上。

利用防振沟也是一种常见的防振措施，即在振动机械基础的四周开有一定宽度和深度的沟槽，里面可填充松软的物质（如木屑）来隔离振动的传递。一般来说，防振沟越深、隔振效果就越好，而沟的宽度几乎对隔振效果没有影响，防振沟以不填充材料为佳。实验研究结果发现，当沟的宽度取振动波长的 1/20，当沟的深度为振动波长的 1/4，振动幅值将减少 1/2；当沟深为波长的 3/4 时，振幅将减少 1/3；当沟深进一步增加不仅施工困难，而且隔振效果也不明显。防振沟可用在积极防振上，即在振动的机械设备周围挖掘防振沟；也可用于消极防振，即在怕振动干扰的机械设备附近，在其垂直方向上开挖防振沟。

在设备下安装隔振原件——隔振器，是目前在工程上常见的控制振动的有效措施。其隔振原理就是把物体和隔振器（主要是弹簧）系统的固有频率设计得比激发频率低得多（至少 3 倍），再在隔振器上垫上橡皮、毛毡等垫子。安装这种隔振元件后，能真正起到减少振动与冲击力的传递的作用，只要隔振元件选用得当，隔振效果可在 85%~90% 以上，而且不必采用上面讲的大型基础。对于一般中小型设备，甚至可以不用地脚螺丝和基础，只要普通的地坪能承受设备的负荷即可。

#### 1. 隔振原理及设计

机器设备的振动力传递给基础的基本模型就是由外力引起的单自由度系统的受迫振动模型，该系统的运动方程为：

$$m\frac{\mathrm{d}^2 x}{\mathrm{d}t^2} + C\frac{\mathrm{d}x}{\mathrm{d}t} + Kx = F_0\sin\omega t \tag{2.28}$$

式中，$m$ 为物体质量，kg；$C$ 为阻尼器黏性阻尼系数，$N \cdot s/m$；$K$ 为弹簧刚度系数，$N/m$；$F_0$ 为简谐激励力，N；$\omega$ 为激励力振动角频率，rad/s；$t$ 为时间，s。

其中角频率与简谐振动频率 $f$ 的关系为：

$$\omega = 2\pi f \tag{2.29}$$

该方程的解，即受迫振动的位移响应为：

$$x = Xe^{-\zeta\omega_0 t}\cos(\omega_d t - \varphi) + \frac{F_0\sin(\omega t - \varphi)}{\sqrt{(K-\omega^2)^2 + (C\omega)^2}} \tag{2.30}$$

上式中第一项是以有阻尼固有频率进行振动的有阻尼自由振动项，随着时间的增长而逐渐趋近于零，这一部分是瞬态解，它表明由于激励力作用而激发起的按系统固有频率振动的部分；第二项是受迫振动的稳态解，振动频率就是外力 $F_0$ 即激励力的频率，而且振幅保持恒定。研究受迫振动问题时位移响应都是指的这个稳态解。其振幅 $X$ 和相位 $\Phi$ 可以分别表示为：

$$X = \frac{F_0}{K} \frac{1}{\sqrt{\left[1 - \left(\frac{\omega}{\omega_0}\right)^2\right]^2 + \left(2\zeta\frac{\omega}{\omega_0}\right)^2}} \qquad (2.31)$$

$$\Phi = \tan^{-1}\frac{2\zeta\frac{\omega}{\omega_0}}{1 - \left(\frac{\omega}{\omega_0}\right)^2} \qquad (2.32)$$

式中，$\omega/\omega_0$ 为频率比。

式(2-30) 表明振动物体的位移响应是频率的函数，对应不同频率区间内的响应特性由表 2.16 所列。由表可知，影响单自由度受迫振动响应的三个基本因素是：质量、阻尼和刚度。它们各自有不同的作用，在低频率区由弹簧的刚度控制，在高频率区由质量控制，也就是说这三个参数只能在有限的频率范围内起到有效的响应控制作用。

表 2.16　不同频率范围的主要控制参数

| 频率 | 响　应 | 控制参数 |
|---|---|---|
| $\omega \ll \omega_0$ | $A = F_0/K$ | 弹性控制 |
| $\omega \gg \omega_0$ | $A = F_0/M\omega^2$ | 质量控制 |
| $\omega = \omega_0$ | $A = F_0/C\omega$ | 阻尼控制 |

令式(2-30) 中的 $F_0/K = X_0$，为在干扰外力作用下弹簧的静扰度，这时式(2.30) 可以写成：

$$T_M = \frac{X}{X_0} = \frac{1}{\sqrt{\left[1 - \left(\frac{\omega}{\omega_0}\right)^2\right]^2 + \left(2\zeta\frac{\omega}{\omega_0}\right)^2}} \qquad (2.33)$$

式中，$T_M$ 为运动位移响应系数。

在有阻尼的情况下，传递至基础的传递力 $F_T$ 系由两部分组成：一是弹簧力，幅值为 $KX$；二是阻尼力，幅值为 $C\omega X$。

因为弹簧力与位移成正比，而阻尼力与速度成正比，二者相差 $\frac{\pi}{2}$ 的相角，所以其矢量和为：

$$\vec{F} = K\vec{x} + C\vec{x} = F_{T_0}\sin(\omega t - \varphi) \qquad (2.34)$$

其中，$F_{T_0}$ 为传递力的幅值，其大小为：

$$F_{T_0} = \sqrt{(KX)^2 + (C\omega X)^2} = F_0\sqrt{\frac{1 + \left(2\zeta\frac{\omega}{\omega_0}\right)^2}{\left[1 - \left(\frac{\omega}{\omega_0}\right)^2\right]^2 + \left(2\zeta\frac{\omega}{\omega_0}\right)^2}} \qquad (2.35)$$

还可以表示成：$F_{Y_0} = F_0 T_A$，$T_A$ 称为运动动力传递系数，又称绝对传递系数，当 $\omega = \omega_0$ 时，即激振力的固有频率等于系统固有频率时，称系统处于共振状态，这时 $T_A$ 有最大值：

$$T_{A\max} = \sqrt{1 + \left(\frac{1}{2\zeta}\right)^2} \qquad (2.36)$$

传递力与激振力之间的相位差

$$\Psi = \tan^{-1} \frac{2\zeta\left(\frac{\omega}{\omega_0}\right)^3}{1 - \left(\frac{\omega}{\omega_0}\right)^2 + \left(2\zeta\frac{\omega}{\omega_0}\right)^2} \tag{2.37}$$

图 2.26 给出了对应各种阻尼比 $\zeta$ 的绝对传递系数 $T_A$ 随频率比 $\omega/\omega_0$ 的变化曲线，由关系曲线可以看出如下几方面内容。

① $T_A$ 值随着频率比的变化是连续的，不论阻尼比 $\zeta$ 取何值，所有的 $T_A$ 变化曲线均在频率比为 $\sqrt{2}$ 处相交，当无阻尼时，$T_A$ 的最大值出现在频率比等于 1 的地方；当有阻尼时，最大的 $T_A$ 值发生在 $f/f_0$ 小于 1 的区域中，其值等于 $\dfrac{4\zeta^2}{\sqrt{16\zeta^4 - 8\zeta^2 - 2 + \sqrt{1 + 8\zeta^2}}}$，相

应的频率比为 $\sqrt{\dfrac{-1 + \sqrt{1 + 8\zeta^2}}{4\zeta^2}}$，当 $\zeta \leqslant 0.1$ 时，$T_A$ 的最大值可用 $\dfrac{1}{2\zeta}$ 代替。在实际工程系统中，阻尼都不大，基本都可以满足小于 0.1 的条件，所以通常用该值来估算隔振中的最大传递力或最大位移响应。

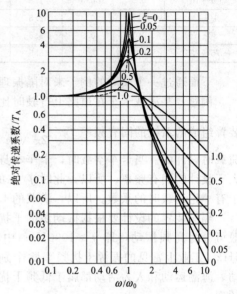

图 2.26　绝对传递系数 $T_A$ 曲线

② 当频率比 $f/f_0 \leqslant 1$ 时，此时 $T_A$ 近似为 1，说明激振力通过隔振装置全部传给基础，隔振器不起隔振作用。

③ 当 $f/f_0 = 1$ 时，此时 $T_A > 1$，这说明隔振措施不合理，不仅不起隔振作用，反而会放大了振动的干扰，乃至发生共振，这是隔振设计中要避免的。

④ 不论阻尼比 $\zeta$ 取值的大小，只有当 $f/f_0 > \sqrt{2}$ 时，$T_A$ 才小于 1，此时随着频率比的不断增大，$T_A$ 值越来越小，也就是说隔振效果越来越好。因此要达到隔振的目的，单自由度隔振系统必须满足 $f/f_0 > \sqrt{2}$ 这一条件，否则振动会被放大。但频率比也不应该过大，因为过大的频率比意味着隔振器要有很大的静态压缩量，必须设计得很软，这样会导致机械的稳定性变差，容易产生摇晃；而且若频率比大于 5 以后，$T_A$ 值的变化也不明显，隔振效果提高不大。所以一般实际工程中采用的频率比在 2.5～4.5，$\zeta$ 值一般选用 0.02～0.1。如有特殊的原因只能将频率比设计在小于 $\sqrt{2}$ 的区域，那就尽量地使频率比小于 0.4～0.6，相应的 $T_A$ 值为 1.2～1.5，即将振动放大了 20%～50%，此时隔振的目的主要是隔离高频振动。

⑤ 在 $f/f_0 < \sqrt{2}$ 的范围内，即隔振器不起隔振的作用乃至发生共振，阻尼的作用就更明显。

当采取一定的隔振措施后，隔振效果可用激振力幅与隔振后传递力之差同激振力幅比值的百分数来衡量，称之为隔振效率 $I$，其定义式为：

$$I = \frac{F_0 - F_{T_0}}{F_0} \times 100\% = (1 - T_A) \times 100\% \tag{2.38}$$

在实际工程系统中，所要求的绝对传递力系数 $T_A$ 的大小，取决于机器类型、功率的大小、转速以及建筑物用途等各种因素，如表 2.17 所列。

表 2.17　不同功率的电机一般规定的 $T_A$、$f/f_0$、$I$ 值

| 电机功率 | 底层 | | | 两层以上重型结构楼层 | | | 两层以上轻型结构楼层 | | |
|---|---|---|---|---|---|---|---|---|---|
| | $T_A$ | $I$ | $f/f_0$ | $T_A$ | $I$ | $f/f_0$ | $T_A$ | $I$ | $f/f_0$ |
| <4 | 只考虑隔声 | | | 0.5 | 0.5 | 1.8 | 0.1 | 0.9 | 3.5 |
| 4~10 | 0.5 | 0.5 | 1.8 | 0.25 | 0.75 | 2.5 | 0.07 | 0.93 | 4.5 |
| 10~30 | 0.2 | 0.8 | 2.8 | 0.1 | 0.9 | 3.5 | 0.05 | 0.95 | 5.5 |
| 30~75 | 0.1 | 0.9 | 3.5 | 0.05 | 0.95 | 5.5 | 0.025 | 0.975 | 9.5 |
| 75~225 | 0.05 | 0.95 | 5.5 | 0.03 | 0.97 | 7.5 | 0.015 | 0.985 | 12 |

下面通过一个实际的例子来对隔振理论进行说明。

例题：某满载卡车在道路上行驶时比空载时的振动小的原因：我们知道振动物体与隔振装置组成的系统的固有频率 $f_0 = \dfrac{1}{2\pi}\sqrt{\dfrac{k}{m}}$，公式中的质量 $m$ 是按照卡车的本身质量和有一定荷载时设计的。当卡车空载时，卡车本身的质量要小于设计质量，则此时卡车的固有频率要大于设计的固有频率。所以，此时 $f/f_0$ 的比值就比设计值小。那么，传递力系数 $T_A$ 就要大于有一定荷载时的系数。所以，满载的卡车行驶时要比空载时的振动小。

隔振装置的设计要根据振动源的干扰频率和设计对象的要求不同进行设计。干扰频率一般可分为高频振动，即 $f > 1000\text{Hz}$；中频振动，即 $6\text{Hz} \leqslant f < 100\text{Hz}$；低频振动，即 $f < 5\text{Hz}$。工业上常见的振源干扰频率除个别为高频干扰外，大都属中频干扰源，而地壳的脉动、海潮运动和人为活动都属于低频干扰源。表 2.18 列出了一些常见的机械设备振动干扰频率。

表 2.18　一些常见机械设备振动干扰频率

| 设备种类 | 干扰频率 | 设备种类 | 干扰频率 |
|---|---|---|---|
| 风机 | (1)轴的转数;(2)轴的转数乘以叶片数 | 压缩机 | 轴的转数 |
| 电机 | (1)轴的转数;(2)轴的转数乘以极数 | 内燃机 | (1)轴的转数;(2)轴的转数乘以缸数 |
| 齿轮 | 齿轮数乘以轴转数 | 变压器 | 交流电频率乘以2 |
| 轴承 | 轴转数乘以珠子数除以2 | | |

在实际工程中，为了满足 $f/f_0 > \sqrt{2}$ 以取得良好的隔振效果，需要了解一些机器以及安装场所的各种设计规定，表 2.19、表 2.20 分别给出了一些常见的设备及场所的设计规定值。

表 2.19　常见机器一般规定的 $T_A$、$f/f_0$、$I$ 值

| 序号 | 机器型号<br>(电机功率/kW) | | 地下室、工厂 | | | 两层以上建筑的楼层 | | |
|---|---|---|---|---|---|---|---|---|
| | | | $T_A$ | $I$ | $f/f_0$ | $T_A$ | $I$ | $f/f_0$ |
| 1 | 风机 | | 0.30 | 0.70 | 2.2 | 0.10 | 0.90 | 3.5 |
| 2 | 泵 | ≤3 | 0.30 | 0.70 | 2.2 | 0.10 | 0.90 | 3.5 |
| | | >3 | 0.2 | 0.80 | 2.8 | 0.05 | 0.95 | 5.5 |
| 3 | 往复式<br>冷冻机 | <10 | 0.30 | 0.70 | 2.2 | 0.15 | 0.85 | 3.0 |
| | | 10~40 | 0.25 | 0.75 | 2.5 | 0.10 | 0.90 | 3.5 |
| | | 40~110 | 0.20 | 0.80 | 2.8 | 0.05 | 0.95 | 5.5 |
| 4 | 离心式冷冻机 | | 0.15 | 0.85 | 3.0 | 0.05 | 0.95 | 5.5 |
| 5 | 密闭式冷冻设备 | | 0.30 | 0.70 | 2.2 | 0.10 | 0.90 | 3.5 |
| 6 | 冷却塔 | | 0.30 | 0.70 | 2.2 | 0.15~0.20 | 0.80~0.85 | 2.5~3.0 |
| 7 | 柴油机、发电机 | | 0.20 | 0.80 | 2.8 | 0.10 | 0.90 | 3.5 |
| 8 | 换气装置 | | 0.30 | 0.70 | 2.2 | 0.20 | 0.80 | 2.8 |
| 9 | 管路系统 | | 0.30 | 0.70 | 2.2 | 0.05~0.10 | 0.90~0.95 | 3.5~5.5 |

表 2.20　不同建筑用途一般规定的 $T_A$、$f/f_0$、$I$ 值

| 序号 | 场　所 | 用　途 | $T_A$ | $I$ | $f/f_0$ |
|---|---|---|---|---|---|
| 1 | 只考虑隔声的场所 | 工厂、地下室、车库 | 0.8～1.5 | 0.2～0.5 | 1.4～1.5 |
| 2 | 一般场所 | 办公室、食堂、商店 | 0.2～0.04 | 0.6～0.8 | 2～2.8 |
| 3 | 需加注意的场所 | 旅馆、医院、学校 | 0.05～0.2 | 0.8～0.95 | 2.8～5.5 |
| 4 | 要特别注意的场所 | 播音室、音乐厅、录音室 | 0.01～0.05 | 0.95～0.99 | 5.5～15 |

**2. 主动隔振和被动隔振**

在机械设备中的转子不可能达到绝对的平衡，往复机械的惯性力总会存在以及车床加工零件时产生的振动都是一些不可避免的振动，人们必须利用隔振技术将振动源与基础或需要防振的物体进行减振，一般采用弹性元件和阻尼件进行连接，以隔绝或减弱振动能量的传递。在隔振技术中，按照有无消耗能量的作动机构，振动控制可分为主动隔振（有源隔振）和被动隔振（无源隔振）两类。

（1）主动隔振　主动隔振又称有源隔振，是最近 10～20 年内迅速发展起来的控制方法。这种方法中需要消耗能量的作动机构即用以产生控制力的执行机构，能量靠能源补充。实际操作中，主动隔振是将振源与支撑振源的基础隔离开来。如将一台电机作为振动源，它与基础之间是近似刚性连接，电机的运转会产生一个激振力 $Q(t)=$ $H\sin\omega t$，这个力会被完全传给基础，并向四下波

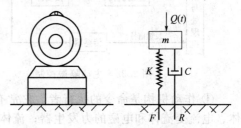

图 2.27　电机隔振及力学模型

及。当用橡胶块将电机与基础隔离开来，以减少激振力向基础的传递，减少通过地基向周围物体传播的振动与噪声。其示意如图 2.27 所示。在此系统中，电机设备运转产生的简谐激振力 $Q(t)=H\sin\omega t$，它作用于质量为 $m$ 的物体上，刚度为 $k$ 和阻尼系数为 $C$ 的阻尼元件将物体与地基之间进行隔离，以此使激振力部分或完全被隔绝，达到隔振和降低噪声的效果，此系统的微分方程为：

$$\frac{\mathrm{d}^2 x}{\mathrm{d}t^2} + 2n\frac{\mathrm{d}x}{\mathrm{d}t} + \omega^2 x = h\sin\omega t \tag{2.39}$$

其中，$\omega_n^2 = \dfrac{k}{m}$，$k$ 弹性系数；$2n = \dfrac{C}{m}$，$C$ 为阻尼系数；$h = \dfrac{H}{m}$，$H$ 为激振力的幅值。

其通解为：

$$x = Ae^{-nt}\sin(\sqrt{\omega_n^2 - n^2}\,t + a) + B\sin(\omega t - \varepsilon) \tag{2.40}$$

式中，$A$，$a$ 为积分常数；$B$ 为受迫振动的物体离平衡位置最远的幅值，$B = \dfrac{H}{k\sqrt{(1-\lambda^2)^2 + 4\zeta^2\lambda^2}}$；$\lambda$ 为频率比 $f/f_0$；$\zeta$ 为阻尼比 $C/C_0$；$C_0$ 为临界阻尼；$\varepsilon$ 为振动物体的位移与激振力之间的相位差，$\varepsilon = \arctan\dfrac{2\zeta\lambda}{1-\lambda^2}$。

式（2.39）右边的第一部分为有阻尼的自由振动，即随着时间的增加而逐渐减弱，最后消失；第二部分为受迫振动，它是一种稳态振动过程，也是我们要研究的振动过程，则式（2.39）可以简化为：

$$x = B\sin(\omega t - \varepsilon) \tag{2.41}$$

由此公式可以看出，虽然有阻尼存在，但受简谐激振力作用的受迫振动仍然是简谐振动，其振动频率等于激振力的振动频率。在物体振动时，通过阻尼作用于基础的力 $F' = CB\omega\cos(\omega t - \varepsilon)$，弹簧给基础的力 $F'' = kB\sin(\omega t - \varepsilon)$，二者的合力最大值为 $F_{\max} = kB$ $\sqrt{1 + (2\zeta\lambda)^2}$，衡量主动隔振效果最常用的系数是力的传递系数 $T$，$T = \dfrac{F_{\max}}{H} =$

$\dfrac{\sqrt{1+4\zeta^2\varepsilon}}{(1-\lambda^2)^2+4\zeta^2\lambda^2}$，隔振效率用下式评价：

$$\eta=(1-T)\times100\%\tag{2.42}$$

所以，传递系数 $T$ 越小，表明通过隔振系统传过去的力就越小，隔振效果越好。

实际工作中，主动隔振通常用一套有传感器、信号处理机和作动机构组成的机械装置来完成具体的工作，见图 2.28。

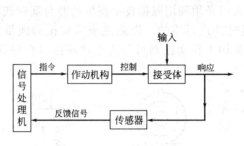 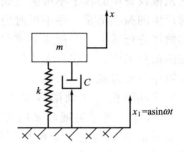

图 2.28　主动隔振控制　　　　图 2.29　被动隔振力学模型

① 作动机构是命令的执行者，它常有以下几种形式：可变弹性元件如磁性或导电的液体、电流变流体和电磁的力发生器；流体型如液压或气动的缸筒；机械型如螺母齿轮等。

② 传感器用来提供反馈信号，是闭环振动控制系统的组成。反馈信号包括位移、速度、加速度的时间积分或压力差等。

③ 信号处理机又称控制器，是振动控制的核心环节，控制作用在此实现。它通常是由一个电子或流体的主动网络组成，在此执行放大、衰减、积分、微分、加法运算以及网络形成等功能，用来对传感器送来的信号进行修正和综合分析，然后向作动机构发出指令。

在不同的场合中具体的振动隔振控制系统的类型有所差别，具体取决于外界很多因素，如荷载能力、动态范围、反应速度、控制带宽、价格等。

（2）被动隔振　将需要防振的物体单独与振源隔离开称之为被动隔振，如在一些仪器下面铺垫泡沫塑料或橡胶垫等。被动隔振力学模型如图 2.29 所示。

系统中弹簧的刚性系数为 $k$，阻尼元件的阻尼系数为 $C$，被隔绝的物体质量为 $m$，设基础为简谐振动，即 $x_1=a\sin\omega t$。由于地基振动将引起其上的物体 $m$ 的振动，称之为位移（基础）激振。设物体的振动位移为 $x$，则作用在物体上的弹性力为 $k(x_1-x)$，阻尼力为 $C\left(\dfrac{\mathrm{d}x_1}{\mathrm{d}t}-\dfrac{\mathrm{d}x}{\mathrm{d}t}\right)$，则该系统的运动微分方程为：

$$m\frac{\mathrm{d}^2x}{\mathrm{d}t}=k(x_1-x)-C\left(\frac{\mathrm{d}x}{\mathrm{d}t}-\frac{\mathrm{d}x_1}{\mathrm{d}t}\right)\tag{2.43}$$

整理得：

$$m\frac{\mathrm{d}^2x}{\mathrm{d}t^2}+C\frac{\mathrm{d}x}{\mathrm{d}t}+kx=kx_1+x\frac{\mathrm{d}x_1}{\mathrm{d}t}\tag{2.44}$$

将 $x_1$ 代入得

$$m\frac{\mathrm{d}^2x}{\mathrm{d}t^2}+c\frac{\mathrm{d}x}{\mathrm{d}t}+kx=ka\sin\omega t+C\omega a\cos\omega t\tag{2.45}$$

即：

$$m\frac{\mathrm{d}^2x}{\mathrm{d}t^2}+C\frac{\mathrm{d}x}{\mathrm{d}t}+kx=h\sin(\omega t+\theta)\tag{2.46}$$

其中，$h=a\sqrt{k^2+c^2\omega^2}$，$\theta=\arctan\dfrac{C\omega}{k}$。

将上述方程的一个特解 $x=b\sin(\omega t-\varepsilon)$ 代入得到 $b=\sqrt{\dfrac{k^2+C^2\omega^2}{(k-m\omega^2)+C^2\omega^2}}$，则振动物体的位移与基础激振位移之比，即位移传递系数 $T=\dfrac{b}{a}=\sqrt{\dfrac{1+4\zeta^2\lambda^2}{(1-\lambda^2)^2+4\zeta^2\lambda^2}}$。

可以看出当振源作简谐振动时，主动隔振与被动隔振的原理是相同的，它们的位移传递系数也一样，只是主动隔振传递的是力的比值，而被动隔振传递的是振幅的比值。

### (二) 阻尼减振

许多设备是由金属板制成的，例如，车、船、飞机的主体，机器的护壁，空气动力机械的管道壁。当其受到外界的激励时便会产生弯曲振动，辐射出很强烈的噪声，这类噪声称为结构噪声。同时，这些薄板又可以将机械设备的噪声或气流噪声辐射出来。结构噪声不宜用隔声罩加以限制，因为隔声罩的壁壳受激振后也会产生辐射噪声。有时不但起不到隔声作用，反而因为增加了噪声的辐射面积而使噪声变得更加强烈。结构噪声的控制一般有两种方法：第一种，在尽量减少噪声辐射面积、去掉不必要的金属板面的基础上，利用阻尼材料，即在金属结构上涂一层阻尼材料来抑制结构振动减少噪声。结构噪声的大小与材料的阻尼特性有密切的关系，在同样的外界激励的情况下，材料的阻尼结构越大，其结构振动就越弱，噪声也就越低。第二种是非材料阻尼，即利用一些如固体摩擦阻尼器、电磁阻尼器和液体摩擦器等来降低振动。需要注意：阻尼减振与隔振在性质上是不同的，减振是在振源上采取措施，直接减弱振动；而隔振措施并不一定要求减弱振动源的本身振动幅度，而只是把振动加以隔离，使振动不容易传递到需要控制的部位。

阻尼的作用是将振动的动能转化为热能而消耗掉。材料阻尼的大小取决于其内部分子运动实施这种能量转化的能力。合理的材料选择，可以有效地降低振动系统的振动和噪声，它同材料本身的弹性模量和消耗因子有关。材料阻尼的大小，可以用材料损耗因子 $\eta$ 来表征，它不仅可以作为对材料内部阻尼的量度，还可以成为涂层与金属薄板复合系统的阻尼特征的量度。同时，$\eta$ 与薄板的固有振动、在单位时间内转变为热能而散失的部分振动能量成正比。$\eta$ 值越大，则单位时间内损耗的振动能量就越多，减振的阻尼效果就越好。表 2.21 列出了室温下材料的性能常数表，给出了工程上常用的材料的弹性模量和损耗因子。

**表 2.21 温室下材料的性能常数**

| 材　料 | 密度/(kg/m³) | 弹性模量/Pa | 损耗因子 $\eta$ |
|---|---|---|---|
| 铝 | 2700 | $7.2\times10^{10}$ | $0.3\times10^{-5}\sim10\times10^{-5}$ |
| 铅 | 11300 | $1.7\times10^{10}$ | $5\times10^{-2}\sim30\times10^{-2}$ |
| 铁 | 7800 | $2\times10^{11}$ | $1\times10^{-4}\sim4\times10^{-4}$ |
| 钢 | 7800 | $2.1\times10^{11}$ | $0.2\times10^{-4}\sim3\times10^{-4}$ |
| 金 | 19300 | $8\times10^{10}$ | $3\times10^{-4}$ |
| 铜 | 8900 | $1.25\times10^{11}$ | $2\times10^{-3}$ |
| 镁 | 1740 | $4.3\times10^{10}$ | $10^{-4}$ |
| 黄铜 | 8500 | $9.5\times10^{10}$ | $0.2\times10^{-3}\sim1\times10^{-3}$ |
| 阻尼合金 | | $(1\sim2)\times10^{11}$ | $0.05\sim0.15$ |
| 石棉 | 2000 | $2.8\times10^{10}$ | $0.7\times10^{-2}\sim2\times10^{-2}$ |
| 沥青 | $1800\sim2300$ | $7.7\times10^{10}$ | $0.38$ |
| 橡皮 | $700\sim1000$ | $2\sim10\times10^9$ | $0.01$ |
| 软木 | $120\sim250$ | $0.025\times10^9$ | $0.13\sim0.17$ |
| 干砂 | 1500 | $0.03\times10^9$ | $0.12\sim0.6$ |
| 砖 | $1900\sim2200$ | $1.6\times10^{10}$ | $0.01\sim0.02$ |
| 钢筋混凝土 | 2300 | $2.6\times10^9$ | $(4\sim8)\times10^{-3}$ |
| 层压板 | 600 | $5.4\times10^{10}$ | $0.013$ |
| 聚苯乙烯 | — | $3\times10^8$ | $2.01$ |
| 硬橡胶 | — | $2\times10^8$ | $1.01$ |

由表 2.21 可知，金属材料的损耗因子小，而非金属材料一般具有较高的阻尼，损耗因子大，而且往往随温度和频率而变化。近十年来国内新开发的并在减噪工程中应用的有阻尼合金和黏弹性阻尼材料。阻尼合金是一种新型的具有较高阻尼损耗因子的金属材料，既是结构材料又有好的阻尼性能，其弹性模量在 $10^{11}$ Pa 左右，损耗因子在 0.05~0.15。黏弹性阻尼材料是应用很广泛的非金属阻尼材料，弹性模量为 $10^6$ Pa 左右，损耗因子大于 1，最高的可达 2 左右，在工程上常常将它与金属板材黏结成具有很高的强度又有较大结构损耗因子的阻尼结构，来抑制和减弱宽带随机振动和多自由度的结构共振。

**1. 阻尼的描述和其减振降噪原理**

（1）利用自由振动法描述阻尼 对于图 2.30 所示的具有阻尼 $c$ 的振动系统，当使其从一个初始的形变量进行释放时，它将开始有规律地作衰减运动，阻尼越大衰减越快。因此，可以用振幅随时间地衰减速率来对其阻尼结构进行衡量。定义对数衰减率：第 $n$ 次波幅值 $X_n$ 与第 $n+1$ 次波幅值 $X_{n+1}$ 比值的对数为：

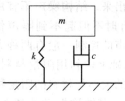

图 2.30 黏性阻尼的
振动系统

$$\delta = \ln \frac{X_n}{X_{n+1}} \tag{2.47}$$

设此后第 $N$ 个振动周期后的振幅为 $X_{n+N}$，则

$$\delta = \frac{1}{N} \ln \frac{X_n}{X_N} \tag{2.48}$$

对于黏性阻尼振动系统有 $\frac{X_n}{X_{n+1}} = e^{\zeta \omega_n T}$，其中，$T = \frac{2\pi}{\omega_d}$ 为振动周期；$\omega_n$ 为系统无阻尼振动的固有频率；$\omega_d$ 为系统有阻尼振动固有频率，则阻尼率 $\delta = 2\pi\zeta$。

（2）相位法 当一个阻尼弹簧材料受简谐力作用时，设 $f(t) = F\sin\omega t$，由于阻尼的存在，变形将滞后某一相位 $\varphi$，即 $x(t) = X\sin(\omega t - \varphi)$。稳态时，振动一周内的阻尼耗能应等于外力所做的功，即：

$$D = \int_0^{\frac{2\pi}{\omega}} f(t)\mathrm{d}x = \int_0^{\frac{2\pi}{\omega}} (F\sin\omega t)\omega X\cos(\omega t - \varphi)\mathrm{d}t = \pi F\sin\varphi \tag{2.49}$$

而材料的最大变形能为最大变形时的弹性能 $E$：

$$E = \frac{1}{2}X\sin\frac{\pi}{2}F\sin\left(\frac{\pi}{2} + \varphi\right) = \frac{1}{2}XF\sin\varphi \tag{2.50}$$

材料的损耗因子为 $\eta = D/(2E\pi) = \tan\varphi$。

（3）能量法 阻尼简谐振动的特点是通过在每一个振动周期中能量的损耗来达到稳态的振动。如果某单自由度黏性阻尼振动系统的响应为 $x(t) = X\sin\omega t$，则加速度 $\frac{\mathrm{d}x}{\mathrm{d}t} = X\omega\cos\omega t$，阻尼力 $f_d(t) = C\frac{\mathrm{d}x}{\mathrm{d}t} = C\omega X\cos\omega t$。在一个振动周期内，阻尼耗能所做的功为：

$$D = \int_0^{\frac{2\pi}{\omega}} f_d(t)\mathrm{d}x = \int_0^{\frac{2\pi}{\omega}} f_d(t)\frac{\mathrm{d}x}{\mathrm{d}t}\mathrm{d}t = \int_0^{\frac{2\pi}{\omega}} C\omega X\cos\omega t \cdot \omega X\cos\omega t\mathrm{d}t = \pi C\omega X^2 \tag{2.51}$$

振动系统在某一个瞬间的振动能 $E$：

$$E = \frac{1}{2}m\left(\frac{\mathrm{d}x}{\mathrm{d}t}\right)^2 + \frac{1}{2}kx^2(t) = \frac{1}{2}m\omega^2 X^2\cos\omega t + \frac{1}{2}kX^2\sin^2\omega t \tag{2.52}$$

当系统发生共振时，即 $\omega^2 = \omega_n^2 = k/m$，振动系统的振动能为一常数 $\frac{1}{2}kX^2$，结构损耗因子 $\eta = \frac{D}{2E\pi} = \frac{C\omega_n}{k} = 2\xi$。

（4）**频率响应函数法**　当系统作受迫振动时，若激励力频率 $\omega=\omega_r$ 时，系统产生共振，振幅达到最大值，并产生如图 2.31 所示的幅频响应曲线，此时振动系统的阻尼损耗因子：

$$\eta=(\omega_2-\omega_1)/\omega_n$$

式中，$\omega_n$ 为系统的共振频率；$\omega_1$、$\omega_2$ 为半功率点对应的频率值。

**2. 阻尼减振的原理**

利用增加阻尼材料来进行减振时，其减振的简单原理如下：对于一般的金属材料如钢、铝等，它们的固有阻尼都不大，可以通过增加材料的自身阻尼或采用外加阻尼层来达到减振降噪的目的。金属板结构在振动时，往往会存在一系列的峰值，相应的噪声也具有与结构振动一样的频率谱线，即噪声也会产生一系列的峰值，而且每个峰值的频率都有其相对应的结构共振频率。结构共振共有四个频率，传导率（结构的振动振幅与激振力振幅之比值）出现在峰值，当在薄板涂上阻尼材料后，共振峰值明显减弱，传导率不再出现峰值，如图 2.32。

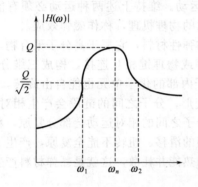

图 2.31　振动系统幅频特性曲线

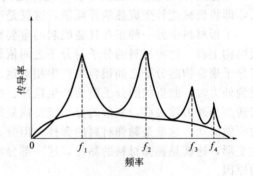

图 2.32　阻尼降低结构共振

阻尼材料之所以能够减弱振动、降低噪声的辐射，主要是利用材料内损耗的原理。当金属板被涂上阻尼材料而作弯曲振动时，阻尼层也随着振动、拉压而交替变化，材料内部分子相互挤压、摩擦、相对的错动和位移，使振动能量转化为热能而散失。同时，阻尼的增加缩短了激振时间，以此达到降低金属板辐射噪声的能量和减振降噪的目的。

（1）**工程材料的内阻尼**　工程材料种类繁多，衡量其内阻尼的指标通常用损耗因子，表2.22 列出了各种材料在室温和声频范围内的损耗因子值。

**表 2.22　常用材料的损耗因子**

| 材　　料 | 损耗因子 | 材　　料 | 损耗因子 |
|---|---|---|---|
| 钢、铁 | $1\times10^{-4}\sim6\times10^{-4}$ | 木纤维板 | $1\times10^{-2}\sim3\times10^{-2}$ |
| 有色金属 | $1\times10^{-4}\sim2\times10^{-3}$ | 混凝土 | $1.5\times10^{-2}\sim5\times10^{-2}$ |
| 玻璃 | $0.6\times10^{-3}\sim2\times10^{-3}$ | 砂（干砂） | $1.2\times10^{-1}\sim6\times10^{-1}$ |
| 塑料 | $5\times10^{-3}\sim1\times10^{-2}$ | 黏弹性材料 | $2\times10^{-1}\sim5$ |
| 有机玻璃 | $2\times10^{-2}\sim4\times10^{-2}$ | | |

从表 2.22 中可以看出：金属材料的阻尼值是很低的，但是金属材料是最常用的机器零部件和结构材料，所以它的阻尼性能常常受到关注。为满足特殊领域的需求，近年来已经研制生产了多种类型的阻尼合金，这些阻尼合金的阻尼值比普遍金属材料高出 2～3 个数量级。

材料阻尼的机理是：宏观上连续的金属材料会在微观上因应力或交变应力的作用产生分子或晶界之间的位错运动、塑性滑移等，产生阻尼。在低应力状况下由金属的微观运动产生的阻尼耗能，称为金属滞弹性。可以由图 2.33 看出，当金属材料在周期性的应力和应变作用下时，加载线 *OPA* 因上述原因形成略有上凸的曲线而不再是直线，而卸载线 *AB* 将低于加载线 *OPA*。于是在一次周期的应力循环中，构成了应力-应变的封闭回线 *ABCDA*，阻尼

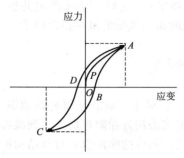

图 2.33 应力应变滞迟回线

耗能的值正比于封闭回线的面积。对于阻尼等于零的全弹性材料,封闭回线将退化为面积等于零的直线 $OAOCO$。金属在低应力状况下,主要由黏滞弹性产生阻尼,而在应力增大时,局部的塑性变形应变逐渐变得重要,其间没有明显的分界。由于这两种机理在应力增长过程中都在起作用而且发生变化,所以,金属材料的阻尼在应力变化过程中不为常值,而在高应力或大振幅时呈现出较大的阻尼。

对于铁磁材料等磁性金属材料,由磁弹效应产生的迟滞耗能是它的阻尼产生机理。在强磁场中,每一单元体的磁矢量为了和外界磁场方向趋于一致而发生旋转,在旋转的过程中引起单元体和边界、边界和边界之间的相对运动,同时磁场或应力场使磁饱和单元体产生磁致伸缩现象,加剧了各单元体之间的相对运动。维持上述两种运动必须有能量输入,即将机械能转变成热能并耗散,这就是产生阻尼的物理机理,称作磁弹效应。

工程材料中另一种正在日益崛起的重要材料是黏弹性材料,它属于高分子聚合物,从微观结构上看,这种材料的分子与分子之间依靠化学键或物理键相互连接,构成三维分子网。高分子聚合物的分子之间很容易产生相对运动,分子内部的化学单元也能自由旋转,因此,受到外力时,曲折状的分子链会产生拉伸、扭曲等变形;分子之间的链段会产生相对滑移、扭转。当外力除去后,变形的分子链要恢复原位,分子之间的相对运动会部分复原,释放外力所做的功,这就是黏弹材料的弹性;但分子链段间的滑移、扭转不能全复原,产生了永久性变形,这就是黏弹材料的黏性,这一部分功转变为热能并耗散,这就是黏弹材料产生阻尼的原因。

为了充分利用各种材料的物理机械性能,还出现了各种复合材料供工程应用,例如纤维基材料、金属基材料、非金属基材料等,均是利用各种基本材料和高分子材料复合而成。用作精密机床基础件的环氧混凝土则以花岗岩碎块作为基体,用环氧树脂做黏结剂所制成的复合材料。由两种或多种材料组成的复合材料,因为不同材料的模量不同,承受相同的应力时会有不等的应变,形成不同材料之间的相对应变,因而会有附加的耗能,因此复合材料可以大幅度提高材料的阻尼值。

(2)流体的黏滞阻尼 在工程应用中,各种结构往往和流体相接触,而大部流体具有黏滞性,在运动过程中会损耗能量。图 2.34 表示流体在管道中的流动,如果流体不具有黏滞性,那么流体在管道中按同等速度运动;否则,流体各部分流动速度是不等的,多数情况下,呈抛物面形。这样,流体内部的速度梯度、流体和管壁的相对速度,均会因流体具有黏滞性而产生能耗及阻尼作用,称为黏性阻尼。黏性阻尼的阻力一般和速度成正比。为了增大黏性阻尼的耗能作用,制成具有小孔的阻尼器,当流体通过小孔时,形成涡流并损耗能量,所以小孔阻尼器的能耗损失实际包括黏滞损耗和涡流损耗两部分。

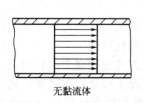

无黏流体

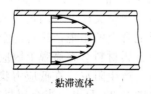

黏滞流体

图 2.34 流体在管道中流动

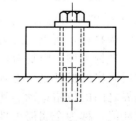

图 2.35 结合面阻尼或库仑摩擦阻尼

(3)接合面阻尼与库仑摩擦阻尼 机械结构的两个零件表面接触并承受动态荷载时,能够产生接合面阻尼或库仑摩擦阻尼。如图 2.35 所示，两个用螺钉连接或用自重相贴合的结构元件，如果承受一个激励力，当激励力逐渐增大时，假设零件不发生变形，但在接合面之间仍将产生相对的位移或产生接触应力和应变。通常这种相对变形或位移和外力之间的关系如图 2.36 所示，这就是库仑摩擦阻尼和接合面阻尼产生的机理。

库仑摩擦阻尼和接合面阻尼有相似之处，它们都来源于接合面之间的相对运动，两者之间的区别主要在于：接合面阻尼是由微观的变形所产生的，而库仑摩擦阻尼则由接合面之间相对宏观运动的干摩擦耗能所产生，它的耗能量可以通过分析摩擦力-位移滞迟回线所包围的面积得到。通常库仑摩擦阻尼要比接合面阻尼大 1～2 个数量级，因此库仑摩擦阻尼的使用效率高得多，并在工程中得到了广泛应用。

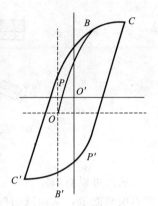

图 2.36　相对位移和外力
之间关系曲线

（4）冲击阻尼　冲击阻尼是一种结构耗能，工程中可通过设置冲击阻尼器来获得冲击阻尼，例如，砂、细石、铅丸或其他金属块以至硬质合金都可以用作冲击块，以获得冲击阻尼。工程上已经将这种阻尼机理成功地应用于雷达天线、涡轮机叶片、继电器、机床刀杆及主轴等。冲击阻尼的机理是通过附加冲击块，将主系统的振动能量转换为冲击块的振动能量，从而达到减小主系统的振动的目的。

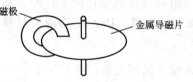

图 2.37　涡流阻尼示意图

（5）磁电效应阻尼　机械能转变为电能的过程中，由磁电效应产生阻尼。家用电度表中的阻尼结构实质上就是机械能与电能的转换器，它产生的磁电效应可称之为涡流阻尼。如图 2.37 所示，在磁极中间设置金属导磁片，磁片旋转时切割磁力线而形成涡流，涡流在磁场作用下又产生与运动相反的作用力以阻止运动，由此而产生的阻尼称为涡流阻尼。涡流阻尼的能量损耗由电磁的磁滞损失和涡流通过电阻的能量损失组成。

### 3. 表面阻尼处理

表面阻尼处理是提高结构阻尼、抑制共振、改善结构减振降噪性能的有效方法。它主要应用于梁类、板类、管壳类等以弯曲振动为主的厚度不大的构件或薄壁零件。具体可以分为两大类：自由阻尼处理和约束阻尼处理。

自由阻尼处理是将一定厚度的弹性阻尼材料涂于结构的表面，弹性阻尼层外侧处于自由状态，当结构产生弯曲振动时，阻尼层也随着结构一起振动，从而在阻尼层结构内部产生拉压变形。此时阻尼材料就会将有序的机械能转化为无序的热能，从而起到耗能的作用。约束阻尼振动处理就是再在自由阻尼处理弹性阻尼层的外侧涂上一层弹性层，这一弹性层的弹性模量要远远大于里面阻尼层的弹性模量，它通常用铝片或薄铁层制成。当阻尼层随着结构一起产生拉压变形而进行弯曲振动时，敷在外侧的弹性层因为具有较大的弹性模量而会对阻尼层的拉压变形起到约束作用。由于约束层与阻尼层接触表面产生的拉压变形不同于阻尼层与结构层接触表面的变形，因而会在阻尼材料的内部产生剪切变形。这种在阻尼层内部产生的剪切应变也能起到耗能的作用。

目前常用复刚度法来对表面阻尼处理进行分析，它是通过利用材料力学和弹性力学的观点和分析方法对其进行推导的，并作以下假设：①阻尼层与弹性层在弯曲振动时具有相同的曲率；②各层具有相同的振动模态。其复刚度表达式为：

$$\widetilde{B}=(\widetilde{EI})=(EI)'+j(EI)''=(EI)'(1+j\eta) \tag{2.53}$$

其中，损耗因子 $\eta = \dfrac{(EI)''}{(EI)'}$，反映了结构振动时能量损耗能力的大小。

（1）自由阻尼层结构　自由阻尼层结构是将黏弹性的阻尼材料，牢固地粘贴或涂抹在振动金属薄板的侧面，见图 3.38。

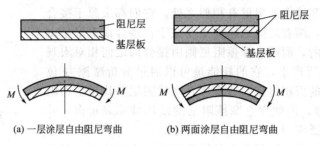

(a) 一层涂层自由阻尼弯曲　　(b) 两面涂层自由阻尼弯曲

图 2.38　自由阻尼层结构

从图可以看出，当基层板作弯曲振动时，板和阻尼层自由压缩和拉伸，阻尼层将损耗较大的振动能量，从而减弱振动。自由阻尼层结构的损耗因子与阻尼层的厚度等因素有关，可以近似表示为：

$$\eta = 14 \left( \frac{\eta_2 E_1}{E_2} \right) \times \left( \frac{d_1}{d_2} \right)^2 \tag{2.54}$$

式中，$\eta$ 为基层板与阻尼层组合系统的损耗因子；$\eta_2$ 为阻尼材料的损耗因子；$d_1$ 为基层板的厚度，mm；$d_2$ 为阻尼材料层厚度，mm；$E_1$ 为基层板弹性模量，Pa；$E_2$ 为阻尼材料弹性模量，Pa。

由式(2.54) 可以看出，损耗因子与相对厚度 $\dfrac{d_1}{d_2}$ 的平方成正比例关系，在实际中 $\dfrac{d_1}{d_2}$ 一般取 2～4 为适宜，比值过大，阻尼效果增加不够明显，会造成阻尼材料的浪费，经济性不够可观；比值太小，起不到应有的阻尼效果。大量的研究发现，对于厚度在 5mm 以上的金属材料板，采用此方法减震降噪的效果不够理想，而对于厚度在 3mm 以下的金属板材可以有较好的减振降噪作用。因此，阻尼减振措施常用于薄板的振动与噪声的降低。自由阻尼结构措施，涂层结构工艺简单，取材方便，但由于过厚的阻尼层使得外观不够美观，所以常用于管道消音、消声器及隔音设备中。当采用自由阻尼层结构减振降噪的效果不够理想时，为了进一步增加阻尼层的拉伸与压缩，可以在板层与阻尼层之间增加一层能承受较大剪切力的间隔层。间隔层常设计成蜂窝状结构，也可用类似玻璃纤维类的材料来依靠摩擦产生阻尼。

（2）约束阻尼结构　将阻尼层牢固地粘贴在基层上后，再在阻尼层上粘合一层刚度较大的材料如金属铝板就构成了约束层，如图 2.39 所示。

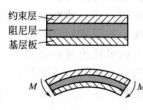

图 2.39　约束阻尼层结构

当结构基层板发生弯曲时，约束层也相应发生弯曲并保持与基层板平行，长度基本不发生变化。此时，阻尼层下部受到压缩作用而上部则被拉伸，即会产生一个约束层相对于基板层的移动，阻尼层产生剪应变，不断往复变化，从而消耗机械振动能量。约束阻尼层由于结构本身的问题而产生的运动与自由阻尼结构也不一样，它可以较大地提高机械振动能量的消耗。在实际工程中，常选用与基板层材料、厚度都相同的对称型结构来作约束层，有时也可以使约束层的厚度为基板层的 25%～50% 左右。

近年来，一种新型的复合阻尼结构在减震降噪工程中被广泛使用。它是一种将几层金属板用薄黏弹性材料黏合在一起的具有高阻尼特性并保持原有金属板强度的约束阻尼层结构。

阻尼层具有良好的阻尼性能，它将振动能量的耗散由单纯意义上的通过普通的弹性变形做功变为高弹性形变的做功损耗，从而增加了形变滞后应力的程度。阻尼结构在受激振后，期间层形成的剪应力和变形产生的损耗因子一般在 0.3Hz 以上，最大可达 0.9Hz 左右，并具有宽频带控制的特性，可以有效地起到减振降噪的作用。

复合阻尼材料常选用不锈钢、耐摩擦钢等，结构层常为 2～5 层。最早应用在军工、航天技术领域，现在则广泛地应用于如电动机机壳、凿岩机内衬、隔声罩及消声设备中。

# 第六节　振动控制的材料分类和选择

在对振动进行有效控制的实际工程中，常用隔振和阻尼减振两种方法。针对这两种不同的振动控制方式，出现了其相应的振动控制器材和使用方法，下面就对其加以简单的介绍。

## 一、隔振材料和元件

在机械设备和基础之间选择合适的隔振材料和隔振装置，可以防止振动的能量以噪声的形式向外传递。作为隔振材料和隔振装置必须有良好的弹性恢复性能。从降低传递系数这方面考虑，希望其静态压缩量大些，而对许多弹性材料与隔振装置来说，往往承受大负荷时其静态压缩量较小，而承受小负荷的压缩量大。因此，在实际应用中必须根据工程的设计要求做出适当的选择。一般来讲，作为隔振材料和隔振装置应该符合下列要求：材料的弹性模量低；承载能力大，强度高，耐久性好，不易疲劳破坏；阻尼性能好；无毒、无放射性，抗酸、碱、油等环境条件；取材方便、价格稳定、易于加工、制作。

隔振元件通常可以分为隔振器和隔振垫两大类。前者有金属弹簧隔振器、橡胶隔振器、空气弹簧等；后者有橡胶隔振垫、软木、乳胶海绵、玻璃纤维、毛毡、矿棉毡等。表 2.23 列出了常见的隔振材料和元件的性能。

表 2.23　常见的隔振材料和元件的性能

| 减振器或减振材料 | 频率范围 | 最佳频率范围 | 阻　尼 | 缺　点 | 备　注 |
|---|---|---|---|---|---|
| 金属螺旋弹簧 | 宽频 | 低频 | 很低，仅为临界阻尼 0.1% | 容易传递高频振动 | 广泛应用 |
| 金属板弹簧 | 低频 | 低频 | 很低 | | 特殊情况使用 |
| 橡胶 | 决定于成分和硬度 | 高频 | 随硬度增加而增加 | 载荷容易受影响 | |
| 软木 | 决定于密度 | 高频 | 较低，一般为临界阻尼 6% | | |
| 毛毡 | 决定于密度和厚度 | 高频（40Hz 以上） | 高 | | 通常采用厚度 1～3cm |
| 空气弹簧 | 决定于空气容积 | | 低 | 结构复杂 | |

### 1. 弹簧隔振器

金属弹簧隔振器广泛应用于工业振动控制中，其优点是：能承受各种环境因素，在很宽的温度范围内和不同的环境条件下都可以保持稳定的弹性，耐腐蚀、耐老化；设计加工简单、易于控制，可以大规模生产，且能保持稳定的性能；允许位移大，在低频可以保持较好的隔振性能。它的缺点是阻尼系数很小，因此在共振频率附近有较高的传递率；在高频区域，隔振效果差，使用中常需要在弹簧和基础之间加橡皮、毛毡等内阻较大的衬垫。在实际中，常见的有圆柱螺旋弹簧、圆锥螺旋弹簧和板弹簧等，如图 2.20 所示，其中应用较多的是圆柱弹簧和板弹簧。螺旋弹簧在各类风机、空压机、球磨机、粉碎机等大、中、小型的机械设备中都有使用。板弹簧是由几块钢板叠合而成的，利用钢板间的摩擦可以获得适宜的阻尼比，这种减振器只有一个方向上的隔振作用，一般用于火车、汽车的车体减振和只有垂直冲击的锻锤基础隔振。这里仅介绍最为常用的圆柱形螺旋弹簧隔振器。隔振器常用的材料为锰钢、硅锰钢、铬钒钢等，它们的力学性能列于表 2.24。

**表 2.24　常用弹簧特性**

| 材料名称 | 材料代号 | 抗拉强度极限 | 允许剪切应力 | | 弹性模量 | 使用范围 |
|---|---|---|---|---|---|---|
| | | | 有动力载荷 | 无动力载荷 | | |
| 65 锰钢 | 60Mn | 1176～1568 | 294 | 392 | 78450 | 要求低的隔振 |
| 60 硅锰钢 | 60Si₂Mn | 1274 | 441 | 588 | 78450 | 要求高的隔振 |
| 50 铬钒钢 | 50CrVa | 1274 | 265 | 353 | 78450 | 强冲击的隔振 |
| 4 铬 13 | 4Cr13 | 1421 | 265 | 353 | 78450 | 轻腐蚀的隔振 |

圆柱螺旋弹簧的设计见图 2.40。

螺旋弹簧丝的轴线是一条空间螺旋线，对其应力和变形可近似地认为弹簧丝截面与弹簧丝轴线在同一平面内，见图 2.41。

当弹簧的平均直径 $D$ 远远大于弹簧丝横截面的直径 $d$ 时，则钢丝的直径 $d$ 可用下式计算：

$$d=3\sqrt{\frac{8PD}{\pi\tau}} \tag{2.55}$$

式中，$d$ 为弹簧的钢丝直径，m ；$P$ 为弹簧承受的荷载，N；$D$ 为弹簧圈的平均直径，m ；$\tau$ 为弹簧材料的剪应力，一般为 $4.3\times10^8$Pa。

由弹簧的变形知识可知，弹簧的工作圈数可由下式确定：

$$n=\frac{Gd^4}{8D^3k} \tag{2.56}$$

式中，$G$ 为剪切弹性模量，一般取 $8\times10^{10}$Pa；$k$ 为弹簧的刚度，N/m。

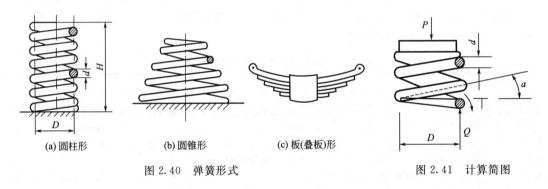

(a) 圆柱形　　　　(b) 圆锥形　　　　(c) 板(叠板)形

图 2.40　弹簧形式　　　　　　　　图 2.41　计算简图

因为在实际工程中，弹簧的上下两面应保持平面状态，共有一圈半的弹簧仅供安装使用，不起隔振作用，所以弹簧的实际总圈数为：

$$n_1=n+1.5 \tag{2.57}$$

弹簧的长度 $L$：

$$L=\pi Dn_1 \tag{2.58}$$

弹簧在自由状态下的高度 $H$：

$$H=d(n+1)+x \tag{2.59}$$

螺旋弹簧隔振器的使用和设计程序为：①确定机器设备的质量和可能的最低激振力频率，预期的隔振效率和安装支点的数目；②由激振力频率和按设计要求的隔振效率进行弹簧的以上物理量的计算。钢弹簧的侧向弹簧系数 $k'$ 与轴向受压情况有关，进行隔振设计时，弹性的 $k'/k$ （记作 $\alpha$）应保持在 $0.52\sim2$，$\alpha$ 越小，表示弹簧的侧向稳定性越差。对于一定的 $\alpha$，弹簧的几何尺寸可按表 2.25 选取。

表 2.25 弹簧几何尺寸比例

| 几何尺寸比例 | α 值 | | | | | | | | | | | | | | | |
|---|---|---|---|---|---|---|---|---|---|---|---|---|---|---|---|---|
| | 0.5 | | | | 1 | | | | 1.5 | | | | 2 | | | |
| $x/H'$ | 0 | 0.2 | 0.6 | 0.6 | 0 | 0.2 | 0.4 | 0.6 | 0 | 0.2 | 0.4 | 0.6 | 0 | 0.2 | 0.4 | 0.6 |
| $H'/D$ | 2.5 | 1.9 | 1.55 | 1.35 | 1.45 | 1.25 | 1.1 | 1 | 1 | 0.9 | 0.76 | 0.7 | 0.6 | 0.6 | 0.5 | 0.5 |
| $H/D$ | 2.5 | 2.28 | 2.17 | 2.16 | 1.45 | 1.5 | 1.54 | 1.6 | 1 | 1.08 | 1.06 | 1.12 | 0.6 | 0.6 | 0.7 | 0.7 |

安装钢弹簧隔振器应该注意以下两点：第一，应使各弹簧的自由高度尽量保持一致，基础地面要平整；第二，机组的重心要落在各弹簧的几何中心上，整个振动系统的重心要尽量低，以保证机组运行的稳定性。

**2. 橡胶隔振器**

橡胶隔振器是使用最为广泛的一种隔振元件。它具有良好的隔振缓冲和隔声性能，加工容易，可以根据刚度、强度及外界环境条件的不同而设计成不同的形状。如利用橡胶剪切模量较小的特点可设计成剪切型隔振器，以获得较低的固有频率。目前国内可生产各种类型的橡胶隔振器，其中剪切型橡胶隔振器固有频率最低，接近 5Hz，伸缩型橡胶隔振器约在 10～30Hz 之间。橡胶隔振器的阻尼较高，阻尼比可达 0.07～0.1，故有良好的抑制共振振峰作用。软橡胶阻尼较小，阻尼比大多在 2% 以下，而硬橡胶的阻尼可达 15% 以上。同时，橡胶隔振器对高频振动能量具有明显的吸收作用。橡胶隔振器主要由橡胶制成，橡胶的配料和制造工艺不同，导致橡胶隔振器的性能差别很大。橡胶承受的载荷应力宜控制在 $1 \times 10^5 \sim 7 \times 10^5$Pa，较软的橡胶允许承受较低的应力；较硬的橡胶允许承受较高的应力；中等硬度的橡胶允许承受 $3 \times 10^5 \sim 7 \times 10^5$Pa 的应力。隔振器可以根据需要设计成不同的形状如碗形、圆柱形等。

制造隔振材料的橡胶主要有以下几种。①天然橡胶，具有较好的综合物理机械性能，如强度、延伸性、耐寒、耐磨性均较好，可与金属牢固地粘接，但耐热、耐油性较差。②氯丁橡胶，主要用于防老化、防臭氧要求较高的地方，具有良好的耐气候性，但容易发热。③丁基橡胶，具有阻尼大、隔振性能好、耐酸、耐寒等优点，但与金属结合性较差。④丁腈橡胶，具有较好的耐油性，而且耐热性好、阻尼较大，可与金属牢固地连接。

橡胶隔振器的设计主要是确定材料的厚度和面积。材料的厚度可用式(2.60)计算

$$h = xE_d/\sigma \tag{2.60}$$

式中，$h$ 为材料厚度，cm；$x$ 为橡胶的最大静态压缩量，cm；$E_d$ 为橡胶的动态弹性模量，$kg/cm^2$；$\sigma$ 为橡胶的允许负荷，$kg/cm^2$。

所需要面积用下式计算：

$$S = P/\sigma \tag{2.61}$$

式中，$P$ 为设备质量。

表 2.26 列出了国内目前常见的橡胶隔振器产品的有关参数。

表 2.26 集中橡胶隔振器产品的有关参数

| 材料名称 | 许可应力 $\sigma/(kg/cm^2)$ | 动态弹性模量 $E_d/(kg/cm^2)$ | $E_d/\sigma$ |
|---|---|---|---|
| 软橡胶 | 1～2 | 50 | 25～50 |
| 较硬的橡胶 | 3～4 | 200～250 | 50～83 |
| 有缝槽或圆孔橡胶 | 2～2.5 | 40～50 | 18～25 |
| 海绵状橡胶 | 0.3 | 30 | 100 |

**3. 空气弹簧隔振器**

空气弹簧隔振器是在可控密闭容器中填充压缩空气，利用其体积弹性而起隔振作用，即当空气弹簧受到激振力而产生位移时，容器的形状将发生变化，容积的改变使得容器内的空

气压强发生变动，使其中的空气内能发生变化，从而达到吸收振动能量的作用。

空气弹簧隔振器通常由弹簧、附加气囊和高度控制阀组成，具有刚度，可以随荷载而变化，故固有频率保持不变的特点；靠气囊气室的改变可对弹簧隔振器的刚度进行选择，因此可以达到很小的固有频率；经调压阀改变可控制容器的气压，可以适应多种荷载需要，抗振性能好，耐疲劳。按照结构形式，空气弹簧隔振器可分为囊式和膜式两种类型。目前，空气弹簧隔振器可以应用于压缩机、气锤、汽车、火车、地铁等机械的隔振。尤其是由空气弹簧组成的隔振系统的固有频率一般低于1Hz，且横向稳定性也比较好，所以可以有效地减少振动的危害和降低辐射噪声，大大地改善了车辆乘坐的舒适性。

**4. 橡胶隔振垫**

利用橡胶本身的自然弹性而设计出来的橡胶隔振垫是近几年发展起来的一种隔振材料，常见的有五大类型。

（1）平板橡胶垫　平板橡胶垫可以承受较重的荷载，一般厚度较大。但由于其横向变形受到很大的限制，橡胶的压缩量非常有限，故固有频率较高，隔振性能较差。

（2）肋形橡胶垫　就是把平板橡胶垫上下两面做成肋形的橡胶垫。这种橡胶垫固有频率比平板橡胶垫低，隔振性能有所提高。但抗剪切性能差，在长期的荷载作用下容易疲劳破坏。

（3）凸台橡胶垫　它是在平板橡胶垫的一面或两面做成许多横纵交叉排列的圆形凸台而形成的。当其承受荷载时，由于基板本身产生局部弯曲并承受剪切应力，使得橡胶的压缩量增加。

（4）三角槽橡胶垫　把平板的上下两面做成三角槽而制成。这种形状在受荷载时，应力比较集中，容易产生疲劳。

（5）剪切型橡胶垫　在平板橡胶垫的两面做成圆弧状的槽。这种橡胶垫在受应力作用时，以剪切应变为主，可以增加橡胶的压缩量，固有频率较低。

隔振垫的设计中，隔振垫的固有频率可以用下式计算：

$$f_0 = 0.5 \frac{1}{\sqrt{x_d}} \tag{2.62}$$

式中，$x_d$ 为隔振垫在机器质量的作用下所产生的压缩量，m，它可表示为

$$x_d = \frac{hW}{E_d S} \tag{2.63}$$

隔振垫的总面积（$m^2$）可由下式算出：

$$S = \frac{W}{\sigma}$$

式中，$\sigma$ 为隔振垫材料的允许应力，Pa。

如果隔振垫为正方形，边长等于 $b$，隔振垫的工作高度 $h$ 应满足下列条件：

$$0.125 < h < 1.2b$$

隔振垫的全高度 $H$ 可以用 $H = h + \frac{h}{8}$ 计算，对于橡胶隔振垫，其高度还必须符合下面的条件：

$$H \geqslant \frac{b}{4}$$

WJ型橡胶隔振垫是一种新型橡胶隔振垫，它在橡胶垫的两面有四个不同直径和不同高度的圆台，分别交叉配置。在荷载的作用下，较高的凸圆台受压变形，较低的圆台尚未受压时，其中间部分受载而弯成波浪形，振动能量通过交叉凸台和中间弯曲波来传递，它能较好地分散并吸收任意方向的振动。由于圆凸面被斜向地压缩，起到制动作用，在使用中无需紧固措施即可防止机器滑动，载荷越大，越不易滑动。

国产橡胶隔振器有 XD 形和 WJ 形，有 40～90 度四种硬度，一般在 －15～40℃ 的温度环境中使用。

### 5. 软木

隔振用的软木与天然的软木不同，它是用天然的软木经过高温、高压、蒸气烘干和压缩制成的块状和板状物。软木常用作重型机器基础和高频隔振，常见的有大型空调通风机、印刷机等机械的隔振。软木有一定的弹性，但动态弹性模量与静态弹性模量不同，一般软木的静态弹性模量约为 $1.3×10^6$ Pa，动态弹性模量约为静态模量的 2～3 倍。软木可以压缩，当压缩量达到 30% 时也不会出现横向伸展。软木受压，应力超过 40～50kPa 时，发生破坏，设计时取软木受压荷载为 5～20kPa，阻尼比约为 0.04～0.05。软木的固有频率一般可控制在 20～30Hz，常用的厚度为 5～15cm。作为隔振基础的软木，由于厚度不宜太厚，固有频率较高，所以不宜用于低频隔振。目前国内并无专用的隔振软木产品，通常用保温软木代替。在实际工程中，人们常把软木切成小块，均匀布置在机器基座或混凝土座下面。一般将软木切成 100mm×100mm 的小块，然后根据机器的总荷载求出所需要的块数。如果机组的总荷载大，而软木承受压力一定会造成基座面小于所设计的软木面积，此时，可在机器底座下面附设混凝土板或钢板以增大它的面积。为使软木隔振、保证效果，必须采用防腐措施。

### 6. 玻璃纤维

酚醛树脂或聚乙酸乙烯胶合的玻璃纤维板是一种新型的隔振材料，适用于机器或建筑物基础的隔振。它具有隔振效果好、防水、防腐、施工方便、价格低廉、施工方便、材料来源广泛等优点，在工程中得到日益广泛的应用。在应力为 1～2kPa 时，其最佳厚度为 10～15cm，采用玻璃纤维板时，最好使用预制混凝土机座，将玻璃纤维板均匀地垫在机座底部，使荷载得以均匀分布，同时需要采用防水措施，以免玻璃纤维板丧失弹性。

### 7. 毛毡、沥青毡

对于负荷很小而隔振要求不高的设备，使用毛毡既经济又方便。工业毛毡是用粗羊毛制成的，在振动受压时，毛毡的压缩量等于或小于厚度的 25%，则其刚度是线性的；大于 25% 后，则呈现非线性，这时刚度剧增，可达前者的 10 倍。毛毡的固有频率取决于它的厚度，一般情况，30Hz 是毛毡的最低固有频率，因此毛毡垫对于 40Hz 以上的激振频率才能起到隔振作用。毛毡的可压缩量一般不超过厚度的 1/4。当压缩量增大，弹性失效，隔振效果变差。毛毡的防水、防火性能差，使用时应该注意防潮防腐。沥青毡是用沥青粘接羊毛加压制成，它主要用于垫衬锻锤的隔振。

## 二、阻尼材料

### （一）阻尼材料种类

### 1. 黏弹性阻尼材料

黏弹性阻尼材料是目前应用最为广泛的一种阻尼材料；可以在相当大的范围内调整材料的成分及结构，从而满足特定温度及频率下的要求。黏弹性阻尼材料主要分橡胶类和塑料类，一般以胶片形式生产，使用时可用专用的黏结剂将它贴在需要减振的结构上。为了便于使用，还有一种压敏型阻尼胶片，即在胶片上预先涂好一层专用胶，然后覆盖一层隔离纸，使用时，只需撕去隔离纸，直接贴在结构上，加一定压力即可粘牢。使用自黏型阻尼材料时，首先要求清除锈蚀油迹，用一般溶剂如汽油、丙酮、工业酒精等去油污。如果室温较低，可在电炉上稍加烘烤，以提高压敏黏合剂的活性。对于通用型的阻尼材料，一般可选用环氧黏结剂等。选用黏结剂的原则是其模量要比阻尼材料的模量高 1～2 个数量级，同时考虑到施工方便、无毒、不污染环境。施工时要涂刷得薄而均匀，厚度在 $0\sim0.1$mm 为佳。

阻尼材料在特定温度范围内有较高的阻尼性能，图 2.42 是阻尼材料性能随温度变化的典型曲线。根据性能的显著不同，可划分为三个温度区：温度较低时表现为玻璃态，此时模量高而损耗因子较小；温度较高时表现为橡胶态，此时模量较低且损耗因子也不高；在这两个区域中间有一个过渡区，过渡区内材料模量急剧下降，而损耗因子较大。损耗因子最大处称为阻尼峰值，达到阻尼峰值的温度称为玻璃态转变温度。

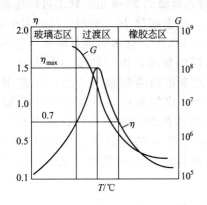

图 2.42　$G$ 和 $\eta$ 随温度的变化

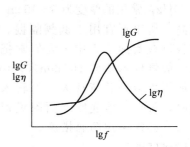

图 2.43　$G$ 和 $\eta$ 随频率的变化

频率对阻尼材料性能也有很大影响，其影响取决于材料的使用温度区。在温度一定的条件下，阻尼材料的模量大致随频率的增高而增大，图 2.43 是阻尼材料性能随频率变化的示意图。

对大多数阻尼材料来说，温度与频率两个参数之间存在着等效关系。对其性能的影响，高温相当于低频；低温相当于高频。这种温度与频率之间的等效关系是十分有用的，可以利用这种关系把这两个参数合成为一个参数，即当量频率 $f_{aT}$。对于每一种阻尼材料，都可以通过试验测量其温度及频率与阻尼性能的关系曲线，从而求出其温频等效关系，绘制出一张综合反映温度与频率对阻尼性能影响的总曲线图，也叫示性图，图 2.44 就是一张典型的阻尼材料性能总曲线图。图中横坐标为当量频率 $f_{aT}$，左边纵坐标是实剪切模量 $G$ 和损耗因子 $\eta$。右边纵坐标是实际工作频率 $f$，斜线坐标是测量温度 $T$。这张图使用很方便。例如欲知频率为 $f_0$、温度为 $T_0$ 时的实剪切模量 $G_0$ 和损耗因子 $\eta$ 之值，只需要在图上右边频率坐标找出 $f_0$ 点，作水平线与 $T_0$ 斜线相交，然后画交点的垂直线，与 $G$ 和 $\eta$ 曲线的交点所对应的点分别为所求的 $G$ 和 $\eta$ 的对数值。

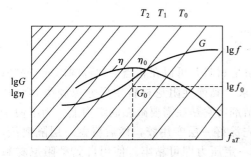

图 2.44　阻尼材料综合耗能总曲线

**2. 阻尼涂料**

阻尼涂料由高分子树脂加入适量的填料以及辅助材料配制而成，是一种可涂覆在各种金属板状结构表面上，具有减振、绝热和一定密封性能的特种涂料，可广泛地用于飞机、船舶、车辆和各种机械的减振。由于涂料可直接喷涂在结构表面上，故施工方便，尤其对结构复杂的表面如舰艇、飞机等，更体现出它的优越性。阻尼涂料一般直接涂敷在金属板表面上，也可与环氧类底漆配合使用。施工时应充分搅匀、多次涂刷，每次不宜过厚，等干透后再涂第二层。

### 3. 沥青型阻尼材料

沥青型阻尼材料比橡胶型阻尼材料价格便宜，它的结构损耗因子随厚度的增加而增加，表2.27列举了一种用于汽车底部的沥青阻尼材料厚度及结构损耗因子的关系。

表 2.27  沥青阻尼材料厚度及结构损耗因子的关系

| 阻尼层厚度/mm | 1.5 | 2 | 2.4 | 3 | 4 |
|---|---|---|---|---|---|
| 损耗因子 | 0.05 | 0.08 | 0.11 | 0.16 | 0.25 |

沥青型阻尼材料的基本配方是以沥青为基材，并配入大量无机填料混合，需要时再加入适量的塑料、树脂和橡胶等。沥青本身是一种具有中等阻尼值的材料，支配阻尼材料阻尼性能的另一个因素是填料的种类和数量。目前，沥青类阻尼材料在汽车行业使用较多，特别是在性能要求较高的车型中使用特别广泛。沥青阻尼材料大致可分以下四种类型：

（1）熔融型　此种板材熔点低，加热后流动性好，能流遍整个汽车底部等构件，在汽车烘漆加热时一并进行加热；

（2）热熔型　在板材的表面涂有一层热熔胶，以便在汽车烘漆加热时热熔胶融化黏合，它一般用作汽车底部内衬；

（3）自黏型　在板材的表面涂上一层自黏性压敏胶，并覆盖隔离纸，一般用在汽车顶部和侧盖板部分；

（4）磁性型　在板材的配方中填充大量的磁粉，经充磁机充磁后具有磁性，可与金属壳体贴合，一般用在车门部位。

### 4. 复合型阻尼金属板材

在两块钢板或铝板之间夹有非常薄的黏弹性高分子材料，就构成复合阻尼金属板材。金属板弯曲振动时，通过高分子材料的剪切变形，发挥其阻尼特性，它不仅损耗因子大，而且在常温或高温下均能保持良好的减振性能。这种结构的强度由各基体金属材料保证，阻尼性能由黏弹性材料和约束层结构加以保证。复合阻尼金属板近几年在国内外已得到迅速发展，并且已广泛应用于汽车、飞机、舰艇、各类电机、内燃机、压缩机、风机及建筑结构等。

复合型阻尼金属板材的主要优点是：①振动衰减特性好，复合型阻尼钢板损耗因子一般在0.3以上；②耐热耐久性能好，阻尼钢板采用特殊的树脂，即便在140℃空气中连续加热1000h，各种性能也不劣化；③机械性能好，复合阻尼钢板的屈服点、抗拉强度等机械品质与同厚度普通钢板大致相同；④焊接性能好，焊缝性能与普通钢相同；⑤复合阻尼钢板还具有阻燃性、耐大气腐蚀性、耐水性、耐油性、耐臭氧性、耐寒性、耐冲击性及烤漆时的高温耐久性等优点。复合阻尼钢板的应用实例见表2.28。

表 2.28  复合阻尼钢板的应用实例

| 类　　别 | 应　用　实　例 |
|---|---|
| 大型结构 | 铁路桥梁下部隔声板，钢铁厂装、卸料机内衬，漏斗、溜槽内衬 |
| 建筑部门 | 高层建筑钢之楼梯、垃圾井筒、钢门、铜制家具、空调用钢制品 |
| 交通部门 | 汽车发动机、发动机旋转部件、翻斗车料槽、船舶、飞机等构件 |
| 一般工厂 | 传递、运输机械构件，铲车料槽、凿岩机内衬，电动机机壳，空气机机壳 |
| 音响设备 | 音响设备底盘、框架，办公用机械 |
| 噪声控制设备 | 各种机器隔声罩、大型消声器钢板结构 |
| 其他 | 记录机机身、激光装置防振台 |

**5. 阻尼合金和其他阻尼材料**

阻尼合金具有良好的减振性能，既是结构材料又有高阻尼性能，例如双晶型 Mu-Cu 系合金，具有振动衰减特性好、机械强度高、耐腐蚀等优点，被用于舰艇、鱼雷等水下设施的构件上。

高温条件下，玻璃状阻尼陶瓷是采用较多的一类阻尼材料，通常被用于燃气轮机的定子、转子叶片的减振等。细粒玻璃也是一种适合于高温工作环境的阻尼材料，其材料性能的峰值温度比玻璃状陶瓷材料高 100℃ 左右。

对于有抗静电要求的场合，使用较多的是抗静电阻尼材料。抗静电阻尼材料具有优良的抗静电性能和一定的屏蔽特性，主要用于半导体元器件、集成电路板与电子仪器试验桌台板以及计算机房的地板等场合。该阻尼材料有橡胶型与塑料型两类。橡胶型为黑色阻尼橡胶，具有良好的弹性、耐磨性与抗冲击性能；塑料型可根据要求配色。

此外，还有一种抗冲击隔热阻尼材料，由橡胶型闭孔泡沫阻尼材料复合大阻尼压敏黏合防粘纸组成，具有良好的抗冲击、隔热、隔声作用，可用于抑制航天、航空、船舶的薄壁结构的振动及液压管道的减振。

目前在工程上应用较多的是弹性阻尼材料。这类阻尼材料具有很大的阻尼损耗因子和良好的减振性能，但适应温度的变化范围窄，只要温度稍有变化，其阻尼特性就会有较大的变化，性能不够稳定，不能作为机器本身的结构件，同时对于一些高温场合也不能应用。因此，人们研制了大阻尼合金，它具有比一般金属材料大得多的阻尼值，并耐高温，可以直接用这种材料作机器的零件，具有良好的导热性，只是价格贵。复合阻尼材料是一种由多种材料组成的阻尼板材，通常做成自黏性的，可由铝质约束层、阻尼层和防粘纸组成。这种材料施工工艺简单，有较好的控制结构振动和降低噪声的效果。

**（二）阻尼材料的影响因素**

**1. 温度的影响**

温度是影响阻尼材料特性的重要的一个因素。图 2.45 表示了在某一个频率下阻尼材料的弹性模量 $E'$ 和阻尼损耗因子 $\beta$ 随温度 $T^W$ 变化的曲线。在这个图中可以看到三个明显的区域。Ⅰ区称为玻璃态区，这时材料的 $E'$ 值有最大值，且随 $T^W$ 的变化其值变化缓慢，而 $\beta$ 值最小，但上升速率较大。Ⅱ区称为玻璃态转变区，其特点是随温度的增加，$E'$ 值很快下降，当 $T^W = T_g^W$ 时，$\beta$ 有最大值。Ⅲ区称为高弹态区或类橡胶态区，这时 $E'$ 与 $\beta$ 都很小，且随温度的变化很小。

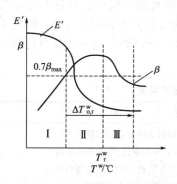

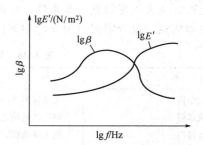

图 2.45　某一频率下，$E'$、$\beta$ 随温度变化曲线　　　图 2.46　$E'$、$\beta$ 随频率 $f$ 变化的曲线

**2. 频率 $f$ 的影响**

图 2.46 表示了频率变化对阻尼材料特性的影响，从图中可以看出，在某温度下，弹性

模量 $E'$ 随频率 $f$ 的增加始终呈增加趋势，而损耗因子 $\beta$ 在一定的频率下有最大值。定性地从 $E'$ 曲线的形状来看，它与阻尼材料的温度特性相反。也就是说阻尼材料的低温特性对应高频特性，而高温特性对应于低频特性。

**3. 其他环境因素的影响**

动态应变、静态预载对阻尼材料高弹区的动态特性亦具有重要影响，动态应变增加，弹性模量 $E'$ 减少而阻尼损耗因子 $\beta$ 增加，而当静态预载增加时，弹性模量 $E'$ 增加，阻尼损耗因子下降。

**（三）阻尼材料与结构**

常用的阻尼材料有沥青、软橡胶和各种高分子涂料。阻尼层的特性一般用材料的损耗因子 $\eta$ 来衡量。$\eta$ 值越大，材料的阻尼性能越好。表 2.29～表 2.31 列出了几种国产阻尼浆的配方。

**表 2.29 沥青阻尼浆配方**

| 材料成分 | 质量分数/% | 材料成分 | 质量分数/% | 材料成分 | 质量分数/% |
|---|---|---|---|---|---|
| 沥青 | 57 | 汽油 | 适量 | 蓖麻油 | 1.5 |
| 胺焦油 | 23.5 | 石棉绒 | 14 | 熟桐油 | 4 |

**表 2.30 防振隔热阻尼浆**

| 材料名称 | 质量分数/% | 材料名称 | 质量分数/% | 材料名称 | 质量分数/% |
|---|---|---|---|---|---|
| 30%氯丁橡胶液 | 60 | 0.3～1mm 细膨胀蛭石 | 10 | 15%萘酸钴液 | 0.8 |
| 420 环氧树脂 | 2 | 1～5mm 膨胀蛭石 | 8 | 萘酸锰液 | 0.6 |
| 胡麻油醇酸树脂 | 4 | 石棉粉 | 6 | | |
| 膨胀珍珠岩 | 8 | 2%萘酸钴液 | 0.6 | | |

**表 2.31 软木放热隔振阻尼浆**

| 材料名称 | 质量分数/% | 材料名称 | 质量分数/% | 材料名称 | 质量分数/% |
|---|---|---|---|---|---|
| 后白漆 | 20 | 生石膏 | 23 | 松香油 | 4 |
| 光油 | 13 | 粒度 4mm 软木粉 | 13 | 水 | 27 |

阻尼层与金属面的结合，有两种形式：一种是自由阻尼层，一种是约束阻尼层。另外在机器空穴或砖墙的空隙中填充干砂，可以提高结构的损耗因子，增加结构内振动噪声的减弱，且比较经济。

# 第三章　放射性污染防治

在人类生存的地球上，自古以来就存在着各种辐射源，人类也就不断地受到照射。随着科学技术的发展，人们对各种辐射源的认识逐渐深入。从 1895 年伦琴发现 X 射线和 1898 年居里发现镭元素以后，原子能科学得到了飞速的发展。特别是核能事业的发展和不断进行核武器爆炸试验，给人类环境又增添了人工放射性物质，对环境造成了新污染。近几十年来，全世界各国的科学家在世界范围内对环境放射性水平进行了大量的调查研究和系统的监测，对放射性物质的分布、转移规律以及对人体健康的影响有了进一步的认识，并确定了相应的防治方法。

## 第一节　放射性污染

放射性是一种不稳定的原子核（放射性物质）自发地发生衰变的现象，放射过程中同时放出射线（如 α 射线、β 射线和 γ 射线），属电离辐射。1896 年，法国物理学家贝可勒耳发现放射性，并证实其不因一般物理、化学影响发生变化，由此获得 1903 年的诺贝尔物理学奖。

### 一、辐射剂量学基本概念

#### （一）辐射剂量学的基本量和单位

**1. 放射性活度**

放射性活度 $A$ 是表示在单位时间内放射性原子核所发生的核转变数。其 SI 单位为贝可（Bq），1Bq 表示每秒钟发生一次核转变。过去常用单位是居里（Ci），等于 $3.7 \times 10^{10}$ Bq。新旧常用放射性单位对照如表 3.1 所列。

表 3.1　新旧常用放射性单位对照表

| 量的名称及符号 | SI 单位 | | 曾用单位 | 换算关系 |
|---|---|---|---|---|
| | 名称及符号 | 表示式 | | |
| 活度 $A$ | Bq(贝可) | $s^{-1}$ | Ci(居里) | 1 Ci$=3.7 \times 10^{10}$Bq |
| 辐照量 $X$ | | C/kg | R(伦琴) | 1R$=2.58 \times 10^{-4}$C/kg |
| 吸收剂量 $D$ | Gy(戈瑞) | J/kg | rad(拉德) | 1 rad$=0.01$ Gy |
| 剂量当量 $H$ | Sv(希沃特) | J/kg | rem(雷姆) | 1 rem$=0.01$ Sv |

**2. 照射量**

$$X = dQ/dm \tag{3.1}$$

式中，$X$ 为照射量，C/kg；$dQ$ 为射线在质量为 $dm$ 的空气中释放出来的全部电子（正电子和负电子）被空气完全阻止时，在空气中产生的一种符号离子的总电荷量；$dm$ 为受照空气的质量，kg；$m$ 为质量，kg。

照射量是对 X 射线和 γ 射线在空气中电离量的一种量度，是 X 辐射场、γ 辐射场的定量描述，而不是剂量的量度。过去常用的单位是伦琴（R），1R 等于 $2.58 \times 10^{20}$ C/kg（精确值）。

**3. 吸收剂量**

吸收剂量 $D$ 是单位质量的受照射物质所吸收的辐射能量。它表示为：

$$D = \mathrm{d}\varepsilon / \mathrm{d}m \qquad (3.2)$$

式中，$D$ 为吸收剂量，SI 单位为 Gy；也用 rad 表示；$\mathrm{d}\varepsilon$ 为电离辐射授予质量为 $\mathrm{d}m$ 的物质的平均能量，1Cy 等于 1J/kg。

### 4. 剂量当量

组织内某一点的剂量当量 $H$ 是该点的吸收剂量 $D$ 乘以品质因数 $Q$ 和其他修正系数 $N$，具体表示为：

$$H = DQN \qquad (3.3)$$

式中，$H$ 为剂量当量，SI 单位为希沃特（Sv），1Sv 等于 1Gy；$Q$ 为品质因数，用它来计量剂量的微观分布对危害的影响，国际放射防护委员会（ICRP）为内照射和外照射规定了都可使用的 $Q$ 值，如表 3-2 所列；$D$ 为在该点所接受的吸收剂量；$N$ 为 ICRP 规定的其他修正系数，目前规定 $N=1$。

**表 3.2  各种辐射相对应的 $Q$ 值**

| 辐 射 类 型 | $Q$ |
| --- | --- |
| X 射线、$\gamma$ 射线和电子 | 1 |
| 能量未知的中子、质子和静止质量小于 1 个原子质量单位的单电荷粒子 | 10 |
| 能量未知的 $\alpha$ 粒子和多电荷粒子，包括电荷数未知的重粒子 | 20 |

### 5. 有效剂量当量

有效剂量当量 $H_E$ 是指用相对危险度系数加权的平均器官剂量当量之和，表示为：

$$H_E = \sum W_T H_T \qquad (3.4)$$

式中，$H_E$ 为有效剂量当量，单位与剂量当量相同；$H_T$ 为器官或组织 T 所接受的剂量当量；$W_T$ 为该器官的相对危险度系数。《中华人民共和国辐射防护规定》（GB 8703—88）给出的 $W_T$ 值如表 3.3 所列。

**表 3.3  相对危险度系数 $W_T$**

| 器官或组织名称 | $W_T$ | 器官或组织名称 | $W_T$ |
| --- | --- | --- | --- |
| 性腺 | 0.25 | 甲状腺 | 0.03 |
| 乳腺 | 0.15 | 副表面 | 0.03 |
| 红骨髓 | 0.12 | 其余组织 | 0.06 |
| 肺 | 0.12 | | |

注：取其他五个在表中尚未指明的受到剂量当量最大的器官或组织，每一个的 $W_T$ 为 0.06。当胃肠道受到照射时，胃、小肠、上段大肠和下段大肠为 4 个独立的器官，手、前臂、足、踝和眼晶体不包括在"其余组织"之内。

### 6. 待积剂量当量 $H_{50,T}$

待积剂量当量 $H_{50,T}$ 是指单次摄入某种放射性核素后，在 50 年期间那个组织或器官所接受的总剂量当量。

待积剂量当量是内照射剂量学非常重要的基本量。放射性核素进入体内以后，蓄积此核素的器官称源器官（S），从它内部发射的放射性粒子使周围的靶器官（T）受到照射，接受的剂量用待积剂量当量表示。$H_{50,T}$ 的计算由下式表示：

$$H_{50,T} = U_S \mathrm{SEE}\ (T \leftarrow S) \qquad (3.5)$$

式中，$U_S$ 表示源器官 S 摄入放射性核素后 50 年内发生的总衰变数；SEE（T←S）为源器官中的放射性粒子传输给单位质量靶器官的有效能量；（T←S）为表示由源器官 S 传输给靶器官 T。

### 7. 年摄入量限值

年摄入量限值（ALI）表示在一年的时间内，来自单次或多次摄入的某一放射性核素的累积摄入量。

**8. 导出空气浓度**

导出空气浓度（DAC）为年摄入量限值（ALI）除以参考人在一年工作时间中吸入的空气体积所得的商，即：

$$DAC = ALI/2.4 \times 10^3 \ (Bq/m^3) \tag{3.6}$$

式中，$2.4 \times 10^3$ 为标准人在一年工作时间内吸入的空气体积。

**（二）放射性环境保护有关的量和概念**

**1. 集体剂量当量**

一定群体的集体剂量当量 $S$ 是以各组内人均接受的剂量当量 $H_i$（全身的有效剂量当量或任一器官的剂量当量）与该组人数相乘，然后相加，集体剂量当量的单位是人·Sv，即：

$$S = \sum H_i N_i \tag{3.7}$$

式中，$H_i$ 为受照射群体中第 $i$ 组内人均剂量当量；$N_i$ 为该组的成员数。

**2. 剂量当量负担和集体剂量当量负担**

在某种情况下，群体受到某种辐射源长时间的持续照射。为了评价现时的辐射实践在未来造成的照射，引入剂量当量负担 $H_C$。群体所受的剂量当量率是随时间变化的，某一指定的群体受某一实践的剂量当量负担，是按平均每人的某个器官或组织所受的剂量当量率 $H(t)$ 在无限长的时间内的积分，即：

$$H_C = \int_0^\infty H_t \, dt \tag{3.8}$$

受照射的人群数不一定保持恒定，其中也包括实行这种实践以后所生的人。

同样，对于特定的群体，只要将集体剂量当量率进行积分，可以定义出一个集体剂量当量负担。

**3. 关键居民组**

关键居民组是从群体中选出的具有某些特征的组，他们从某一辐射实践中受到的照射水平高于受照群体中其他成员。因此，在放射性环境保护中用关键居民组的照射剂量衡量该实践对群体产生的照射水平。

**4. 关键照射途径**

关键照射途径指某种辐射实践对人产生照射剂量的各种途径（例如，食入、吸入和外照射等），其中某一种照射途径比其他途径有更为重要的意义。

**5. 关键核素**

某种辐射实践可能向环境中释放几种放射性核素，对受照人体或人体若干个器官或组织而言，其中一种核素比其他核素有更为重要的意义时，称该核素为关键核素。

**（三）辐射效应的有关概念**

**1. 随机效应和非随机效应**

辐射对人的有害效应分为随机效应和非随机效应。

（1）随机效应　随机效应是指辐射引起有害效应的概率（不是指效应的严重程度）与所受剂量大小成比例的效应。这种效应没有阈值，所以剂量和效应呈线性无阈的关系。躯体的随机效应主要是辐射诱发的各种恶性肿瘤（癌症），辐射所致遗传效应也是随机效应。

（2）非随机效应　非随机效应是指效应严重程度与所受剂量大小的关系。非随机效应存在着阈值剂量。某些非随机效应是特殊的器官或组织所独有的，例如眼晶体的白内障、皮肤的良性损伤以及性细胞的损伤引起生育能力的损害等。

124

**2. 危险度和危害**

（1）危险度　危险度 $r_i$ 是指某个组织或器官接受单位剂量照射后引起第 $i$ 种有害效应的概率。ICRP 规定全身均匀受照时的危险度为 $10^{-2}Sv^{-1}$，表 3.4 给出了几种辐射敏感度较高的组织诱发致死性癌症的危险度。

表 3.4　几种对辐射敏感器官的危险度

| 器官或组织 | 危险度/($\times10^{-4}Sv^{-1}$) | 器官或组织 | 危险度/($\times10^{-4}Sv^{-1}$) |
|---|---|---|---|
| 性腺 | 0.25 | 甲状腺 | 0.03 |
| 乳腺 | 0.15 | 骨 | 0.03 |
| 红骨髓 | 0.12 | 其余五个组织的总和 | 0.06 |
| 肺 | 0.12 | 总计 | |

（2）危害　危害是指有害效应的发生频数与效应的严重程度的乘积：

$$G = \sum_i h_i r_i g_i \tag{3.9}$$

式中，$G$ 为危害；$h_i$ 为第 $i$ 组人群接受的平均剂量当量；$h_i r_i$ 为该组发生有害效应的频数；$g_i$ 为严重程度，对可治愈的癌症，$g_i = 0$；对致死癌症，$g_i = 1$。

**3. 剂量限制体系**

为了防止发生非随机效应，并将随机效应的发生率降低到可以接受的水平，ICRP 提出了下述剂量限制体系（辐射防护三原则）对正常照射加以限制。

（1）辐射实践正当性　在施行伴有辐射照射的任何实践之前，必须经过正当性判断，确认这种实践具有正当的理由，获得的利益大于代价（包括健康损害和非健康损害的代价）。

（2）辐射防护最优化　应该避免一切不必要的照射，在考虑到经济和社会因素的条件下，所有辐照都应保持在可合理达到的尽量低的水平。

（3）个人剂量的限值　用剂量限值对个人所受的照射加以限制。

## 二、放射性污染特点

和人类生存环境中的其他污染相比，放射性污染有以下特点。

① 一旦产生和扩散到环境中，就不断对周围发出放射线，永不停止。只是遵循各种放射性核同位素的内在固定速率不断减少其活性，其半衰期即活度减少到一半所需的时间从几分钟到几千年不等。

② 自然条件的阳光、温度无法改变放射性核同位素的放射性活度，人们也无法用任何化学或物理手段使放射性核同位素失去放射性。

③ 放射性污染对人类的作用有累积性。放射性污染是通过发射 α、β、γ 或中子射线来伤害人，α、β、γ、中子等辐射都属于致电离辐射。经过长期深入研究，已经探明致电离辐射对于人（生物）危害的效果（剂量）具有明显的累积性。尽管人或生物体自身有一定对辐射伤害的修复功能，但极弱。实验表明，多次长时间较小剂量的辐照所产生的危害近似等于一次辐照该剂量所产生的危害（后者危害稍大些）。这样一来，极少的放射性核同位素污染发出的很少剂量的辐照剂量率如果长期存在于人身边或人体内，就可能长期累积，对人体造成严重危害。

④ 放射性污染既不像化学污染多数有气味或颜色，也不像噪声振动、热、光等污染，公众可以直接感知其存在；放射性污染的辐射，哪怕强到直接致死水平，人类的感官对它都无任何直接感受，从而无法及时采取躲避防范行动，只能继续受害。

## 三、环境中放射性的来源

### （一）环境中天然放射性的来源

在人类历史过程中，生存环境射线照射持续不断地对人们产生影响，天然本底的辐射主要来源有：宇宙辐射，地球表面的放射性物质，空气中存在的放射性物质，地面水系中含有放射性物质和人体内的放射性物质。研究天然本底辐射水平具有重要的实用价值和重要的学术意义。其一，核工业及辐射应用的发展均有改变本底辐射水平的可能。因此有必要以天然本底辐射水平作为基线，以区别天然本底与人工放射性污染，及时发现污染并采取相应的环境保护措施。其二是对制定辐射防护标准有较大的参考价值。最后是人类所接受的辐射剂量的80％来自天然本底照射，研究本底辐射与人体健康之间的关系，对揭示辐射对人体危害的实质性问题有重大的意义。

**1. 宇宙射线**

宇宙射线是一种从宇宙太空中辐射到地球上的射线。在地球大气层以外的宇宙射线称为初级宇宙线射。初级宇宙射线进入大气层后和空气中的原子核发生碰撞，即产生次级宇宙线。其中部分射线的穿透本领很大，能透入深水和地下，另一部分穿透本领较小。

宇宙射线是人类始终长期受到的一种天然辐射。不同时间，不同纬度，不同高度，宇宙射线的强度也不相同。

由于地球磁场的屏蔽作用和大气的吸收作用，到达地面的宇宙射线强度是很弱的，对人体并无危害。由于高空超音速飞机和宇航技术的发展，研究宇宙射线的性质和作用才日益被重视。

初级宇宙射线是从宇宙空间辐射到地球上空的原始宇宙射线。它是一种带正电荷的高能粒子流，其中绝大部分是质子（占83％～89％），还有α粒子（占10％～15％）和重核（原子序数 $Z \geqslant 3$ 的核）及高能电子（占1％～2％）等。这些粒子能量小的约为10eV。个别的可达 $10^{20}$ eV。由于初级宇宙射线在大气层的上部与空气中的原子核碰撞而产生次级粒子流，所以在15km以下的高空，初级宇宙射线已大部分转变成为次级宇宙射线。

次级宇宙射线形成很复杂，是由介子（占70％）、电子、光子、质子、中子等组成。由初级宇宙射线与空气中原子核相作用而产生的次级粒子能量很高，足以引起新的核作用，产生新的次级粒子，新的次级粒子又可引起第三次核作用，因而形成级联核作用。在低海拔处的宇宙射线中，$\mu$ 介子占20％左右，$\mu$ 介子的衰变也产生高能电子。

宇宙射线与大气层作用的结果，其通量密度在海拔12km处为最大。低于此高度的呈指数减少，到达海平面处的最低。

宇宙射线与大气层中的原子核作用还产生一些放射性同位素，也将这类同位素归到天然放射性核素中，由宇宙射线产生的放射性同位素主要有 $^{14}$C、$^{7}$Be、$^{32}$P、$^{35}$S、$^{10}$Be。

**2. 地球表面的放射性物质**

地层中的岩石和土壤中均含有少量的放射性核素，地表表面的放射性物质来自地球表面的各种介质（土壤、岩石，大气及水）中的放射性元素，它可分为中等质量（原子系数小于83）和重天然放射性同位素（铀镭系和钍系）两种。

**3. 空气中存在的放射性**

空气中的天然放射性主要是由于地壳中铀系和钍系的子代产物氡和钍的扩散，其他天然放射性核素的含量甚微。这些放射性气体的子体很容易附着空气溶胶颗粒上而形成放射性气溶胶。

空气中的天然放射性浓度受季节和空气中含尘量的影响较大。在冬季或含尘量较大的工业城市往往空气中的放射性浓度较高，在夏季最低。当然山洞、地下矿穴、铀和钍矿中的放射性浓度都高，有的可达 $10^{-10}$ Ci/L(1Ci=37GBq)。

室内空气中的放射性浓度比室外高，这主要和建筑材料及室内通风情况有关。

**4. 地表水系含有的放射性**

地表水系含有的放射性往往由水流类型决定。海水中含有大量的 $^{40}$K，天然泉水中则有相当数量的铀、钍和镭。水中天然放射性的浓度与水所接触的岩石、土壤中该元素的含量有关。据报道，各种内陆河中天然铀的浓度范围在 $0.3\sim10\mu g/L$，平均为 $0.5\mu g/L$。$^{226}$Ra 的浓度变化较大，一般在 $0.1\sim10$pCi/L。有些高本底地区水中的 $^{226}$Ra 含量可达正常地区的几倍到十几倍。地球上任何一个地方的水或多或少都含有一定量的放射性，并通过饮用对人体构成内照射。

**5. 人体内的放射性**

由于大气、土壤和水中都含有一定量的放射性核素，人通过呼吸、饮水和食物不断地把放射性核素摄入到体内，进入人体的微量放射性核素分布在全身各个器官和组织，对人体产生内照射剂量。

宇宙放射性核素对人体能够产生较显著照射剂量的有 $^{14}$C、$^{7}$Be、$^{22}$Na 和 $^{3}$H。以 $^{14}$C 为例，体内 $^{14}$C 的平均浓度为 227Bq/kg，在体内的平均浓度与地球地表水的浓度相近（地表水的平均浓度为 400Bq/m$^3$ 水）。由于钾是构成人体的重要生理元素，$^{40}$K 是对人体产生较大内照剂量的天然放射性核素之一。因为脂肪中并不含钾，所以钾在人体内的平均浓度与人胖瘦有关。

天然铀、钍和其子体也是人体内照剂量的重要来源。它们进入人体的主要途径是食入。在肌肉中天然铀、钍的平均浓度分别是 $0.19\mu g/kg$ 和 $0.9\mu g/kg$，在骨骼中的平均浓度为 $7\mu g/kg$ 和 $3.1\mu g/kg$。

镭进入人体的主要途径是食入，混合在食物中的 $^{226}$Ra 的浓度约为每千克数十毫贝可，70%～90% 的镭沉积在骨中，其余部分大体均匀分配在软组织中。根据 26 个国家人体骨骼中 $^{226}$Ra 含量的测量结果，按人口加权平均，每千克钙中含 $^{226}$Ra 的中值为 0.85Bq。

氡及其短寿命子体对人体产生内照剂量的主要途径是吸入。氡气对人的内照射剂量贡献很小，主要是吸入短寿命子体并沉积在呼吸道内，由它发射的粒子对气管、支气管上皮基底细胞产生很大的照射剂量。$^{210}$Po 和 $^{210}$Pb 通过食入进入人的体内，在正常地区，$^{210}$Po 和 $^{210}$Pb 的每天摄入量为 0.1Bq。

**（二）人工放射性污染源**

引起外环境人工放射性污染的主要来源是核武器爆炸及生产。使用放射性物质的单位排出的放射性废弃物等产生的放射性物质如图 3.1 所示。

**1. 核爆炸对环境的污染**

核武器是利用重核裂变或轻核聚变时急剧释放出巨大能量产生杀伤和破坏作用的武器。核爆炸对环境产生放射性污染的程度和武器威力、装药中裂变材料所占的比例、爆炸方式及环境条件有关。一般来说，威力越大，所含的裂变材料越多，对环境污染也越严重。地上试验比地下试验对环境的污染严重；地面爆炸比空中爆炸要污染严重。

1945～1980 年，全世界共进行了 800 多次核试验，世界环境受人工放射性污染的主要来源是各国在大气层进行一系列核武器试验所生产的裂变产物。此外各国多次进行地下核爆炸，除"冒顶"和泄露事故外，还对地下水造成污染。

（1）核爆炸所产生的放射性沉降物

① 放射性沉降物的形成。核爆炸后形成高温火球，使其中存在的裂变碎片、弹体物质以及卷入火球的尘土等变为蒸气。火球膨胀和上升，与空气混合，又由于热辐射的损失，温度逐渐下降，蒸气便凝结成微粒或附着在其他尘粒上形成放射性烟云。烟云中的放射性物质由于所在高度的气象条件和重力作用而扩散到大气层中和降落到地面上，降落的部分称为沉降物（或称为放射性落下灰）。

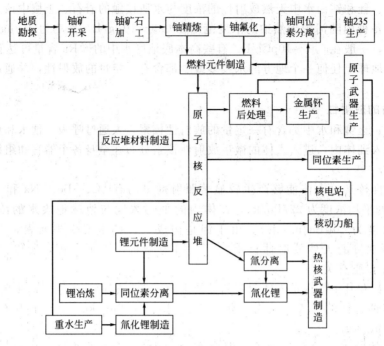

图 3.1　环境放射性污染的主要来源

② 放射性沉降物的放射性。主要来源于裂变产物，其次是核爆炸时放出的中子所造成的感生放射性物质，而残余的核装料在总的放射性中比例较小。

放射性沉降物根据运行和沉降的不同可分为三种类型，即局部（近区或初期）沉降物，对流层（中间距离或带状）沉降物，平流层（延迟、晚期或全球性）沉降物。

一般来说，热核武器爆炸所产生的裂变碎片大部分进入平流层，而原子弹爆炸所产生的裂变产物则主要分布在对流层。当然，这与爆炸方式有很大关系。局部沉降约为全球沉降的 1/5～1/3。

③ 放射性沉降物的沉降。主要是重力影响及大气大范围的垂直运动，更为重要的影响因素之一是降水对放射性物质的冲刷作用。降水量为 10mm 左右，就能把放射性物质基本冲刷下来，而降雪捕获放射性物质的能力比降雨更大。

放射性沉降物的沉降机理可归纳为重力沉降、干沉降与湿沉降、平流沉降和再悬浮等几个方面。

（2）放射性沉降物的性质　放射性沉降物的性质与核武器装料、爆炸方式、核武器吨位、爆炸地区土壤的成分、离爆炸中心的距离以及爆炸后间隔的时间等有关。早期沉降物的性质如下。

① 粒子形状及结构：沉降物粒子的形状和结构与爆炸区土壤及爆炸方式有关。陆地爆炸粒子多为黑褐色，部分小粒子为黄褐色，表面圆滑，多呈球形或椭圆形。粒子内部有的呈蜂窝状或空心球状，多为均匀的玻璃体结构，易被压碎。

② 密度：放射性沉降物的密度接近于爆炸区土壤的密度（$2.6g/m^3$），一般变动在 $2.0～3.0g/m^3$ 范围内。

③ 粒子大小和分散度：放射性沉降物的粒子大小及其分散度与爆炸方式、当量、离爆炸中心远近等条件有关。地爆产生的沉降物粒子最大可达 $2000\mu m$，空爆最大则只有几十微米。沉降物中几微米和小于 $1\mu m$ 的粒子占大多数。离爆炸中心较远的地区，其沉降物粒子多在几微米至几十微米。

④ 溶解度：沉降物的溶解度与粒子的大小和溶剂的酸碱度有关。溶剂的酸度愈高，粒

子愈小，愈易溶解。

⑤ 化学成分：放射性沉降物的放射性成分主要是核裂变产物。早期沉降物中主要的放射性核素有镎239（感生放射性），放射性稀土元素，钡140，钼99，碘131，碘132，碘133，碘135，锆95，锆97，锶89、锶90、钐103等。氢弹爆炸还有一定数量的铀237和碳14等。地爆沉降物中的化学成分主要取决于爆炸区土壤的成分。

⑥ β能量和衰变：在核武器的装料（铀235、铀238、钚239等）发生裂变后，生成几十种元素的200多种放射性同位素（以原子序数38～65为主），在核裂变产物中，大部分是短半衰期的放射性核素。因此，放射性强度随时间而很快减弱。放射性沉降物中β粒子的能量随核爆后的不同时间而异。

**2. 工业和核动力对环境的污染**

随着社会的发展，能源愈来愈紧张，由于煤炭和石油已远不能满足社会对能源的需求，因此，核能的利用得到了飞速的发展。现世界上已有数百座核电站在运转。在正常运行的情况下，核电站对环境的污染比化石燃烧要小。当然核电站排出的气体、液体和固体废物也是值得特别注意的。

核工业的生产系统包括：铀矿开采和冶炼；铀235加浓；核燃料制备；核燃料燃烧；乏燃料运输；乏燃料后处理和回收；核废物贮存、处理和处置等。在其生产的不同环节均会有放射性核素向环境逸散形成污染源。

从铀矿开采、冶炼直到燃料元件制出，所涉及的主要天然放射性核素是铀、镭、氡等。铀矿山的主要放射性影响源于$^{222}$Rn及其子体。即使在矿山退役后，这种影响还会持续一段时间。

铀矿石在水冶厂进行提取的过程中产生的污染源主要是气态的含铀粉尘、氡以及液态的含铀废液和废渣。水冶厂的尾矿渣数量很大。铀矿石含铀的品位大约在千分之几或万分之几，尾矿渣及浆液占地和对环境造成的污染是一个很严重的问题。目前，尚缺乏妥善的处置办法。

核燃料在反应堆中燃烧，反应堆属封闭系统。对人体的辐照主要来自气载核素。如碘、氪、氙等惰性物。实测资料表明，由放射性惰性气体造成的剂量当量为0.05～0.10mSv；压水堆排出的废液中含有一定的氚及中子活化产物，如$^{60}$Co、$^{51}$Cr、$^{54}$Mn等。另外还可能含有由于燃料元件外壳破损逸出或因外壳表面被少量沾染而逸出的铀。

经反应堆辐照一定时间后的乏燃料，仍含极高的放射性活度。通常乏燃料被贮存在冷却池中以待其大部分核素衰变。但当其被送往后处理厂时，仍含有大量半衰期长的裂变产物。如锶、铯和锕系核素，其活度在$10^{17}$Bq级。因此，在乏燃料的贮放、运输、处理、转化及回收处置等环节均需特别重视其防护工作，以免造成危害。

自核燃料后处理厂排出的氚和氪，在环境中将产生积累，成为潜在的污染源。

核动力舰艇和核潜艇的迅速发展，使海洋的污染又增加一个新的污染源，核潜艇产生的放射性废物有净化器上的活化产物，如$^{55}$Fe、$^{50}$Fe、$^{60}$Co、$^{51}$Cr等。此外，起动和一次回路以及辅助系统中排出和泄漏的水中都含有一定的放射性。

**3. 核事故对环境的污染**

操作使用放射性物质的单位，出现异常情况或意想不到的失控状态称为事故。事故状态引起放射性物质向环境大量无节制地排放，造成非常严重的污染。

（1）核事件的等级划分　为了对核事件进行准确评定，国际原子能机构将发生的核事件分为7个等级。

七级，为特大事故，指核裂变废物外泄在广大地区，具有广泛的长期的健康和环境影响，如1986年发生在前苏联的切尔诺贝利核电厂事故。

六级，为重大事故，指核裂变产物外泄，需实施全面应急计划，如1957年发生在前苏联克什姆特的后处理厂事故。

五级，具有厂外危险的事故，核裂变产物外泄，需实施部分应急计划，如1979年发生在美国的三里岛电厂事故。

四级，发生在设施内的事故，有放射性外泄，工作人员受照射严重影响健康，如1999年9月30日日本发生的核泄漏事故。

三级，严重事件，少量放射性外泄，工作人员受到辐射，产生急性健康效应，如1989年西班牙范德略核电厂发生的事件。

二级，不影响动力厂安全。

一级，超出许可运行范围的异常事件，无风险，但安全措施功能异常。

低于以上七级的为零级，叫偏离，安全上无重要意义。

（2）放射性污染事件　从核技术使用以来，最严重的一起放射性污染事件1984年1月发生在美国。当地的一座治疗癌症的医院，存放放射性钴60重40多磅（1b＝0.453kg）的金属桶，被人运走并把桶盖撬开并将桶弄碎，当即有6000多颗发亮的小圆粒——具有强放射性的钴60小丸滚落出来，继而散落在附近场地上。通过人们的各种活动造成大面积的污染。接触钴60小丸的人，一个月后许多人出现了严重的受害症状，牙龈和鼻子出血，指甲发黑等。有的表面上没有什么症状，但经化验发现白细胞数、精子数等大大减少。此污染事件，虽当时没有死人，但接触钴60放射性污染的人，患癌症可能性要大得多。

位于哈萨克斯坦共和国境内的塞米帕拉金斯克核试验基地，前苏联曾先后在这里进行过470次秘密核试验，其中包括100次地面核爆炸试验。该试验场附近的居民患有种种怪病，距离基地下风向200km外的许多居民也成了核试验的间接受害者。据统计最少有100万人受到了或轻或重的核污染。因为当年核爆炸的粉尘可以飘到数千千米外，其造成的影响大约相当于当年投到广岛原子弹的1000倍。

目前世界上已发生的多起核事故如表3.5所列。

表3.5　迄今为止最严重核事故

| 发生时间 | 地点和产生危害影响 |
| --- | --- |
| 1957年9月29日 | 前苏联乌拉尔山中的秘密核工厂"车里雅宾斯克65号"一个装有核废料的仓库发生大爆炸迫使苏联当局紧急撤走11000名当地居民 |
| 1957年10月7日 | 英国东北岸的温德斯凯尔一个核反应堆发生火灾，这次事故产生的放射性物质污染了英国全境，至少有39人患癌症死亡 |
| 1961年1月3日 | 美国爱荷华州一座实验室里的核反应堆发生爆炸，当场炸死3名工人 |
| 1967年夏天 | 前苏联"车里雅宾斯克65号"用于贮存核废料的"卡拉察湖"干枯，结果风将许多放射性微粒子吹往各地，当局不得不撤走了9000名居民 |
| 1971年11月9日 | 美国明尼苏达州"北方州电力公司"的一座核反应堆的废水储存设施发生超库存事件，结果导致5000加仑放射性废水流入密西西比河，其中一些水甚至流入圣保罗的城市饮水系统 |
| 1979年3月28日 | 美国三里岛核反应堆因为机械故障和人为失误而使冷却水和放射性颗粒外逸，但没有人员伤亡报告 |
| 1979年8月7日 | 美国田纳西州浓缩铀外泄，结果导致1000人受伤 |
| 1986年1月6日 | 美国俄克拉何马一座核电站因错误加热发生爆炸，结果造成一名工人死亡，100人住院 |
| 1986年4月26日 | 前苏联切尔诺贝利核电站发生大爆炸，直接造成约8000人死于辐射导致的各种疾病，其放射性云团直抵西欧 |
| 1999年9月30日 | 日本发生了有史以来最严重的一次核泄漏事故。在事故发生后的25min里，在事故现场80m范围内，核辐射的强度为日本年度辐射限度的75倍，至少有69人受到了核辐射。事故起因于日本东京东北部120km茨城县东海村一家核燃料制造厂9月30日发生核泄漏 |

**4. 其他辐射污染来源**

其他辐射污染来源可归纳为两类：一是工业、医疗、军队、核舰艇或研究用的放射源，因运输事故、偷窃、误用、遗失以及废物处理等失去控制而对居民造成大剂量照射或污染环境；二是一般居民消费用品，包括含有天然或人工放射性核素的产品，如放射性发光表盘、夜光表以及彩色电视机产生的照射，虽对环境造成的污染很低，但也有研究的必要。

由于辐射在医学上的广泛应用，医用射线源已成为主要的人工辐射污染源。

辐射在医学上主要用于对癌症的诊断和治疗。在诊断检查过程中，各个患者所受的局部剂量差别较大，大约比通过天然源所受的年平均剂量高 50 倍；而在辐射治疗中，个人所受剂量又比诊断时高出数千倍，并且通常是在几周内集中施加在人体的某一部分。

诊断与治疗所用的辐射绝大多数为外照射，而服用带有放射性的药物则造成了内照射；近几十年来，由于人们逐渐认识到医疗照射的潜在危险，已把更多的注意力放在既能满足诊断放射学的要求，又使患者所受的实际量最小，甚至免受辐射的方法上，并取得了一定的研究进展。

## 四、我国核辐射环境现状

我国各地陆地的 γ 辐射空气吸收剂量率仍为当地天然辐射本底水平，环境介质中的放射性核素含量保持在天然本底涨落范围内。我国整体环境未受到放射性污染，辐射环境质量仍保持在原有水平。

在辐射污染源周围地区，环境 γ 辐射空气吸收剂量率，气溶胶或沉降物总 β 放射性比活度，水和动物样品、植物样品的放射性核素浓度均在天然本底涨落范围内。广东大亚湾核电站和浙江秦山核电厂周围地区放射监测结果表明，辐射水平无变化，饮水中总 α、总 β 放射性水平符合国家生活饮用水水质标准。

## 五、放射性污染的危害

### （一）辐射对人体的总剂量

**1. 天然辐射源的正常照射**

由于天然辐射是全世界居民都受到的一种照射，集体剂量贡献最大。因此了解所受照射的剂量，认识随地区和生活习惯的不同天然辐射剂量的变化情况具有很大的实际意义。

在地球上的任何一点，来自宇宙射线的剂量率是相对稳定的。但它随纬度和海拔高度而变化。在海平面中纬度通常每年受到 28mrem（1rem＝10mSv）的照射。在海拔数千米之内高度每增加 1.5 km，剂量率增加约 1 倍。

外环境中的放射性物质，可以通过呼吸道、消化道和皮肤三个途径进入人体，人体遭受过量的放射性照射，会损害健康。环境中的放射性污染会对人体产生外照射剂量，同时经过转移而沉积在人的体内产生内照射剂量，从而使广大公众接受额外附加照射危害。在自然环境中，放射性进入人体造成放射性污染典型的污染通路如图 3.2 所示。

天然辐射对人体的总剂量是外照射剂量与内照射剂量二者的总和。表 3.6 列出了正常地区天然辐射产生的年有效剂量当量。显然内照射约比外照射高一倍，这是对成年人进行估计。对于儿童，因吸入氡子体的有效剂量当量要高于成人，10 岁以下的儿童组年有效剂量当量约为每年 3mSv。

近年来，对天然放射性照射又有进一步的认识，对地面和建筑材料的 γ 辐射、吸入氡222 及其子体产物在肺内的剂量都有新的探讨。如肺组织剂量比其他组织所受的剂量要高出20%～45%，并且 α 辐射占重要部分，其他器官主要为 β 和 γ 辐射。

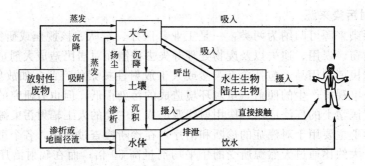

图 3.2 放射性进入人体的典型的污染通路

**表 3.6 正常本底地区天然辐射产生的总剂量**

| 辐射源 | 年有效剂量当量/μSv | | |
|---|---|---|---|
| | 外照射 | 内照射 | 总计 |
| 宇宙辐射　电离成分 | 280 | | 280 |
| 中子成分 | 21 | | 21 |
| 宇宙放射性核素 | | 15 | |
| 陆生放射性核素　40K | 120 | 180 | 300 |
| 87Rb | | 6 | 6 |
| 238U 系 | 90 | 954 | 1044 |
| 232Th 系 | 140 | 186 | 326 |
| 总计 | 650 | 1340 | 2000 |

### 2. 由于技术发展使天然辐射源的照射增加

现代科学技术的迅速发展，使居民所受的天然辐射源的照射剂量增加了。照射剂量的增加主要来源于以下方面。

（1）建筑材料　有些建筑材料含有较高的天然放射性核素或伴生放射性核素，使用这些建筑材料可导致室内辐射剂量水平的升高，如浮石、花岗石、明矾页岩制成的轻水泥等。

（2）室内通风不良　通风状况，可明显影响氡的水平。在寒冷地区，室内换气频率为每小时 0.1～0.2 倍次，可引起每年对肺的 α 辐射剂量变化达到几个拉德。水中的氡不仅饮用后造成内照射，而且水中氡气还可以释放出来。当自来水中氡的浓度高时，室内空气中氡的浓度也增高，这样通过吸入所致肺的剂量将高于通过正常饮用水摄入胃内所造成的辐射剂量。

（3）飞行乘客　每年世界上大约有 $10^9$ 名旅客在空中旅行 1h。在平均日照条件下，由于空中旅行所致的年集体剂量为 3kGy。高空飞行的超音速飞机驾驶员应注意在大的太阳活动年发生时，防止宇宙射线的危害。

（4）磷酸盐肥料的使用　人们在探求农作物增产途径的过程中，广泛地开发天然肥源，其中磷肥的开发量最大。磷矿通常与铀共生，因此随着磷矿开采，磷肥的生产和使用，一部分铀系的放射性核素就从矿层中转入到环境中来，通过生物链进入人体。对每吨市售磷矿石的集体剂量负担大约是 $3\times10^{-6}$ 人·Gy。全世界每年用 $10^8$ t 磷酸盐肥料，每年由于使用磷肥造成的集体剂量负担是 300Gy。

（5）燃煤动力工业　煤炭中含有一定量的铀、钍和镭。燃烧可使放射性核素浓集而散布于环境中。不同来源的煤、煤渣、飘尘（灰）中放射性核素的浓度是不同的。据统计，每百万千瓦的年生产能力的电厂，由沉降下来的煤灰造成的集体剂量负担贡献很小，约为 0.002～0.02 人·rad/(MW·年)。但用煤灰、煤渣和煤矿石作建筑材料，不同程度地增加了房屋内的辐射剂量率。

（6）天然气　天然气主要是用来烧饭和室内供暖，是建筑物中氡的来源之一，也应引起重视。

### 3. 消费品的辐射

含有各种放射性核素的消费品是为满足人们的各种需要而添加的。应用最广泛的具有辐射的消费品有夜光钟表、罗盘、发光标志、烟雾检出器和电视等。在消费品中应用最广泛的放射性核素有氚、氪85、钷147和镭226等。用镭作涂料的夜光手表对性腺的辐射平均为每年几个毫拉德。虽然近年来改用氚作发光涂料，使外照射有所减少，但有些氚可以从表中溢出并引起全年 0.5mrad（1rad＝10mGy）的全身内照射剂量。由手表工业中应用的发光涂料可引起全世界人群的集体剂量负担为每年 $10^6$ 人·rad。同时，它还将引起某些职业性照射。

近年来，由于技术的改进，彩色电视机发射的 X 射线可以忽略。

根据联合国辐射委员会统计，消费品造成的辐射剂量负担为每年性腺剂量小于1mrad。

### 4. 核工业造成的辐射

在核工业中，生产的各个环节中都会向环境释放少量的放射性物质。它们的半衰期都较短，很快就会衰变消失。只有少数半衰期较长的核素，才能扩散到较远的地区，甚至全球。

联合国原子辐射影响科学委员会估算了除去职业照射以外的由于核动力生产所造成的集体剂量负担，全世界居民中50％的集体剂量负担是由于核动力生产中长寿命放射性核素碳14、氪85和氚的全球扩散所造成的。对这些核素和碘129向环境中的排放严加限制，可减少全球的集体剂量负担。

整个核工业的生产过程造成的辐射剂量的情况列入表3.7。

表 3.7　核工业生产过程中所致辐射剂量

| 核燃料流程的阶段 | 集体剂量负担 /[人·rad/(MW·年)] | 核燃料流程的阶段 | 集体剂量负担 /[人·rad/(MW·年)] |
|---|---|---|---|
| 采矿、选矿和核燃料制造 | | 局部和区域性居民照射 | 0.1～0.6 |
| 职业照射反应堆运转 | 0.2～0.3 | 全球居民照射研究和发展 | 1.1～3.4 |
| 职业照射 | 1.0 | 职业照射 | 1.4 |
| 局部和区域性居民照射后处理 | 0.2～0.4 | 整个工业 | 5.2～8.2 |
| 职业照射 | 1.2 | | |

### 5. 核爆炸沉降物对人群造成的辐射

据估计 1976 年以前所有核爆炸造成全球总的剂量负担，约从 100mrad（性腺）到 200mrad（骨衬细胞）。北半球（温带）比此值要高出 50％。南半球约低于该值 50％。由铯137 和短寿命核素的 γ 辐射所致的外照射，对所有组织的全球剂量负担约为 70mrad。内照射占有支配地位的是长寿命核素锶90 和铯137。它们的半衰期约为 30 年。寿命短一些的有钌106 和铈144。与核动力的情况下一样，碳14 给出了最高的剂量负担，对性腺和肺为 120mrad，对骨衬细胞和红骨髓为 450mrad。这些剂量将在几千年的时间内释放。

### 6. 医疗照射

一些国家有充分放射诊断治疗条件，可对人造成有遗传作用的剂量。来自医疗辐射的全球集体剂量负担，放射设备发达的国家为 $5×10^7$ 人·rad，而设施有限的国家约为 $2×10^6$ 人·rad。

### （二）辐射的生物效应

### 1. 细胞生物学基础

人体是由不同器官或组织构成的有机整体，构成人体的基本单元是细胞，细胞由细胞膜、细胞质和细胞核组成。细胞核含有 23 对（46 个）染色体，它是由基因构成的细小线状物。基因由脱氧核糖核酸（DNA）和蛋白质分子组成，带有决定子体细胞特性的遗传密码。细胞质分解食物并将它转化为能量和小分子，随后又转化为供细胞维持生存和繁衍所要求的复杂分子。

**2. 辐射与细胞的相互作用**

核辐射与物质相互作用的主要效应是使其原子发生电离和激发。细胞主要由水组成。辐射作用于人体细胞将使水分子产生电离，形成一种对染色体有害的物质，产生染色体畸变。这种损伤使细胞的结构和功能发生变化，使人体呈现出放射病、眼晶体白内障或晚发性癌等临床症状。

产生辐射损伤的过程极其复杂，如图 3.3 所示，大致分为 4 个阶段。

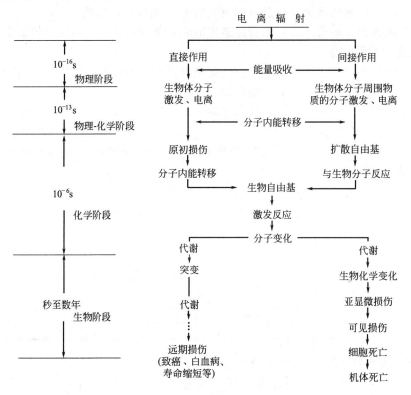

图 3.3 产生辐射损伤的过程

（1）最初物理阶段 该阶段只持续很短时间（约 $10^{-16}$ s），此时能量在细胞内积聚并引起电离，在水中的作用过程为：

$$H_2O \xrightarrow{\text{辐射}} H_2O^+ + e^-$$

（2）物理-化学阶段 该阶段大约持续 $10^{-13}$ s。离子和其他水分子作用形成新的产物。正离子分解或负离子附着在水分子上，然后分解。

$$H_2O^+ \longrightarrow H^+ + OH \cdot$$
$$H_2O + e^- \longrightarrow H_2O^-$$
$$H_2O^- \longrightarrow H \cdot + OH^-$$

这里的 H· 和 OH· 称为自由基，它们有不成对的电子，化学活性很大。OH· 和 OH· 可生成强氧化剂过氧化氢 $H_2O_2$。$H^+$、$OH^-$ 不参加以后的反应。

（3）化学阶段 该阶段大约持续 $10^{-6}$ s，在此时间内，反应产物和细胞的重要有机分子相互作用。自由基和强氧化剂破坏构成染色体的复杂分子。

（4）生物阶段　这个阶段时间为秒至数年，以特定的症状而定。生物阶段可能导致细胞的早期死亡、阻止细胞分裂或延迟细胞分裂、细胞永久变态，一直可持续到子代细胞。

辐射对人体的效应是由单位细胞受到损伤所致。辐射的躯体效应是由人体普通细胞受到损伤引起的，并且只影响到受照者个人本身。遗传效应是由性腺中的细胞受到损伤引起的，这种损伤能影响到受照人员的子孙。

**3. 躯体效应**

（1）早期效应　早期效应指在大剂量或大剂量率的照射后，受照人员在短期内（几小时或几周）就可能出现的效应。在人体的器官或组织内，由于辐射致细胞死亡或细胞分裂被阻碍等原因，使细胞群严重减少，就会发生这种效应。骨髓、胃肠道和神经系统辐射损伤程度取决于所接受剂量的大小，引起的躯体症状称为急性放射病。急剧接受 1Gy 以上的剂量会引起恶心和呕吐，2Gy 的全身照射可致急性胃肠型放射病，当剂量大于 3Gy 时，被照射个体的死亡概率是很大的。在 3~10Gy 的剂量范围内称感染死亡区。

急性照射的另一种效应是皮肤产生红斑或溃疡。因为皮肤最容易受到 β 射线和 γ 射线的照射，接受较大的剂量。例如单次接受 3Gyβ 射线或低能 γ 射线的照射，皮肤将产生红斑，剂量更大时将出现水泡、皮肤溃疡等病变。

由于核设施辐射防护工作的进步和发展，职业照射和广大公众所接受的照射远低于早期效应的阈剂量水平。在事故条件下才有可能接受到上述高水平的剂量。

（2）晚期效应　20 世纪初，人们已经发现受到高剂量照射的人们患某种癌症的发病率较正常人高的事实。对广岛、长崎原子弹爆炸幸存者、接受辐射治疗的病人以及职业受照人群（如铀矿工人的肺癌发病率高）的详细调查和分析，证明辐射有诱发癌症的能力。受到放射照射到出现癌症通常有 5~30 年潜伏期。

晚期效应也可能导致寿命的非特异性缩短，即由于受照射致人的机体过早衰老或提前死亡。

**4. 遗传效应**

辐射的遗传效应是由于生殖细胞受损伤，而生殖细胞是具有遗传性的细胞。染色体是生物遗传变异的物质基础，由蛋白质和 DNA 组成。DNA 有修复损伤和复制自己的能力，许多决定遗传信息的基因定位在 DNA 分子的不同区段上。电离辐射的作用使 DNA 分子损伤，如果是生殖细胞中 DNA 受到损伤，并把这种损伤传给子孙后代，后代身上就可能出现某种程度的遗传疾病。

**（三）放射性污染对人体的危害**

放射性元素产生的电离辐射能杀死生物体的细胞，妨碍正常的细胞分裂和再生，并且引起细胞内遗传信息的突变。受辐射的人在数年或数十年后，可能出现白血病、恶性肿瘤、白内障、生长发育迟缓、生育力降低等远期躯体效应；还可能出现胎儿性别比例变化、先天性畸形、流产、死产等遗传效应。

人体受到射线过量照射所引起的疾病，称为放射性病，它可以分为急性和慢性两种。

急性放射性病是由大剂量的急性辐射所引起的。只有由于意外放射性事故或核爆炸时才可能发生。例如，1945 年，在日本长崎和广岛的原子弹爆炸中，就曾多次观察到，病者在原子弹爆炸后 1h 内就出现恶心、呕吐、精神萎靡、头晕、全身衰弱等症状。经过一个潜伏期后，再次出现上述症状，同时伴有出血、毛发脱落和血液成分严重改变等现象；严重的造成死亡。急性放射性病还有潜在的危险，会留下后遗症，而且有的患者会把生理病变遗传给子孙后代。表 3.8 列出了急性放射性病的主要临床症状及病程经过。

表 3.8　急性放射性病的主要临床症状及病程经过

| 受辐射照射后经过的时间 | 不能存活<br>（700R 以上） | 可能存活<br>（550R～300R） | 存活<br>（250R～100R） |
|---|---|---|---|
| 第一周 | 最初数小时有恶心、呕吐、腹泻 | 最初数小时有恶心、呕吐、腹泻 | 第一天发生恶心、呕吐、腹泻 |
| 第二周 | 潜伏期（无明显症状） | 潜伏期（无明显症状） | 潜伏期（无明显症状）脱毛、食欲减退、不安、喉炎、内出血、紫斑、皮下出血、苍白、腹泻、轻度衰弱。如无并发症，三个月后恢复 |
| 第三周 | 腹泻、内脏出血、紫斑、口腔或咽喉发炎、发热、急性衰弱、死亡（不经治疗时死亡率100%） | 脱毛、食欲减退、全身不适、内脏出血、紫斑、皮下出血、鼻血、苍白、口腔或咽喉炎、腹泻、衰弱、消瘦。更严重者死亡。（不经治疗时50%死亡率为450R） | |
| 第四周 | | | |

慢性放射病是多次照射、长期累积的结果。全身的慢性放射病，通常与血液病变相联系，如白血球减少、白血病等。局部的慢性放射病，例如：当手受到多次照射损伤时，指甲周围的皮肤呈红色，并且发亮，同时，指甲变脆、变形、手指皮肤光滑、失去指纹、手指无感觉，随后发生溃烂。

放射性照射对人体危害的最大特点之一是远期的影响。例如：因受放射性照射而诱发的骨骼肿瘤、白血病、肺癌、卵巢癌等恶性肿瘤，在人体内的潜伏期可达10～20年之久，因此把放射线称为致癌射线。此外，人体受到放射线照射还会出现不育症、遗传疾病、寿命缩短现象。

放射性对机体的损伤作用，在很大程度上是由于放射性射线在机体组织中所引起的电离作用，电离作用使组织内的重要组成成分（如蛋白质分子等）遭到破坏。在 α 射线、β 射线和 γ 射线三种常见的射线中，由于 α 射线的电离能力强，所以对人体的伤害最大，β 射线和 γ 射线对人体的伤害次之。

核辐射对人体的危害取决于受辐射的时间以及辐射量。表 3.9 列出遭受辐射的后果及不同场合所受的辐射量。

表 3.9　不同辐射量照射后的后果及不同场合所受的辐射量

| 辐射量/Sv | 不同辐射量照射后的后果及不同场合所受的辐射量 |
|---|---|
| 4.5～8.0 | 30d 内将进入垂死状态 |
| 2.0～4.5 | 掉头发，血液发生严重病变，一些人在2～6周内死亡 |
| 0.6～1.0 | 出现各种辐射疾病 |
| 0.1 | 患癌症的可能性为1/130 |
| $5 \times 10^{-2}$ | 每年的工作所遭受的核辐射量 |
| $7 \times 10^{-3}$ | 大脑扫描的核辐射量 |
| $6 \times 10^{-4}$ | 人体内的辐射量 |
| $1 \times 10^{-4}$ | 乘飞机时遭受的辐射量 |
| $8 \times 10^{-5}$ | 建筑材料每年所产生的辐射量 |
| $1 \times 10^{-5}$ | 腿部或者手臂进行 X 射线检查时的辐射量 |

# 第二节　放射性污染监测与防治标准

## 一、放射性监测

### 1. 监测内容

放射性监测是为放射性防护乃至环境保护提供科学依据的重要工作。放射性监测的范围和内容大致分为工作场所和环境中的辐射剂量监测。

（1）工作场所的监测　工作场所的放射性监测包括监测工作场所辐射场的分布和各种放

射性物质；监测操作、贮存、运输和使用过程中的放射性活度和辐射剂量；测定空气中放射性物质的浓度以及表面污染程度和工作人员的内、外照射剂量；测定"三废"处理装置和有关防护措施的效能；配合检修及事故处理的监测。

（2）环境监测　首先要监测该地区的天然本底辐射。根据情况测量 α、β、γ 等射线的天然本底数据，收集空气、水、土壤和动植物体中放射性物质含量的资料，并将空气中天然辐射所产生的 α、β 放射性气溶胶的浓度随气候等条件变化的涨落范围数据建立档案。

根据地理和气候等情况合理布置监测点，对核设施周围或居民区附近进行长期或定期或随机的、固定或机动的、有所侧重的监测。例如，对空气、水、土壤及动植物的总 α、总 β、总 γ 强度等进行监测。

**2. 监测方法**

（1）外照射监测

① 辐射场监测：可用各类环境辐射监测仪表测定工作场所的辐射剂量，以了解放射性工作场所辐射剂量的分布。使用的仪表事先必须经过国家计量部门认可的标准放射源标定。监测可以定点或随机抽样进行，有些项目（如 γ 辐射剂量）也可连续监测。

② 个人剂量监测：个人剂量监测是控制公众，尤其是放射性工作者受辐射照射量最重要的手段。长期从事放射性工作的人员必须佩带个人剂量笔或热释光剂量片，并建立个人辐射剂量档案。

（2）内照射监测　内照射剂量的监测通常是对排泄物中所含放射性物质进行测定。但由于放射性物质很难从人体内部器官被排出，所以测量精度很差。

（3）表面污染监测　表面污染监测主要是测定 α 和 β 射线在单位面积内的强度。操作放射性物质的工作人员的体表、衣服及工作场所的设备、墙壁、地面等的表面污染水平，可用表面污染监测仪（目前主要是半导体式表面活度监测仪）直接测量，或用"擦拭法"间接测量。所谓"擦拭法"是用微孔滤纸擦拭污染物表面，然后测定纸上的放射性活度，经过修正后推算出物体表面被放射性污染的程度。

（4）放射性气溶胶监测　一般采用抽气方法，取样口在人鼻的高度。将空气中的气溶胶吸附在高效过滤器上，然后将进行测量，最后计算出气溶胶浓度。

（5）放射性气体监测　放射性气体的监测方法主要是采样测量，即将放射性气体吸附在滤纸或某种材料上，然后根据所要测量的射线性质（如种类、能量等）选择不同的探测器进行测量，例如，X 或 γ 射线可用 X 或 γ 探测器测量；α 或 β 射线常用塑料闪烁计数器或半导体探测器以及谱仪系统进行测量。

（6）水的监测　放射性工作场所排出的废水包括一般工业废水和放射性废水，都要进行水中放射性物质含量的测量，以确定是否符合国家规定的排放标准。

根据放射性污染环境水的途径和监测目的，对环境水样的种类和取样点做出选择。一般按一定体积取 3 个平行样品加热蒸干，然后将样品放在低本底装置上进行测量，最后标出每升体积所含放射性活度（Bq/L）。在有条件的单位可对样品进行能谱分析，或用各种物理、化学或放化方法测定所含核素的种类及含量。如果水中含盐量太高，应先进行分离处理。

（7）土壤监测　土壤监测是为了了解放射性工作场所附近地区沉降物以及其他方式对土壤的放射性污染情况。首先在一定面积的土地上在取样，深度 0～5cm，用对角法或梅花印法取 4～5 个点的土壤混合。然后将样品称重、晾干后过筛，在炉中灰化，然后冷却，称重并搅拌均匀，放于样品盒中。最后根据所要测量的射线种类不同选用不同的低本底测量装置测量。

（8）植物和动物样品的放射性监测　制样及测量方法与土壤样品基本相同。将新鲜动、植物样品称量、晾干，在炉中灰化，然后冷却、称量、研磨并混合均匀，取适量部分放于样品盒中并用低本底测量装置进行测量。

## 二、放射性评价

### 1. 评价方法

环境质量评价按时间顺序分为回顾性评价、现状评价和预测评价。

环境质量的评价是环境保护工作一项重要的内容，同时也是环境管理工作的重要手段。只有对环境质量做出科学的评价，指出环境的发展趋势及存在的问题，才能制定有效的环境保护规划和措施。因此辐射环境质量评价在环境保护工作中具有非常重要的地位。

评价辐射环境的指标归纳如下。

（1）关键居民组所接受的平均有效剂量当量　在广大群体中选择出具有某些特征的组，这一特征使得他们从某一给定的实践中受到的照射剂量高于群体中其他成员。所以，一般以关键居民组的平均有效剂量当量进行辐射环境评价，因为用关键组成员接受的照射剂量作为辐射实践对公众辐射影响的上限值，安全可靠程度较高。

（2）集体剂量当量　是描述某个给定的辐射实践施加给整个群体的剂量当量总和，用于评价群体可能因辐射产生的附加危害，并评价防护水平是否达到最优化。

（3）剂量当量负担和集体剂量当量负担　剂量当量负担和集体剂量当量负担用于评价放射性环境污染在将来对人群可能产生的危害。这两个量是把整个受照群体所接受的平均剂量当量率或群体的集体剂量当量率对全部时间进行积分求得的。两种平均剂量当量都是在规定的时间内（一般在一年内）进行某一实践造成的。假定一切有关的因素都保持恒定不变，那么年平均剂量当量和集体剂量当量分别等于一年实践所给出的剂量当量负担和集体剂量当量负担的平衡值。需要保持恒定的条件包括进行实践的速率，环境条件，受照射群体中的人数以及人们接触环境的方式。在某些情况下，不可能使这一实践保持足够长时间恒定不变，即年剂量当量率达不到平衡值。采用时剂量当量率积分就可求出负担量。

（4）每基本单元所产生的集体剂量当量　以核动力电站为例，通常以每兆瓦年（电）所产生的集体剂量当量来比较和衡量获得一定经济利益所产生的危害。

### 2. 辐射环境质量评价的整体模式

评价放射性核素排放到环境后对环境质量的影响，其主要内容就是估算关键居民组中个人平均接受的有效剂量当量和剂量当量负担，并与相应的剂量限值做比较。这就需要把放射性核素进入环境后使人受到照射的各种途径用一些由合理假定构成的模式近似地表征出来。整个模式要求能表征出待排入环境放射性核素的物理化学性质、状态、载带介质、输运和弥散能力、照射途径及食物链的特征以及人对放射性核素摄入和代谢等方面的资料。通过模式进行计算要得到剂量当量值（或集体剂量当量）和由模式参数的不确定性造成预示剂量的离散程度两个结果。

为满足以上要求，整体模式应包括三部分。①载带介质对放射性核素的输运和弥散。可根据排放资料计算载带介质的放射性比活度和外照射水平。②生物链的转移，可由载带介质中的比活度推算出进入人体的摄入量。③人体代谢模式，可根据摄入量计算出各器官或组织受到的剂量。

确定评价整体模式的全过程由下述五个步骤组成。

（1）确定制定模式的目的　要达到这个目的必须考虑三种途径：①污染空气和土壤使人直接受到外照剂量；②吸入污染空气受到的内照剂量；③食入污染的粮食和动植物使人接受的内照剂量。

（2）绘制方框图　把放射性核素在环境中转移的动态过程中涉及的环境体系及生态体系简化成均匀的、分立的单元，然后把这些动力学库室用有标记的方框来表示，方框和方框间的箭头表示位移方向和途径。

（3）鉴别和确定位移参数　这些参数（包括转移参数和消费参数）要根据野外调查及实验资料来确定。

（4）预示体系的响应　预示体系的响应有两种方法，即浓集因子法和系统分析方法。

① 浓集因子法：该法适用于缓慢连续排放的情况。它假定从核设施向环境排放的比活度与原来环境中的放射性比活度之间存在着平衡关系，于是，各库室间的比活度和时间无关，相邻库室间放射性活度之比为常数，称为浓集因子。根据各库室的比活度、公众暴露于该核素和介质的时间、对该核素的摄入率，估算出公众对该核素的年摄入量和年剂量当量。

② 系统分析方法：系统分析方法是用一组相连的库室模拟放射性核素在特定环境中的动力学行为。

（5）模式和参数的检验　可采用参数的灵敏度分析和模式的坚稳度分析两种方法。

① 参数的灵敏度分析：在确定模式的每一步中都应当对参数的灵敏度进行分析。由于把灵敏度分析技术用于最初选定的那些途径的初步数据，所以可以推论出各种照射途径的相对重要性。而后可以从理论上确定真实系统中哪些途径需要优先进行实验研究。

② 模式的坚稳度分析：坚稳度分析是定量地说明模式的所有参数不确定度联合造成总的结果的离散程度。分析结果的定量表示采用坚稳度指数 $R_{\sigma,n}$，$R_{\sigma,n}$ 由 0 变化到 1，而 $1/R_{\sigma,n}$，表示了预示剂量的离散范围。

上述只是原则上简单地介绍了辐射环境评价方法的指导思想。实际工作是相当复杂的，工作量非常大。

## 三、放射性污染控制标准

### 1. 辐射防护的基本原则

辐射防护的目的是防止有害的非随机效应发生，并限制随机效应的发生率，使之合理地达到尽可能低的水平。目前国际上公认的一次性全身辐射对人体产生的生物效应见表3.10。

表 3.10　辐射对人体产生的生物效应

| 剂量当量率 /(Sv/次) | 生 物 效 应 | 剂量当量率 /(Sv/次) | 生 物 效 应 |
|---|---|---|---|
| <0.1 | 无影响 | 1～2 | 有损伤，可能感到全身无力 |
| 0.1～0.25 | 未观察到临床效应 | 2～4 | 有损伤，全身无力，体弱的人可能因此死亡 |
| 0.25～0.5 | 可引起血液变化，但无严重伤害 | 4.5 | 50%受照射者30d内死亡，其余50%能恢复，但永久性损伤 |
| 0.5～1 | 血液发生变化且有一定损伤，但无倦怠感 | >6 | 可能因此死亡 |

国际放射防护委员会（ICRP）在总结了大量的科研成果和防护工作经验后提出了辐射防护的基本原则，即前述的剂量限制体系。

### 2. 辐射的防护标准

辐射防护标准制定有一段比较漫长深刻的教训过程。

在核技术应用的初期，由于人们对放射性危害的知识较少，在使用中不应该照射的和过量照射的情况经常发生。直到人们认识到 X 射线使用不当会对人体产生危害，才使得一些国家开始制定有关辐射防护的法规。

第二次世界大战之后，由于十几万人在日本广岛、长崎原子弹的袭击中遇难，辐射的巨大破坏力，使人惊骇。加之核工业及和平利用原子能的迅速发展，电磁辐射的潜在危害受到世界各国的普遍重视。20世纪50年代，许多国家就颁布了原子能法，随之还制定了各种各样的辐射防护、法规标准。正是由于有了现代先进技术的保证和完善的辐射防护法规标准的制定、执行，才能够使辐射性事故的发生率降至极低。

我国的核能事业和放射性应用工作起步较晚，差不多与核能和放射性应用工作发展同步，适时地制定了相应的辐射性防护法规、标准。

1960年2月，我国第一个放射卫生法规《放射性工作卫生防护暂行规定》发布。依据这个法规同时发布了《电离辐射的最大容许标准》、《放射性同位素工作的卫生防护细则》和《放射工作人员的健康检查须知》三个执行细则。

1964年1月，发布了《放射性同位素工作卫生防护管理办法》，明确规定了卫生公安劳动部门和国家科委根据《放射性工作卫生防护暂行规定》，有责任对《放射性同位素工作卫生防护管理办法》执行情况进行检查和监督，在这个《防护管理办法》中规定了放射性同位素实验室基建工程的预防监督、放射性同位素工作的申请及许可和登记、放射工作单位的卫生防护组织和计量监督、放射性事故的处理等办法。

1974年5月，颁布了《放射防护规定》（GBJ 8—74）。《放射防护规定》集管理法规和标准为一体，其中包括7章共48条和5个附录。在《规定》中，有关人体器官分类和剂量当量限值主要采用了当时国际放射防护委员会的建议，但对眼晶体采取了较为严格的限制。

1984年9月5日颁发了《核电站基本建设环境保护管理办法》，办法中规定建设单位及其主管部门必须负责做好核电站基本建设过程中的环境保护工作，认真执行防治污染和生态破坏的设施与主体工程同时设计、同时施工、同时投产的规定，严格遵守国家和地方环境保护法规、标准，将电离辐射的防护工作从建设开始做起。

1988年3月11日国家环境保护局批准《辐射防护规定》（GB 8703—88）。《辐射防护规定》（GB 8703—88）分总则、剂量限制体系、辐射照射的控制措施、放射性废物管理、放射性物质安全运输、选址要求、辐射监测、辐射事故管理、辐射防护评价、辐射工作人员的健康管理及名词术语的定义和解释11节，还有A～K 11个附录，共20余万字，规定了有关剂量的当量限值，见表3.11。

表 3.11　个人年剂量当量限值①

| 人员 | 有效剂量当量 /(mSv/年) | 眼球 /(mSv/年) | 其他单个器官或组织 /(mSv/年) | 一次 /mSv | 一生 /mSv | 孕妇 /(mSv/年) | 16～18岁青年 /(mSv/年) |
|---|---|---|---|---|---|---|---|
| 职业人员 | 50 | 150 | 500 | 100 | 250 | 15 | 15② |
| 公众人员 | 1③ | 50 | 50 | — | — | — | — |

① 表内所列数值均指内、外照射的总剂量当量，但不包括天然本底照射和医疗照射。

② 16岁以下人员按公众成员处理。

③ 如果按终生剂量平均的年有效剂量当量不超过1mSv，则有些年份允许以每年5mSv作为剂量限值；ICRP规定为5mSv/年。

上述的环境限值仅仅是一个约束条件，不能认为达到了上述限值就是合法的。

在GB 8703—88中指出，公众成员的年有效剂量当量不超过1mSv，如果按终生剂量平均的年有效剂量当量不超过1mSv，则在某些年份里允许以每年5mSv作为剂量阻值。这是对随机效应的限值。对非随机效应，公众成员的皮肤和眼晶体的年剂量当量的限值是50mSv。在内照射控制的情况下，其内照射的次级限值取年摄入量限值（ALI）的1/50；如果按终生平均不超过ALI值的1/50，则在某些年份允许取ALI的1/10。当关键组包括婴儿和儿童时，原则上应根据器官大小和代谢方面与成年人的差异估计应取的ALI值的份额，在缺乏有关资料时可取ALI值的1%。

1989年10月24日起，施行《放射性同位素与射线装置放射防护条例》。包括总则、许可登记、放射防护管理、放射事故管理、放射防护监督、处罚和附则 7 章内容。

近些年来我国对辐射防护标准进行了修订并符合了一些新的符合我国国情的标准，我国强制性执行的关于辐射防护国家标准及规定主要如下。

《辐射防护规定》（GB 8703—88）；

《低中水平放射性固体废物的浅层处置规定》（GB 9132—88）；

《轻水堆核电厂放射性固体废物处理系统技术规定》（GB 9134—88）；

《轻水堆核电厂放射性废液处理系统技术规定》（GB 9135—88）；

《轻水堆核电厂放射性废气处理系统技术规定》（GB 9136—88）；

《铀、钍矿冶放射性废物安全管理技术规定》（GB 14585—1993）；

《铀矿设施退役环境管理技术规定》（GB 14586—1993）；

《轻水堆核电厂放射性废水排放系统技术规定》（GB 14587—1993）：

《反应堆退役环境管理技术规定》（GB 14588—1993）；

《核电厂低、中水平放射性固体废物暂时贮存技术规定》（GB 14589—1993）；

《核辐射环境质量评价一般规定》（GB 11215—89）；

《核设施流出物和环境放射性监测质量保证计划的一般要求》（GB 11216—89）；

《核设施流出物监测的一般规定》（GB 11217—89）；

《核电厂环境辐射防护规定》（GB 6249—86）。

# 第三节　放射性废物的处理与处置

## 一、放射性废物特点与分类

### 1. 放射性废物的特征

① 放射性废物中含有的放射性物质，一般采用物理、化学和生物方法不能使其含量减少，只能利用自然衰变的方法，使它们消失掉。因此，放射性三废的处理方法是：稀释分散、减容贮存和回收利用。

② 放射性废物中的放射性物质不但会对人体产生内外照射的危害，同时放射性的热效应使废物温度升高。所以处理放射性废物必须采取复杂的屏蔽和封闭措施并应采取远距离操作及通风冷却措施。

③ 某些放射性核素的毒性比非放射性核素大许多倍，因此放射性废物处理比非放射性废物处理要严格困难得多。

④ 废物中放射性核素含量非常小，一般都处在高度稀释状态，因此要采取极其复杂的处理手段进行多次处理才能达到要求。

⑤ 放射性和非放射性有害废物同时兼容，所以在处理放射性废物的同时必须兼顾非放射性废物的处理。

对于具体的放射性废物，则要涉及净化系数、减容比等指标。

### 2. 放射性废物的分类

根据我国辐射防护规定（GB 8703—88），把放射性核素含量超过国家规定限值的固体、液体和气体废弃物，统称为放射性废物。从处理和处置的角度，按比活度和半衰期将放射性废物分为高放长寿命、中放长寿命、低放长寿命、中放短寿命和低放短寿命五类。寿命长短的区分按半衰期 30 年为限。我国的分类系统与它们要求的屏蔽措施及处置方法以及这些废物的来源列于表 3.12。表 3.13 列出了国际原子能机构（IAEA）推荐的分类标准。

表 3.12　我国推荐的分类标准

| 按物理状态分类 | 分级类别 | 特 征 | |
|---|---|---|---|
| 废气 | 高放 | 工艺废气 | 需要分离、衰变贮存、过滤等法综合处理 |
| | 低放 | 放射性厂房或放化实验室排风 | 需要过滤和(或)稀释处理 |
| 废液 | 高放 | $\beta,\gamma>3.7\times10^5$ Bq/L | 需要厚屏蔽、冷却、特殊处理 |
| | | $\alpha$ 高于或低于超铀废物标准 | |
| | 中放 | $\beta,\gamma 3.7\times10^3\sim3.7\times10^5$ Bq/L | 需要适当屏蔽和处理 |
| | | $\alpha$ 低于超铀废物标准 | |
| | 低放 | $\beta,\gamma 3.7\sim3.7\times10^3$ Bq/L | 不需要屏蔽或只需要简单屏蔽,处理较简单 |
| | | $\alpha$ 低于超铀废物标准 | |
| | 一般超铀废液 | $\beta,\gamma$ 中/低,$\alpha$ 超标 | 不需要屏蔽或只需要简单屏蔽,要特殊处理 |
| 固体废物 | 高放 | 显著 $\alpha$ | 深地层处置 |
| | 长寿命 | 高毒性、高发热量 | 例如高放固化体、乏燃料元件、超铀废物等 |
| | 中放 | 显著 $\alpha$ | 深地层处置(也可能矿坑岩穴处置) |
| | 长寿命 | 中等毒性、低发热量 | 例如包壳废物、超铀废物等 |
| | 低放 | 显著 $\alpha$ | 深地层处置(也可能矿坑岩穴处置) |
| | 长寿命 | 中/低毒性、微发热量 | 例如超铀废物等 |
| | 中放 | 微量 $\alpha$ | 浅地层埋藏、矿坑、岩穴处置 |
| | 短寿命 | 中等毒性、低发热量 | 例如核电站废物等 |
| | 低放 | 微量 $\alpha$ | 浅地层埋藏、矿坑岩穴处置、海洋投弃 |
| | 短寿命 | 低毒性、微发热量 | 例如城市放射性废物等 |

注：1. 超铀废物的定义同美国 1982 年新规定,即原子序数$>92$,半衰期$>20$年,比活度$>3700$Bq/g 废物。
2. 固体废物长寿命,短寿命的限值为 30 年。

表 3.13　国际原子能机构（IAEA）推荐的分类标准

| 废物种类 | 类别 | 放射性浓度[①] | 说 明 | |
|---|---|---|---|---|
| 液体浓度 | 1 | $\leqslant10^{-9}$ | 一般可不处理,可直接排入环境 | |
| | 2 | $10^{-9}\sim10^{-6}$ | 处理设备不用屏蔽 | 用一般的蒸发、离子交换或化学方法处理 |
| | 3 | $10^{-6}\sim10^{-4}$ | 部分处理设备需加屏蔽 | |
| | 4 | $10^{-4}\sim10$ | 处理设备必须屏蔽 | |
| | 5 | $>10$ | 必须在冷却下贮存 | |
| 气体废物 | | Ci/m³ | | |
| | 1 | $\leqslant10^{-10}$ | 一般可不处理 | |
| | 2 | $10^{-10}\sim10^{-6}$ | 一般要用过滤方法处理 | |
| | 3 | $>10^{-6}$ | 一般要用综合方法处理 | |
| 固体废物 | | 表面照射量率/R·h[②] | | |
| | 1 | $\leqslant0.2$ | 不必采用特殊防护 | 主要为 $\beta,\gamma$ 发射体,$\alpha$ 放射性可忽略不计 |
| | 2 | $0.2\sim2$ | 需薄层混凝土或铝屏蔽防护 | |
| | 3 | $>2$ | 需特殊的防护装置 | |
| | 4 | $\alpha$ 放射性固体废物,以 Ci/m³ 为单位 | 主要为 $\alpha$ 发射体,要防止超临界问题 | |

① 1 Ci$=3.7\times10^{10}$ Bq。

② 1 R$=2.58\times10^{-4}$ C/kg。

## 二、气载和液体低中放废物的处理

低放废物是放射性废物中体积最大的一类,占总体积的 95%,其活度仅占总活度的 0.05%。适用于低放废物的处置方式有:浅地层处置、岩洞处置、深地层处置等。浅地层通常指地表面以下几十米处,我国规定为 50m 以内的地层。浅地层可用在没有回取意图的情况下处置低中水平的短寿命放射性废物,但其中长寿命核素的数量必须严格控制,使得经过一定时期（例如：几百年到一千年）之后，场地可以向公众开放。

国际原子能机构（IAEA）制定了一些安全准则，即放射性废物管理原则。主要的管理原则如下：①为了保护人类健康，对废物的管理应保证放射性低于可接受的水平；②为了保护环境，对废物的管理应保证放射性低于可接受的水平；③对废物的管理要考虑到境外居民的健康和环境；④对后代健康预计到的影响不应大于现在可接受的水平；⑤不应将不合理的负担加给后代；⑥国家制定适当的法律，使各有关部门和单位分担责任和提供管理职能；⑦控制放射性废物的产生量；⑧产生和管理放射性废物的所有阶段中的相互依存关系应得到适当的考虑；⑨管理放射性废物的设施在使用寿命期中的安全要有保证。

**1. 气载低中放废物的处理**

放射性污染物在废气中存在的形态包括放射性气体、放射性气溶胶和放射性粉尘。对挥发性放射性气体可以用吸附或者稀释的方法进行治理。对于放射性气溶胶通常可用除尘技术进行净化，通常放射性污染物用高效过滤器过滤吸附等方法处理净化后经高烟囱排放，如果放射性活度在允许限值范围，可直接由烟囱排放。

（1）放射性粉尘的处理　对于产生放射性粉尘工作场所排出的气体，可用干式或湿式除尘器捕集粉尘。常用的干式除尘器有旋风分离器、布袋式过滤除尘器和静电除尘器等。湿式除尘器有喷雾塔、冲击式水浴除尘器、泡沫除尘器和喷射式洗涤器等。例如生产浓缩铀的气体扩散工厂产生的放射性气体在经高烟囱排入大气前，先使废气经过旋风分离器、玻璃丝过滤器除掉含铀粉尘，然后排入高烟囱。

（2）放射性气溶胶的处理　放射性气溶胶的处理采用各种高效过滤器捕集气溶胶粒子。为了提高捕集效率，过滤器的填充材料多采用各种高效滤材，如玻璃纤维、石棉、聚氯乙烯纤维、陶瓷纤维和高效滤布等。

（3）放射性气体的处理　由于放射性气的来源和性质不同，处理方法也不相同。常用的方法是吸附，即选用对某种放射性气体有吸附能力的材料做成吸附塔。经过吸附处理的气体再排入烟囱。吸附材料吸附饱和后需再生后才可继续用于放射性气体的处理。

（4）高烟囱排放　高烟囱排放是借助大气稀释作用处理放射性气体常用的方法，用于处理放射性气体浓度低的场合。烟囱的高度对废气的扩散有很大影响，必须根据实际情况（排放方式、排放量、地形及气象条件）来设计，并选择有利的气象条件排放。

**2. 低中放废液的处理**

对中低放射性水平的废液处理首先应该考虑采取以下三种措施：即尽可能多地截留水中的放射性物质，使大体积水得到净化；把放射性废液浓缩，尽量减小需要贮存的体积及控制放射性废液的体积；把放射性废液转变成不会弥散的状态或固化块。

目前应用于实践的中低放射性废液处理方法很多，常用化学沉淀、离子交换、吸附、蒸发的方法进行处理。

（1）化学沉淀法　化学沉淀法是向废水中投放一定量的化学凝聚体剂，如硫酸锰，硫酸钾铝、铝酸钠、硫酸铁、氯化铁、碳酸钠等。助凝剂有活性二氧化硅、黏土、方解石和聚合电解质等，使废水中胶体物质失去稳定而凝聚成细小的可沉淀的颗粒，并能与水中原有的悬浮物结合为疏松绒粒。该绒粒对水中放射性核素具有很强的吸附能力，从而净化了水中的放射性物质，包括胶体和悬浮物。

化学沉淀法的特点是：方法简便，对设备要求不高，在去除放射性物质的同时，还去除悬浮物、胶体、常量盐、有机物和微生物等。一般与其他方法联用时作为预处理方法。它去除放射性的效率为50%～70%。

（2）离子交换法　离子交换树脂有阳离子、阴离子和两性交换树脂。离子交换法处理放射性废液的原理是，当废液通过离子交换树脂时，放射性离子交换到树脂上，使废液得到净化。

离子交换法已广泛应用在核工业生产工艺及废水处理工艺。一些放射性实验室的废水处理也采用了这种方法，使废水得到了净化，值得注意的是待处理废液中的放射性核素必须呈离子状态，而且是可以交换的。呈胶体状态是不能交换的。

（3）吸附法　吸附法是用多孔性的固体吸附剂处理放射性废液，使其中所含的一种或数种核素吸附在它的表面上，从而达到去除有害元素的目的。

吸附剂有三大类：天然无机材料，如蒙脱石和天然沸石等；人工无机材料，如金属的水合氢氧化物和氧化物，多价金属难溶盐基吸附剂、杂多酸盐基吸附剂、硅酸、合成沸石和一些金属粉末；天然有机吸附剂，如磺化煤及活性炭等。

吸附剂不但可以吸附分子，还可以吸附离子。吸附作用主要是基于固体表面的吸附能力，被吸附的物质以不同的方式固着在固体表面。例如，活性炭就是较好的吸附剂。吸附剂应具备很大的内表面，其次是对不同的核素有不同的选择性。

适用于中、低放射性废水处理的技术还有膜分离技术、蒸发浓缩技术等方法，根据具体情况要求选择使用。

## 三、高放废液的处理

高放废物在处置前要贮存一段时间，以便使废物产生的热降到易于控制的水平。高放废液的主要来源是乏燃料后处理过程中产生的酸性废液，多为硝酸酸性溶液。大都含核裂变生成物和锕系元素等半衰期长、毒性大的放射性核素，需经历很长时间才能衰变至无害水平。其生成量大约一吨铀相当于 $500\sim1000L$ 废液。当从原子能反应堆取出后 $5\sim6$ 年时，每一升大约相当于 $1.4W$ 或者生成约 $400Ci$。在高能放射性废液中，所含的核素是放射性能量比较高的核素，如 $^{137}Cs$、$^{99}Sr$、$^{80}Y$、$^{147}Pm$、$^{144}Ce$、$^{144}Pr$。所谓"产热"、"高能放射性"、"含多元素"、"含长寿命核素"都是高能放射性废液的特征。

由于核工业废物中的放射性有 $99\%$ 都集中于高放废液中，因此高放废液处理问题一直是放射性废物管理部门和专家们极为关切的问题。近些年来随着核能事业的发展，高放废液的数量也随之增多，这更加引起世人的关注。如何处理高放废物，已经不只是一个技术问题，而且也是一个社会问题。

反应堆乏燃料元件经后处理工艺处理，虽回收了其中 $99\%$ 以上的铀和钚，但产生的高放废液仍然含有毒性大、寿命极长的锕系元素和 $T_{1/2}>10^6$ 年的裂变产物 $^{99}Tc$ 和 $^{129}I$ 等，它们对人类和环境构成潜在危害。因此，对它们的妥善处理与处置是关系到核能事业持续发展的关键。

目前对高放废液处理的技术方案有四种。①把现存的和将来产生的全部高放废液全都利用玻璃、水泥、陶瓷或沥青固化起来，进行最终处置而不考虑综合利用。②从高放废液中分离出在国民经济中很有用的锕系元素，然后将高放废液固化起来进行处置。提取的锕系元素有 $^{241}Am$、$^{287}Np$、$^{238}Pu$ 等。③从高放废液中提取有用的核素，如 $^{90}Sr$、$^{137}Cs$、$^{155}Eu$、$^{147}Pm$，其他废液作固化处理。④把所有的放射性核素全部提取出来。

对高放废液目前各国都处在研究实验阶段。人们公认的处理高放废液的较为成熟的方法是将高放废液转化为硼硅酸盐玻璃固化体。这种工艺已经历过实验室的开发研究中试而进入工业实用阶段，是按照原子能委员会的基本方针，从 1975 年正式开始进行研究的。结果已进展到验证设施开始建设的阶段。

1978 年 10 月，法国在马摩尔已建成一个工业规模的玻璃化工厂，建厂以来的运行经验表明，这套工艺是可行的。目前法国还在计划建造改进型玻璃化工厂，并为英国等国设计工业规模的类似于法国的玻璃固化工厂。法国还参与了美国、加拿大等国的工业规模的玻璃化工厂的论证设计工作。

## 四、低中放废物固化技术

对中低放射性废液处理后的浓集废液及残渣，可以用水泥、玻璃、陶瓷、沥青及塑料固化方法使其变成固化块。将这些固化块以浅地层埋藏为主，作为半永久或永久性的贮存。

### 1. 水泥固化

在放射性废物的固化处理方面，水泥固化技术开发最早，至今已有40多年的历史。水泥固化ILLW已是一种成熟的技术，已被很多国家的核电站、核工业部门和核研究中心广泛采用，在德国、法国、美国、日本、印度等都有大规模工程化应用。我国的秦山核电站、大亚湾核电站等都采用了水泥固化工艺来处理ILLW。用于放射性废物固化的水泥有碱矿渣水泥、高铝水泥、铝酸盐水泥、波特兰水泥等，可以根据放射性废物的种类和性质进行选择。

水泥固化的原理：水泥基固化是基于水泥的水化和水硬胶凝作用而对废物进行固化处理的一种方法。水泥作为一种无机胶结材料，经过水化反应后形成坚硬的水泥固化体，从而达到固化处理放射性废物的目的。目前采用水泥基固化的废物主要是轻水堆核电站的浓缩废液、废离子交换树脂和滤渣以及核燃料处理厂或其他核设施产生的各种放射性废物。

水泥固化放射性废物的工艺很多，主要有常规水泥固化处理工艺（流程见图3.4）、贮桶内混合、外部混合后装桶、水泥压裂、冷压水泥、热压水泥等方法。贮桶内混合法特别适合于处理废液。该工艺可分为两种：一种是将可升降的搅拌器下降到贮桶中搅拌，德国卡尔斯鲁厄核研究中心水泥固化车间采用此方法；另一种是在贮桶中加入水泥及起扰动作用的重物，泵入要处理的废液，然后加盖封严送到滚翻或震动台架上翻滚或震动，使废物和水泥混合。前者混合均匀，但要清洗搅拌器，容易污染；后者操作简单，但混合均匀程度较差。外部混合后装桶法是水泥和废物在混合器里混合好后再装入贮桶。水泥压裂法是一种处置放射性废液方法，它是利用石油开采技术，把由中低放废液、水泥和添加剂形成的灰浆注入到200～300m深不渗透的页岩层中，再把页岩层压出裂缝，使灰浆渗入到页岩层中去，并固结在其中，美国橡树岭国家研究所（ORNL）曾用此法处理了含有600000Ci以上放射性废物的灰浆。冷压水泥法是把焚烧灰和水泥的混合物压成小圆柱体，得到含水量低、废物包容量高达65％的固化体，美国蒙特实验室曾用此法来处理含超铀元素的焚烧灰。热压水泥法是在较高的温度（100～4000℃）和压力（170～7000MPa）下，获得高强度、高密度、低含水量、低孔隙率和透气性的固化体，但这种工艺的设备要求高，工艺复杂。

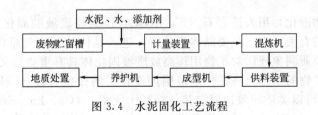

图3.4　水泥固化工艺流程

### 2. 玻璃固化

20世纪50年代，法国开始研究高放射性废物的玻璃固化技术，20世纪70年代率先进入工程化应用。玻璃固化处理ＨＬＷ的工程化应用已经有30多年的历史，是目前固化处理ＨＬＷ较成熟的技术，在法国、英国、比利时、美国、俄、日本等发达国家得到了工程化应用。我国对玻璃固化处理ＨＬＷ技术也进行了实验研究。

玻璃固化的原理：将无机物与放射性废物以一定的配料比混合后，在高温（900～

12000℃）下煅烧、熔融、浇注，经退火后转化为稳定的玻璃固化体。用于固化处理 H LW 的玻璃主要有两类：硼硅酸盐玻璃和磷酸盐玻璃，以硼硅酸盐用得最多。近年来，玻璃固化技术得到了很大发展，人们不仅用它来固化处理 HLW，而且还用它来处理 ILLW、超铀元素废物等。

玻璃固化 HLW 的技术已发展了四代熔制工艺。第一代熔制工艺为感应加热金属熔炉，一步法罐式工艺。罐式工艺是法国和美国早期开发研究的玻璃固化装置，如法国的 PIVER 装置。20 世纪 70 年代，中国原子能科学研究院开展了罐式法工艺的研究工作。罐式工艺熔炉寿命短，只能批量生产，处理能力低，已经逐渐被淘汰，现在只有印度在使用。第二代熔制工艺是回转炉煅烧＋感应加热金属熔炉两步法工艺，法国的 AVM 和 AVH 及英国的 AVW 都属于这种工艺。第三代熔制工艺是焦耳加热陶瓷熔炉工艺，它最早由美国太平洋西北实验室（PNNL）开发，原西德首先在比利时莫尔建成 PAM ELA 工业型熔炉，供比利时处理前欧化公司积存的高放废液。目前，美国、俄罗斯、日本、德国和我国都采用焦耳加热陶瓷熔炉工艺。第四代熔制工艺是冷坩埚感应熔炉工艺，法国已经在马库尔建成两座冷坩埚熔炉，将在拉阿格玻璃固化工厂热室中使用这种熔炉，意大利引进法国的玻璃固化技术也将采用该技术来固化萨罗吉业（Saluggia）研究中心积存的高放废液。法国和韩国正在合作开发冷坩埚熔炉处理核电厂废物，美国汉福特的废物玻璃固化也考虑选择该技术，俄罗斯已在莫斯科拉同（RADON）联合体和马雅克核基地建冷坩埚玻璃固化验证设施。此外，等离子体熔炉和电弧熔炉等还在开发中。

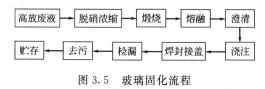

图 3.5　玻璃固化流程

HLW 玻璃固化工艺过程包括：高放废液的脱硝（加入甲醛或甲酸破坏硝酸根）、浓缩、煅烧，再加入玻璃形成剂，熔融、澄清、浇注等。常用的工艺流程见图 3.5。

玻璃固化的优点：①可以同时固化高放废物的全部组分，荷载量在 10％～30％（ w t）；②高放废物的玻璃固化技术比较成熟。其缺点：①玻璃属于介稳相，在数百摄氏度的高温和潮湿条件下，玻璃相会溶蚀、析晶，浸出率迅速上升，这要求对处置库作降温和去湿处理，以保证固化体的安全，但处置成本无疑大大增加；②一些偶然因素造成玻璃固化体碎裂或粉碎后，浸出率会大幅度提高；③处理的过程中会产生大量有害气体。

**3. 陶瓷固化**

陶瓷法（即矿物固化）用人造岩石（SYNROC）作为核废液的固化材料。矿物用结构来固定高放废液中的有关元素，只要晶体不分解，进入晶体的元素就难以脱离结构的束缚，浸出率自然就低。类质同象规律对矿物用作高放废液固化体具有重要意义：在保持原结构形式不变的前提下，矿物的组分允许在一定范围内变化。例如独居石（$CePO_4$，钍石型结构）除了固定 Ce 外，还可以类质同象地固定其他轻稀土元素：（Ce、La、Eu、Gd………）$PO_4$ 和 U：$(CaO_{0.5}UO_{0.5})(PO_4)$，其结构形式不变，物质具有的各种性质也没有根本变化。正是晶体结构的这一特殊性决定了一种矿物只能固定一部分高放废液组分。例如锆石（$ZrSiO_4$）只能荷载摩尔百分比为 8～35 的 U：$(Zr_{0.9}U_{0.1}～Zr_{0.7}U_{0.3})SiO_4$；而含 10 摩尔百分比的 Pu 和 100 摩尔百分比的 Pu 的晶体（$Zr_{0.9}Pu_{0.1}$）$SiO_4$ 和 $PuSiO_4$ 已合成成功。磷钇矿（$YPO_4$ 与锆石同结构）可固定重稀土元素。磷灰石结构矿物$[Ca_5(PO_4)_3(OH、F、O)]$的组分中存在广泛的类质同象，如 Ca＝ U 、Th 、Ce、La、Eu、Gd 、Sr 和 P＝ Si；因此，磷灰石结构拥有很大荷载高放废液组分的能力。钡长石和钙钛矿能有效地固定 Sr，艳榴石可以富集 Cs 等。能吸纳高放废液中有关组分的矿物还有榍石、黑稀金矿、烧绿石等。显然，一种矿物只能固定有限几种元素是矿物固化体的一个主要缺点，但若将几种矿物集合起来就可以达到固定高放废液全部组分的目的。因此，矿物固化体中共生晶相的种类及其共生条件对固化体的性质有决定性影响，而这方面的研究还很不够。基于前述认识，出现了许多结晶质的高放废液固化，但除榍石陶瓷外，这些固化体都因安全性没有得到充分证明或因其他因素没能用于实际。

考察已知的固化体矿物可以发现它们有共同特点：①化学组分复杂（类质同象广泛）；②晶体结构对称性低（抗辐射损伤）；③结构紧密；④化学键性复杂；⑤结晶能力强。它们可简单分成氧化物类矿物、磷酸盐类矿物和硅酸盐类矿物 3 类。从矿物的化学组成看，其高放废物的掺入量较玻璃固化体高得多。高放废液中的各种组分在结晶固化过程中，通常以阳离子组分形式出现。但陶瓷固化因其技术要求高、工艺复杂，目前利用该方法进行固化有一定的困难。

# 第四节　土壤中放射性污染的防治

## 一、放射性物质在土壤中的迁移

大气中放射性尘埃的沉降，放射性废水的排放和放射性固体废物的地下埋藏，都会使土壤遭到污染。土壤中的放射性核素被植物吸收，再经食物链转移到人体。土壤中的放射性核素也会转移到水环境中去，然后被人畜饮用而使内照射剂量增加。土壤中放射性水平增高会使外照射剂量提高。因此土壤的污染给人类带来了多方面的危害。

放射性物质在土壤中以 3 种状态存在。①固定型：比较牢固地吸附在黏土矿物质表面或包藏在晶格内层，既不能被植物根部吸收，又不能在土壤中迁移。②离子代换型：以离子形态被吸附在带有阴性电荷的土壤胶体表面上。在一定条件下，可被其他阳离子取代解吸下来。③溶解型：以游离状态溶解在土壤溶液里，它最活泼也容易被植物吸收，在雨水的冲淋下或被农田灌溉水冲刷下渗入土壤下层，或向水平方向扩散。

扩散沉降并贮留在土壤中的放射性污染物绝大部分集中在 6cm 深的表土层内，它们的扩散迁移范围取决于在土壤中存在的状态、土壤的物理化学性质、土壤表面的植被种类、农业耕作的措施、土壤生物特性及气象因素。

放射性核素在不同植被层覆盖的土壤解剖中分布有很大不同。

农业耕作措施可以改变放射性物质在土壤中的分布。降雨量的多少和降雨强度的大小影响到放射性核素从土壤中的流失和转移。土壤中的生物能够分解有机物，改变土壤的机械结构功能，对其中放射性物质的动态有一定的影响。

关于土壤中放射性物质水平迁移目前研究得较少。据报道，当有适当的离子交换和地下水渗入的土壤里时，$^{90}Sr$ 以每天 1.1～1.3cm 的速度向水平方向移动，估计一年中水平迁移的距离不超过 5m。

## 二、土壤放射性污染的环境生态效应

土壤放射性污染危及农业生态系统的稳定。土壤环境中最危险的放射性物质是 $^{137}Cs$ 和 $^{90}Sr$，其化学性质与生命必需元素 Ca 和 K 相似，进入其他生物和人体后，在一定部位积累，增加放射辐射，引起三致（致畸、致癌、致突变）变化。大剂量瞬间引起的急性放射性辐射伤害，可使生物或人在短时间内死亡。长期低剂量辐射的生态效应包括：引起物种异常变异，从而对生态系统演替产生影响，使农产品放射性核素比活度上升，危及食品安全和人体健康；影响土壤微生物的生存与种群结构，继而影响到土壤肥效和土壤对有毒物质的分解净化能力；土壤中放射性核素也会参与水、气循环，进一步污染水体和大气。

土壤中放射性核素会引起土壤生物种群区系成分的改变、生物群落结构的变化。土壤环境中同一群落的生物种群经演化形成相互影响的复杂关系，包括竞争、互食和共栖等。不同物种在辐射敏感性和累积放射性程度方面存在差异，任一种群对环境辐射胁迫的反应，取决于自身对辐照的直接应激反应，也受其他种群对辐射反应的间接影响。实验表明，急性辐射胁迫常常导致环境中的敏感植物受伤。如松树是对辐射最为敏感的物种之一，在 200h 内接受≥300R（≥3Gy）剂量的 γ 射线辐射后，所有湿地松（P. palustris）样本在其后的几个月内相继死亡；接受≥800R（≥8Gy）剂量、树龄小于 5 年的长叶松（P. palustris）样本也全部死亡；较大树龄的长叶松在 200h 内接受照射剂量＞2800R（＞28Gy）后，几个月内也全部死亡。即便将急性照射剂量转换成慢性照射的剂量率范围，刚松（P. rigida）仍有较高辐射敏感性；实验中也发现，阔叶树（橡树 Quercus alba 和红栎 Q-coccinea）、灌木（Vaccinium vacillans）和草本植物（Carex pensylvanica）依次表现出较强的辐射抗性。栽培植物对慢性辐射的敏感性与其野生的亲源种相似。

Woodwell 及其小组研究了[137]Cs 射线对布鲁克黑文地区 1 个栎-松混交林群落的生态效应，证明放射性辐照能够影响植物群落的结构及群落成员生活型构成。用不同剂量[137]Cs 射线照射栎-松混交林 20h/d，使森林群落分化成 5 个结构与生活型不同的区域：照射量＞10000R/d 时，群落完全毁灭，寸草不生；在 2000～200R/d 的地方只有苔藓和地衣存活，而不见其他高等植物存在；在 150～40R/d 处分布着灌木乌饭树（Vaccinium bracteatum Thunb）；在 40～16R/d 区域生长着栎树（Oaks）；辐照剂量＜16R/d 的地区为栎-松混交乔木。由于在生物群落中动植物在景观上存在高度的一致性，所以群落中植物组成和结构的改变，必然导致动物种群的变化。橡树-松树混交林在 γ 射线辐射时，落叶量（Litter production）和地被层产量发生明显变化。落叶层分解物质减少又导致氮、碳匮乏，物流与能流减弱，继而造成土壤无脊椎动物乃至微生物种群数量的波动，尽管此波动是对辐射做出的间接响应。

哺乳类中关于种群的大多数工作涉及对辐射致死性的研究，认为生殖力是种群慢性辐射损伤最敏感的指征。哺乳动物对 γ 射线的敏感性比昆虫高，昆虫对辐射的敏感性一般大大小于脊椎动物。Staffeldt 综合了许多小型哺乳动物物种的大量资料，认为其 $LD_{50/30}$（30d 内引起 50％死亡的辐射剂量）约为 500～1100rad（即 5～11Gy）内。经观察对个体照射剂量≥200rad（≈2Gy）时，会导致其急性死亡。多数结果表明，出生率是比死亡率更具放射敏感性的密度参数。Krivolusky 评价[90]Sr、[137]Cs、[106]Ru、[95]Zn 等放射性核素在不同间隔期对几种土壤无脊椎动物种群的影响，研究发现，显著引起动物数量减少的剂量率一般都十分高（2～4000R/d 或 0.5～103Gy/d），观察到的最敏感生物是正蚓科（Lumbricidae）的普通蚯蚓。

土壤被放射性物质污染后，射线对机体既可造成外辐射损伤，一部分放射性核素也可经过呼吸道、消化道、皮肤等途径直接进入人体，参与体内生物循环，造成内辐射损伤，使人体出现头昏、疲乏乏力、脱发、白细胞减少或增多、发生癌变等。在乌克兰有 $26 \times 10^5\,km^2$ 的土地被[137]Cs 污染，其污染程度超过 1Ci/km，相当于增加 0.1％人口致癌的危险。至于放射性伤害机理，目前认为主要是放射线引起细胞内分子产生电离和激发，破坏生物机体的正常机能。这种作用可能是射线直接引起细胞内生物大分子构像改变或破坏，也可能是射线与细胞内的水分子起作用，产生强氧化剂和强还原剂以此破坏细胞结构，对细胞正常生理功能产生间接影响。

### 三、土壤放射性污染的植物修复

#### 1. 植物修复的概念

植物修复就是筛选和培育特种植物，特别是对目标污染物具有超常规吸收和富集能力的植物，种植在污染的土壤上，利用植物根系吸收水分和养分的过程来吸收土壤中的污染物，再将收获的植物统一处理，以期达到清除污染的目的。广义的植物修复技术包括利用植物修复重金属污染的土壤、利用植物净化空气、利用植物清除放射性核素和利用植物及其根系微生物共存体系净化土壤中的有机物4个方面。

放射性核素污染土壤的植物修复技术主要有3种：①植物固化技术，即利用耐某种放射性核素的植物降低该核素的活性，从而减少放射性核素被淋滤到地下水或通过空气扩散进一步污染环境的可能性；②植物提取技术，即利用某种放射性核素的超积累植物将土壤中的核素转运出来，富集并搬运到植物根部可吸收部位和地上部位，待植物收获后再进行处理，连续种植这种植物，可使土壤中放射性核素的含量降低到可接受水平；③植物蒸发技术，即植物从土壤中吸收放射性核素（如氚），然后通过叶面作用将它们蒸发掉。超积累植物一般是指能够超量吸收并在体内积累重金属或放射性核素的植物，该植物地上部分能够累积普通作物10～500倍的某种放射性核素。超积累植物通常出现在放射性核素含量较高的地区，但这些植物不一定是植物修复所需的理想植物。适合植物修复的植物最好具有以下特征：①能够超量积累目标污染物，最好是地上部分积累；②对目标污染物有较高的耐受力；③生长快，有高生物量；④易收割。其中，对污染物的耐受性和植物的超积累能力更重要。

#### 2. 植物修复研究现状

放射性核素污染环境的生态修复具有经济环保等优点。但作为新兴的环境治理技术，其相关基础理论问题有待深入研究，如植物超低量吸收与超常富集放射性核素的机理、转基因植物蓄积放射性核素的机理、二氧化碳施肥诱导植物产生铜和锌超积累现象是否适用于放射性核素等。

国外对放射性核素污染环境的生态修复已做过一些工作，但远不及重金属污染和有机污染的环境生态修复的研究工作详细和深入，主要成果与进展如下：①通过野外调查、与金属超积累植物类比和植物系统发育特征分析的方法成功筛选出放射性核素超积累植物；②研究发现放射性核素超积累植物在植物科、属内的分布存在一定的规律；③国外对环境因素影响植物蓄积放射性核素的研究工作做得较为详细和深入，如土壤理化性质、土壤微生物、农艺措施等。我国就放射性核素污染地区的生物修复研究较少，目前主要集中在植物和动物对$^{137}$Cs和$^{90}$Sr的修复功能上。唐世荣等通过对300余种植物的研究发现，放射性铯超积累植物主要分布在茄科、苋科、菊科、十字花科、蓼科、禾本科、藜科内，数量有数十种。陈传群等发现螺蛳、喜旱莲子草和金鱼藻等对$^{137}$Cs有良好的吸收和富集作用，可以用来净化被$^{137}$Cs污染了的水体。Lu等发现松针可富集$^{90}$Sr。这些研究资料为开展后续的放射性污染环境的生态修复提供丰富的物种来源，同时也为开展其他放射性核素与植物关系的研究提供借鉴方法。

#### 3. 影响植物修复的因素

（1）放射性核素的形态与性质　溶解态的阳离子迁移能力小，难溶态的氧化物或沉淀不易被土壤黏粒吸附。不同氧化价态的核素，植物吸收能力不同，一般放射性核素粒径越小越易被植物吸收。

（2）植物种类　Ebbs等研究了12种植物对铀的吸收积累能力，发现不同植物对铀的积累能力存在很大差异。Roy Bennett评价了放射性污染的土壤中放射性核素植物浓缩的潜能，维管植物有较高的$^{99}$Tc（锝）摄取能力，$^{99}$Tc有较强的嫩枝转移和积累趋势。

（3）根际环境　植物的根际环境包括土壤的理化性质、pH值、水分含量、氧化还原电位、根系微生物以及根际分泌物等。有研究者认为，根际圈对污染土壤的修复作用是植物修复的重要组成部分和主要理论基础之一，因为根际圈以植物根系为中心聚集了大量的生命物质及其分泌物，如细菌微生物蚯蚓、线虫等，构成了极为独特的"生态修复单元"。因此，可通过调节根际圈环境来提高植物对放射性核素的富集率。例如，根据资料，蚯蚓活动能够显著提高黑麦草对重金属的吸收量，也就是说，蚯蚓可能通过提高重金属的生物有效性（重金属不同的形态被生物吸收或累积的过程）而间接影响植物对重金属的修复效率。

（4）施肥措施　$^{137}$Cs与$^{90}$Sr分别同钾和钙具有相似的化学性质，在$^{137}$Cs污染的土壤中大量施用钾肥会减少植物对$^{137}$Cs的吸收。$NH_4^+$可在吸附位上取代$^{137}$Cs，使$^{137}$Cs溶入土壤中，因此修复放射污染土壤时勿用铵肥。土壤中施入钙、磷肥会抑制植物对$^{90}$Sr的吸收。施肥措施还会间接影响修复土壤的肥力及植物生长，缺氮土壤中增施氮肥，可促进植物根系生长，增加根系密度，从而间接促进植物对核素的吸收。在土壤中加入有机螯合剂可改变土壤的理化特征，增加土壤中放射性核素的植物可得性，降低这类污染物在土壤中的迁移性。放射性核素与某些植物营养元素的相似性对用植物修复技术净化土壤十分重要。能富集放射性铯的植物往往能富集钾，对钙吸收的植物可能吸收土壤中的放射性锶。调节植物营养元素吸收的农业措施可能被用来优化植物修复技术体系。

## 四、土壤放射性污染的微生物修复

一些微生物具有嗜重金属性，利用微生物对重金属污染介质进行净化，在水体污染中已被证明是一种很好的方法。如果用于土壤环境的处理，也可能成为行之有效的方法，目前国内外已进行了大量研究。据报道，日本发现一种嗜重金属菌，能有效吸收土壤中的重金属，但存在着土壤与细菌分离的难题。如能妥善解决这个问题，这将是一种很有发展前景的处理方法。

Groudev等采用原地生物治理技术，对被放射性核素（铀、镭和钍）与毒性重金属（铜、锌和铬）污染的农用地试验区进行了修复研究。所采用的方法都与污染物的初始溶解作用相关。他们以稀$H_2SO_4$为浸出溶液，利用土著微生物促进表层污染物的溶解，通过改进土壤中水分、氧气以及养分等环境因素的水平可显著促进微生物的活性。表土中重金属污染物溶解后转移到深层土壤中，借助土著硫酸盐还原菌等厌氧菌的作用使这些污染物得以固定。8个月间修复试验结果表明，土壤中的放射性核素和毒性重金属的含量可降至容许值以下。

近年来，人们发现了一种对放射性具有超强耐受性的耐辐射奇球菌（Deinococcus radiodurans，Dr）。该菌不但能在高剂量放射环境中存活，不出现任何致死和诱变，保持原有功能，并且具有在营养极贫乏和干燥环境中生存的能力。因其具有潜在的生物除污功能，可能成为放射性污染场所除污的优良菌种。微生物对于U（Ⅵ）、Pu（Ⅳ）和Tc（Ⅶ）等放射性核素的还原等生物转化作用目前也引起了一定的关注，将来也有可能用来修复放射性污染土壤。微生物可能比植物见效快，但是至今为止很少有采用微生物去除土壤中放射性核素的研究报道，这类修复技术尚不能从根本上消除放射性污染，而且有对深层土壤和地下水形成更严重的放射性污染和其他二次污染的威胁。

另外，某些自养微生物，如硫杆菌属和铁杆菌属细菌对矿石、污泥中的重金属和放射性核素具有较强的浸出能力。因此，采用含有这些自养微生物和某些嗜重金属微生物菌悬液接种，能够在污染土壤中较快形成稳定的微生物群落，持续使溶解在污染土壤中的核素转移到水相，然后通过其他微生物的作用从水相中予以沉淀或吸附去除。在沙漠等缺水地区植物难以生长，植物修复无法施展的特殊情况下，这类微生物强化修复技术结合土壤分选、反应器和其他原地修复技术用于修复我国西北核试验污染土壤，可能具有较好的应用前景。

## 第五节　水体中的放射性污染

水体放射性污染是指人类活动排放出的放射性污染物进入水体，使水体的放射性水平高于本底或超过国家规定的标准。

放射性物质可以通过各种途径污染江河湖海等地面水。主要来源有核设施排放的放射性废液，大气中的放射性粒子的沉降，地面上的放射性物质被冲洗到地面水源等。而地下水的污染，主要由被污染的地面水向地下的渗透。

放射性物质在水中以两种形式存在，溶解状态（离子形式）和悬浮状态。二者在水中的动态有各自的规律。水中的放射性污染物，一部分吸附在悬浮物中下沉在水底，形成被污染的淤泥，另一部分则在水中逐渐地扩散。

排入河流中的污染液与整个水体混合需要一定的时间，而且取决于完全混合前所经流程的具体条件。研究表明，进入地面水的放射性物质，大部分沉降在距排放口几千米的范围内，并保持在沉渣中，当水系中有湖泊或水库的时候，这种现象更为明显。

沉积在水底的放射性物质，在洪水期间被波浪急流搅动有再悬浮和溶解的可能，或当水介质酸碱度变化时它们再被溶解，形成对水源的再污染。

当放射性污水排入海洋时，同时向水平和垂直两个方向扩散，一般水平方向扩散较快，排出物随海流向广阔的水域扩展并得到稀释。在河流入海时，因咸淡水的混合界面处有悬浮物的凝聚和沉淀。故河口附近的海底沉积物浓度较大。

溶解和悬浮状态的放射性物质，还可以被微生物吸收和吸附，然后作为食物转移到比较高级的生物体。这些生物死亡后，又携带着放射性沉积在水底。

放射性物质在地下水中的迁移和扩散主要受下列因素的影响：放射性同位素的半衰期、地下水流动方向和流速、地下水中的放射性核素向含水岩层间的渗透。从放射卫生学的观点来看，长寿命放射性核素污染地下水源是相当危险的。

在地下水流动过程中，水中含有的化学元素（包括放射性元素）与岩层发生化学作用。地下水溶解岩层中的无机盐，而岩层又吸附地下水中的某些元素。被岩层吸附的某些放射性核素仍有解除吸附再污染的可能。

放射性物质不仅在水体内转移扩散，还可以转移到水体以外的环境中去。如用污染水灌溉农田时会造成土壤和农作物的污染。用取水设备汲取居民生活用水或工业用水，也会造成放射性污染的转移和扩散。

## 第六节　室内放射性污染的防治

### 一、室内放射性污染

#### （一）室内放射性污染的来源

天然本底辐射是人类所受年有效剂量的最大贡献者，人类接受的天然辐射中室内辐射约占80％以上，因此室内放射性污染意义重大。室内的放射性污染主要来源于两方面，即外照射和内照射。外照射来源主要有宇宙射线，贯穿建筑物的室外 $\gamma$ 辐射，室内空气中氡及其子体的 $\gamma$ 辐射和建筑材料中天然放射性核素的 $\gamma$ 辐射。由于在一定的纬度和海拔高度下，宇宙射线的辐射剂量为一常值，可较准确地来自估算结果或从实测的室内外照射总辐射量中扣除。而室内氡及其子体所产生的 γ 辐射，仅为室内 γ 辐射总量的 0.2%。室外 γ 辐射仅在由木质建材及轻质建材构筑的室内才有一定贡献。因此，室内的 γ 辐射主要来自建筑材料。室内经装饰后，装饰材料也成了一种辐射源，其中所含的天然放射性核素既可能产生 β、γ 外照射，也可释放出氡及其子体形成内照射。但由于装饰材料一般均是小于其饱和厚度的薄层材料，自身产生的 γ 辐射剂量率随其厚度的减小而迅速衰减，对室内的外照射剂量贡献不大。由于一般装饰材料的密度均比较低，厚度也较小，因而对建材产生的 γ 辐射的屏蔽作用也不明显，故室内装饰前后，其室内 γ 外照射的变化并不明显。但在用瓷砖装饰的室内，β 射线引起的外照射值得注意。常用的室内装饰材料均存在有不同程度的放射性。室内经装修后，花岗岩、磷石膏有可能使室内氡浓度增加，而瓷砖不但可能增加室内氡浓度，而且有可能增加 β 辐射，从而对居住者形成不必要的照射。氡室内的氡主要来源于建筑材料，室内所用的天然气和生活饮用水及表层土壤。从建筑材料中发射出来的氡，不仅取决于建材中 $^{226}$Ra 的含量，还更大地取决于建材中氡的发射系数。天然气由于产地不同，氡含量差异较大。国外的天然气中氡浓度最高可达 $(1.4 \sim 2.0) \times 10^3$ Bq/m$^3$，每分钟向室内释放出氡量为 3kBq/m$^3$，有资料表明某省的天然气中氡含量为 $40.7 \sim 1912.2$ Bq/m$^3$，平均值为 369.5Bq/m$^3$。若按其向空气的释放率以 15% 计，设每户平均每天用天然气 1m$^3$，每天有 55.4Bq/m$^3$ 的氡从天然气中释放到室内。我国主要城市饮用水中氡浓度为 $0.23 \sim 42.71$ Bq/m$^3$，水中氡向空气的释放率为 $2.4 \times 10^{-4}$。以河水作饮用水源的氡含量较低，而以地下水作为饮用水源的氡含量较高。室内经装饰后，对天然气和饮用水中氡的释放率影响不大，但由于装饰加工中存在缝隙，对建材中释放出的氡不能完全封闭，加上装饰材料本身也要释放出氡，因而室内经装饰后，有可能使室内的氡浓度呈现出增高的趋势。

## （二）室内 γ 辐射

室内建筑材料中的 γ 射线直接照射人体后会对人体的造血器官、神经系统、生殖系统和消化系统等造成损伤。ICRP 综合国际上现有的研究结果，认为在低辐射、低剂量、低剂量率照射条件下，全人口超额致死性癌症的概率值为 $5.0 \times 10^{-2}$/Sv，诱发严重遗传性疾患的概率为 $1.0 \times 10^{-2}$/Sv，儿童期（<14 岁）诱发白血病和其他癌症的危险概率为 0.1/Sv。

（1）室内面积对辐射的影响　检测显示，厨房和卫生间的 γ 照射量率最高，卧室内的 γ 辐射水平明显高于客厅，可见室内 γ 辐射水平与房间面积有一定关系。

（2）建筑主体材料对辐射的影响　目前，我国不少建筑材料是用矿石、矿渣、废煤炭渣等制成，不同程度存在放射性，很容易造成严重的二次污染。不同建筑材料 γ 辐射水平由低到高依次为：煤矸石砖＞半煤矸石砖＞土砖＞混凝土板块，彼此之间 γ 辐射水平差异有显著性（$p <$ 0.01），这是由于各种建筑材料的骨料成分不同造成的。检测显示，不同建筑的室内 γ 辐射水平为砖混结构＞砖瓦结构＞泥草结构。

## （三）装修材料对辐射的影响

（1）建筑陶瓷　包括瓷砖、洗面盆和抽水马桶等，建筑陶瓷主要是由黏土、沙石、矿渣或工业废渣和一些天然助料等材料成型涂釉经烧结而成。由于这些材料的地质历史和形成条件的不同，或多或少存在着放射性元素。瓷砖是一种用途十分普遍的装饰材料，主要由黏土或页岩等作坯料，表面涂上不同颜色的釉料加工而成，一般用页岩作坯料比用黏土作坯料的放射性稍高。一些厂家为掩盖坯质、提高砖坯底色的白色和装饰色彩的对比度、改善色泽，在釉料中过量加入一些放射性较高的锆化合物，导致产品的放射性水平超标。釉面瓷砖超标现象严重，一项抽查中，釉面瓷砖超标率达 100%。目前很多专家建议彩釉砖应作为含放射性物质的消费品对待，并建议对彩釉砖原料中镭 226 的比活度进行限制。

（2）石材　各种天然石材由于产地、地质结构和生成年代不同，其放射性也不同。用于装饰的天然石材主要有花岗岩和大理石，这些天然石材中有的含有高放射性物质。花岗岩以前多用于公共场合，在近 10 年人们较普遍用作室内装修，花岗岩中含的天然放射性核素在各类岩石中最高，其中镭 226 元素含量较高，镭 226 会连续不断地衰变产生氡和放出 γ 射线，产生的辐射水平较高，因此用花岗岩建材作为装修材料时要考虑其辐射水平对人体的不良影响，尤其在住宅或通风不良的地方不宜用花岗岩建材装修。相比之下，大理石放射性核素平均含量低，可在民用建筑中使用。

（3）石膏类产品　石膏、磷石膏装饰材料放射性含量较高。相关资料表明，在一些大量采用石膏类产品作为装饰的房间内测得的吸收剂量率较高，石膏装饰材料放射性指标不符合国家有关标准的情况时有发生。在选用以石膏为室内装饰材料时应持慎重态度，一定要在相关法定检验机构证明其可用于室内装饰后才能选用。

### （四）氡及其子体

#### 1. 氡及其子体的危害

氡是自然界唯一的天然放射性气体，具有放射性，半衰期为 3.82d，氡通过 α 衰变变成一系列具有不同放射性特征的放射性核素，这些放射性核素称为氡子体。自然界中氡的天然放射性同位素有 $^{222}$Rn、$^{220}$Rn 和 $^{219}$Rn，分别来源于铀系、钍系和锕系 3 种主要天然放射性衰变系列。铀系和钍系都在自然界中广泛存在，由它们衰变出来的 $^{222}$Rn 和 $^{220}$Rn 的半衰期分别为 3.83d 和 55.6s，锕系在自然界中含量很少，而且由它衰变的 $^{219}$Rn 的半衰期更短，只有 3.96s，在空气中几乎显不出它的存在。因此，$^{222}$Rn 是低层大气中天然放射性气体的主要组分。UNSCEAR 1993 年报告中指出，$^{220}$Rn 及其子体产生的照射量约占氡及其子体的 6%，但我国土壤和建材中钍系元素浓度含量偏高，房屋多是砖木、砖混和泥土房结构，有些地方的 $^{220}$Rn 及其子体水平可能高于或等于 $^{222}$Rn 及其子体，因此有必要对 $^{220}$Rn 给予足够重视。

氡气比空气重，容易沉降在居室下部，因此对儿童或当人们睡眠时带来的危害最大。氡及其子体在空气中很快与普通粉尘粒子结合，形成放射性气溶胶，通过呼吸进入呼吸道后，沉积于呼吸道表面的黏膜上，由于其水溶性和适宜的脂水分配系数，约 1/3 的氡及其子体很容易通过呼吸道黏膜和血气屏障进入血液，分布至全身，肺、血液、胸腺、脾脏和淋巴结等器官都可能受到照射。氡及其子体是高 LET 辐射，所释放的粒子在 2nmDNA 的双链上可引起 20 次电离事件，从而导致 DNA 双链断裂，很难或无法完成修复。氡被国际癌症研究机构（IARC）列为第一类致癌物质，也是世界卫生组织（WHO）公布的 19 种主要环境致癌物质之一，是仅次于吸烟的肺癌的第二大诱因，世界上有 1/5 的肺癌患者与氡有关。氡及其子体还可诱发白血病、不育、智力下降、精神不振等。另外氡及其子体在衰变时还会同时放出穿透力极强的 γ 射线，对人体造成外照射。长时间低剂量率氡暴露比短时间高剂量率暴露更有害，因此室内氡暴露危害相对较高。

#### 2. 居室内氡的来源

（1）地基土壤中析出　在地层深处含有铀、镭、钍的土壤、岩石中氡的浓度很高，这些氡可以通过地层断裂带进入土壤，并沿着地面或者建筑物的裂缝、建筑材料结合处和管道入室。平房室内氡主要来自地基下的岩石、土壤，而对于三层以上楼房，氡则主要来自建材。通常情况下地下室氡含量最高，随着建筑物高度的增加，其含量呈递减趋势。

（2）建筑材料和装修材料中析出　1982 年联合国原子辐射效应科学委员会的报告中指出，建筑材料和装修材料是室内氡的最主要来源，特别是含有放射性元素的天然石材。

（3）户外空气进入　室外空气中氡的辐射剂量很低，一旦进入室内，就会在室内大量地积聚。研究发现，室内的氡具有明显的季节变化，冬季最高，夏季最低。这是由于冬季室内通风少造成的。室内通风状况对氡及其子体的浓度影响很大。UNSNCEAR 估计世界平均值

范围室内 $5\sim25Bq/m^3$，室外 $0.1\sim10Bq/m^3$。检测结果显示，关闭门窗 12h 与开窗通风 30min，氡浓度相差 4 倍以上（$t=3.75$，$P<0.01$），差异有统计学意义。

（4）取暖和炊事燃料的燃烧　煤和气体燃料中均含有氡，燃烧时会释放出来，造成居室特别是厨房内氡及其子体浓度升高。

（5）抽烟　烟草在生长过程中，土壤中的放射性核素会转移进来。氡及其子体会随吸烟进入人体或污染室内环境。

## 二、室内放射性污染的防治

随着环境污染的日益严重以及人们环境保护意识的增强，过去被忽视的室内环境中的放射性危害已经引起人们的重视。放射性危害是一种无色无味不易被人们直接觉察的隐性因素。长期超剂量地接受放射性照射会导致头昏、脱发、红斑、白血球减少或增多，严重的会导致癌变（肺癌、皮肤癌等），并具有一定的遗传性。人们接受放射性照射主要有两个途径：其一是体内照射；其二是体外照射。内照射剂量主要来源于室内空气氡及其衰变子体的辐射；外照射剂量主要来源于无机非金属建筑和装修材料所产生的 $\gamma$ 辐射。

室内环境中放射性危害的现实是客观存在的，但如何进行防治是很有讲究的，应加大宣传力度，使广大居民了解有关居室放射性危害方面的知识，并能认识它的危害性，从而提高这方面的自我保护意识，让更多的人积极参与防治工作。

**1. 室内放射性危害的预防**

最重要也是最根本的预防措施是要把好建材关和选址关。为了防患于未然，保护人体免受或少受放射性伤害，最好的办法是对建材的生产、销售加强管理。各地的卫生防疫站或技术监督部门应对各类建材产品进行必要的放射性水平检测与评价。如有超标的建材应采取果断措施，禁止在市场上出售，以杜绝放射性污染源进入居室环境。在建筑物设计选址过程中，应对建筑场地进行土壤氡浓度检测，避免将房屋建在高氡、高放射性背景区，如断裂构造破碎带、花岗岩带、石煤层出露地带上均不宜建筑民用设施。实在不可避免时，应采取地下防氡措施，加强室内通风，减少地基土壤或岩石对室内氡的影响。

**2. 室内放射性危害的治理**

主要针对已建成在用并有放射性危害疑虑的危房而言。我省浙西石煤层分布区及采煤点、石煤综合利用企业周围有一大批用石煤渣作地基填土、铺路或用石煤渣砖、石煤渣水泥建造的房屋，多数应属放射性危房。城乡居民区有用高档花岗岩石材或其他高放射性人造装饰材料装修过的住房中也有一部分属放射性危房。对于这类放射性危房，应通过省卫生防疫站及省环境放射性监测站或委托专业放射性检测单位进行室内放射性水平检测与评价，根据评价结果采取针对性的治理方案，对放射性危害进行消减或根治，以保障人体健康。

室内放射性水平检测评价工作包括室内 $\gamma$ 贯穿辐射剂量率测定，室内空气中氡浓度及其子体 $\alpha$ 潜能浓度测定以及根据检测结果估算成人和儿童的人均年有效剂量当量。

通过检测，如发现确属放射性危房者，应该拆除或改作他用，若需继续用作住房，则必须经过技术改造达标后方可住人。对于放射性水平明显偏高的超标房，应采取适当的补救措施，如经常开门窗、安装排风扇或带降氡装置的空气交换器以及用密封涂料刷墙等，以降低室内氡浓度。

**3. 室内放射性危害治理措施**

（1）加强基建的预防性监督　《民用建筑工程室内环境污染控制规范》（GB 50325—2001）规定，民用建筑设计前，必须进行场地土壤氡浓度测定，并提出检测报告。土壤主要由岩石的侵蚀和风化作用而产生，其中的放射性是从岩石转移而来的。土壤的地理位置、地质来源、水文条件、气候以及农业历史等都是影响土壤中天然放射性核素含量的重要因素。

建筑物的施工设计单位应该从建筑物选址及基本建材的选取抓起，住户在新房居住前可请有关机构做放射性污染测试，以从源头上控制污染。

（2）慎重选择装修材料　消费者购买装修材料时应向经销商索要放射性检验合格证，并要注意报告是否为原件、报告中商家名称和所购品名是否相符，检测结果类别符合 A 类标准方可使用，另外还可在装修居室之前取样送专业检测单位检测。在确定装修方案时，要慎重选用石材，最好不要在起居室内大面积使用石材，厨房和卫生间地面、墙面推荐使用放射性合格的各类瓷砖。另外可以根据石材的颜色判断辐射的强弱，红色与其他颜色相比超标较多，差异性非常显著（$t=7.06$，$P<0.001$），居室内装修最好使用其他颜色。

（3）加强室内通风　由于空调的广泛使用和现代化建筑密封性加强，居室常常被营造成一个封闭的空间，室内外空气交换率降低，造成室内氡逐渐积存，浓度上升。通风率是影响室内放射性污染的重要因素，增加室内通风是最方便、最有效的降氡措施。

（4）粉刷防氡涂料　在墙壁和地面覆盖质密的材料或防氡涂料，可以阻挡氡的扩散。防氡涂料有一层保护膜，起到将氡有效阻挡在墙内，使其不能释放出来的作用，有着显著的降氡作用。

（5）使用防氡净化仪　如氡气超标可以选购防氡净化仪，不但可以降低氡气浓度，还可释放负氧离子，有利于人体健康。

（6）其他　应尽量减少或禁止室内吸烟；科学选用取暖和炊事燃料；装修时尽可能封闭地面、墙体的缝隙，改善墙壁及其他建筑结构的密封性，降低氡气的漏出量。

# 第四章 电磁辐射污染

## 第一节 环境电磁学

人类认识电磁现象已经有 200 多年的历史，19 世纪 60 年代，麦克斯韦在前人的基础上预言了电磁波的存在，20 年后德国物理学家赫兹首先实现了控制电磁波传播，从此人类逐步进入了信息时代。在电气化高度发展的今天，在地球上，各式各样的电磁波充满人类生活的空间。无线电广播、电视、无线通信、卫星通信、无线电导航、雷达、微波中继站、电子计算机、高频淬火、焊接、熔炼；塑料热合、微波加热与干燥、短波与微波治疗、高压、超高压输电网、变电站等的广泛应用，对于促进社会进步与丰富人类物质文化生活带来了极大的便利，并做出了巨大贡献。目前与人们日常生活密切相关的手机、对讲机、家庭电脑、电热毯、微波炉等家用电器相继进入千家万户，通信事业的崛起，又使手机成为这个时代的"宠物"，给人们的学习、经济生活带来极大的方便。但是随之而来的电磁污染日趋严重，不仅危害人体健康，产生多方面的严重负面效应，而且阻碍与影响了正当发射功能设施的应用与发展。当您与家人围坐电视旁欣赏节目，驾驶计算机在世界信息交互网络上遨游时，你可能不会想到，家用电器、电子设备在使用过程中都会不同程度地产生不同波长和频率的电磁波，这些电磁波无色无味、看不见、摸不着、穿透能力强，且充斥整个空间，令人防不胜防，成为一种新的污染源，正悄悄地侵蚀着您的躯体，影响着您的健康，引发了各种社会文明病。电磁辐射已成为当今危害人类健康的致病源之一。

伴随电磁污染的发生，环境物理学的一个分支——环境电磁学应运而生。环境电磁学是研究电磁辐射与辐射控制技术的科学。主要研究各种电磁污染的来源及其对人类生活环境的影响以及电磁污染控制方法和措施。它主要以电气、电子科学理论为基础，研究并解决各类电磁污染问题，是一门涉及工程学、物理学、医学、无线电学及社会科学的综合学科。环境电磁学是以电磁学各分支学科为基础发展起来的。它的一个重要研究内容是研究和提高电子仪器和电气设备在强烈电磁波干扰的环境中工作的稳定性和可靠性。

1943 年成立的国际无线电干扰特别委员会，在测定方法、干扰标准和抑制技术等方面开展了研究工作。此后，随着电工、无线电技术的飞跃发展，抗干扰的研究不断取得成果。目前人们从环境科学的角度对这一问题也有了新的认识。

环境电磁学的另一重要研究内容是高强度电磁辐射的物理、化学和生物效应，特别是它对人体的作用和危害。由于无线电广播、电视以及微波技术等事业迅速普及，射频设备的功率成倍提高，地面上的电磁辐射大幅度增加，目前已达到可以直接威胁人身健康的程度。

环境电磁学研究有两个特点：①涉及范围较广，不仅包括自然界中各种电磁现象，而且包括各种电气电磁干扰，以及各种电器、电子设备的设计、安装和各系统之间的电磁干扰等；②技术难度大，因为干扰源日益增多，干扰的途径也是多种多样的，在很多行业普遍存在电磁干扰问题。电磁干扰对系统和设备是非常有害的，有的钢铁制造厂和化工厂就是因为控制系统为电磁干扰所困惑，又找不出原因，导致产品质量得不到保证，使企业每年损失数亿元。可以说环境电磁工程学所涉及的范围非常广泛，研究的内容也非常丰富，在抗电磁干扰方面正日益显现出它强大的生命力和发展前景。可以预见，在不久的将来，会有更多的新技术应用于电磁辐射防治。

我国自 20 世纪 60 年代以来，在监测、控制电磁干扰的影响、探讨电磁辐射对机体的作用及防护技术等方面已取得很大的进展，并制定了电磁辐射和微波安全卫生标准。

# 第二节 电磁辐射的基础知识

电磁辐射是物质的一种形式。为了说明电磁辐射的基本概念，现对一些常用名词、术语等简单介绍一下。

## 一、电场与电场强度

我们知道，物体间相互作用的力一般分为两大类：一类是通过物体的直接接触发生的，叫做接触力。例如，碰撞力、摩擦力、振动力、推拉力等。另一类是不需要接触就可以发生的力，这种力也称为场力。例如，电力、磁力、重力等。

电荷的周围存在着一种特殊的物质，叫做电场。两个电荷之间的相互作用并不是电荷间的直接作用，而是一个电荷的电场对另一个电荷所发生的作用。也就是说，在电荷周围的空间里，总是有电力在作用。因此，我们将有电力存在的空间称为电场。

电场是物质的一种特殊形态，电荷和电场是同一存在的两个方面，是永远不可分割的整体。近代物理学研究表明，凡是有电荷的地方，在其周围就存在着电场，即任何电荷都在自己的周围的空间激发电场，而电荷与电荷之间通过电场发生相互作用。电荷和电场静止不变的电场称为静电场。电荷和电场变化的电场称为动电场。起电的过程，也是电场建立的过程。电场之所以具有能量是在起电时需用外力做功。

电场强度（$E$）是用来表示电场中各个点电场大小和方向的物理量。它是表示一种电场属性的物理量，是一个矢量。电场强度的单位常采用伏/米（V/m）、毫伏/米（mV/m）和微伏/米（$\mu$V/m）。但在表示干扰大数量时，采用 dB（dB），在表示微波强弱时常采用功率密度表示，毫瓦/平方厘米（mW/cm$^2$）、微瓦/平方厘米（$\mu$W/cm$^2$）。

## 二、磁场与磁场强度

磁场就是电流在其所通过的导体周围产生的具有磁力的一定空间。如果导体流通的是直流电，那么电场便是恒定不变的，如果导体流通的是交流电，那么磁场也是变化的。电流频率越大，磁场变化的频率也越大。

磁场强度（$H$）是用来表示磁场中某点处的磁感应强度与该点磁导率的比值，它是用来衡量磁场强度的物理量，是一个矢量。磁场强度的单位是安培/米（A/m）或奥斯特（Oe），$1A/m = 4\pi \times 10^{-3}Oe$。

## 三、电磁场与电磁波

电场（$E$）和磁场（$H$）是相互联系、相互作用、相互并存的。交变电场会在其周围产生变化的磁场；磁场的变化，又会在其周围产生新的电场。它们的运动方向是相互垂直的，并与自己的运动方向垂直。这种交变的电场与磁场的总和，就是我们所说的电磁场。

这种变化的电场与磁场在交替地产生，由近及远，相互垂直（亦与自己运动的方向垂直），并以一定速度在空间传播的过程中不断地向周围空间辐射能量，这种辐射的能量称为电磁辐射，亦称为电磁波。

电磁场是一种基本的场物质形态，是一种特殊的物质，与实物相比，实物具有一定的形状和体积，而电磁场弥漫整个空间，没有固定的形状和体积；实物具有不可入性，而电磁场具有叠加性，在同一个空间内范围内，可以同时容纳若干种不同的电磁场；实物可以作用于人的各种感官，而电磁场看不见，摸不着，嗅不到；实物的运动速度远远小于光速，而电磁波在真空中的速度等于光速；实物的密度大、质量较大，而电磁场的密度，质量较小；实物在外力作用下可以被加速，具有加速度，而电磁场没有加速度；实物可以选作参考系，而电磁场不能作为参考系。研究电磁场，首先就要了解它的物质性，把它作为一种特殊的物质来看待，它也具有一定的能量、动量、动量矩并遵守能量、动量、动量矩守恒定律，电磁场也能从一种形式转化为另一种形式，但也不能创生或消灭。

**（一）电磁波的周期（$T$）、频率（$f$）、波长（$\lambda$）和波速（$v$）**

电磁波是由电磁振荡产生的，在垂直于行进方向振荡的电磁场。各种电磁波的频率与波长虽不相同。但在空气中却都以光速（$c = 2.993 \times 10^8\,\text{m/s}$）传播。

在交流电中，电子在导线内不断地振动。从电子开始向一个方向振动起，由正值到负值然后又回到原点的平行位置，这一运动过程，称为电流的一次完全振动。周期是指电磁波发生一次完全振动所需要的时间，其单位是秒（s）。

频率是电磁波每秒钟的振动次数，单位是 Hz 或周/s。微波的频率很高，通常用 kHz、MHz 或 GHz 作单位。它们的换算关系是：$1\text{GHz} = 10^3\,\text{MHz} = 10^6\,\text{kHz} = 10^9\,\text{Hz}$。

波长是电磁波在完成 1 周的时间内经过的距离。其单位为米（m）、微米（$\mu$m）、纳米（nm）或埃（Å）等。它们的换算关系是：$1\text{Å} = 0.1\text{nm} = 10^{-4}\,\mu\text{m} = 10^{-7}\,\text{mm} = 10^{-10}\,\text{m}$。

电磁波通过介质的传播速度与介质的电和磁的特性有关，其参数如介质的介电常数 $\varepsilon$ 和磁导率 $\mu$。相对介电常数 $\varepsilon$ 是无因次量，其大小用具有介质的平板电容器的电容量与真空中同一平板电容器的电容量之比来表示。真空介电常数的数值为：$8.85 \times 10^{-12}\,\text{F/m}$。在实际应用中，倡议以空气代表真空。磁导率 $\mu$ 描述介质对磁场的影响。相对磁导率是介质的磁导率与真空磁导率之比值，是一个无因次量。真空磁导率，其值为 $1.275 \times 10^{-6}\,\text{H/m}$。在介质中，电磁波的传播速度 $v$ 为：

$$C = \frac{C_0}{\sqrt{\varepsilon_r \mu_r}} \tag{4.1}$$

式中，$C_0$ 为真空中的光速（$C_0 = 2.993 \times 10^8\,\text{m/s} \approx 3 \times 10^8\,\text{m/s} = 3 \times 10^5\,\text{km/s}$）。

由于空气的 $\varepsilon_r$ 和 $\mu_r$ 的值均为 1，故电磁波在空气中的波长和频率的关系可简化为：

$$\lambda = \frac{C}{f} \tag{4.2}$$

在空气中，不论电磁波的频率是多少，电磁波每秒传播距离总是 $3 \times 10^8\,\text{m}$，因此频率越高，波长就越短，而这是互为反比例的。

**（二）电磁波的电场分量与磁场分量**

若作简谐振动的平面电磁波沿 $z$ 方向传播时，其电场的 $x$ 分量和磁场的 $y$ 分量可表示为：

$$E_x = E_m \cos(\omega t - \beta_z) \tag{4.3}$$

$$H_y = \frac{E_y}{\eta} \tag{4.4}$$

式中，$E_m$ 为电磁波电场的振幅。

其中 $\quad \beta = \frac{2\pi}{\lambda} = \frac{\omega}{v} = 2\pi f \sqrt{\varepsilon\mu}$

$$\eta = \frac{E_x}{H_y} = \sqrt{\frac{\mu}{\varepsilon}} \qquad \text{（媒质的本征阻抗）}$$

158

表明无损耗介质中均匀平面波的电场和磁场在时间上同相，在空间上互相垂直，如图4.1所示。

### （三）电磁场的能量

电场所具有的能量可用电场中各点的能量密度（即单位体积中所含的能量）来表示，电场的能量密度与各点电场强度的平方成正比，即：

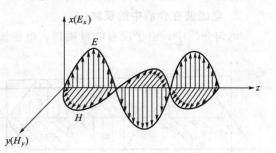

图 4.1　在完纯介质中平面波的电场和磁场

$$W_e = \frac{1}{2}\varepsilon E^2 \qquad (4.5)$$

式中，$\varepsilon$ 为介电常数，F/m；$E$ 为电场强度，V/m；$W_e$ 为能量密度，J/m³（$1J=1W \cdot s=10^7 erg$）。

磁场所具有的能量可用磁场中各点的能量密度来表示。磁场的能量密度与各点磁场强度的平方成正比，即：

$$W_M = \frac{1}{2}\mu H^2 \qquad (4.6)$$

式中，$\mu$ 为磁导率，H/m；$H$ 为磁场强度，A/m；$W_M$ 为能量密度，J/m³（$1J=1W \cdot s=10^7 erg$）。

在电磁场中的能量密度等于各点电场能量密度和磁场能量密度之和，即：

$$W = W_e + W_M = \frac{1}{2}\varepsilon E^2 + \frac{1}{2}\mu H^2 = \frac{1}{2}(\varepsilon E^2 + \mu H^2) \qquad (4.7)$$

在发射电磁能量的场源周围的空间里，都有两种作用场存在着。以场源为中心，在 1/6 波长范围内的区域以电磁感应方式作用的叫近区场（或感应场）。在 1/6 波长以外的区域，以辐射状态出现的叫做远区场（或辐射场）。近区场中电磁场能量的储存和反射比辐射大，电磁场强度比远区场电磁场强度大得多，而且衰减速度快，随测试点所在位置急剧变化，电场或磁场强度不仅是和距离的立方或平方成反比，而且随角度变化也很显著。它不能脱离场源而独立存在。

远区场已脱离了场源，以自持方向向外辐射，电场和磁场强度均随距离直线衰减，电磁辐射强度衰减比近区场要缓慢。

### （四）电磁波的传播特性

电磁辐射与电离辐射是有区别的，电离辐射为来自原子核内各种变化所产生的辐射，它可使原子或分子产生电离作用，电磁辐射范围甚广，如仅狭义地指无线电波或电磁场，则因其能量较低，属于"非电离辐射"。

在远离场源的地方，局部的球面波可以看做一个均匀平面波。现在简述一下在无限空间内充满均匀的各向同性理想介质（例如空气）的情况下，均匀平面波的传播特性。

**1. 电磁波的传播方向**

电场强度 $E$ 和磁场强度 $H$ 相互垂直的关系可以用右螺旋法则来描述，电磁波的传播矢量 $S$ 的方向代表电磁的传播方向，它可以表示为：

$$S = E \times H \qquad (4.8)$$

**2. 电磁波的极化**

波的极化是指电场 $E$ 的取向，它只能由电场的方向来决定。如果电场的水平分量和垂直分量的相位相同或相反，则为直线极化波。如果电场的水平分量和垂直分量振幅相等，而相位相差 90°或者 270°，则为圆极化波。如果电场两个分量的振幅和相位都不相等，则为椭圆极化波。工程上常使用的是直线极化波和圆极化波。

### 3. 电磁波在介质中的衰减

均匀介质中，由于没有能量损耗，电磁波的波形不随距离改变。电场和磁场在时间上同相，在空间上互相垂直，均作正弦函数的周期变化，而且也都与传播方向垂直，如图 4.2 所示。

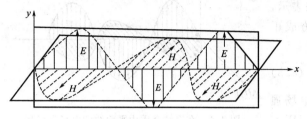

图 4.2　理想条件下电池波传播图

电磁波在有损介质和导体中，由于能量被介质吸收，为一个衰减的正弦波，如图 4.3 所示。

电磁波在良导体（金属）中衰减得很快，尤其在频率很高的情况下，只能透入良导体中一薄层。它能够传入金属的深度常用趋附厚度（又称穿透厚度）来表示，公式为：

$$\delta = \frac{1}{\sqrt{\pi f \sigma \mu}} \tag{4.9}$$

式中，$\mu$ 为媒质的电导率；$\delta$ 为穿透厚度；$\sigma$ 为衰减常数。

由此可知，频率越低，进入良导体的厚度及穿透厚度就越大。

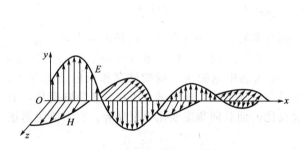

图 4.3　电池波在有损介质中衰减

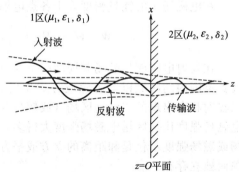

图 4.4　电池波的反射和透射

### 4. 电磁波的反射与透射

当电磁波在传播过程中遇到分界面时，将要发生反射与透射，如图 4.4 所示。特别是平面波在理想的点平面上垂直入射时，其反射系数 $R_r$ 和传输系数 $T$（又称透射系数）分别表示为：

$$R = \frac{\eta_2 - \eta_1}{\eta_2 + \eta_1} \tag{4.10}$$

$$T = \frac{2\eta_2}{\eta_2 + \eta_1} \tag{4.11}$$

### 5. 电磁波的相速与群速

电磁波的相速只代表相位变化的速度，相速 $V_p$ 可以表示为

$$V_p = \frac{\omega}{\beta} \tag{4.12}$$

电磁波的群速代表信号传播的速度，也就是能量传播的速度，群速 $V_g$ 可以表示为

$$V_g = \frac{\mathrm{d}\omega}{\mathrm{d}\beta} \tag{4.13}$$

式中，$\omega$ 为电磁波的角频率，rad/s。只有相速不随着频率变化时，相速才等于群速，例如自由空间里的情况。

**6. 电磁波谱图**

电磁波包括无线电波，红外线，可见光，紫外线，X射线和γ射线等，但彼此波长（频率）不同，为了方便表示，按波长的大小，依次排成一个谱图，即称之为电磁波谱图，如图4.5所示。

包括工频频率在内的所有交流电磁波都处于电磁波的频谱中。现代无线电所使用的频率约是 10kHz～300GHz。无线电波还可以按频率高低再进行划分。无线电波在电磁波谱中占有很大的频段，其波长 10km～0.1mm。继无线电波之后为红外线、紫外线、X射线。

## 四、射频电磁场

一般交流电的频率在 50Hz 左右，当交流电的频率在每秒钟十万次以上时，它的周围便形成了高频的电场和磁场，称为射频电磁场。而一般将每秒钟振荡十万次以上的交流电，叫做高频电流，在空间进行的电磁场，通常称之为电磁波。

由于无线电广播、电视以及微波技术等迅速普及，射频设备的功率成倍提高，地面上的电磁辐射大幅增加，目前已达到可以直接威胁到人身健康的程度。通常射频电磁辐射按频率划分为不同的频段，见表4.1。

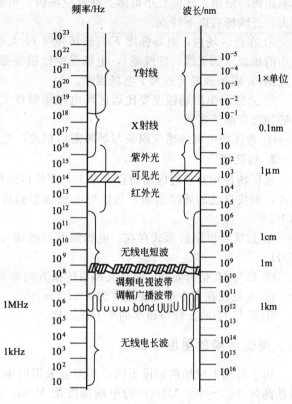

图 4.5　电磁波谱图

**表 4.1　射频电磁的频段**

| 名　称 | 符号 | 频率/MHz | 波长/m |
|---|---|---|---|
| 甚低频（甚长波） | VLF | <30 | >10000 |
| 低频（长波） | LF | 30～300 | 1000～10000 |
| 中频（中波） | MF | 300～3000 | 100～1000 |
| 高频（短波） | HF | 3～30 | 10～100 |
| 甚高频（分米波） | VHF | 30～300 | 1～10 |
| 特高频（厘米波） | UHF | 300～3000 | 0.1～1 |
| 极高频（毫米波） | SHF | 3000～30000 | 0.01～0.1 |
| （亚毫米波） | EHF | 30000～300000 | 0.001～0.01 |
| | | >300000 | <0.001 |

其中低～高频段应用的对象为无线电广播，甚高频段应用的对象为电视，特高频段应用对象为微波技术。

射频电磁场为非电磁辐射。任何射频电磁场的发射源周围，都有两个作用的场存在着，即以感应为主的近区场和以辐射为主的远区场。

## 五、场区分类及特点

### 1. 近区场

近区场，即以场源为中心，以 1/6 波长为半径范围内的区域，亦成为感应场。感应场受场源距离的限制，比波长小得多。在感应场内，电磁能量将随着离开场源距离的增大而衰减较大。近区场有以下特点。

① 在近区场内，电场强度 $E$ 与磁场强度 $H$ 大小没有确定的关系。总体而言，电压高电流小的场源（如天线、馈线等），电场强度比磁场强度大得多；电压低电流大的场源（如电流线圈），磁场强度又远大于电场强度。

② 近区场电磁场强度要比远区场电磁场强度大得多，而且近区场电磁场强度比远区场电磁强度衰减速度快。

③ 近区场电磁场感应现象与场源密切相关，近区场不能脱离场源而独立存在。

### 2. 远区场

远区场是相对于近区场而言，只 1/6 波长以外的区域，亦称辐射场。由于远区场已脱离场源，而按自己的规律运动，远区场电磁辐射强度衰减，要比近区场缓慢。远区场的特点如下。

① 远区场以辐射形式存在。电场强度与磁场强度之间具有固定关系，即：$E = 120\pi H = 377H$。

② $E$ 与 $H$ 互相垂直，而且又都与传播方向垂直。

③ 电磁波在真空中传播速度为 $3 \times 10^8 \, \text{m/s}$。

④ $E$ 与 $H$ 的振幅与频率的平方成正比。

## 六、电磁污染的量度单位

由于射频电磁场的频段不同，其测量采用的单位也有所不同。高频（30kHz～30MHz）与甚高频（30～300 MHz）的电场强度用 V/m、mV/m、$\mu$V/m 或 dB 表示。磁场强度用 A/m、mA/m 或 $\mu$A/m 表示。微波（特高频，＞300 MHz）是以能量通量密度量度，其单位为 W/m、mW/m 或 $\mu$W/m。

# 第三节 电磁辐射的来源、传播途径及其危害

电子设备的广泛应用，一方面可以传递信息，造福人类，另一方面所辐射的电磁波也成为公害之一。电磁辐射给人类生活环境与生产环境造成的污染也越来越严重。由于电磁辐射，造成了局部空间或整个空间的电磁场强度过大，而对某些电磁敏感设备，仪器仪表以及辐射环境中的生物体产生不良影响和危害。我们将这种有害作用成为污染。近年来，对电磁辐射危害与防护的研究在国内外受到了普遍重视。联合国人类环境会议已经把微波辐射列入"造成公害的主要污染物"之一，我国也在《中华人民共和国环境保护法》中明确规定必须对电磁辐射切实加强防护和管制。环境电磁辐射作为环境物理学的重要内容，无论在基础研究还是应用研究上都具有重要的意义。

在电磁辐射污染中，以射频设备在工作中产生的电磁辐射给环境带来的污染最为突出。因此，目前关于电磁污染的论述，主要指射频辐射给环境带来的伤害。

## 一、电磁污染源

电磁污染源就其来源可分为自然污染源（又称天然污染源）和人工污染源两大类。

**1. 自然污染源**

自然电磁污染源是某些自然现象引起的，包括热辐射、太阳辐射、宇宙射线、雷电等，其中最常见的是雷电，所辐射的频带分布极宽，从几千赫兹到几百赫兹，雷电除了可能对电气设备、飞机、建筑物等直接造成伤害外，还会在广大地区产生严重的电磁干扰。此外，火山喷发、地震和太阳黑子活动引起的磁暴等都会产生电磁干扰，通常情况下，天然辐射的强度对人体影响不大，但局部地区雷电在瞬间地冲击放电可以使人畜死亡，电器设备的受损。一般认为天然辐射对人类并不构成严重的危害。天然电磁辐射对短波干扰特别严重。表4.2表示出天然电磁污染源。

**表 4.2　天然电磁污染源**

| 分　类 | 来　源 |
| --- | --- |
| 大气与空气污染源 | 自然界的火花放电、雷电、台风、火山喷烟等 |
| 太阳电磁场源 | 太阳的黑子活动及黑体放射等 |
| 宇宙电磁场源 | 银河系恒星的爆发、宇宙间电子转移等 |

**2. 人工污染源**

人工电磁污染源是由人工制造的若干系统、电子设备与电气装置产生的。人工电磁污染源主要有以下三种。

（1）脉冲放电　如切断大电流电路时产生的火花放电。由于电流强度瞬时变化很大，产生很强的电磁干扰。它在本质上与雷电相同，只是影响区域较小。

（2）工频场源　如大功率电机、变电器及输电线等附近的电磁场。

（3）射频场源（0.1～3000MHz）　如广播、电视、微波通信等。射频场源由于所涉频段宽，影响范围大，因而对近场区的工作人员产生危害很大。目前，射频场源已成为电磁污染环境的主要因素。

工频场源和射频场源同属人工电磁污染源，只是频率范围不同。

工频场源中，以大功率输电线路所产生的电磁污染为主，同时也包括若干种放电型的污染源，频率变化范围为数十至数百赫兹。

射频场源主要指由于无线电设备或射频设备工作过程中产生的电磁感应和电磁辐射，频率变化范围为0.1～3000MHz。

人工电磁污染源（见表4.3）按产生电磁污染的设备又分类如下。

**表 4.3　人工电磁污染源**

| 污染源类型 | | 污染源设备名称 | 污染来源 |
| --- | --- | --- | --- |
| 放电污染源 | 电晕放电 | 电力线（送配电线） | 由于高电压、大电流而引起静电效应、电磁效应、大地泄漏电流所致 |
| | 辉光放电 | 放电管 | 高压汞灯、放电管等 |
| | 弧光放电 | 开关、电气铁路、放电管 | 高电压、大电流的电力线、电气设备 |
| | 火化放电 | 电气设备、发动机、冷藏车、汽车等 | 整流器、发电机、放电管、点火系统等 |
| 工频辐射场源 | | 大功率输电线、电气设备、电气铁路 | 高电压、大电流的电力线、电气设备 |
| 射频辐射场源 | | 无线电发射机、雷达等 | 广播、电视与同设备的电路与振荡系统等 |
| | | 高频加热设备、热合机、微波干燥机等 | 工业用射频利用设备的电路与振荡系统等 |
| | | 理疗机、治疗仪 | 医学用射频利用设备的电路与振荡系统等 |
| 建筑物反射 | | 高层楼群以及大的金属构件 | 墙壁、钢筋、吊车等 |

在环境保护中、电磁兼容测量中常见的一些主要电磁辐射源就其产生根源而言，主要有以下几种：①广播、电视、雷达、通信等发射设备的电磁场对人体健康的影响及其对环境的

污染；②工业、科技、医疗部门使用的射频设备的强辐射对人体健康的影响及其对环境的污染；③高压、超高压输电电路的强辐射对人体健康的影响及其对环境的污染；④个人无线电通信设备及家用电器产生的电磁泄露对人体健康的影响及其对环境的污染；⑤事故产生的电磁污染对人体健康的影响及其对环境的污染。

## 二、电磁波传播途径

电磁辐射所造成的环境污染途径大体可以分为导线传播、空间辐射及复合污染三种。

（1）导线传播　当射频设备与其他设备共用同一电源，或两者间有电器连接时，电磁能即可通过导线进行传播。此外，信号输出、输入电路等，也能在该磁场中拾取信号进行传播。

（2）空间辐射　在电气工作过程中电子设备本身相当于一个多向发射天线，不断地向空间辐射电磁能。这种辐射按距离划分为两种方式：一是以场源为核心，半径为一个波长范围内，电磁能向周围传播以电磁感应为主，将能量施加于附近的仪器、设备及人体之上；二是在半径为一个波长之外，电磁能传播以空间放射方式将能量施加于敏感元件，由于输电线路、控制线等具有天线效应，接受空间电磁辐射能，进行再传播而构成危害。

（3）复合传播污染　同时存在空间传播与导线传播所造成的电磁辐射污染，成为复合传播污染。在实际工作中，多个设备之间发生干扰通常包含着许多种途径的耦合，共同产生干扰，使得电磁辐射更加难以控制。

电磁波的传播途径见图4.6。

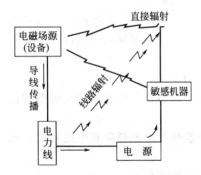

图 4.6　电磁污染的传播途径

## 三、电磁辐射的危害

一方面大功率用电器的电磁辐射能量可以作为一种能源，适当剂量的电磁辐射能量可以用来治疗某些疾病，但另一方面大功率的电磁辐射具有影响和危害，不仅对装置、物质和设备有影响和危害，而且对人体有明显的伤害和破坏作用，甚至引起死亡。

### （一）电磁辐射对装置、物质和设备的干扰

#### 1. 射频辐射对电器设备的干扰

无线电原理告诉我们：频率高于一定标准的电信号就具有发射能力，它们发射出的电磁波有些与公用设备处在同一频段上，这必然会带来相互干扰。射频设备和广播发射机振荡回路的电磁泄漏以及电源线、馈线和天线等向外辐射的电磁能，不仅对周围操作人员的健康造成影响，而且可以干扰位于这个区域范围内的各种电子设备的正常工作，射频强辐射可以造成通信信息失误或中断；使电子仪器、精密仪器不能正常工作；可以使运输工具的自控系统、指示信号失灵。另外，在射频辐射的干扰下，可使无线电通信、无线电计量、雷达导航，电视、电子计算机及电器医疗设备等电子系统等信号失误，图像失真，控制失灵，以致无法正常工作。电视机受电磁设备的干扰，将会引起图像上活动波纹或斜线，使之图像不清楚，影响收看效果。美国有关机构每年要接到上百次来自医院的投诉，说他们在抢救病人时，经常遇到一些人在现场使用电子设备，导致心脏监护仪等工作失常，直接危及病人的生命。

联合国飞行员联合会的一项调查报告指出：近年来，每年大约发生20起由电磁干扰引起的飞行险情，肇事设备除了电脑外，还有对讲机、激光随身听、电子游戏机等。

另外，电磁辐射还会使电话听不清、杂音增大；电视图像出现重影或失真；严重时甚至还将造成信息泄露或失窃等。

总体而言，对电器设备的干扰这几年最突出的情况有 3 种。①无线通信发展迅速，但发射台、站的建设缺乏合理规划和布局，使航空通信受到干扰，如 1997 年 8 月 13 日，深圳机场由于附近山头上的数十家无线寻呼台发射的电磁辐射对机场指挥塔的无线电通信系统造成严重干扰，使地对空指挥失灵，机场被迫关闭两小时。②一些企业使用的高频工业设备对广播电视信号造成干扰，使周围居民无法正常收看电视而导致严重的群众纠纷，如某文具厂就曾因该厂的高频热合机干扰了电视台的体育比赛转播，被愤怒的群众砸坏了工厂的玻璃。③一些原来位于城市郊区的广播电台发射站，后来随着城市的发展被市区所包围，周围环境也从人烟稀少变为人口密集，电台发射出的电磁辐射干扰了当地百姓收看电视。

还应指出，电波不仅可以干扰和它同频或临频的设备，而且还可以干扰比它频率高得多的设备，也可以干扰比它频率低得多的设备。其对无线电设备造成的干扰危害是相当严重的，必须对此严加限制。

**2. 电磁辐射对易爆物质和装置的危害**

火药、炸药及雷管等都具有较低的燃烧能点，遇到摩擦、碰撞、冲击等情况，很容易发生爆炸，同样在辐射能作用下，也可以发生意外的爆炸。另一方面，许多常规兵器采用电器引爆装置，如遇高电平的电磁感应和辐射，可能造成控制机构的误动，从而使装置失灵，发生意外的爆炸。如高频辐射强场能够使导弹制导系统控制失灵，电爆管的效应提前或滞后。

**3. 电磁辐射对挥发性物质的危害**

挥发性液体和气体，例如酒精、煤油、液化石油气、瓦斯等易燃物质，在高电平电磁感应和辐射作用下，可发生燃烧现象，特别是在经典危害方面尤为突出。

**4. 电磁辐射对通信电子设备的危害**

高强度的电磁辐射会造成通信电子设备的物理性损害。

（1）对固体电路的损坏　固体电路对电平、电压以及电流的变化率非常敏感。以晶体管击穿数据为例说明此情况。由于旋转或扫描天线产生的电磁辐射瞬间（通常在几毫秒内）击穿晶体管，所以其本身就存在着一定的危险性。因此，经常发生继电器触点、电线耦合器等元件因感应电磁过高引起电弧和电晕放电而损坏的现象。

（2）对电子元器件的损害　电磁辐射对电子元器件的损坏与辐射的类型、照射时间、电平的大小、电磁场性质及其他因素有关。通常受损的是电路器件，如二极管、三极管等。

**（二）电磁辐射对人体健康的伤害和影响**

**1. 电磁辐射对人体健康的伤害和影响**

电磁辐射对人体的危害与波长有关。长波对人体影响较小，随着波长的减小，对人体的危害逐渐加强，而微波的危害最大。一般认为，微波辐射对内分泌系统和免疫系统有影响，小剂量短时间有兴奋作用，大剂量长时间的作用是抑制作用。另外，微波辐射可以使毛细血管细胞的胞体内的小泡增多，使胞肌作用加强，导致血脑屏障渗透性增高。一般来说，这种增强是对人体不利的。

电磁辐射尤其是微波对人体的健康有不利影响，主要表现在以下几个方面。

（1）能诱发癌症并加速人体的癌细胞增殖　大部分实验动物经过微波照射后，可以使癌的发生几率增高。调查表明，在 $2mGs$（$1Gs=10^{-4}T$）以上的电磁波照射中，人体患白血病是正常人的 2.93 倍，肌肉癌为正常的 3.26 倍。一些微生物专家的实验表明，电磁波可以使人体内的微粒细胞的染色体发生突变和有丝分裂异常，而使某些组织出现病理增生过程，使正常的细胞变成癌细胞。美国洛杉矶地区的研究人员曾经研究了 0～14 岁的儿童血癌的发生原因，研究人员在儿童的房间里以24小时的检测器来检测电磁波的强度，赫然发现当儿童房间电磁波强度的平均值大于2.68mGs时，这些儿童得血癌的机会较一般儿童高出约48％。瑞士科学家研究指出，周围有高压线经过的住户居民，患乳腺癌的概率比常人高7.4倍。美国德克萨斯州病症医疗基金会针对一些遭受电磁辐射损伤的病人所做的抽样化验结果表明，在高压线附近工作的人，癌细胞生长速度比一般人快24倍。

（2）对视觉系统的影响　眼睛属于人体对电磁辐射的敏感器官，过高的电磁辐射污染会对视觉系统造成影响。眼组织含有大量的水分，易吸收电磁辐射功率，而且眼的血流量少，故在电磁辐射作用下，眼球的温度易升高。温度升高是产生白内障的主要条件。温度上升导致眼晶状体蛋白质凝固，较低强度的微波长期作用，可以加速晶状体的衰老和浑浊，并有可能使有色视野缩小和暗适应时间延长，造成某些视觉障碍。长期低强度电磁辐射的作用，可促使视觉疲劳，眼感到不舒适和干燥等现象。强度在$100mW/cm^2$的微波照射眼睛几分钟，就可以使晶状体出现水肿，严重的则成为白内障。强度更高的微波，则会使视力完全消失。

（3）对生殖系统和遗传的影响　长期接触超短波发射器的人，男性可出现性机能下降，阳痿；女性出现月经周期紊乱。由于睾丸的血液循环不良，对电磁辐射非常敏感，精子生成受到抑制而影响生育；电磁辐射也会使卵细胞出现变性，破坏排卵过程，从而使女性失去生殖能力。我国某省对16名电脑操作员的追踪调查发现，接触电磁辐射污染组的操作员月经紊乱明显高于对照组，8人10次怀孕中就有4人6次出现异常妊娠。有关研究报告也指出，孕妇每周使用20小时以上计算机，流产率增加80％，同时畸形儿出生率也有上升。

（4）对血液系统的影响　在电磁辐射的作用下，周围血象可出现血球不稳定，主要是下降倾向，红血球的生成受到抑制，出现网状红血球减少。操纵雷达的人多数出现白血球降低。此外，当无线电波和放射线同时作用于人体时，对血液系统的作用较单一作用可产生更明显的伤害。

（5）对机体免疫功能的危害　电磁辐射的作用使身体抵抗力下降。动物实验和对人群受辐射作用的研究和调查表明，人体的白血球吞噬细菌的百分率和吞噬的细菌数均下降。此外受电磁辐射长期作用的人，其抗体形成受到明显抑制。

（6）引起心血管疾病　受电磁辐射作用的人，常发生血液动力学失调，血管通透性和张力降低。主要表现为心悸、失眠、部分女性经期紊乱、心动过缓、心搏血量减少、窦性心律不齐、白细胞减少、免疫功能下降等，如果装有心脏起搏器的病人处于高电磁辐射的环境中，会影响心脏起搏器的正常使用。

（7）对中枢神经系统的危害　神经系统对电磁辐射的作用很敏感，受其低强度反复作用后，中枢神经系统机能发生改变，出现神经衰弱症候群，主要表现有头痛，头晕，无力，记忆力减退，睡眠障碍（失眠，多梦或嗜睡），白天打瞌睡，易激动，多汗，心悸，胸闷，脱发等，尤其是入睡困难，无力，多汗和记忆力减退更为突出，这些均说明大脑是抑制过程占优势，所以受害者除有上述症候群外，还表现有短时间记忆力减退，视觉运动反应时值明显延长；手脑协调动作差，表现对数字记忆速度减慢，出现失误较多。

瑞典研究人员发现，只要职场工作环境电磁波强度大于2mGs，得阿尔茨海默症（老年前期痴呆）的机会比一般人高出4倍；美国贝拉罗来那大学的研究人员发现，工程师、广播设备架设人员、电厂联络人员、电线及电话线架设人员以及电场中的仪器操作员这些职业者，死于老年痴呆症或帕金森病的比率较一般人高出1.5～3.8倍。

（8）电磁辐射对人体电生理的影响　人体的感受器，如眼、耳皮肤上的冷、热触等疼感觉器接受外界刺激产生神经冲动。神经冲动由周围神经系统再传到中枢神经系统产生反馈，反馈信息传给人体的效应器，产生人的有意识的行动。而这里所讲的神经冲动及所反馈信息，实质上就是神经细胞上的电传导。但电磁辐射改变了生物膜电位时也就改变了神经细胞的电传导，扰乱人的正常电生理活动，日积月累会导致神经衰弱、植物神经功能紊乱等症状群。

（9）电磁辐射可导致内分泌紊乱　植物神经功能紊乱，腺体细胞功能状态的异常，将导致激素分泌异常。电磁辐射作用于肾上腺则使肾上腺和去甲腺上素水平降低，直接导致抗损伤能力降低；作用于垂体则使生长激素水平降低，导致儿童生长迟缓；作用于甲状腺及旁腺将使甲状腺素和甲状旁腺异常，导致儿童发育障碍；作用于松果体则使松果体素水平下降，人的免疫力下降，疾病发生率增高，并导致生物钟紊乱。

（10）电磁辐射可诱导变异细胞的产生　生物体由细胞构成，其遗传物质是 DNA，母细胞复制细胞的过程就是 DNA 的复制传递及表达过程，当这一过程受到电磁波及其他致癌因素干扰时，就会诱发癌基因表达，导致癌细胞和其他变异细胞的产生。因此，当人体免疫力低下就会使癌症的发生率增高。电磁辐射使生物膜功能紊乱，甚至破坏或抑制细胞活性，如精子生成减少及活性降低产生不育症，脸部皮肤细胞代谢障碍而产生色素沉淀等。

### 2. 电磁辐射对人体健康危害的影响因素

国内外的研究发现，高频辐射对人体健康危害影响的因素主要如下。①功率。设备输出功率愈大，辐射强度愈大，对人体的影响就愈大。②频率。辐射能的波长愈短，频率愈高，对人体的影响就愈大；长波对人体的影响较弱，随着波长的缩短，对人体的影响加重，微波作用最突出。③距离。离辐射源愈近，辐射强度愈大，对人体影响就愈大。④连续辐射时间。连续辐射时间愈长，累积辐射时间愈长，对人体的危害愈大。⑤振荡性质。脉冲波对机体的不良影响，比连续波严重。⑥作业人员的年龄和性别。初步研究表明，儿童身心最脆弱，最易受辐射伤害；女性对射频辐射的刺激敏感性较大。⑦人体个异性。不同个体对电磁辐射反应很不一样，有的人"适应"能力强，而有的人在同样环境下则忍受不了。⑧周围环境。周围环境温度越高，人体对辐射反应越大。加强屏蔽与接地，能大幅度降低电磁辐射场强，是防止电磁泄漏的主要手段。

### 3. 电磁辐射对人体伤害的机理

电磁辐射危害人体的机理主要是热效应、非热效应和累积效应等。

（1）热效应　人体 70％以上是水，水分子受到电磁波辐射后相互摩擦，引起机体升温，从而影响到体内器官的正常工作。为了叙述方便，通常将作用机体比作电介质电容器。电介质中全部分子正负电荷的中心重合的，称为非极性分子，正负电荷中心不重合的，称为极性分子。在辐射电磁场的作用下，非极性分子的正负电荷朝相反方向运动，致使分子发生极性作用，被极化的分子称为偶极子；极性分子发生重新排列，这种运动称为分子的取向运动。由于射频电磁场方向变化特别快，致使偶极子发生突然取向运动。取向运动过程中，偶极子与周围的分子发生碰撞而产生大量的热。所以，机体处于电磁场中时，人体内发生分子重新排列。由于分子在排列中发生互相的碰撞，消耗场能而转化成热能，引起热作用。此外，体内还有电介质溶液，其中的离子收到场能的作用而发生位置变化。当频率很高时将在其平衡位置附近震动，也能使介质发热。通过上述关于电磁场对人体的作用机理分析得到，当磁场强度愈大，分子运动过程中将场能转化成热能的量值愈大，身体热作用就愈明显与剧烈。也就是说射频的电磁场对人体的作用与场强成正比。因此，当射频电磁场的强度在一定的范围之内时，它可以使人体产生温热的作用，而有利于健康。这是射频有益的作用。然而，当射频电磁场超过一定强度时，将是人体体温或局部组织温度急剧

167

升高，破坏热平衡而有害于人体健康。随着磁场的强度不断增强，射频电磁场对人体的不良影响也必然加强。

（2）非热效应　人体的器官和组织都存在微弱的电磁场，它们是稳定和有序的，一旦受到外界电磁场的干扰，处于平衡状态的微弱电磁场即将遭到破坏，人体也会遭受损伤。

（3）累积效应　热效应和非热效应作用于人体后，对人体的伤害尚未来得及自我修复之前（通常所说的人体承受力——内抗力），再次受到电磁波辐射，其伤害程度就会发生累积，久之会成为永久性病态，危及生命。对于长期接触电磁波辐射的群体，即使功率很小，频率很低，也可能会诱发想不到的病变，应引起警惕。

## 四、移动电话电磁波的危害与防治

现在，大部分人都有移动电话，殊不知它的电磁波其实是很强的。在电脑前拨通移动电话，大家往往会发现电脑屏幕闪烁不已；在打开的收音机前拨通移动电话，收音机也受到很大的干扰。移动电话的影响和危害体现在对飞机和汽车等交通工具的危害，另外，对人体也有不利的影响。

### （一）移动电话对交通工具的影响

近年来，随着便携式电子设备特别是移动电话的日益普及，在民用航空器上使用移动电话和其他电子设备的现象也日渐增多，对飞行安全已构成威胁。大量证据表明在飞机上使用移动电话等便携式电子设备会产生电磁干扰，造成飞机导航设备、自动驾驶仪系统失灵进而严重危及航空安全。移动电话是高频无线通信，其发射频率多在800MHz以上，而飞机上的导航系统受高频干扰性很大，飞行过程中若有人用移动电话，就极有可能导致飞机的电子控制系统失灵，从而发生重大事故。特别是航空器无线电导航和通信系统在起飞、爬升、进近和着陆阶段，由于航空器处于低高度，任何电磁干扰都有可能造成机毁人亡的后果。这个问题已引起社会各界的广泛关注。我国民航总局在1977年初发出通知，在飞行中，严禁旅客在机舱内使用移动电话等电子设备。它不仅关系到飞机的安全，也直接关系到机上数十人乃至数百人的生命财产安全。

因移动电话引发的惨痛教训已很多。

1991年，英国劳达航空公司的一架波音767-300型飞机在从曼谷起飞后不久，机上的一台计算机突然启动了反推装置，致使飞机失事，机上233人全部遇难。调查结果表明，飞机受到了严重的电子干扰导致机上计算机突然失控，而笔记本计算机、便携式摄录机或移动电话可能为罪魁祸首。

1996年10月巴西TAM航空公司的一架"霍克-100"飞机也莫名其妙地坠毁了，机上人员无一幸免。专家们调查事故原因后分析认为，机上的乘客使用移动电话极可能是造成此次事故的元凶。

此外，也有一些情况虽然没有造成严重的事故但已经接近了事故的边缘。1999年7月11日，某航班准备在广州白云机场降落时，出现了约8度的航迹偏离现象，机长发现这一情况后，立即通知乘务员检查客舱，结果发现有4～5位旅客在使用移动电话。在乘务员上前予以制止后，飞机才在着陆前恢复了正常航迹。2000年1月8日，某航班在从湛江机场起飞后不久，机长突然发现飞机罗盘的指示和飞机航线存在严重偏差，计算机系统显示飞机偏航10海里。机长立即通知乘务员进行检查，发现有旅客正在使用移动电话。上述几次险情若非机组经验丰富，处理得当，后果将不堪设想。

那么移动电话如何能干扰导航系统呢？

对导航系统会产生电磁干扰的设备包括主动和非主动的信号发射设备，其中有显著影响的是主动信号发射设备，如移动电话。根据国际公约规定，现行导航系统频道分别是1200MHz、110MHz、75MHz，其他的发射器不得采用这些频道。但是，目前移动电话的频道如 GSM 系统是 800MHz、CDMA 系统是 900～1000MHz、PCS 系统是 1800MHz，与导航系统十分接近。一旦移动电话频率发生改变，与机上电子设备频率一样，就十分危险。进一步讲，即便是电磁干扰的信号很弱，若使用者坐在机头或没有任何东西在前面阻隔，就会直接影响到导航系统。国际上，包括美国、加拿大、欧洲联合航空局、新西兰在内的许多国家民航当局和航空公司在限制使用便携式电子设备方面先后制定了有关规章和程序。中国民用航空总局在参照国际惯例并结合我国的实际情况的基础上，着手制定有关在航空器上限制使用移动电话等便携式电子设备的规定。根据《中华人民共和国民用航空法》第八十八条的规定："任何单位或者个人使用的无线电台和其他仪器、装置，不得妨碍民用航空无线电专用频率的正常使用。"根据《中华人民共和国刑法》第二编第二章危害公共安全罪第一百一十六的规定"破坏火车、汽车、电车、船只、航空器，足以使火车、汽车、电车、船只、航空器发生倾覆、毁坏危险，尚未造成严重后果的，处三年以上十年以下有期徒刑。"第一百一十九条规定"破坏交通工具、交通设施、电力设备、燃气设备、易燃易爆设备，造成严重后果的，处十年以上有期徒刑、无期徒刑或者死刑。"

从上述事例可以看出，事故原因都极有可能与使用移动电话等便携电子设备有关。为此，世界各国都相继制定了限制在飞机使用移动电话的规定。

移动电话所产生的电磁波对汽车上的电动装置也有一定影响，会引起行使中的汽车电动装置"自动跳闸"。所以为避免意外发生尽量不要在行进的汽车内使用移动电话，此外，汽车生产厂家也应提高汽车内部电子设备的抗电磁干扰能力。

### （二）移动电话电磁波的危害

截至到 2009 年 7 月底，我国的移动电话用户已经到 7.0 亿户。移动电话使用时靠近人体对电磁辐射敏感的大脑和眼睛，对人体的健康效应已引起人们重视。

从辐射强度来看，通过对几种类型不同的移动电话天线近距离（5～10cm）范围内的辐射强度分析，其场强平均超过我国国家标准规定限值（$50\mu W/cm$）的 4～6 倍。甚至有的手机天线近场区场强度竟高达 5.97mW，超过标准达 120 倍，在这么高的辐射场强的长期反复作用，肯定会对人体造成影响和危害。

手机对人体的危害起因于热效应和非热效应。手机所使用的无线电波，被人体组织吸收后，会使局部组织温度有所升高，如果一次通话很长，且保持同一姿势，也会使局部组织温度升高，引发病变，这是手机无线电波所形成的热效应引起的。另外也有研究发现，经常使用手机，会出现头痛，忘记事情等症状，这则是手机无线电波所形成的非热效应所致。研究报告显示，使用手机越频繁，则发生头痛的概率就越增加，每天使用 2～15min 的人，使用 15～60min 的人及超过 1h 的人，头痛的概率会是使用少于 2min 人的 3 倍、4 倍和 7 倍。

由于手机的非热效应具有潜在的危险性，所以使用手机每次通话时间不宜过长；此外，一些免持听筒的装置，可避免天线过于贴近身体，可减低无线电波被身体吸收的比例。

移动电话电磁辐射基本上只对使用者产生电磁辐射危害，属近场电磁辐射污染，影响有限，但作为使用者，我们不能忽视移动电话电磁辐射的危害。

### （三）手机的电磁辐射与防护

**1. 防护措施**

为了减少手机对人体，尤其是头部的辐射，除了尽可能地降低手机的辐射功率（功率控制在 600mV）及保证使用手机时让它与人体保持一定距离（建议离人体 2.5cm）外，还应考虑其他防护措施。

日本 NEC 公司生产的 OKI 手机配置了外接耳机和 MIC，具有免提功能，还设有声控辐射功率的自动开关，不说话时，发射功率降低；德国 AEC 公司生产的数字手机设有两片金属镀层，能够改变手机电磁波的方向，减少对人体的电磁辐射；国内市场上出现了一种屏蔽套，套在手机天线的基部以减少电磁波的辐射。此外，还有人提出将手机与数字寻呼系统相结合，在手机内安置寻呼系统，用寻呼系统启动手机开关的构想，可以降低待机期间的辐射功率。

**2. 完善手机性能**

现在大部分手机天线的最大辐射方向位于头部一侧，这会增加手机对人体的电磁辐射强度，因此设计最佳的天线辐射方向，使其偏离头部，是减少手机对人体伤害的有效方法。

**3. 正确使用手机**

（1）避免接通时的高强度辐射　当人们使用手机时，手机会向发射基站传送无线电波，这些电波就是手机辐射。一般来说，手机待机时辐射强度较小，通话时辐射强度较大，而在手机已经拨出而尚未接通时，辐射强度最大，辐射量是待机时的 3 倍左右。这些辐射有可能改变人体组织，对人体健康造成不利影响。

（2）手机要远离枕头边　有专家介绍，手机辐射对人的头部危害较大，它会对人的中枢神经系统造成机能性障碍，引起头痛、头昏、失眠、多梦和脱发等症状，有的人面部还会有刺激感。在美国和日本，已有很多怀疑因手机辐射而引发脑瘤的案例。美国马里兰州一名患脑癌的男子认为使用手机使他患上了癌症，于是对手机制造商提起了诉讼。欧洲防癌杂志所发表的一篇研究报告也指出，长期使用手机的人患脑瘤的机会比不用的人高出 30％。使用手机超过 10 年的人患脑瘤的几率比不使用手机的人高 80％。为此，在接电话时先把手机拿到离身体较远的距离接通，然后再放到耳边通话为好。此外，尽量不要用手机聊天，睡觉时也注意不要把手机放在枕头边。

（3）不要把手机挂于胸前　有研究表明，手机挂在胸前，会对心脏和内分泌系统产生一定影响。即使在辐射较小的待机状态下，手机周围的电磁波辐射也会对人体造成伤害。心律不齐、心脏功能不全的人要尤其注意这一点。有专家认为，电磁辐射还会影响内分泌功能，导致女性月经失调及影响正常代谢功能，造成体内钾、钙、钠等金属离子紊乱。手机中一般装有屏蔽设备，可减少辐射对人体的伤害，含铝、铅等重金属的屏蔽设备防护效果较好。但女性为了美观，往往会选择小巧的手机，这种手机的防护功能有可能不够完善，因此，在还没有出现既小巧，防护功能又强的手机之前，女性朋友最好不要把手机挂在胸前。

（4）不要挂在腰部　据英国《泰晤士报》曾报道，匈牙利科学家发现，男性经常携带和使用手机，精子数目可减少达 30％。有医学专家指出，如果手机挂在人体的腰部或腹部，其收发信号时产生的电磁波将辐射到人体内的精子或卵子，进而影响使用者的生育功能。英国的实验报告指出，老鼠被手机微波辐射 5 分钟，就会产生 DNA 病变，进而推断人类的精、卵子长时间受到手机微波辐射，也有可能产生 DNA 病变。

为此，专家建议手机尽量远离腰、腹部，不要将手机挂在腰上或放在大衣口袋里。另外，手机置于裤子口袋内，这对精子威胁最大，因为裤子的口袋就在睾丸旁边。当在办公室、家中或车上时，使用者最好把手机摆在一边。外出时可以把手机放在皮包里，这样离身体较远。使用耳机接听手机也能有效减少手机辐射的影响。

## 五、电脑的辐射污染

电脑，作为一种现代高科技的产物和电器设备，在给人们的工作、学习和生活带来无限便利、高效与欢乐的同时，也存在着一些有害于人类健康的不利因素，即通过产生辐射进而影响人体健康。

### （一）电脑辐射的分类

从辐射类型来看，电脑辐射主要包括电脑在工作时产生和发出的电磁辐射（各种电磁射线和电磁波等）、声（噪声）、光（紫外线、红外线辐射以及可见光等）等多种辐射"污染"。

从辐射根源来看，辐射来自电脑本身及附属设备。其中电脑本身包括显示器、机箱、鼠标等，而附属设备包括音箱、打印机、复印机等周边设备。其中 CRT（阴极射线管）显示器的成像原理，决定了它在使用过程中难以完全消除有害辐射。因在工作时，CRT 内部的高频电子枪、高压包、偏转线圈以及周边电路，会产生电离辐射、静电电场、非电离辐射、光辐射等多种射线及电磁波。CPU 带有内部集成大量晶体管的主芯片的各个板卡、带有高速直流电机的光驱、软驱和硬盘以及若干个散热风扇以及电源内部的变压器等，工作时则会发出低频电磁波等辐射和噪声干扰。

### （二）电脑辐射的危害

世界卫生组织早在 1987 年发表的 "WHO Visual Display Terminal and Worker Gebeva：WHO Offiser Publication" 中指出，计算机显示器及其周围空间在其工作过程中存在电磁辐射，包括紫外线、可见光、红外线、X 射线以及射频辐射等，并认为显示器产生的电磁辐射具有潜在的危险性。

计算机作为电磁敏感体，其在工作时受到外界强磁场的干扰，容易导致工作程序出错，进而引发意外事故。1988 年，前苏联就曾发生一起震惊世界的电脑杀人事件。国际象棋大师尼古拉·古德科夫与一台超级计算机对弈，在连克三局之后，突然被电脑放出的强电流击中，死于众目睽睽之下。后经证实是电脑受到外来磁场的干扰，破坏了已经编写好的程序，在此过程中电脑运行程序混乱而突然释放出强电流击中古德科夫。

从前面的叙述中可以看出，电脑辐射对人体健康有一定的危害。关于电脑辐射对人体健康的影响问题，国外大量研究的结果认为，电脑主要对眼睛、皮肤、骨骼肌、头部等产生危害作用。其对人体健康的危害一般可以概括如下。

① 影响人体的循环系统、生殖系统、免疫系统、心血管系统和代谢功能，甚至会诱发癌症。对人体生殖系统的影响主要表现为男子精子质量降低，孕妇自然流产和胎儿畸形等；对人体心血管系统的影响主要表现为心悸、失眠，部分女性经期紊乱、窦性心律不齐、心动过缓、白细胞减少、免疫功能下降等。

② 影响视觉系统。眼睛属于人体对电磁辐射的敏感器官，过高的电磁辐射会对视觉系统造成影响，主要表现为：视力下降，引发白内障等。

### （三）电脑辐射的防护

从上述内容可以看出，电脑的电磁辐射具有潜在的危害性，为此，相关的国际、国内专业机构和电脑制造商，很久前便开展了防护电脑辐射的工作。经过多年的努力，对电脑等电子产品的生产制造，在辐射、节能、环保、人体工程学等方面制定了诸多认证标准，以确保人类健康免受损害。

对于电脑电磁辐射危害的防护，目前可采取的方法有两种：主动防护法和被动防护法。

主动防护法是将电脑电磁辐射消灭或屏蔽在"源头"，主要是选择"绿色电脑"；被动防护法则是除采取改善工作环境和注意使用方法外，配备防辐射服、防辐射屏、防辐射窗帘、防辐射玻璃等措施，以此降低或消除电磁辐射的伤害。

如何使电脑辐射对人体的危害降到最低，笔者认为应做到以下几点。

① 避免连续操作电脑时间过长，注意中间休息。

② 保持良好室内的工作环境，如舒适的温度、清洁的空气、合适的阴离子浓度和臭氧浓度等，工作室要保持通风干爽。科学研究证实，电脑荧屏能产生致癌物质（溴化二苯并呋喃），为此，放置电脑的房间要保持通风良好。

③ 保持电脑室内光线适宜，不可过亮或过暗，尽量避免光线直接照射在荧光屏上，以免产生干扰光线，使用电脑时，屏幕亮度要适宜，电脑电磁辐射强度与屏幕亮度有关，屏幕亮度越大，电磁辐射越强，反之越小。屏幕亮度太暗，影响收视效果，且易造成眼睛疲劳。

④ 电脑的荧光屏上要使用滤色镜，以减轻视疲劳。

⑤ 安装防护装置，削弱电磁辐射的强度。

⑥ 注意保持皮肤清洁。电脑显示器表面存在的静电吸附大量灰尘，可转射到皮肤裸露处，长期使用电脑，裸露皮肤易发生斑疹、色素沉着，严重者甚至会诱发皮肤病变。

⑦ 注意补充营养。电脑操作者在荧光屏前工作时间过长，视网膜上的视紫红质会被消耗掉（而视紫红质主要由维生素 A 合成）。为此，电脑操作者应多吃些含有丰富维生素 A 的食物，如胡萝卜、白菜、豆芽、豆腐、红枣、橘子以及牛奶、鸡蛋、动物肝脏、瘦肉等，以补充人体内的维生素 A 和蛋白质。

⑧ 电脑摆放位置要适合。尽量让屏幕的背面远离有人的地方，因电脑背面产生的辐射强度最大，其次是左右两侧，屏幕的正面反而辐射最弱。为此，要保持一个最适当的姿势，以能看清楚文字为准，眼睛与屏幕的距离应在 50cm 以上，双眼平视或轻度向下注视荧光屏，这样可以减少电磁辐射的伤害。

# 第四节　电磁辐射的测量及相关标准

## 一、电磁辐射的测量

### （一）电磁污染源的调查

#### 1. 调查目的和内容

（1）调查目的　为了迅速开展治理工作，切实保护环境，造福人类，电磁污染的调查研究是非常必要的。

（2）调查内容　调查内容主要包括以下三方面。

① 污染源与射频设备使用情况的调查：目的是明确该地区主要人工电磁污染源的种类、数量以及设备的使用情况。

② 主要污染源的测试：在污染源与射频设备使用情况调查的基础上，在专门单位统一指导下，按行业系统对主要污染源的辐射强度进行测量。以了解射频设备的电磁场泄漏，感应负荷辐射情况，摸清工作环境场强分布与生活环境电磁污染水平及对人体的影响，进而确定频射设备的漏场等级和治理重点。

③ 电磁污染情况的调查：在调查的最初阶段，应以电磁辐射对电视信号的干扰为主，方法如下：以所测定的污染源为中心，取东、南、西、北四个方位，在每一个方位上间隔

10m 选取一户为调查点，深入到各户调查点，详细了解电视机接收情况，包括图像与声音两个方面，是否受到干扰。

**2. 调查的程序**

① 设计调查表以及进行调查；

② 定点测量；

③ 测试数据整理以及综合分析与绘制辐射图。

将场强测试结果按场强大小、频率高低进行分类整理，通过定点距离与场强关系值，场强与频率及时间变化特性表（或曲线），作出各种特性曲线和绘制辐射图。

**（二）电磁辐射的测量技术**

电磁污染的测量实际是电磁辐射强度的测量。在这方面，重点介绍工业、科研和医用射频设备辐射强度的测量方法。

**1. 电磁辐射测量的一般要求**

① 环境条件按要求。测量时的环境条件应符合仪器的使用条件，测量记录应注明环境条件。

② 测量点的选取。为使测量结果具有代表性，不同的测量目的应采取不同的测量方案。

③ 测量仪器的选取。测量前应估计最大场强值，以便选择测量设备。

④ 测量数据的要求。测量时数据要齐全，以保证测量结果准确、可靠。

⑤ 测量数据的处理。测量中应按统计学原则处理异常数据及测量结果。

⑥ 资料的整理。电磁辐射测量的文件资料要齐全以备日后复查。文件资料包括测量设备的校准证书、测量方案、测量布点图、原始测量数据、统计处理方法等。

⑦ 参数选取。场参数测量时，若用宽带测量设备进行测量，测量值没有超出限值，则不需用其他设备进行测量，否则应使用窄带测量设备进行测量，并找出影响测量结果的主要辐射源。

⑧ 对固定辐射源（如电视发射塔）进行场参数测量，应设法避免或尽量减少周边偶发的其他辐射源的干扰，对不可避免的干扰估计其对测量结果可能产生的最大误差。

⑨ 测量设备应定期校准。

基于它们所造成的污染是由于这些设备在工作过程中产生的电磁辐射。因此，对于这类设备辐射强度的测量可以一次性进行。大体测量方法如下。

当设备工作时，以辐射源为中心，确定东、南、西、北、东北、东南、西北、西南 8 个方向（间隔 45°角）做近区场与远区场的测量。

**2. 近区场强的测量**

① 首先计算近区场又称感应电场的作用范围，即 1/6 波长之间均为近区场。

② 由于射频电磁感应区中电场强度与磁场强度不呈固定关系的特点，感应区场强的测定应分别进行电场强度与磁场强度的测定。

③ 用经有关部门检定合格的射频电磁场（近区）强度测定仪进行测定。测定前应按产品说明书规定，关好机柜门，上好盖门，拧紧螺栓，使设备处于完好状态。测定时，射频设备必须按说明书规定处于正常工作状态。

④ 在每个方位上，以设备面板为相对水平零点，分别选取 0.1 m、0.5m、1m、2m、3m、10m、50m 为测定距离，一直到近区场边界为止。

⑤ 取三种测定高度，即：头部，离地面 150~170cm 处；胸部，离地面 110~130cm 处；下腹部，离地面 70~90cm 处。

⑥ 测定方向以测定点上的天线中心点为中心，全方向转动探头，以指示最大的方向为

测定方向。现场为复合场时，暂以测定点上的最强方向上的最大值为准（若出现即个最大点时，以其中最大的一点为准）。

⑦ 避免人体对测定的影响。测定电场时，测试者不应站在电场天线的延伸线方向上；测定磁场时，测试者不应与磁场探头的环状天线平面相平行。操作者应尽量离天线远些，测试天线附近1m范围内除操作者外避免站人或置放金属物体。

⑧ 测定部位附近应尽量避开对电磁波有吸收或反射作用的物体。

**3. 远区磁场的测量**

① 根据计算，确定远区场起始边界。

② 在8个方面上分别选取3m、11m、30m、50m、100m、150m、200m、300m作为测定距离。

③ 可以只测磁场或电场强度。

④ 测定高度均取2m。如有高层建筑，则分别取1层、3层、5层、7层、10层、15层等测量高度。

⑤ 测定仪器为标准仪并选取场仪所示的准峰值。

## 二、电磁辐射相关标准

为有效防止电磁辐射污染，保护人们免受电磁辐射的危害，我国自20世纪80年代以来对作业场所、电磁辐射环境及干扰控制等分别制定了相关标准。

### 1. 电磁辐射防护规定

为防止电磁辐射污染，保护环境，保障公众健康，促进伴有电磁辐射的正当实践的发展而制定了《电磁辐射防护规定》（GB 8702—88）。本规定适用于中华人民共和国境内产生电磁辐射污染的一切单位或个人、一切设施或设备。规定中防护限值的适用频率范围为100kHz～300GHz。但本规定的防护限值不适用于为病人安排的医疗或诊断照射。其中划分为基本限值和导出限值。

（1）基本限值　①职业照射：在每天8h工作期间内，任意连续6min按全身平均的比吸收率应小于0.1W/kg。②公众照射：在一天24h内，任意连续6min按全身平均的比吸收率应小于0.02W/kg。

（2）导出限值　①职业照射：在一天8h工作期间内，电磁辐射场的场量参数在任意连续6min内的平均值应满足表4.4要求。② 公众照射：在一天24h内，环境电磁辐射场的场量参数在任意连续6min内的平均值应满足表4.5要求。

对于一个辐射体发射几种频率或存在多个辐射体时，其电磁辐射场的场量参数在任意连

**表4.4　职业照射导出限值**

| 频率范围/MHz | 电场强度/(V/m) | 磁场强度/(A/m) | 功率密度/(W/m) |
|:---:|:---:|:---:|:---:|
| 0.1～3 | 87 | 0.25 | (20) |
| 3～30 | $150/\sqrt{f}$ | $0.40/\sqrt{f}$ | $(60/f)$ |
| 30～3000 | (28) | (0.075) | 2 |
| 3000～15000 | $(0.5\sqrt{f})$ | $(0.0015\sqrt{f})$ | $f/1500$ |
| 15000～30000 | (61) | (0.16) | 10 |

注：1. 系平面波等效值，供对照参考。

2. 供对照参考，不作为限值；表中$f$是频率，单位为MHz；表中数据做了取整处理。

表 4.5 公众照射导出限值

| 频率范围/MHz | 电场强度/(V/m) | 磁场强度/(A/m) | 功率密度/(W/m) |
|---|---|---|---|
| 0.1~3 | 40 | 0.1 | (40) |
| 3~30 | $67/\sqrt{f}$ | $0.17/\sqrt{f}$ | $(12/f)$ |
| 30~3000 | (12) | (0.032) | 0.4 |
| 3000~15000 | $(0.22\sqrt{f})$ | $(0.001\sqrt{f})$ | $f/7500$ |
| 15000~30000 | (27) | (0.073) | 2 |

注：1. 系平面波等效值，供对照参考。

2. 供对照参考，不作为限值；表中 $f$ 是频率，单位为 MHz；表中数据做了取整处理。

续 6min 内的平均值之和，应满足下式：

$$\sum_i \sum_j \frac{A_{i,j}}{B_{i,j,L}} \leqslant 1 \qquad (4.14)$$

式中，$A_{i,j}$ 为第 $i$ 个辐射体 $j$ 频段辐射的辐射水平；$B_{i,j,L}$ 为对应于 $j$ 频段的电磁辐射所规定的照射限值。

对于脉冲电磁波，除满足上述要求外，其瞬时峰值不得超过表 4.4、表 4.5 中第 1 列、第 2 列限值的 1000 倍。

在频率小于 100MHz 的工业、科学和医学等辐射设备附近，职业工作者可以在小于 1.6A/m 的磁场下连续工作 8h。

**2. 作业场所辐射的相关标准**

(1) 微波辐射卫生标准　《微波辐射卫生标准》（GB 10436—89）适用于接触微波辐射的各类作业，不包括居民所受环境辐射及接受微波诊断或治疗的辐射，具体内容见表 4.6。

表 4.6　《作业现场微波辐射卫生标准》（GB 10436—89）

| 辐射条件 | 8h/d 允许功率密度 /($\mu$W/cm$^2$) | <8h/d 允许功率密度 /($\mu$W/cm$^2$) |
|---|---|---|
| 连续波或脉冲波非固定辐射 | 50 | 400/t |
| 脉冲波固定辐射 | 25 | 200/t |
| 仅肢体辐射 | 500 | 4000/t |

(2) 作业现场超短波辐射卫生标准　《作业现场超短波辐射卫生标准》（GB 10437—89）规定了作业现场所超高频辐射（20~300MHz）的允许值，将辐射分为连续波和脉冲波，具体内容见表 4.7。

表 4.7　《作业现场超短波辐射卫生标准》（GB 10437—89）

| 辐射条件 | 辐射时间/(h/d) | 允许功率密度/($\mu$W/cm$^2$) | 相应场强/(V/m) |
|---|---|---|---|
| 连续波 | 8 | 0.05 | 14 |
|  | 4 | 0.1 | 19 |
| 脉冲波 | 8 | 0.025 | 10 |
|  | 8 | 0.05 | 14 |

**3. 环境电磁波卫生标准**

《环境电磁波卫生标准》（GB 9174-3—88）是用于一切人群经常居住和活动场所的环境电磁辐射，不包括职业辐射和射频、微波治疗需要的辐射。其具体内容见表 4.8。

表 4.8　《环境电磁波卫生标准》(GB 9174-3—88)

| 波长 | 单位 | 容许场强 | |
|---|---|---|---|
| | | 一级(安全区) | 二级(中间区) |
| 长、中、短波 | V/m | <10 | <25 |
| 超短波 | V/m | <5 | <12 |
| 微波 | $\mu W/cm^2$ | <0 | <40 |
| 混合 | V/m | 按主要波段场强;若各波段场分散,则按复合场强加权确定 | |

　　其中,一级标准为安全区,指在该环境电磁波强度下长期居住、工作、生活的一切人群(包括婴儿、孕妇和老弱病残者),均在会受到任何有害影响的区域;新建、改建或扩建电台、电视台和雷达站等发射天线,在其居民覆盖区内,必须符合"一级标准"的要求。二级标准为中间区,指在该环境电磁波强度下长期居住、工作和生活的一切人群(包括婴儿、孕妇和老弱病残者)可能引起潜在性不良反应的区域;在此区内可建造工厂和机关,但不允许建造居民住宅、学校、医院和疗养院等,已建造的必须采取适当的防护措施。超过二级标准地区,对人体可带来有害影响;在此区内可作绿化或种植农作物,但禁止建造居民住宅及人群经常活动的一切公共设施,如机关、工厂、商店和影剧院等;如在此区内已有这些建筑,则应采取措施,或限制辐射时间。

# 第五节　电磁辐射污染及其防治

## 一、电磁辐射防护措施

　　根据电磁辐射的特点,要从根本上防止电磁辐射污染,必须采取防重于治的策略。①要减少和控制污染源,制定和执行适当的安全标准,使辐射量在规定的限值内;②要采取相应的防护措施,保障职业人员和公众的人身安全;③应加强电磁污染危害及其防护知识的宣传等。

### 1. 制定并执行电磁辐射安全标准

　　要从国家标准出发,对产生电磁波的工业设备产品提出较严格的设计指标,尽量减少电磁能量的泄漏,从而为防护电磁辐射提供良好的前提。而目前我国有关电磁辐射的法规很不健全,应尽快制定各种法规、标准监察管理条例,做到依法治理。在产生电磁辐射的作业场所,要定期进行监测,发现电磁场强度超过标准的要尽快采取措施。

### 2. 采取防护措施

　　为减少电子设备的电磁泄漏,防止电磁辐射污染环境,危害人体健康,还要从电磁屏蔽及吸收、城市规划、产品设计等角度着手采取标本兼治的方案防护和治理电磁污染。

　　工厂、电器集中地要制定措施,采取抑制干扰传播技术,如屏蔽、吸收、接地、搭接、合理布线、频率划分、滤波等措施。

### 3. 加强宣传教育,提高公众意识

　　鉴于当前电磁辐射对人体健康的危害日益严重,特别是这种看不见、摸不着、闻不到的危害不易为人们察觉,往往会被人们忽视,因此应广泛开展宣传教育,唤起人们的防护意识。我们应当在学习物理知识的过程中,逐步了解到科学与环境生活息息相关的问题,如在指导学生进行电磁波、无线电等的学习活动中,应当教育学生重视电磁污染的防护,以保护学生的视力、脑力等;对学生而言,应增强环保意识,从自身做起,以减少电磁污染的危害。

## 二、电磁辐射防护与治理技术措施的基本原则

电磁辐射防护与治理技术措施的基本原则如下。①屏蔽辐射污染源。对能产生电磁辐射的设备，可采用能屏蔽、反射或吸收电磁波的屏蔽物，如铜丝、铝丝、高分子膜等。②减少接触时间。经常操作电脑的人员，一般工作 1.0h 左右，就应休息 10~15min，每周工作最好控制在 20h 左右。还应尽量减少使用手机、对讲机和无绳电话，注意通话时间。③增强防护意识。加强营养，多吃新鲜蔬菜和富含卵磷脂、维生素 A 及抗氧化剂的食品，如胡萝卜、豆制品、大枣、柑橘、牛奶、鸡蛋、动物肝脏和瘦肉等。同时还应加强锻炼，经常喝些绿茶，以提高机体的免疫力和自我修复能力。④提高防范意识。通过宣传教育，使人们清楚地认识到所有的电器、输电线和接线、引线都能产生电磁波辐射，并危害人体健康。所以，在购买电器时一定要注意产品的质量。⑤加强个体防范。妇女、儿童、青少年、孕妇、体弱多病者、安装有心脏起搏器者、对电磁波敏感之人或长期处于电磁污染超标状态之下的人群，应采取一定的防护措施，如防护外衣、裤子、孕妇服、屏蔽罩等。⑥改善所处环境。空气要保持流通，温湿度要适宜，常用家电不要集中放置或同时使用，而且最好不要放在卧室内。⑦与辐射源保持一定距离。电脑显示器的视屏尺寸乘以 6、远离微波炉 2.5~3.0m、高压输电线 0.5 万伏/米以外，通常被视为安全区。

## 三、高频设备的电磁辐射防护

为了防止、减少或避免高频电磁辐射对环境的污染及对人体造成伤害，应当采取必要的防治措施。一般高频设备的电磁辐射防护的频率范围一般是指 0.1~300MHz，其防护技术有电磁屏蔽、接地技术及滤波等几种。

### (一) 电磁屏蔽

电磁屏蔽的目的就是使电磁辐射体产生的电磁辐射能量限定在规定的范围之内，防止其传播与扩散。也就是说，采取一切技术手段，将电磁辐射的影响与作用限制在规定的范围之内。

众所周知，在电磁场中存在电磁感应，后者是通过磁力线的交联耦合来实现的。若把电磁场限制在一定范围之内，那么在此范围之外的磁力线就不存在了，也就是达到了屏蔽的目的。换言之，若要使某一范围不受影响，那就必须使该范围内的磁力线为零。于是在某外来电磁场的作用下，根据法拉第电磁感应定律，在屏蔽体上产生感应电流，感应电流随后产生了与外来电磁场方向相反的磁力线，使屏蔽范围内的磁力线几乎为零，即达到了屏蔽的目的。

#### 1. 电磁屏蔽的机理

电磁屏蔽的机理是电磁感应现象。在外界交变电磁场 $E$ 下，通过电磁感应，屏蔽壳体内产生感应电流，而这电流在屏蔽空间内又产生了与外界电磁场方向相反的电磁场 $H$，从而抵消了外界电磁场，达到屏蔽效果。

对于电磁场的屏蔽，主要依靠屏蔽体的反射作用和吸收作用来达到降低辐射的目的。

(1) 反射作用　主要由于介质（空气）与金属的波阻抗不一致引起的，二者差别越大，反射损耗越大。

(2) 吸收作用　由电损耗、磁损耗及介质损耗等组成。这些损耗转化为热消耗在屏蔽体内，从而达到阻止或防止电磁辐射的效果。

(3) 反射-吸收综合作用　当入射电磁波遇到屏蔽体后，一部分电磁波因阻抗不一致被反射回空气介质中，另一部分电磁波则穿透进入屏蔽体。后者因屏蔽体在电场中产生的电磁损耗以及介质损耗等而消耗部分能量，即部分电磁波被吸收，因此剩余电磁波在到达屏蔽

体另一表面时同样因阻抗不匹配，又有部分电磁波被反射回屏蔽体，形成在屏蔽体内的多次反射，剩余部分穿透屏蔽体进入空气介质。

**2. 电磁屏蔽的过程**

电磁干扰过程必须同时具备电磁干扰源、电磁敏感设备、传播途径三要素，否则该过程很难发生。采用屏蔽措施，一方面可抑制屏蔽室内电磁波外泄，抑制电磁干扰源；另一方面也可防止外部电磁波进入室内。

**3. 电磁屏蔽的分类**

按电磁场的特征电磁屏蔽一般可以分为三种。①静电场（包括变化很慢的交变电场）的屏蔽。这种屏蔽现象实际上是由于屏蔽物的导体表面的电荷在外界电场的作用下重新分布，直到屏蔽物的内部均为零才能停止，如高压带电作业工人所穿的带电作业服。②静磁场（包括变化很慢的交变磁场）的屏蔽。它同静电屏蔽相似，也是通过一个封闭物体实现屏蔽。它与静电屏蔽不同的是，它使用的材料不是铜网而是磁性材料。有防磁功能的手表，就是基于这一原理制造的。③高频、微波电磁场的屏蔽。如果电磁波的频率达到百万赫兹或者亿万赫兹，这种频率的电磁波射向导体壳时，就像光波射向镜面一样被反射回来，同时也有一小部分电磁波能量被消耗掉，也就是说电磁波很难穿过屏蔽的封闭体。另外，屏蔽体内部的电磁波也很难穿出去。实际防治中作中多采用电磁屏蔽。

按屏蔽室其结构可以分成两类。①板型屏蔽室，是由若干块金属薄板制成，对于毫米波段，只有采用这种屏蔽室。②网型屏蔽室，是由若干块金属网或板拉网等嵌在金属骨架上构成。在制作中，有的采用装配的方法，也有的采用焊接的方法。

按照屏蔽的方法可以分为主动场屏蔽和被动场屏蔽两种。主动场屏蔽是将场源用屏蔽体包围起来，使其位于屏蔽体内部，以此来限制场源对外部空间的影响；被动场屏蔽是将屏蔽体置于磁场内部，主要是保会屏蔽体内部的物体。从以上的叙述可以看出，二者主要的区别是场源与屏蔽体位置的差异。

**4. 影响屏蔽效果的因素**

（1）孔洞及缝隙　主要是指屏蔽体上本身具有的各种不连续孔洞的大小及分布密度；屏蔽体上的焊接缝隙，可拆卸板、门、窗等。

（2）空腔谐振　当封闭的屏蔽体受到高频电磁能量的冲击或屏蔽体中的一些大功率脉冲也能导致这种谐振的出现，将产生空腔谐振从而降低屏蔽效能。

（3）屏蔽材料　主要是指屏蔽材料的材质、种类、本身特性（如电导率、磁导率等）。

（4）混合屏蔽与天线效应　不同种屏蔽材料在屏蔽体中混合使用，各种金属导线引入屏蔽体空间内，会影响屏蔽效果。此外，辐射源的距离、辐射频率等也对屏蔽效果产生影响。

**5. 屏蔽效果的衡量**

通常屏蔽室所需要的屏蔽效能是因其用途而异。为了定量衡量这种效能，把室内空间这一区域屏蔽后的电场强度与屏蔽前的电场强度相比较，这个降低的值用 dB 数来表示。

由于屏蔽体材料材质的不同，材料的选择成为屏蔽效果好坏的关键。材料内部电场强度 $E$ 与磁场强度 $H$ 在传播过程中均按指数规律迅速衰减，电磁波的衰减系数是衡量电磁波在导体材料中衰减快慢的参数，电磁波的衰减系数越大，衰减得越快，屏蔽效果越好。通常用屏蔽效率表现屏蔽作用的大小，所谓屏蔽体的屏蔽效率（百分比），取决于电场和磁场（或总的辐射强度）在屏蔽前后的强度比值，用公式表示如下：

$$\partial_E = \frac{E_2 - E_1}{E_1} \times 100\%$$

(4.15)

$$\partial_H = \frac{H_2 - H_1}{h_1} \times 100\% \tag{4.16}$$

$$\partial_\omega = \frac{\omega_2 - \omega_1}{\omega_1} \times 100\% \tag{4.17}$$

式中，$\partial_E$ 为电场屏蔽效果；$\partial_H$ 为磁场屏蔽效率；$\partial_\omega$ 为辐射屏蔽效率；$E_1$，$E_2$ 为屏蔽前后电场强度；$H_1$，$H_2$ 为屏蔽前后磁场强度；$\omega_1$，$\omega_2$ 为屏蔽前后辐射强度。

**6. 电磁屏蔽室的设计制作**

屏蔽效果的好坏不仅与屏蔽材料的性能、屏蔽室的尺寸和结构有关；也与到辐射的距离、辐射的频率以及屏蔽封闭体上可能存在的各种不连续的形状（如接缝、孔洞等）和数量有关。屏蔽体结构设计的一般要求如下。

（1）屏蔽材料　材料不同，其对电磁波反射和吸收的效果不同，屏蔽效果自然有差异。屏蔽材料必须选用导电性高和透磁性高的材料，通过在中波与短波各频段实验结果可知，铜、铝、铁均具有较好的屏蔽效能，可以结合具体情况选用。尽管钢也有很好的屏蔽效果，但钢对能量损耗较大，一般不宜作为屏蔽材料。对于超短波、微波频段，一般可用屏蔽材料与吸收材料制成复合材料，用来防止电磁辐射。对于中、短波频段，可采用金属导体将辐射源屏蔽起来，并加以良好的接地。对于高频段波，一般选用铜、铝作用屏蔽材料。如果条件允许可用不锈钢制造具有很高可靠性的电磁屏蔽壳体。现在流行新型的屏蔽体材料还有导电塑料、活化导电镀膜塑料、发泡铝、发泡镍、超微晶纳米晶合金、镍基/钴基非晶态合金、坡莫合金等。常用金属材料对铜的相对电导率和相对磁导率见表4.9。

表 4.9　常用金属材料对铜的相对电导率和相对磁导率

| 材料 | 对铜的相对电导率 | 相对磁导率 | 材料 | 对铜的相对电导率 | 相对磁导率 |
|---|---|---|---|---|---|
| 银 | 1.05 | 1 | 锌 | 0.29 | 1 |
| 磷青铜 | 0.18 | 1 | 铍 | 0.10 | 1 |
| 铁 | 0.26 | 50～1000 | 热轧硅钢 | 0.038 | 1500 |
| 铜 | 1 | 1 | 冷轧钢 | 0.17 | 180 |
| 白铁皮 | 0.16 | 1 | 铅 | 0.08 | 1 |
| 黄铜 | 0.17 | 1 | 坡莫合金 | 0.04 | 8000～12000 |
| 金 | 0.7 | 1 | 镉 | 0.023 | |
| 锡 | 0.15 | 1 | 钼 | 0.04 | 1 |
| 不锈钢 | 0.02 | 500 | 高磁导率硅钢 | 0.06 | 80000 |
| 铝 | 0.61 | 1 | 镍 | 0.2 | |
| 钽 | 0.12 | 1 | 钛 | 0.036 | |
| 4%硅钢 | 0.029 | 500 | 铁镍钼超导磁合金 | 0.023 | 100000 |

（2）屏蔽结构要合理　在设计屏蔽结构时，要求尽量减少不必要的开孔、缝隙，并尽量减少尖端突出物。

电磁屏蔽室内通常有各种仪器设备，工作人员还要进进出出，这就要求屏蔽室有门、通风孔、照明孔等工作配套设施，这就会使得屏蔽室出现不连续部位。在加工大型屏蔽室时，就是一块大网板也会有接缝。要使屏蔽室有良好的屏蔽效果，屏蔽室的每一条焊缝都应做到电磁屏蔽。用连续焊接的方法形成的接缝是射频特性最好的。屏蔽室的孔洞是影响屏蔽性能的另一因素。为了减小其影响，可在孔洞上接金属套管或者在卷绕前事先清除结合面上的各种非导电物质，然后将二者同时缠绕起来，最后采用适当的压力使之成型。套管与孔洞周围由可靠的电气方法连接；孔洞的尺寸还应当小于干扰电波的波长。

屏蔽室的门有两种形式，一种是金属板式，是采用与屏蔽相同的板材，用它把木制门架包起来，形成一金属门板；另一种是金属网式，是由金属网镶嵌在木制框架上，并且焊牢。通常门上是用两层金属网覆盖。

屏蔽室有时也设有窗户。它是用金属网覆盖的，其四周必须与屏蔽室构件焊接好。窗户必须镶上有两层小网孔的金属网，网的间距小于 0.2mm，两层网的间距小于 5cm，两层网都必须与屏蔽有可靠的电气接触。

在板型屏蔽室的情况下，则需装设通风管道，否则室内温度过高导致电波的生物效应增强，对工作人员健康十分不利，同时对高功率仪器设备的工作也很不利。一旦装设了通风管道后，电磁能量有可能从通风管道"泄漏"，还需要采取必要的抑制措施，为了抑制通风管道电磁泄漏，可以在适当部位镶上金属网，其四周要与屏蔽室构件焊接好。从表面上看是一个通风孔洞，实际上电磁波不能通过。

（3）屏蔽厚度的选用　一般认为，接地良好时，屏蔽效率随屏蔽厚度增加而升高。鉴于射频（特别是高频波段）的特性以及从成本上考虑，屏蔽体厚度是有一定范围的。研究表明，当厚度超过 1mm 时，其屏蔽效能的差别不大。

（4）屏蔽网孔大小（数目）及层数的选用　如选用屏蔽金属网，而对于超短波、微波来说，屏网目数一定要大（即网眼要小）；对于中、短波，一般数目小些就可以保证屏蔽效果。由实验得知，双层金属网屏效一般大于单层金属网屏效，当间距在 5～10cm 以上时，衰减量双层等于单层的两倍。

**（二）接地技术**

**1. 接地抑制电磁辐射的机理**

接地有射频接地和高频接地两大类。射频接地是指将场源屏蔽体部件内产生的感应电流迅速引流，造成等电势分布的措施；高频接地是将设备屏蔽体和大地之间，或者与大地可以看成公共点的某些构件之间，用低电阻的导体连接起来，形成电气通路，造成屏蔽系统与大地之间提供一个等电势分布。

接地包括高频设备外壳的接地和屏蔽的接地。屏蔽装置充分接地，可以提高屏蔽效果，以中波较为明显。屏蔽接地采用单点接地。高频接地的接地线不宜太长，其长度最好能限制在波长的 1/4 以内，即使无法达到这个要求，也应避开波长 1/4 的奇数倍。

**2. 接地系统**

射频防护接地情况的好坏，直接关系到防护效果。射频接地的技术要求有：射频接地电阻要尽可能小；接地线与接地极以用铜材为好；接地极的环境条件要适当；接地极一般埋设在接地井内。

接地系统包括接地线与接地极，其组成示意见图 4.7。

（1）接地线的结构设计　任何屏蔽的接地线都要有足够的表面积，要尽可能地短，以宽为 10cm 的铜带为佳。①设备的接地：原则上要求每台设备需配有单独的接地线，不应采用汇流排线，防止引起干扰的耦合效应。②电缆的接地：电缆的金属屏蔽是产生射频电磁场设备的电流回路，故要求电缆的屏蔽外皮要妥善接地。③屏蔽部件的接地：任何金属屏蔽部件应使用宽的金属带作用接地线并进行多点接地，并保证与接地极接触良好。

（2）接地极的结构设计　其结构主要有三种类型：①接地铜板（一般是将长度为 1.5～2.0m 的

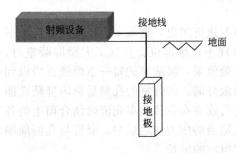

图 4.7　接地系统组成

铜板埋在土壤中，并将接地线良好地连接在接地板上）；②接地网格（一般是将长度为 1.5～2.0m 的铜板上立焊井字铜板，使其成为格网结构，随后将其埋入土壤中）；③嵌入接地棒[一般将长度为 2.0m，直径为 5～10cm 的金属棒（铜棒或铁棒）埋入地下，然后把各接地棒连接起来，并于接地线连接]。

（3）接地效果　在微波、短波频段范围内，接地作用甚微或不太明显，在中短波段频段内，正确接地才能充分发挥屏蔽作用，与不接地状态下的屏蔽效能相比，接地状态下的屏蔽效能差 30dB，对磁场屏蔽效能则无明显影响。

此外，地面下的管道（如水管、煤气管等）是可以充分利用的自然接地体。这种方法简单省费用，但是接地电阻较大，只是用于要求不高的场合。

**（三）　滤波**

滤波是抑制电磁干扰最有效手段之一。线路滤波的作用就是保证有用信号通过，并阻截无用信号通过。电源网络的所有引入线，在其进入屏蔽室之处必须装设滤波器。若导线分别引入屏蔽室，则要求对每根导线都必须进行单独滤波。在对付电磁干扰信号的传导和某些辐射干扰方面，电源电磁干扰滤波器是相当有效的器件。滤波器是一种具有分离频带作用的无源选择性网络，它具有从输入端（或输出端）电流的所有频谱中分离出一定频率范围内有用电流的能力。这是其他放辐射方法所不具备的。

滤波器的设计要点如下。

滤波器是由电阻、电容和电感组成的一种网络器件。在家用电器的说明书中经常看到它。滤波器在电路中的设置是各式各样的，其设置位置要根据干扰侵入的途径确定。例如，滤波器是接在干扰源处或接收机之间的电路上，还是接在接收机的输入端，主要根据干扰源来确定。当干扰源来自电源线时，滤波器应装在电源引入线处。这样做一方面可以削弱由电源线路直接侵入的传导干扰，另一方面可以削弱在电源线上感应的电磁波。

（1）截止频率的确定　如要得到大的衰减常数，截止频率一定要取低些。

（2）阻抗的确定　在通频带区域中阻抗匹配问题不明显，不用考虑阻抗问题，但在阻频带区域中，要尽量提高其衰减值。

（3）阻频带宽的确定　为了获得比较宽的阻抗带，$k$（Π 型网络的旁路电容与总分布电容的比值）值得选择必须大些。

（4）线圈数的确定　理论分析可知，通频带越宽、线圈数值越小，工作衰减值越低。

此外，在设计滤波器时，屏蔽与接地形式及线路与结构问题也不应忽略。

**（四）　距离防护**

从电磁辐射的原理可知，辐射电磁场强度与辐射源到被照体之间的距离成反比。因此，适当地加大辐射源与被照体之间的距离可较大幅度地衰减电磁辐射强度。减少被照体受电磁辐射的影响。在某些实际条件允许的情况下，这是一项简单可行的防护方法。应用时，可简单地加大辐射体与被照体之间的距离，也可采用机械化或自动化作业，减少作业人员直接进入强电磁辐射区的次数或工作时间。

**（五）　个体防护**

个体防护是对被高频电磁辐射人员，如在高频辐射环境内的作业人员进行防护，以保护作业人员的身体健康。常用的防护用品有防护眼镜、防护服和防护头盔等。这些防护用品一般用金属丝布、金属膜布和金属网等制作。

**（六）　其他措施**

① 从规划着手。对这种电磁辐射设备进行合理安排和布局，并采用机械化或自动化作业，减少作业人员直接进入强电磁辐射区的次数或工作时间。

② 在新产品和新设计的设计制造时，尽可能使用低辐射产品。

③ 对于已有设备，应采用电磁辐射阻波抑制器，通过反作用在一定程度上抑制无用的电磁散射。

④ 注意饮食调节，以此抵抗电磁波辐射也是一种有效途径。例如，油菜、芥菜、胡萝卜等蔬菜就具有这样的功能。

## 四、广播、电视发射台的电磁辐射防护

广播、电视发射台的电磁辐射防护首先应该在项目建设前，以《电磁辐射防护规定》(CB 8702—88) 为标准，进行电磁辐射环境影响评价，实行预防性卫生监督，提出包括防护带要求等预防性防护措施。对于业已建成的发射台对周围区域造成较强场强，一般可考虑以下防护措施。①降低磁场强度。在条件许可的情况下，采取措施，减少对人群密集居住方位的辐射强度，如改变发射天线的结构和方向角。②改善环境。在中波发射天线周围场强大约为 15V/m，短波场强为 6V/m 的范围设置一片绿化带。③调整房屋用途。将在中波发射天线周围场强大约为 10V/m，短波场源周围场强为 4V/m 的范围内的住房，改作非生活用房。④合理选择建筑材料。利用建筑材料对电磁辐射的吸收或反射特性，在辐射频率较高的波段，使用不同的建筑材料，包括钢筋混凝土，甚至金属材料覆盖建筑物，以衰减室内场强。

## 五、微波设备的电磁辐射防护

为了防止和避免微波辐射对环境的"污染"而造成公害，影响人体健康，在微波辐射的安全防护方面，需采取一定的措施。

### (一) 减少源的辐射或泄漏

根据微波传输原理，采用合理的微波设备结构，正确设计并采用适当的措施，完全可以将设备的泄漏水平控制在安全标准以下。在合理设计和合理结构的微波设备制成之后，应对泄漏进行必要的测定。合理的使用微波设备，为了减少不必要的伤害，规定维修制度和操作规程是必要的。

这项措施在进行雷达等大功率发射设备的调整和试验时非常重要。在实际应用中，可利用等效天线或大功率吸收负载的方法来降低从微波天线泄漏的直接辐射。利用功率吸收器（等效天线）可将电磁能转化为热能散失掉。不同类型的吸收器可以保证能量散失达 10～60dB。当检测感应器、接收器和天线设备的工作时，可以采用目标模拟物，以减少所用微波源功率。

### (二) 实行屏蔽和吸收

为防止微波在工作地点的辐射，可采用反射型和吸收型两种屏蔽方法。

#### 1. 反射微波辐射的屏蔽

使用板状、片状和网状的金属组成的屏蔽壁来反射散射微波，可以较大地衰减微波辐射作用。一般，板状的屏蔽壁的屏蔽壁效果比网状好，也有人用涂银尼龙布来屏蔽，效果也不错。

#### 2. 吸收微波辐射的屏蔽

对于射频，特别是微波辐射，也常利用吸收材料进行微波吸收。

电磁波吸收材料指能吸收、衰减入射的电磁波，并将其电磁能转换成热能耗散掉或使电磁波因干涉而消失的一类材料。吸波材料由吸收剂、基体材料、黏结剂、辅料等复合而成，其中吸收剂起着将电磁波能量吸收衰减的主要作用。吸波材料可分为传统吸波材料和新型吸

波材料。目前电磁辐射吸收可分为谐振型吸收材料和匹配型吸收材料两类。谐振型吸收材料，是利用某些材料的谐振特性制成的吸收材料。这种吸收材料厚度小，对频率范围较窄的微波辐射有较好的吸收效率。匹配型吸收材料，是利用某些材料和自由空间的阻抗匹配，达到吸收微波辐射能的目的。

(1) 传统吸波材料　按照吸波原理，传统的吸波材料可以分为电阻型、电介质型和磁介质型三类。

① 电阻型吸波材料：电磁波能量损耗在电阻上，吸收剂主要有导电高聚物、碳纤维、导电性石墨粉、碳化硅纤维等，特点是电损耗正切较大。

② 电介质型吸波材料：是依靠介质的电子极化、离子极化、分子极化或界面极化等持续损耗、衰减吸收电磁波，吸收剂主要有金属短纤维、钛酸钡陶瓷等。

③ 磁介质型吸波材料：它们具有较高的磁损耗角正切，主要依靠磁滞损耗、畴壁共振和自然共振、后效损耗等极化机制衰减吸收电磁波，研究较多且比较成熟的是铁氧体吸波材料，吸收剂主要有铁氧体、羰基铁粉、超细金属粉等。人们最早用的吸收材料是一种厚度很薄的空隙布。这层薄布不是任意的编制物，它具有 $377\Omega$ 的表面电阻率，并且是用碳或碳化物浸过的。

如果把炭黑、石墨羰基铁和铁氧体等，按一定的配方比例填入塑料中，即可以制成较好的窄带电波吸收体。为了使材料具有较好的机械性能或耐高温等性能，可以把这些吸收物质填入橡胶、玻璃钢等物体内。

(2) 新型吸波材料

① 纳米吸波材料：纳米粒子由于独特的结构使其呈现出许多特有的奇异的物理、化学性质，从而具有高效吸收电磁波的潜能。纳米粒子尺度远小于红外线及雷达波波长，因此纳米微粒材料对红外及微波的吸收性较常规材料要强。随着尺寸的减小，纳米微粒材料的比表面积增大，随着表面原子比例的升高，晶体缺陷增加，悬挂键增多，容易形成界面电极极化，高的比表面积又会造成多重散射，这是纳米材料具有吸波能力的重要机理。

② 手性吸波材料：手性吸波材料是在基体材料中加入手性旋波介质复合而成的新型电磁功能材料。手性材料的根本特点是电磁场的交叉极化。手性材料具有电磁参数可调、对频率的敏感性小等特点，在提高吸波性能、展宽吸波频带方面有巨大的潜力。手性介质材料与普通材料相比，具有特殊的电磁波吸收、反射、透射性质，具有易实现阻抗匹配与宽频吸收的优点。

③ 高聚物吸波材料：导电聚合物具有电磁参数可调、易加工、密度小等优点，通过不同的掺杂剂或掺杂方式进行掺杂可以获得不同的电导率，因此导电聚合物可以用作吸波材料的吸收剂。日本研制的 DPR 系列薄片状柔软性吸波材料具有厚度薄、质量轻、可折叠、吸收强等优异的性能，使用方便，应用广泛，可以用来有效地解决电磁污染。

微波吸收的常用方式有两种：①是仅有吸收材料贴附在罩体或障板上将辐射电磁波能吸收；②是把吸收材料贴附在屏蔽材料罩体和障板上，进一步削弱射频电磁波的透射。

微波炉吸收电磁波的应用如下。

微波炉在使用时会产生电磁波。通常，微波炉的炉体和炉门之间，是可能泄漏电磁能的主要部位。在其间装有金属弹簧片以减小缝隙，然而这个缝隙减小是有限度的，由于经常开、关炉门，而附有灰尘杂物和金属氧化膜等，使微波炉泄漏仍然存在。为此，人们采用导电橡胶来防泄漏，由于长期使用，重复加热，橡胶会老化，从而失去弹性，以致缝隙又出现了。

目前，人们用微波吸收材料来代替导电橡胶，这样，即使在炉门与炉体之间有缝隙，也会产生微波泄漏。这种吸收材料是由铁氧粉与橡胶混合而成，它具有良好的弹性和柔软性，容易制成所需的结构形状和尺寸，使用时相当方便。

微波辐射能量随距离加大而衰减，且波束方向狭窄，传播集中，可以加大微波场源与工作人员或生活区的距离，达到保护人民群众健康的目的。

## （三）微波作业人员的个体防护

必须进入微波辐射强度超过照射卫生标准的微波环境的操作人员，可采取下列防护措施。

（1）穿微波防护服　根据屏蔽和吸收原理设计成三层金属膜布防护服。内层是牢固棉布量；外层为介电绝缘材料，用以介电绝缘和防蚀，并采用电密性拉锁，袖口、领口、裤脚口处使用松紧扣结构。也可用直径很细的钢丝、铝丝、柞蚕丝、棉线等混织金属丝布制作防护服。现在有采用将银粒经化学处理，渗入化纤布或棉布的渗金属布防护服，使用方便，防护效果较好，但银来源困难且价格昂贵。

（2）戴防护面具　面具可制成封闭型（罩上整个头部），或半边型（只罩头部的后面和面部）。

（3）带防护眼镜　眼镜可用金属网或薄膜做成风镜式。较受欢迎的是金属膜防目镜。

# 第五章 环境热污染及其防治

## 第一节 热 环 境

适宜于人类生产、生活及生命活动的温度范围相对而言是较窄的，并且人类主要依靠衣物及良好的居室环境来获得生存所需要的热环境，否则人类的生命将会受到威胁。所谓热环境就是指提供给人类生产、生活及生命活动的良好的生存空间的温度环境。太阳能量辐射创造了人类生存空间的大的热环境，而各种能源提供的能量则对人类生存的小的热环境做进一步的调整，使之更适宜于人类的生存。同时人类的各种活动也在不断地改变着人类生存的热环境。

### 一、环境中的热量来源

地球是人类生产、生活及生命活动的主要空间，太阳是其天然热源，并以电磁波的方式不断向地球辐射能量。环境的热特性不仅与太阳辐射能量的大小有关，同时还取决于环境中大气同地表之间的热交换的状况。太阳表面的有效温度为 5497℃，其辐射通量又称太阳常数，是指在地球大气圈外层空间，垂直于太阳光线束的单位面积上单位时间内接受的太阳辐射能量的大小，其值大约为 $1.95cal/(cm^2 \cdot min)$（$1cal = 4.1840J$）。太阳辐射通量分配状况如图 5.1 所示。

自然环境的温度变化较大，而满足人体舒适要求的温度范围又相对较窄，不适宜的热环境会影响人的工作效率、身体健康以致生命安全。舒适的热环境有利于人的身心健康，从而可以提高其工作效率。为了维系人类生存较为适宜的温度范围，创造良好的热环境，除太阳辐射的能量外，人类还需要各种能源产生的能量。可以说人类的各种生产、生活和生命活动都是在人类创造的热环境中进行的。

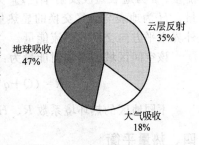

图 5.1 太阳辐射通量分配状况

### 二、太阳辐射能量的影响因素

从地球接受来自太阳辐射能量的途径可以看出地壳以外的大气层是影响地球接受能量的一个重要方面。这主要取决于大气的成分组成，即大气中臭氧、水蒸气和二氧化碳的含量的多少。大气中主要物质吸收辐射能量的波长范围如表 5.1 所列。

距地表 20～50km 的高空中为臭氧层，它主要吸收太阳辐射中对地球生命系统构成极大危害的紫外线波段的辐射能量，从这个意义上来说，臭氧层就是地球的护身符。

太阳辐射中到达地表的主要是短波辐射，其中为量较少的长波辐射被大气下层中的水蒸气和二氧化碳所吸收。而大气中的其他气体分子、尘埃和云，对大气辐射起反射和散射作用。其中大的微粒主要起反射作用，而小的微粒对短波辐射的散射作用较强。

地表的形态类型是影响地表接受太阳辐射能量的另一重要因素。地表在吸收部分太阳辐射的同时，又对太阳辐射起反射作用。而且吸热后温度升高的地表也同样以长波的形式向外辐射能量。地表的形态类型决定了吸收和反射太阳辐射能量之间的比例关系，不同的地表类型，差异较大。

表 5.1　大气中主要物质吸收辐射能量的波长范围

| 物质种类 | 吸收能量的波长范围/$\mu$m | | |
|---|---|---|---|
| $N_2$、$O_2$、N | <0.1 | 短波 | 距地 100km，对紫外光完全吸收 |
| O | <0.24 | 短波 | 距地 50~100km，对紫外光部分吸收 |
| $O_2$ | 0.2~0.36 | 短波 | 在平流层中，吸收绝大部分的紫外光 |
| $O_3$ | 0.4~0.85 | 长波 | |
| | 8.3~10.6 | 长波 | 对来自地表辐射少量吸收 |
| | 0.93~2.85 | 长波 | |
| $H_2O$ | 4.5~80 | 长波 | 6~25$\mu$m 附近，对来自地表的辐射吸收能力较强 |
| | 4.3 附近 | 长波 | |
| $CO_2$ | 12.9~17.1 | 长波 | 对来自地表的辐射完全吸收 |

### 三、热环境换热方程

地表和大气间以辐射方式进行的能量交换称为潜热交换，而以对流和传导方式进行的能量交换称为显热交换。地表和大气间不停地进行着这两种能量交换，地表热环境的状况取决于这两者热交换的结果。可以假设一柱体空间，其上表面为太空，下表面无限延伸至竖向热流为零的表面。柱体空间区域与外界热交换的方程为：

$$G = (Q+q)(1-\alpha) + I_进 - I_出 - H - L_E - F \qquad (5.1)$$

式中，$G$ 为柱体空间区域总能量；$Q$ 为太阳直接辐射能量；$q$ 为大气微粒散射太阳辐射能量；$\alpha$ 为地表短波反射率；$I_进$ 为到达地表的长波辐射能量；$I_出$ 为地表向外的长波辐射能量；$H$ 为地表与大气交换的显热量；$L_E$ 为地表与大气交换的潜热量；$F$ 为柱体空间区域与外界水平方向交换的热流能量。

该空间区域的净辐射能量为：

$$R = (Q+q)(1-\alpha) + I_进 - I_出 = G + H + L_E + F \qquad (5.2)$$

不同地区的热环境系数 $R$、$H$、$L_E$、$F$ 是不同的，如表 5.2 所示。

### 四、热量平衡

人与其所处的环境之间不断地进行着热交换。人体内食物的氧化代谢不断产生大量的能量，然而人的体温要保持在 37℃ 左右，因此人体内部产生的热量要及时向环境散发以保持体内的热量平衡。人体内热量平衡关系式为：

$$S = M - (\pm W) \pm E \pm R \pm C \qquad (5.3)$$

式中，$S$ 为人体蓄热率；$M$ 为食物代谢率；$W$ 为外部机械功率；$E$ 为总蒸发热损失率；$R$ 为辐射热损失率；$C$ 为对流热损失率。

人体与环境之间的热交换一般有两种方式：一种是对外做功（$W$，如人体运动过程及各种器官有机协调过程的能量消耗）；另一种是转化为体内热（$H$），并不断传递到体表，最终以热辐射或热传导的方式释放到环境中。如果体内热不能及时得到释放，人体就要依靠自身的热调节系统（如皮肤、汗腺分泌），加强与环境之间的热交换，从而建立与环境间新的热平衡以保持体温稳定。

表 5.2　全球不同经纬度区的热环境系数

| 纬度区 | | 海　洋 | | | | 陆　地 | | | | 地　球 | | | |
|---|---|---|---|---|---|---|---|---|---|---|---|---|---|
| | | $R$ | $H$ | $L_E$ | $F$ | $R$ | $H$ | $L_E$ | $F$ | $R$ | $H$ | $L_E$ | $F$ |
| N | 80~90 | | | | | | | | | −9 | −10 | 3 | −2 |
| | 70~80 | | | | | | | | | 1 | −1 | 9 | −7 |
| | 60~70 | 23 | 16 | 33 | −26. | 20 | 6 | 14 | | 21 | 10 | 20 | −9 |
| | 50~60 | 29 | 16 | 39 | −26 | 30 | 11 | 14 | | 30 | 14 | 28 | −12 |
| | 40~50 | 51 | 14 | 53 | −16 | 43 | 21 | 24 | | 48 | 17 | 38 | −7 |
| | 30~40 | 83 | 13 | 86 | −6 | 60 | 27 | 23 | | 73 | 24 | 39 | −10 |
| | 20~30 | 113 | 9 | 105 | −1 | 69 | 49 | 20 | | 96 | 24 | 73 | −1 |
| | 10~20 | 119 | 6 | 99 | 14 | 71 | 42 | 29 | | 106 | 16 | 81 | 9 |
| | 0~10 | 115 | 4 | 80 | 31 | 72 | 24 | 48 | | 105 | 11 | 72 | 22 |
| | 0~90 | | | | | | | | | 72 | 16 | 55 | 1 |
| S | 0~10 | 115 | 4 | 84 | 27 | 72 | 22 | 50 | | 105 | 10 | 76 | 19 |
| | 10~20 | 113 | 5 | 104 | 4 | 73 | 32 | 41 | | 104 | | 90 | 3 |
| | 20~30 | 101 | 7 | 100 | −6 | 70 | 42 | 28 | | 94 | | 83 | −5 |
| | 30~40 | 82 | 8 | 80 | −6 | 62 | 34 | 28 | | 80 | | 74 | −5 |
| | 40~50 | 57 | 9 | 35 | −7 | 41 | 20 | 21 | | 36 | | 53 | −7 |
| | 50~60 | 28 | 10 | 31 | −13 | 31 | 11 | 20 | | 28 | | 31 | −14 |
| | 60~70 | | | | | | | | | 13 | | 10 | −8 |
| | 70~80 | | | | | | | | | −2 | | 3 | −1 |
| | 80~90 | | | | | | | | | −11 | | 0 | −1 |
| | 0~90 | | | | | | | | | 72 | | 62 | −1 |
| 全球 | | 82 | 8 | 74 | 0 | 49 | 24 | 25 | | 72 | | 59 | 0 |

## 五、人体自身的热量调节方式

人体所能适应的最适温度范围（25~29℃）称为中性区。在中性区人体的各种生理机能能够得到较好的发挥，从而可以达到较高的工作效率。中性区的中点称为人的中性点。

空气温度的下降降低辐射，空气流速的增加增大对流传热，这两者都会增加人体对外的散热量。为了保持体温稳定，人体会发生自然的生理反应，通过血管收缩，减少流向皮肤的血液流量，从而减小皮层的传热系数，降低体内热的外辐射量。如果环境温度继续降低，人就要加快体内物质代谢速率以提供体内热，或依靠衣物以及外部的能量补给，以阻止体温的进一步降低。此时人体的生理反应为肌肉伸张，表现为打冷战，这一温度区间称为行为调节区。如果外界环境温度再度降低，即进入人体冷却区，人体的各种生理功能难以协调发挥作用，感觉是比较冷。有记载的人体存在的最低环境温度为−75℃，而通过穿着高效保温服能保证进行正常工作的温度低限为−35℃。

环境温度高于中心点以上有一较窄的温度范围，被称为抗热血管温度调节区。在此温度范围内，人体会加大传至体表的血液流量（比在中性点时高出大约 2~3 倍的血液流量），此时体表的温度仅比体内低一度，从而加大体表外辐射量。环境温度继续升高时，人体将要借助体表分泌和蒸发更多的汗液，以潜热的方式向环境释放体内热，此温度范围称为蒸发调节区。在此温度范围区内，环境的水蒸气分压和体表的空气流速是影响身体调节功能发挥效果的决定性因素。而后随着环境温度的进一步升高，人体将进入受热区，人体处于热量的耐受状态。

## 六、高温环境

人类生产、生活和生命活动所需要的适宜的环境温度相对较窄，而超过中性点的温度环境都可以称之为高温环境。但是只有环境温度超过 29℃ 时，才会对人体的生理机能产生影响，降低人的工作效率。

**1. 高温环境热量来源**

①各种燃料燃烧过程中产生的燃烧热，以热的三种传导方式与环境进行热交换，改变热环境。如锅炉、冶炼工厂、窑厂等的燃料燃烧。②各种大功率的电器机械装置在运转过程中，以副作用的形式向环境中释放热能。如电动机、发动机、各种电器装置等。③放热的化学反应过程。如化工厂的化学反应炉和核反应堆中的化学反应。太阳本身巨大的能量来源——氢核聚变就是一种化学反应过程。④夏季和热带、沙漠地区强烈的太阳辐射。⑤各种军事活动中的爆炸物产生的巨大的能量。⑥密集人群释放的辐射能量。一个成年人体对外辐射的能量相当于一个 146W 发热器所散发的能量。如在密闭的潜水舱内，由于人体辐射和烹饪等所产生的能量的积累可以使舱内的温度达到 50℃ 的高温。

**2. 高温环境对人体的危害**

（1）高温灼伤　当皮肤温度高达 41～44℃ 时，人就会有灼痛感。如果温度继续升高，就会伤害皮肤基础组织。

（2）高温反应　如果长时间在高温环境中停留，由于热传导的作用，体温会逐渐升高。当体温高达 38℃ 以上时，人就会产生高温不适反应。人的深部体温是以肛温为代表的。人体可耐受的肛温为 38.4～38.6℃，体力劳动时，此值为 38.5～38.8℃。高温极端不适反应的肛温临界值为 39.1～39.5℃。当高温环境温度超过这一限值时，汗液和皮肤表面的热蒸发就都不足以满足人体和周围环境之间热交换的需要，从而不能将体内热及时释放到环境中去，人体对高温的适应能力达到极限，将会产生高温生理反应现象。体内温度超过正常值（37℃）2℃ 时，人体的机能就开始丧失。体温升高到 43℃ 以上，只需要几分钟的时间，就会导致人的死亡。高温生理反应的主要表现症状为：头晕、头疼、胸闷、心悸、视觉障碍（眼花）、恶心、呕吐、癫痫抽搐等；体征表现为虚脱、肢体僵直、大小便失禁、昏厥、烧伤、昏迷，甚至死亡。

## 七、高温热环境的防护

为防止高温热环境对人体的局部灼伤，一般采用由隔热耐火材料制成的防护手套、头盔和鞋袜等防护物。对于全身性高温环境，其防护措施为采用全身性降温的防护服。研究表明，头部和脊柱的高温冷却防护对于提高人体的高温耐力具有重要的价值和意义。其次，全身冷水浴和大量饮水，也可以对对抗高温起到很好的作用。另外，有意识经常性地在高温环境中锻炼，人体就会产生"高温习服"现象，从而更加耐受高温环境。高温习服的上限温度为 49℃。随着科技水平的不断发展，高温环境中的工作将会逐渐由机械完成（如机器人），在必须有人类参与的高温环境中，普遍采用环境调节装置调节环境温度，以更适宜于人类的生产、生活和生命活动。

## 八、环境温度的测量方法和生理热环境指标

**1. 环境温度的测量方法**

环境温度是用来表示环境冷热程度的物理量。鉴于反映环境温度的性质不同，其测量方法主要有以下几种。

（1）干球温度法　将水银温度计的水银球不加任何处理，直接放置到环境中进行测量，得到的温度为大气的温度，又称气温。

（2）湿球温度法　将水银温度计的水银球用湿纱布包裹起来，然后放置到环境中进行测量。由此法所测得的温度是湿度饱和情况下的大气温度。干球温度与湿球温度的差值，反映

了测量环境的湿度状况。

湿球温度与气温、空气中水蒸气分压间存在着一定的关系式：

$$h_e(P_w - P_a) = h_c(T_a - T_w) \tag{5.4}$$

式中，$h_e$ 为热蒸发系数；$P_w$ 为湿球温度下的饱和水蒸气分压（湿球表面的水蒸气的压强），Pa；$P_a$ 为环境中的水蒸气分压，Pa；$h_c$ 为热对流系数；$T_a$ 为干球温度，℃；$T_w$ 为湿球温度，℃。

（3）黑球温度法　将温度计的水银球放入一直径为 15cm 外涂黑的空心铜球中心进行测定。此法的测量结果可以反映出环境热辐射的状况，关系式为：

$$T_g = (h_c T_a + h_\gamma T_\gamma)/(h_c + h_\gamma) \tag{5.5}$$

式中，$T_g$ 为黑球温度；$T_\gamma$ 为平均辐射温度；$h_\gamma$ 为热辐射系数。

由以上三种方法测定的温度值各代表一定的物理意义，各值之间存在着较大差异。在表示环境温度时，必须注明测定时采用的测量方法。

**2. 生理热环境指标**

环境温度对于人体产生的生理效应，除与环境温度的高低有关外，还与环境湿度、风速（空气流动速度）等因素有关。在环境生理学上常采用温度-湿度-风速的综合指标来表示环境温度，并称之为生理热环境指标。

常用生理热环境指标主要有以下三种。

（1）有效温度（ET）　将温度、湿度和风速三者综合，形成一种具有同等温度感觉的最低风速和饱和湿度的等效气温指标。它是根据人的主诉制定的温度指标，同样数值的有效温度对于不同的个体而言，其主诉的温度感觉是相同的。其应用较广，但是它没有考虑热辐射对人体的影响。

（2）干-湿-黑球温度　它是干球温度法、湿球温度法和黑球温度法测得的温度值按一定比例的加权平均值，可以反映出环境温度对人体生理影响的程度。它主要有以下三种表示方法。

① 湿-黑-干球温度（WGBT）：计算关系式为：

$$\text{WGBT} = 0.7 T'_w + 0.2 T_g + 0.1 T_a \tag{5.6}$$

式中，$T'_w$ 是把湿球温度计暴露于无人工通风的热辐射环境条件下测得的湿球温度值。

② 湿-黑球温度（WBGT）：计算关系式为：

$$\text{WBGT} = 0.7 T_w + 0.3 T_g \tag{5.7}$$

③ 湿-干球温度（WD）：计算关系式为：

$$\text{WD} = 0.85 T_w + 0.15 T_a \tag{5.8}$$

在测定人体热耐力限度时，可改用关系式（5.9）进行计算。

$$\text{WD} = 0.9 T_w + 0.10 T_a \tag{5.9}$$

此外，美国气象局制定的温湿指数（THI）也用来表示生理热环境指标，其计算关系式为：

$$\text{THI} = 0.4(T_a + T_w) + 15 \tag{5.10}$$

或

$$\text{THI} = T_a - (0.55 - 0.55 \text{RH}) \times (T_a - 58) \tag{5.11}$$

式中，RH 为相对湿度。

（3）操作温度（OT）　工作环境中的温度值。

计算关系式为：
$$OT = \frac{h_r T_{wa} + h_c T_a}{h_\gamma + h_c}$$
(5.12)

式中，$T_{wa}$ 为壁温（舱室墙壁温度）。

# 第二节 温室效应

## 一、温室效应的定义

大气中的 $CO_2$ 同水蒸气一样能使太阳辐射透过，但是 $CO_2$ 能够吸收从地面辐射的红外线，使得大气升温。吸收了热量的 $CO_2$ 层还能够将其热量再次通过长波辐射到地球表面，从而使得近地层温度升高，并能够在近地层大气中建立与外界不同的小气候。这些气体的影响作用类似于农业上用的温室的保温作用，因此称它们为温室气体，它们的影响则被称之为温室效应。

## 二、温室效应原理

农业上用的温室通常是用玻璃盖成的，用来种植花草等植物。当太阳照射在温室的玻璃上时，由于玻璃可以透过太阳的短波辐射，同时室内地表吸热后又以长波的形式向外辐射能量，而玻璃具有较好的吸收长波辐射的能力，因而在温室能够积聚能量，使得温室内温度不断升高。当然由于热传导和热辐射的作用，只能达到某一定的温度，而不可能持续升高。

地球大气层的长期辐射平衡状况见图 5.2 所示。

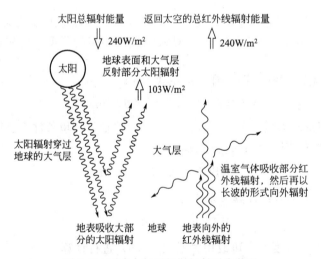

图 5.2　地球大气层长期辐射平衡状况

太阳总辐射能量（240W/m²）和返回太空的红外线的释放能量应该相等。其中约 1/3（$10^3$ W/m²）的太阳辐射会被反射，而余下的会被地球表面所吸收。此外，大气层的温室气体和云团吸收及再次释放出红外线辐射，使得地面变暖。

其实温室效应是一种自然现象，自从地球形成以后，就一直存在于地球上。如果地球没有大气层的保护，在太阳辐射能量的平衡状态下，地球表面的平均温度约为 −18℃，比目前地表的全球平均气温 15℃ 低了许多。大气的存在使地表气温上升了约 33℃，温室效应是造成此结果的主要原因。大气层中的许多气体几乎不吸收可见光，但对地球放射出去的长波辐射却具有极好的吸收作用。这些气体，允许约 50% 的太阳辐射穿越大气被地表吸收，但却拦截几乎所有地表及大气辐射出去的能量，减少了能量的损失。然后再将能量释放出来，使得地表及对流层温度升高。大气放射出的辐射不但使地表升温，而且在夜晚继续辐射，使地表不致因缺乏太阳辐射而变得太冷。而月球没有大气层，从而无法产生温室效应，导致月球上日夜温差达数十度。其实温室效应不只发生在地球，金星及火星大气的成分主要为二氧化碳，金星大气的温室效应高达 523℃，火星则因其大气太薄，其温室效应只有 10℃。

## 三、温室效应理论

### 1. 辐射对流平衡理论

由于动力、热力的种种原因，大气一直处在不停的运动中。一方面以 $CO_2$ 为代表的温室气体有一定的增温作用，另一方面，大气湍流又有利于热量的传导，这两种作用的叠加结果才是对环境的影响。如果不考虑大气湍流的作用，大气中 $CO_2$ 从 $150ml/m^3$ 增加到 $300ml/m^3$ 时，全球地面平均气温就应该上升 $3.8℃$；从 $300ml/m^3$ 增至 $600ml/m^3$ 时平均气温应该上升 $3.6℃$，而当叠加上大气湍流的影响结果时，这两种情况下的增温值分别为 $2.8℃$ 和 $2.4℃$，所以大气湍流对全球变暖的抑制作用也是不能忽略的，这也是自然系统进行自我调整的一种表现形式。

### 2. 冰雪反馈理论

这一理论是由前苏联学者俱姆·布特克于 1969 年提出的。冰雪覆盖的地表对太阳辐射的反射能力要比陆地或其他的地表类型大得多。由于温室效应导致的全球变暖的结果，势必会造成一部分冰雪消融，从而减少地表冰雪的覆盖面积，降低冰雪对太阳辐射的反射作用，从而使地球获得更多的太阳辐射，加剧大气层的温室效应，结果地表温度会继续升高，从而导致冰雪的进一步大量消融，这是一个大家都不愿意看到的大自然的正反馈的结果。有人曾经估算过，如果大气中 $CO_2$ 的浓度达到 $420ml/m^3$ 时，冰雪将会从地球上消失；反之，如果大气中 $CO_2$ 的浓度降低到 $150ml/m^3$，地球将会完全被冰雪覆盖而变成一个冰雪的世界；如果今后大气中 $CO_2$ 的含量以每年 $0.7ml/m^3$ 的速率增加的话，到 21 世纪的中叶，地球上冰雪的覆盖面积将会降低一半以上，这将会对人类生存的地球环境产生不可估量的影响。

### 3. 反射理论

大气中 $CO_2$ 含量的增加，将会增大大气的浑浊度，这势必会加强大气对太阳辐射的反射能力，从而减少地表吸收的太阳辐射入射能量。这样大气中 $CO_2$ 含量的增加，不但不会使地表增温，反而会引起其温度下降。这也是许多大气学家的观点。

## 四、温室效应的加剧

地球大气的温室效应创造了适宜于生命存在的热环境。如果没有大气层的存在，地球也将是一个寂静的世界。除 $CO_2$ 外，能够产生温室效应的气体还有水蒸气、甲烷、氧化亚氮（$N_2O$）及臭氧、$SO_2$、$CO$ 以及非自然过程产生的氟氯碳化物（CFCs），氢氟化碳（HFCs）、过氟化碳（PFCs）等。每一种温室气体对温室效应的贡献是不同的。HFCs 与 PFCs 吸热能力最大；甲烷的吸热能力超过二氧化碳 21 倍；而氧化亚氮的吸热能力比二氧化碳的吸热能力高 270 倍。几种温室气体的主要特性如表 5.3 所列。然而空气中水蒸气的含量比 $CO_2$ 和其他温室气体的总和还要高出很多，所以大气温室效应的保温效果主要还是由水蒸气产生的。但是有部分波长的红外线是水蒸气所不能吸收的。二氧化碳所吸收的红外线波长则刚好填补了这个空隙波长。

表 5.3　几种主要温室气体的特性

| 温室气体 | 来　源 | 出　路 | 对气候的影响 |
|---|---|---|---|
| $CO_2$ | 燃料燃烧<br>森林植被破坏 | 海洋吸收<br>植物光合作用 | 吸收红外线辐射,影响大气平流层中 $O_3$ 的浓度 |
| $CH_4$ | 生物尸体燃烧<br>肠道发酵作用<br>水稻生长 | 和羟基发生化学反应<br>土壤内微生物吸收 | 吸收红外线辐射,影响大气平流层中 $O_3$ 和羟基的浓度,影响大气平流层中 $O_3$ 和 $H_2O$ 的浓度,产生 $CO_2$ |
| $N_2O$ | 生物体的燃烧<br>燃料燃烧<br>化肥施用 | 土壤吸收<br>在大气平流层中被光线分解,并和 O 原子发生化学反应 | 吸收红外线辐射,影响大气平流层中 $O_3$ 的浓度 |
| $O_3$ | $O_2$ 在紫外线下的光滑催化合成作用 | 与 $NO_x$、$ClO_x$ 和 $HO_x$ 等化合物发生催化反应 | 吸收紫外线和红外线辐射 |
| CO | 植物呼吸作用<br>燃料燃烧<br>工业生产 | 土壤吸收<br>和羟基发生化学反应 | 影响平流层中 $O_3$ 和羟基的循环,产生 $CO_2$ |
| CFCs | 工业生产 | 在平流层中被光线分解,并同 O 原子发生化学反应 | 吸收红外线辐射,影响大气平流层中 $O_3$ 的浓度 |
| $SO_2$ | 火山爆发<br>煤和生物体的燃烧 | 自然沉降<br>与羟基发生化学反应 | 形成悬浮粒子,散射太阳辐射 |

　　水蒸气在大气中的含量是相对稳定的,而二氧化碳的浓度却不然。自从欧洲工业革命以来,大气中二氧化碳的浓度持续攀升,究其原因主要有:森林大火、火山爆发、发电厂、汽机车排出的尾气,而由于化石类矿物燃料的燃烧排放的 $CO_2$ 却占有最大的比例,全球由于此种原因产生的温室气体达到 6000 多万吨/天,这是"温室效应"加剧的主要原因。在欧洲工业革命之前的一千年,大气中 $CO_2$ 的浓度一直维持在约 280ml/m³(即一百万单位体积的大气气体中含有 280 单位体积的二氧化碳)。工业革命之后大气中 $CO_2$ 含量迅速增加,1950年之后,增加的速率更快,到 1995 年大气中 $CO_2$ 浓度已达到 358ml/m³。自 18 世纪以来,大气中的 $CO_2$ 含量已经增加 30%,达到 150 年以来的最高峰,而且还以每年 0.5% 的速度继续增加。世界各主要地区二氧化碳年人均排放量如表 5.4 所列。随着大气 $CO_2$ 中浓度的不断提高,更多的能量被保存到地球上,加剧了地球升温。

表 5.4　世界各主要地区二氧化碳年人均排放量　　　　　　单位:t/a

| 年份 | 北美 | 欧洲与中亚 | 西亚 | 拉丁美洲与加勒比海地区 | 亚洲与太平洋地区 | 非洲 |
|---|---|---|---|---|---|---|
| 1975 年 | 19.11 | 8.78 | 4.88 | 2.03 | 1.27 | 0.94 |
| 1995 年 | 19.93 | 7.93 | 7.35 | 2.55 | 2.23 | 1.24 |

　　近年来地球变暖的结果并不只是因为大气中 $CO_2$ 浓度的提高所引起的,其他温室气体的作用也是一个重要因素。在谈到温室效应时,常常会谈及二氧化碳,只是因为这其中 $CO_2$ 的影响性较大而已(它在大气中的浓度是不断上升的)。虽然其他的温室气体在大气中的浓度比二氧化碳要低很多,但他们对红外线的吸收效果要远好于 $CO_2$,所以它们潜在的影响力也是不可低估的。

　　温室气体在大气中的停留时间(即生命期)都很长。二氧化碳的生命期为 50～200 年,甲烷为 12～17 年,氧化亚氮为 120 年,氟氯碳化物(CFC-12)为 102 年。这些气体一旦进入大气,几乎无法进行回收,只有依靠自然分解过程让它们逐渐消失。因此温室效应气体的影响是长久的而且是全球性的。从地球任何一个角落排放至大气中的温室效应气体,在它的生命期中,都有可能到达世界各地,从而对全球气候产生影响。因此,即使现在人类立即停止所有人造温室气体的产生、排放,但从工业革命以来,累积下来的温室气体仍将继续发挥它们的温室效应，影响全球气候可达百年之久。

## 五、全球变暖

由于大气层温室效应的加剧，已导致了严重的全球变暖的发生，这已是一个不争的事实。全球变暖已成为目前全球环境研究的一个主要课题。已有的统计资料表明，全球温度在过去的 20 年间已经升高了 0.3～0.6℃。全球变暖，会对已探明的宇宙空间中唯一有生命存在的地球环境产生非常严重的后果。

### 1. 冰川消退

根据上面的冰川反馈理论可知，温室效应导致的气温上升和冰川消退之间是一种正反馈的关系。长期的观测结果表明，由于近百年来海温的升高，海平面已经上升了约 2～6cm。由于海洋热容量大，比较不容易增温，陆地的气温上升幅度将会大于海洋，其中又以北半球高纬度地区上升幅度最大，因为北半球陆地面积较大，从而全球变暖对北半球的影响更大。已有的统计资料表明格陵兰岛的冰雪融化已使全球海平面上升了约 2.5cm。冰川的存在对维持全球的能量平衡起到至关重要的作用，对于全球液态水量的调节也起到决定性的作用。如果两极的冰川持续消融的话，其所带来的后果对地球上的生命将会是致命的，而且也是难以预知的。

### 2. 海平面升高

全球变暖的直接后果便是高山冰雪融化、两极冰川消融、海水受热膨胀，从而导致海平面升高，再加上近年来由于某些地区地下水的过量开采造成的地面下沉，人类将会失去更多的立足之地。有关资料表明，自 19 世纪以来，海平面已经上升了 10cm 以上。据预测，依照现在的状况，到 21 世纪世纪末，海平面将会比现在上升 50cm 甚至更多。

### 3. 加剧荒漠化程度

全球变暖，会加快加大海洋的蒸发速度，同时改变全球各地的雨量分配结果。研究表明，在全球变暖的大环境下，陆地蒸发量将会增大，这样世界上缺水地区的降水和地表径流都会减少，会变得更加缺水，从而给那些地区人们的生产生活带来极大的用水困难。而雨量较大的热带地区，如东南亚一带降水量会更大，从而加剧洪涝灾害的发生。这些情况都将会直接影响到自然生态系统和农业生产活动。目前，世界土地沙化的速率是 6 万平方千米每年。

### 4. 危害地球生命系统

全球变暖将会使多种业已灭绝的病毒细菌死灰复燃，使业已控制的有害微生物和害虫得以大量繁殖，人类自身的免疫系统也将因此而降低，从而对地球生命系统构成极大的威胁。

已有的研究表明，地球演化史上曾多次发生变暖-变冷的气候波动，但都是由人类不可抗拒的自然力引起的，而这一次却是由于人类活动引起的大气温室效应加剧导致的，从而其后果也是不可预知的，但无论如何都会给地球生命系统带来灾难。

## 六、温室效应的防治

从温室效应的成因不难看出，其防治应主要从两方面入手，一是减少温室气体的排放，二是植树造林，保护地表植被。

### 1. 控制温室气体排放

众所周知，要减少温室气体的排放必须控制矿物燃料的使用量，为此必须调整能源结构，增加核能、太阳能、生物能和地热能等可再生能源的使用比例。此外，还需要提高能源利用率，特别是发电和其他能源转换的效率以及各工业生产部门和交通运输部门的能源使用效率。

目前矿物燃料仍然是最主要的能量来源，因此有效控制 2002 的排放量需要世界各国协调保护与发展的关系，主动承担其责任，并互相合作用、联合行动。自 20 世纪 80 年代末期以来，在联合国的组织下召开了多次国际会议，形成了两个最重要的决议《联合国气候变化框架公约》和《京都议定书》。其中，1997 年的《京都议定书》结合各国的经济、社会、环境和历史等具体情况，规定了发达国家"有差别的减排"：欧盟成员国减排 8%、美国减排 7%、日本和加拿大减排 6%、冰岛减排 10%、俄罗斯和乌克兰"零"减排、澳大利亚可增排 8%。

为此，荷兰率先征收"碳素税"，即按二氧化碳的排放量来征税，而日本也制定了类似的税收制度。1990 年，欧盟地区 6 种温室气体排放总量均比上年减少了 0.5% 以上，这主要归功于更先进的垃圾处理方式和以天然气代替煤来发电，从而减少了甲烷和二氧化氮的排放量。我国通过煤炭和能源工业改革，1990～2000 年间 $CO_2$ 排放量降低了 7.3%，$CH_4$ 排放量减少了 2.2%。

**2. 增加温室气体的吸收**

保护森林资源，通过植树造林提高森林覆盖面积可以有效提高植物对 $CO_2$ 的吸收量。试验表明，每公顷森林每天可以吸收大约 1t 的 $CO_2$，并释放出 0.72t 的 $O_2$。这样地球上所有植物每年为人类处理的 $CO_2$ 可达近千亿吨。此外，森林植被可以防风固沙、滞留空气中的粉尘，从而进一步抑制温室效应。每公顷森林每年可滞留粉尘 2.2t，降低大气含尘量约 50%。

加强二氧化碳固定技术的研究。$CO_2$ 可与其他化学原料发生许多化学反应，可将其作为碳或碳氧资源加以利用，用于合成高分子材料。所合成的新型材料具有完全生物降解的特性，这样既可以减少大气中的含量，同时也可减少环境污染特别是"白色污染"问题。

**3. 适应气候变化**

通过培育新的农林作物品种、调整农业生产结构、规划和建设防止海岸侵蚀的工程等来适应气候变化。此外，加强对温室效应和全球变暖的机理及其对自然界和人类影响的研究，控制人口数量，加强环境保护的宣传教育等对温室效应的控制也具有重要意义。

# 第三节　热岛效应

## 一、城市热岛效应

如果我们同时测定一个城市距地面一定高度位置处的温度数据，然后绘制在城市地图上，就可以得到一个城市近地面等温线图。从图上可以看出，在建筑物最为密集的市中心区，闭合等温线温度最高，然后逐渐向外降低，郊区温度最低，这就像突出海面的岛屿，高温的城市处于低温郊区的包围之中，这种现象被形象地称为"城市热岛效应"（Urban Heat Island Effect）。

据气象观测资料表明，城市气候与郊区气候相比有"热岛"、"浑浊岛"、"干岛"、"湿岛"、"雨岛"五岛效应，其中最为显著的就是由于城市建设而形成的"热岛"效应。城市热岛效应早在 18 世纪初首先在伦敦发现。国内外许多学者的研究业已表明：城市热岛强度是夜间大于白天，日落以后城郊温差迅速增大，日出以后又明显减小。表 5.5 为世界主要城市与郊区的年平均温差。中国观测到的"热岛效应"最为严重的城市是上海和北京；世界最大的城市热岛是加拿大的温哥华与德国的柏林。

**表5.5　世界主要城市与郊区的年平均温度差**

| 城市 | 温度/℃ | 城市 | 温度/℃ |
|------|--------|------|--------|
| 纽约 | 1.1 | 巴黎 | 0.7 |
| 柏林 | 1.0 | 莫斯科 | 0.7 |

城市热岛效应导致城区温度高出郊区农村 0.5~1.5℃（年平均值）左右，夏季，城市局部地区的气温有时甚至比郊区高出 6℃ 以上。如上海市，每年气温在 35℃ 以上的高温天数都要比郊区多出 5~10 天以上。这当然与城区的地理位置、城市规模、气象条件、人口稠密程度和工业发展与集中的程度等因素有关（见表 5.6）。2002 年 7 月 16 日，武汉的最低气温甚至升到了 31.6℃，不仅是当天全国各大城市最低气温的最高值，而且还突破了这个城市自 1907 年有气象记录以来夏季最低气温的最高纪录。日本 2002 夏季发表的调查报告表明，日本大城市的"热岛"效应在逐渐增强，东京等城市夏季气温超过 30℃ 的时间比 20 年前增加了 1 倍。这份调查报告指出，在东京，1980 年夏季气温超过 30℃ 的时间为 168h，2000 年增加到 357h，东京 7~9 月份的平均气温升高了 1.2℃。

**表5.6　中国主要城市热岛强度与城市规模、人口密度关系[①]**

| 城市 | 气候区域 | 城市面积/km² | 城市人口/万人 | 人口密度/(人/km²) | 温度/℃ |
|------|----------|--------------|---------------|--------------------|--------|
| 北京 | 中温带亚湿润气候区 | 87.8 | 239.4 | 27254.0 | 2.0 |
| 沈阳 | 中温带亚湿润气候区 | 164.0 | 240.8 | 14680.0 | 1.5 |
| 西安 | 中温带亚湿润气候区 | 81.0 | 130.0 | 16000.0 | 1.5 |
| 兰州 | 中温带亚干旱气候区 | 164.0 | 89.6 | 5463.0 | 1.0 |

[①] 资料来源：朱瑞兆等，中国不同区域城市热岛研究，1993，184。

## 二、城市热岛效应的成因

城市热岛效应是人类在城市化进程中无意识地对局地气候干预所产生的影响，是人类活动对城市区域气候影响中最为典型的特征之一，是在人口高度密集、工业集中的城市区域，由人类活动排放的大量热量与其他自然条件因素综合作用的结果。

随着城市建设的高度发展，热岛效应也变得越来越明显。究其原因，主要有以下五个方面。

（1）城市下垫面（大气底部与地表的接触面）特性的影响　城市内大量的人工构筑物如混凝土、柏油地面、各种建筑墙面等，改变了下垫面的热属性，这些人工构筑物吸热快、传热快，而热容量小，在相同的太阳辐射条件下，它们比自然下垫面（绿地、水面等）升温快，因而其表面的温度明显高于自然下垫面。表 5.7 为不同类型地表的显热系数。白天，在太阳的辐射下，构筑物表面很快升温，受热构筑物面把高温迅速传给大气；日落后，受热的构筑物，仍缓慢向市区空气中辐射热量，使得近地气温升高。比如夏天，草坪温度 32℃、树冠温度 30℃ 的时候，水泥地面的温度可以高达 57℃，柏油马路的温度更是高达 63℃，这些高温构筑物形成巨大的热源，烘烤着周围的大气和我们的生活环境。

**表5.7　不同类型地表的湿热系数**

| 地表类型 | B[①] | C[②] | 地表类型 | B[①] | C[②] |
|----------|------|------|----------|------|------|
| 沙漠 | 20.00 | 0.95 | 针叶林 | 0.50 | 0.33 |
| 城市 | 4.00 | 0.80 | 阔叶林 | 0.33 | 0.25 |
| 草原、农田(暖季) | 0.67 | 0.40 | 雪地 | 0.10 | 0.29 |

[①] 鲍恩（Bowen）比，$B = H/L$。式中，$H$ 为日地热交换量；$L$ 为地表热蒸发耗热量。

[②] 湿热指数，$C = H/(H+L)$。

（2）人工热源的影响　工业生产、居民生活制冷、采暖等固定热源，交通运输、人群等流动热源不断向外释放废热。城市能耗越大，热岛效应越强。美国纽约市2001年生产的能量约为接收太阳能量的1/5。

（3）日益加剧的城市大气污染的影响　城市中的机动车辆、工业生产以及人群活动产生的大量的氮氧化物、二氧化碳、粉尘等物质改变了城市上空大气的组成，使其吸收太阳辐射和地球长波辐射的能力得到了增强，加剧了大气的温室效应，引起地表的进一步升温。

（4）高耸入云的建筑物造成近地表风速小且通风不良　城市的平均风速比郊区小25%，城郊之间热量交换弱，城市白天蓄热多，夜晚散热慢，加剧城市热岛效应。

（5）不透水下垫面增大　城市中绿地、林木、水体等自然下垫面的大量减少，加上城市的建筑、广场、道路等构筑物的大量增加，导致城区下垫面不透水面积增大，雨水能很快从排水管道流失，可供蒸发的水分远比郊区农田绿地少，消耗与蒸发的潜热亦少，其所获得的太阳能主要用于下垫面增温，从而极大地削弱了城市热岛效应被缓解的能力。

## 三、城市热岛效应的影响

① 城市热岛效应的存在，使得城区冬季缩短，霜雪减少，有时甚至出现城外降雪城内雨的现象（如上海1996年1月17日~18日），从而可以降低城区冬季采暖能耗。

② 夏季，城市热岛效应加剧城区高温天气，降低工人工作效率，且易造成中暑甚至死亡。医学研究表明，环境温度与人体的生理活动密切相关，环境温度高于28℃时，人就有不舒适感；温度再高就易导致烦躁、中暑、精神紊乱；如果气温高于34℃加之频繁的热浪冲击，还可引发一系列疾病，特别是使心脏、脑血管和呼吸系统疾病的发病率上升，死亡率明显增加。此外，高温还加快光化学反应速率，从而使大气中$O_3$浓度上升，加剧大气污染，进一步伤害人体健康。例如，1966年7月9~14日，美国圣路易斯市气温高达38.1~41.4℃，比热浪前后高出5.0~7.5℃，导致城区死亡人数由原来正常情况的35人/天陡增至152人/天。1980年圣路易斯市和堪萨斯市，两市商业区死亡率分别升高57%和64%，而附近郊区只增加了约10%。

③ 城市热岛效应会给城市带来暴雨、飓风、云雾等异常的天气现象，即"雨岛效应"、"雾岛效应"。夏季经常发生市郊降雨，远离市区干燥的现象。对美国宇航局"热带降雨测量"卫星观测数据的分析显示，受热岛效应的影响，城市顺风地带的月平均降雨次数要比顶风区域多28%，在某些城市甚至高出51%。他们还发现，城市顺风地带的最高降雨强度，平均比顶风区域高出48%~116%。这在气象学上被称为"拉波特效应"。拉波特是美国印第安纳州的一个处于大钢铁企业下风向的一个城镇，因此而命名。例如，2000年上海市区汛期雨量要比远郊多出50mm以上。而城市雾气则是由工业、生活排放的各种污染物形成的酸雾、油雾、烟雾和光化学雾的集合体，它的增加不仅危害生物，还会妨碍水陆交通和供电。例如，2002年的冬天，整个太原城100天的冬季，其中50天是雾天。

④ 热岛效应会加剧城市能耗，增大其用水量，从而消耗更多的能源，造成更多的废热排放到环境中去，进一步加剧城市热岛效应，导致恶性循环。城市热岛反映的是一个温差的概念，原则上来讲，一年四季热岛效应都是存在的，但是，对于居民生活和消费构成影响的主要是夏季高温天气下的热岛效应。为了降低室温和提高空气流通速度，人们普遍使用空调、电扇等电器装置，从而加大了耗电量。例如，目前美国1/6的电力消费用于降温目的，为此每年需付400亿美元。

⑤ 形成城市风。由于城市热岛效应，市区中心空气受热不断上升，周围郊区的冷空气向市区汇流补充，城乡间空气的这种对流运动，被称为"城市风"，在夜间尤为明显。而在

城市热岛中心上升的空气又在一定高度向四周郊区冷却扩散下沉以补偿郊区低空的空缺，这样就形成了一种局地环流，称为城市热岛环流。这样就使扩散到郊区的废气、烟尘等污染物质重新聚集到市区的上空，难于向下风向扩散稀释，加剧城市大气污染。

## 四、城市热岛效应的防治

城市中人工构筑物的增加、自然下垫面的减少是加剧城市热岛效应的主要原因，因此在城市中通过各种途径增加自然下垫面的比例，是缓解城市热岛效应的有效途径之一。

城市绿地是城市中的主要自然因素，因此大力发展城市绿化，是减轻热岛影响的关键措施。绿地能吸收太阳辐射，而所吸收的辐射能量又有大部分用于植物蒸腾耗热和在光合作用中转化为化学能，从而用于增加环境温度的热量大大减少。绿地中的园林植物，通过蒸腾作用，不断地从环境中吸收热量，降低环境空气的温度。每公顷绿地平均每天可从周围环境中吸收 81.8MJ 的热量，相当于 189 台空调的制冷作用。园林植物通过光合作用吸收空气中的二氧化碳，$1hm^2$ 绿地每天平均可以吸收 1.8t 的二氧化碳，削弱温室效应。

研究表明：城市绿化覆盖率与热岛强度成反比，绿化覆盖率越高，则热岛强度越低，当覆盖率大于 30% 后，热岛效应将得到明显的削弱；覆盖率大于 50% 时，绿地对热岛的削减作用极其明显。规模大于 $3hm^2$ 且绿化覆盖率达到 60% 以上的集中绿地，基本上与郊区自然下垫面的温度相当，即消除了城市热岛效应，在城市中形成了以绿地为中心的低温区域，成为人们户外游憩活动的优良环境。例如，在新加坡、吉隆坡等花园城市，热岛效应基本不存在。深圳和上海浦东新区绿化布局合理，草地、花园和苗圃星罗棋布，热岛效应也小于其他城市。

除了绿地能够有效缓解城市热岛效应之外，水面、风等也是缓解城市热岛的有效因素。水的热容量大，在吸收相同热量的情况下，升温值最小，表现为比其他下垫面的温度低；水面蒸发吸热，也可降低水体的温度。风能带走城市中的热量，也可以在一定程度上缓解城市热岛效应。

# 第四节 环境热污染及其防治

随着科技水平的不断提高和社会生产力的不断发展，工农业生产和人们的生活都取得了巨大的进步，这其中大量的能源消耗（包括化石燃料和核燃料），不仅产生了有害及放射性的污染物，而且还会产生二氧化碳、水蒸气、热水等一些污染物，它们会使局部环境或全球环境增温，并形成对人类和生态系统的直接或间接、及时或潜在的危害。这种日益现代化的工农业生产和人类生活中排放出的废热所造成的环境污染，即为热污染。热污染一般包括水体热污染和大气热污染。目前，噪声污染、水污染、大气污染，已被人们所重视，而对于热污染，人们却几乎熟视无睹。

## 一、热污染的形成

热环境的改变基本上都是由人类活动引起的。人类活动主要从以下三个方面影响热环境。

### （一）改变了大气的组成

#### 1. 大气中 $CO_2$ 含量不断增加

据测定，在 19 世纪，大气中的浓度为 $299ml/m^3$，而到 1995 年大气中 $CO_2$ 浓度已达到 $358ml/m^3$。

#### 2. 大气中微细颗粒物大量增加

大气中微细颗粒物质对环境有变热双重效应：颗粒物一方面会加大对太阳辐射的反

射作用，另一方面也会加强对地表长波辐射的吸收作用。究竟哪一方面起到关键性的作用，主要取决于微细颗粒物的粒度大小、成分、停留高度、下部云层和地表的反射率等多种因素。

**3. 对流层中水蒸气大量增加**

这主要是由日益发达的国际航空业的发展引起的。对流层上部的自然湿度是非常低的，亚声速喷气式飞机排出的水蒸气在这个高度形成卷云。凝聚的水蒸气微粒在近地层几周内就可沉降，而在平流层则能存在1～3年之久。当低空无云时，高空卷云吸收地面辐射，降低环境温度，夜晚由于地面温度降低很快，卷云又会向周围环境辐射能量，使环境温度升高。早在1965年就已发现对流层卷云遍布美国上空，近年来，随着航空业的飞速发展，在繁忙的航空线上已发现卷云愈来愈多，云层正不断加厚。

**4. 臭氧层的破坏**

臭氧是一种淡蓝色具有特殊嗅味的气体，是氧气的同素异形体，化学式为$O_3$。它起着净化大气和杀菌的作用，并可以把大部分有害的紫外线都过滤掉，减少其对地球生态和人体的伤害，因而臭氧是地球生命的"保护神"。

（1）臭氧层现状　平流层的臭氧层是臭氧不断产生又不断被破坏分解两个过程平衡的结果。20世纪70年代初期，科学家已经发出了"臭氧层可能遭到破坏"的警告，且从那时开始，根据世界各地地面观测站对大气臭氧总量的观测记录表明，自1958年以来，全球臭氧总量在逐年减少。20世纪80年代的观测结果表明，南极上空的臭氧每年9～10月份急剧减少。20世纪90年代中期以来，每年春季南极上空臭氧平均减少2/3。更令人们值得担心的是，继南极发现"臭氧空洞"之后，1987年科学家又发现在北极的上空也出现了"臭氧空洞"，最近科学观测表明北极臭氧层也有高达2/3的部分已经受损。2000年9月3日南极上空的臭氧层空洞面积达到2830万平方千米，相当于美国领土面积的3倍，是迄今为止观测到的最大的臭氧空洞。预计在今后的20年内，臭氧层将处于最脆弱的状态。

（2）臭氧层破坏的原因　破坏臭氧层的罪魁祸首不是自然界本身，而是人类自己。科学研究业已证实，现代工业向大气中释放的大量氟氯烃（CFCs）和含溴卤化烷烃哈龙（Halon）是引起臭氧减少的主要原因。氟氯烃（Chloro fluoro carbon缩写为CFCs），即氟利昂，最初是由美国杜邦公司生产用于制冷作用的。这些物质性质稳定，排入大气后基本不分解。当其升至平流层后，在太阳光紫外线的催化作用下，释放出大量的氯原子。反应式如下所示：

$$CFCl_3 \xrightarrow{h\nu} CFCl_2 + Cl$$
$$CF_2Cl_2 \xrightarrow{h\nu} CF_2Cl + Cl$$
$$Cl + O_3 \longrightarrow ClO + O_2$$
$$ClO + O \longrightarrow Cl + O_2$$

由此可见，氯原子在其中起到了催化剂的作用，一个氯原子自由基更以惊人的破坏力可以分解10万个臭氧分子，而且其寿命长达75～100年，而由Halon释放的溴原子自由基对臭氧的破坏能力是氯原子的30～60倍，并且氯原子自由基和溴原子自由基的协同破坏力远远大于两者单独的破坏能力。

此外，$CCl_4$和$CHCl_3$和氮氧化物（超音速飞机的尾气和农业氮肥的施用）以及大气中的核爆炸产物也能破坏臭氧层。

（3）臭氧层破坏对地球环境的危害和影响　紫外线的波长范围为40～400nm，其中40～290nm为UV-C和部分UV-B；320～400nm为UV-A。波长越短能量越大，臭氧层能够吸收UV-C和部分UV-B。研究表明，如果大气中臭氧含量减少1%，达到地面的紫外线UV-B就要增加2%～3%。表5.8为地面紫外线增加量状况。

表 5.8　地面紫外线增加量状况①

| 地理位置 | 时间 | 地面紫外线增加量/% | 地理位置 | 时间 | 地面紫外线增加量/% |
|---|---|---|---|---|---|
| 北半球中纬度 | 冬、春季 | 7 | 南极地区 | 春季 | 130 |
| 北半球中纬度 | 夏、秋季 | 4 | 北极地区 | 春季 | 22 |
| 南半球中纬度 | 全年 | 6 | | | |

① 资料来源：联合国环境署报告，1998。

① 危害人类和动物的生命健康。适量的 UV-B 是人类健康所必需的，它可以提高人体的免疫力，增强人体抵抗环境污染的能力。然而当人体接受了超过其需要的 UV-B 量时，将导致白内障发病率增加，降低机体对传染病和肿瘤的抵抗能力，降低疫苗的应答效果，导致皮肤癌发病率增高。大气中臭氧含量每减少 1%，皮肤病发病率将会增加 1%～2%。

② 改变植物的生物活性和生物化学过程。UV-B 抑制植物的光合作用，降低其抵抗病菌和昆虫袭击的能力，降低农作物的产量和质量。

③ 危害水生生态系统。UV-B 辐射能够穿透水面至水下 10～15m 的区域，过量的 UV-B 会杀死水中的微生物，削弱吸收地球上产生 $CO_2$ 50% 的海洋生物的机能，降低水体自净能力，减少海洋经济产品的产量和质量。科学已经证实 UV-B 辐射增强能够改变 $CO_2$ 和 $CO$ 间的循环。

④ 降低空气质量。EPA 指出，当大气中臭氧含量减少 25% 时，城市光化学烟雾的发生率将增加 30%。

⑤ 降低聚合材料的物理和机械性能，减少聚合和生物材料（木材、纸张、羊毛、棉织品和塑料等）的使用寿命。

⑥ 改变大气辐射平衡，引起平流层下部气温变冷，对流层变热，导致全球大气环流的紊乱，破坏地球的辐射收支平衡。

## （二）改变了地表形态

（1）农牧业大发展造成自然植被的严重破坏　随着世界人口数量的不断增长和人们生活水平的不断提高，需要更多的食物来维系人类生命的存在。人类在不断开荒造田、放牧，填海填湖造田，极大地破坏了自然植被。而一般农田→草原→沙漠是森林植被破坏后的转换三部曲，从而改变了自然热平衡，造成热污染。

（2）飞速发展的城市建设减少了自然下垫面　城市人口的不断增长和城市市政建设的不断发展，导致大面积混凝土构筑物取代了田野和土地等自然下垫面，改变了地表的反射率和蓄热能力。表 5.9 为下垫面改变引起城市变化情况。

表 5.9　下垫面改变引起城市变化情况

| 项目 | 与农村比较结果 | 项目 | 与农村比较结果 |
|---|---|---|---|
| 年平均温度 | 高 0.5～1.5℃ | 夏季相对湿度 | 低 8% |
| 冬季平均最低气温 | 高 1.0～2.0℃ | 冬季相对湿度 | 低 2% |
| 地面总辐射 | 少 15%～20% | 云量 | 多 5%～10% |
| 紫外辐射 | 低 5%～30% | 降水 | 多 5%～10% |
| 平均风速 | 低 20%～30% | | |

（3）石油泄漏改变了海洋水面的受热性质　在北冰洋泄漏的石油覆盖了大面积的冰面，在其他的海平面上泄漏的石油也覆盖了大面积的水面。石油和水面、冰面吸收和反射太阳辐射的能力是截然不同的，从而改变了热环境。

## （三）直接向环境释放热量

按照热力学定律，人类使用的全部能量最终都将转化为热，传入大气，逸向太空。

## 二、水体热污染

向自然水体排放的温热水导致其升温，当温度升高到影响水生生物的生态结构时，就会发生水质恶化，影响人类生产、生活的使用，即为水体热污染。

### （一）水体热污染的热量来源

工业冷却水是水体热污染的主要热源，其中以电力工业为主，其次为冶金、化工、石油、造纸和机械行业。在工业发达的美国，每天所排放的冷却用水达 $4.5 \times 10^8 \, m^3$，接近全国用水量的 1/3；废热水含热量约 $10467 \times 10^9 \, kJ$，足够 $25 \times 10^8 \, m^3$ 的水温升高 10℃。例如在美国佛罗里达州的一座火力发电厂，其热水排放量超过 $2000 \, m^3/min$，导致附近海湾 10～12hm² 的水域表层温度上升 4～5℃。我国发电行业的冷却水用量也占到总冷却水用量的 80% 左右。各行业冷却水排放量对照见图 5.3。

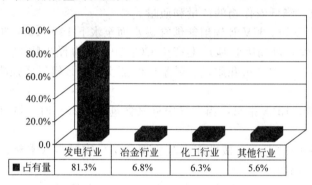

图 5.3　各行业冷却水排放量对照

另外，核电站也是水体热污染的主要热量来源之一，尤其是在现在这样一个核利用逐渐增加的时代。一般轻水堆核电站的热能利用率为 31%～33%，而剩余的约 2/3 的能量都以热（冷却水）的形式排放到周围环境中。

### （二）水体热污染的危害

#### 1. 降低水体溶解氧且加重水体污染

温度是水的一个重要物理学参数，它将影响水的其他物理性质指标。随着温度的升高，水的黏度降低，这将影响到水体中沉积物的沉降作用。水中溶解氧（DO）随温度的变化情况如表 5.10 所示。由表可知，随着温度的升高，水中的 DO 值是逐渐降低的，而微生物分解有机物的能力是随着温度的升高而增强的，从而随着温升水体自净能力加强，提高了其生化需氧量，导致水体严重缺氧，加重了水体污染。

表 5.10　氧在蒸馏水中的溶解度

| 水温 $T$/℃ | DO 值/(mg/L) | 水温 $T$/℃ | DO 值/(mg/L) | 水温 $T$/℃ | DO 值/(mg/L) |
|---|---|---|---|---|---|
| 0 | 14.62 | 11 | 11.08 | 22 | 8.83 |
| 1 | 14.23 | 12 | 10.83 | 23 | 8.63 |
| 2 | 13.84 | 13 | 10.60 | 24 | 8.53 |
| 3 | 13.48 | 14 | 10.37 | 25 | 8.38 |
| 4 | 13.13 | 15 | 10.15 | 26 | 8.22 |
| 5 | 12.80 | 16 | 9.95 | 27 | 8.07 |
| 6 | 12.48 | 17 | 9.74 | 28 | 7.92 |
| 7 | 12.17 | 18 | 9.54 | 29 | 7.77 |
| 8 | 11.87 | 19 | 9.35 | 30 | 7.63 |
| 9 | 11.59 | 20 | 9.1 | | |
| 10 | 11.33 | 21 | 8.99 | | |

注：1 个标准大气压下数据。

## 2. 导致藻类生物的群落更替

水温的升高将会导致藻类种群的群落更替。不同温度下的优势藻类种群如表 5.11 所示。

**表 5.11　优势藻类种群随水变化情况表**

| 温度 $T/℃$ | 优势藻类群落 | 温度 $T/℃$ | 优势藻类群落 |
| --- | --- | --- | --- |
| 20 | 硅藻 | 35~40 | 蓝藻 |
| 20 | 绿藻 | | |

蓝藻的增殖速度很快，它不仅不是鱼类的良好饵食，而且其中有些还是有毒性的。它们的大量存在还会降低饮用水水源的水质，产生异味，阻塞水流和航道。

## 3. 加快水生生物的生化反应速度

在 0~40℃ 的温度范围内，温度每升高 10℃，水生生物生化反应速率增加 1 倍，这样就会加剧水中化学污染物质（如氰化物、重金属离子等）对水生生物的毒性效应。据资料报道，水温由 8℃ 增至 16℃ 时，KCN 对鱼类的毒性增加 1 倍；水温由 13.5℃ 增至 21.5℃ 时，$Zn^{2+}$ 对虹鳟鱼的毒性增加 1 倍。

## 4. 破坏鱼类生境

水体温度影响水生生物的种类和数量，从而改变鱼类的吃食习性、新陈代谢和繁殖状况。不同的水生生物和鱼类都有自己适宜的生存温度范围，鱼类是冷血动物，其体温虽然在一定的温度范围内能够适应环境温度的波动，但是其调节能力远不如陆生生物那么强。有游动能力的水生生物有游入水温较适宜水域的习性，例如，在秋、冬、春三季有些鱼类常常被吸引到温暖的水域中，而在夏季，当水温超过了鱼类适应水温的 1~3℃ 时，鱼类都会回避暖水流，这就是鱼类调整自我适应环境一种方式。从而可以看出热污染对附着型生物（如鲍鱼、蝶螺、海胆等）的影响更大，其上限温度约为 32℃。表 5.12 为不同鱼类最适生存温度范围。

**表 5.12　不同鱼类最适生存温度范围**

| 鱼类名称 | 最适温度 $T/℃$ | 鱼类名称 | 最适温度 $T/℃$ | 鱼类名称 | 最适温度 $T/℃$ |
| --- | --- | --- | --- | --- | --- |
| 对虾 | 25~28 | 鲤鱼 | 25.5~28.5 | 沙丁鱼 | 11~16 |
| 海蟹 | 24~31 | 鳟鱼 | 20~28 | 墨鱼 | 11.5~16 |
| 牡蛎 | 15.5~25.5 | 比目鱼 | 3~4 | 金枪鱼 | 22~28 |

由表 5.12 可见，鱼类生存适宜的温度范围是很窄的，有时很小的温度波动都会对鱼类种群造成致命的伤害。

水温的上升可能导致水体中的鱼类种群的改变。例如，适宜于冷水生存的鲑鱼数量会逐渐减少，会被适宜于暖水生存的鲈鱼、鲶鱼所取代。

温度是水生生物繁殖的基本因素，将会影响到从卵的成熟到排卵的许多环节。例如，许多无脊椎动物有在冬季达到最低水温时排卵的生理特点，水温的上升将会阻止营养物质在其生殖腺内的积累，从而限制卵的成熟，降低其繁殖率。即使温升范围在产卵的温度范围内，也会导致产卵时间的改变，从而可能使得孵化的幼体因为找不到充足的食物来源而自然死亡。同时，适宜的温升范围也有可能导致某些水生生物的暴发性生长，从而导致作为其食物来源生物的生物群体的急剧减少，甚至种群的灭绝，反过来又会限制其自身种群的发展。鱼类的洄游规律是依据环境水温度的变化而进行的，水体的热污染必将破坏它们的洄游规律。

在热带和亚热带地区，夏季水温本来就高，废热水的稀释较为困难，且会导致水温的进一步升高；在温带地区，废热水稀释升温幅度相对较小，而扩散要快得多，因而热污染在热带和亚热带地区对水生生物的影响会更大些。

**5. 危害人类健康**

温度的上升，全面降低人体机理的正常免疫功能，给致病微生物，如蚊子、苍蝇、蟑螂、跳蚤及其他传病昆虫以及病原体微生物提供了最佳的滋生繁衍条件和传播机制，导致其大量滋生、泛滥，形成一种新的"互感连锁效应"，引起各种新、老传染病如疟疾、登革热、血吸虫病、恙虫病、流行性脑膜炎等病毒病原体疾病的扩大流行和反复流行。经科学证实，1965 年澳大利亚曾流行过的一种脑膜炎，就是因为发电厂外排冷却水引起河水升温后导致一种变形原虫大量滋生引起的。目前以蚊子为媒介的传染病，已呈急剧增长趋势。2002 年 3 月初，美国纽约已新发现一种由蚊子感染的"西尼罗河病毒"导致的怪病。

**（三）水体热污染的温升控制标准**

温热水的排放主要有表层排放和浸没排放两种形式，而实际设计中一般排放口的高度介于这两者之间。表层排放的热量散逸主要是通过水面蒸发、对流、辐射作用进行的，它主要影响近岸边的水生生态系统。当温热水排放水流方向和风向相反或在河流入海口处排放时，可能会发生温热水向上游推托的现象，从而降低其稀释效果，这在工程设计上应予以充分考虑。

浸没排放的热量散逸主要是通过水流的稀释扩散作用进行的，它主要影响水体底部的生态系统。浸没排放是通过布置在水体底部的管道喷嘴或多孔扩散器进行的，它沿水流方向的热污染带的长度要比表层排放小，而在宽度和深度方向都要比表层排放大。

为了尽量降低水体热污染可能带来的对生境的破坏作用，通常控制扩散后水体温升范围和热污染带的规模两项指标。水体温升是指热污染向下游扩散，经过一定距离至近于完全混合时水体温度比自然水温高出的温度。温升指标的高低，需要综合考虑环保和经济合理两方面的因素。《地表水环境质量标准》（GHZB 1—1999）规定，人为造成环境水温变化应限制在周平均最大升温≤1℃。美国国家技术咨询委员会（NTAC）对水质标准中水温的建议如下。

**1. 淡水生物**

（1）温水水生生物 ①一年中的任何月份，向河水中排放的热量不得使河水温升超过 2.8℃；湖泊和水库上层温升不得超过 1.6℃；禁止温热水湖泊浸没排放。②必须保持天然的日温和季温变化。③水体温升不得超过主要水生生物的最高可适温度。

（2）冷水水生生物 ①内陆有鲑属鱼类的河流，不得将湖泊、水库及其产卵区作为温热水的受纳水体。②其他部分同对温水水生生物限制。

**2. 海洋和海湾生物**

（1）近海和海湾水域日最高温度的月平均值 夏季温升不得高于 0.83℃，其他季节不得高于 2.2℃。

（2）温度变化率 除自然因素的影响外，温度变化率不得超过 0.56℃/h。表 5.13 为某些鱼类的最高可适水温。

表 5.13 某些鱼类的最高可适水温

| 种群名称 | 最高可适温度 $T/℃$ |
| --- | --- |
| 鲶鱼、长嘴硬鳞鱼、白鱼、黄鱼、斑点鲈鱼的生长 | 33.9 |
| 大嘴鲈鱼、鼓鱼、青鳃鱼的生长 | 32.2 |
| 小嘴鲈鱼、河鲈鱼、突眼鱼、狗鱼的生长 | 28.9 |
| 鲶鱼、鲱鱼的生长 | 26.7 |
| 鲑鱼、鳟鱼的生长和河鲈鱼、小嘴鲈鱼的产卵、孵化 | 20.0 |
| 鲑鱼、鳟鱼的产卵、孵化 | 12.8 |
| 湖泊鳟鱼的产卵、孵化 | 8.9 |

美国科学院（NAS）、美国工程科学院（NAE）和美国环保局（EPA）联合提出的有关水温的水质标准，具体规定了以下几个限制性数值指标。

① 夏季最大周平均水温：最大周平均水温主要由生物生长受到限制时的水温来决定。关系式为：

$$最大周平均水温 \leqslant 主要生物生长最佳温度 + \frac{主要生物致死上线温度 - 主要生物生长最佳温度}{3}$$

生物生长最佳温度是指生物生长率最高时的温度。当将其从生长最佳水温很快转移到较高的水温中，导致其在短时间内有 50% 死亡时的水温即为生物致死上限温度。

② 冬季最高水温多年的现象表明，由于温热水的排放并未造成鱼类大量地死亡，相反，却在温热水突然停止排放时，导致鱼类不能很快适应从较高温度水体到自然温度水体的转变，使得鱼类受到"冷冲击"作用而昏迷致死。为防止这一现象的发生，规定了冬季最高水温这一指标。一般把冬季自然水温作为致死下限温度，然后测定出主要种群的适应温度，再减去 2℃，将其作为冬季最大周平均水温。

③ 短时间极限允许温度：为了防止短停留时间内可能对鱼类造成的热损伤，规定了短时间极限允许温度指标。鱼类热损伤的程度是和水温的高低以及停留时间的长短两者相关的，这当然也因种群和温度的不同而相异。停留时间越长，所能存活的水温相应越低，反过来，水温越高，所能存活的停留时间越短。例如，小的大嘴鲈鱼在温度从 21.1℃ 升高到 32.2℃ 停留时间为 7min 左右时，没有大的损伤。然而当水温迅速升高时产生的"热冲击"可能会导致鱼类的立即死亡。温度突然升高到 16.7℃ 时，刺鱼只有 35s 的存活能力，而大马哈鱼在 10s 以内即会死亡。这在温热水排放系统的设计时需要进行充分考虑。

④ 繁殖和发育期的温度：处于繁殖和发育期的水生生物对温度变化特别敏感，建议在每年的繁殖季节，对鱼类的洄游产卵、孵化水域执行专门的温度标准。河流入海口处常常是海产鱼类的繁殖区域，特别需要制定执行更加严格的温升标准。

为了保护洄游性的鱼类，NAS、NAE 和 EAP 建议由温热水排放在河流中形成的热污染带超过允许温升的部分（混合区），最多只能占河流宽度的 2/3，必须保证不少于河流 1/3 宽度的鱼类通过区。在要求严格的地方，混合区的宽度不允许超过河流横断面的 1/4。

**（四）水体热污染的防治**

水体热污染的防治，主要是通过改进冷却方式、减少温排水的排放和利用废热三种途径进行。

**1. 设计和改进冷却系统，减少温排水**

一般电厂（站）的冷却水，应根据自然条件，结合经济和可行性两方面的因素采取相应的防治措施。在不具备采用一次通过式冷却排放条件时，冷却水常采用冷却池或冷却塔系统，使水中废热散逸，并返回到冷凝系统中循环使用，提高水的利用效率。

冷却水池是通过水的自然蒸发达到冷却目的的。冷却水在流经冷却池的过程中，实现其冷却效果。这种方案投资小，但是占地面积较大，一个 $10^6 kW$ 发电能力的电站需要配备 $400 \sim 1000 hm^2$ 的冷却水池。采用把冷却水喷射到大气中雾化冷却的方式，可以提高蒸发冷却速率，减少用地面积（减少 20% 左右）。但是由于穿经喷淋水滴的空气易于饱和，当水池的尺寸较大且冷却幅度大于 10℃ 时，是不经济的。

冷却水塔分为干式、湿式和干湿式三种。干式塔是封闭系统，通过热传导和对流来达到冷却水的目的，其基建费用较高，现已极少采用。湿式塔通过水的喷淋、蒸发来进行冷却，目前应用较为广泛。

根据塔中气流产生的方式不同，又可将湿式塔分为自然通风和机械通风两种类型。为了保证气流充足的抽吸力并使形成的水雾到达地面时能够弥散开来，自然通风型冷却塔要求塔体较大，造成其基建费用较大。在气温较高、湿度较大的地区常采用机械通风型冷却塔。这种塔的基建投资较小，而运行费用较高。

冷却水池、冷却塔在使用过程中产生的大量水蒸气，一方面会导致冷水的散逸，需要进行冷却水的补充（如冷却水池一般为水流量的 3％～5％左右），另一方面，在气温较低的冬天，易于导致下风向数百米以内的区域内，大气中产雾、路面结冰。排出的水蒸气对当地的气候将会产生较大的影响。为了降低这种影响，发展了一种在一般湿塔上部设置翅管形热交换器的干湿式冷却塔，又称为除雾式冷却塔。它的工作原理是温热水先进入热交换器管内加热湿塔的排气，再进入湿塔喷淋、蒸发。在湿塔内空气被加热、增湿达到饱和状态，然后在干塔内被进一步加热到过热状态，由于塔顶风机的抽力，在干塔内就有一部分空气和湿塔排气相混合，适当调节干、湿塔两段空气量的分配率，就可避免形成水雾。

在冷却水循环使用过程中，为了避免化学物质和固体颗粒物过多地积累，系统中需要连续地或周期性地"排污"，排出一部分冷却水（约为总循环量的 5％左右），这部分水的排放同样也会造成水体的热污染，在排放时仍需加以控制。

**2. 废热水的综合利用**

目前，国内外都在进行利用温热水进行水产养殖的试验，并已取得了较好的试验成果，如表 5.14 所示。

农业也是利用温热水的一个重要途径。在冬季用温热水灌溉能促进种子发芽和生长，从而延长适于作物种植、生长的时间。在温带的暖房中用温热水灌溉可以种植一些热带或亚热带的植物。这里需要考虑的是，当温热水源由于某些原因无法提供温热水时的影响和相应的解决措施。

利用温热水冬季供暖和夏季作为吸收型空调设备的能源，其应用前景较为乐观。作为区域性供暖，在瑞典、芬兰、法国和美国都已取得成功。

表 5.14　利用温热水水产养殖试验状况

| 试验地点 | 生物种类 | 取得成果 | 试验地点 | 生物种类 | 取得成果 |
|---|---|---|---|---|---|
| 中国 | 非洲鲫鱼 | 已获成功 | 美国 | 鲶鱼 | 已获成功 |
| 日本 | 虾和红鲷鱼 | 加快其增长速度 | 美国 | 观赏性鱼 | 提高其成活率 |
| 日本 | 鳗鱼、对虾 | 已获成功 | 美国 | 牡蛎、螃蟹、淡菜 | 增加其产卵量、延长其生长期 |

温热水的排放可以在一些地区防止航道和港口结冰，从而节约运输费用，但在夏季会对生态系统产生不良影响。

污水处理也是温排水利用的一个较好的途径。温度是水微生物的一个重要的生理学指标。活性污泥微生物的生理活动和周围的温度密切相关，适宜的温度范围（20～30℃）可以加快其酶促反应的速率，提高其降解有机物的能力，从而增强其水处理的效果。特别是在冬天水处理系统温度较低的情况下，如果能将温排水的热量引入到污水处理系统中去，将是一举两得的处理方案。这当然要充分考虑经济性和可行性两方面的因素。

## 三、大气热污染

能源是社会发展和人类进步的命脉。随着能源消耗的加剧，越来越多的副产物 $CO_2$、水蒸气和颗粒物质被排放到大气中。水蒸气吸收从地面辐射的紫外线，悬浮在空气中的微粒物吸收从太阳辐射来的能量，加之人类活动向大气中释放的能量，使得大气温度不断升高，即为大气热污染。

不会引起全球性气候变化的环境可吸收废热的上限值并不为人们所知。一些科学家曾提出过不应超过地球表面太阳总辐射能量的 1‰（24W/m²）的说法，然而目前有不少地区，尤其是大城市和工业区排放的热量已经超过了这个数值。虽然这些地区表现了与周围环境不同的气候特征，其影响面积依然是相对较小的，并没有引起全球性的气候变化。全球不同地区人为废热排放量如表 5.15 所列。

**表 5.15　不同地区及城市人为废热排放量**

| 地区 | 面积/($\times 10^6$ km²) | 人为废热排放量/(W/m²) | 城市 | 面积/($\times 10^3$ km²) | 人为废热排放量/(W/m²) |
|---|---|---|---|---|---|
| 全球平均 | 500 | 0.016 | 波士顿-华盛顿 | 87 | 4.4 |
| 陆地表面 | 150 | 0.054 | 莫斯科 | 0.88 | 127 |
| 美国 | 7.8 | 1.1 | 曼哈顿 | 0.06 | 630 |
| 美国东部 | 0.9 | 0.24 | | | |
| 前苏联 | 22.4 | 0.05 | | | |

**1. 大气热污染引起局部天气变化**

（1）减少太阳到达地球表面的辐射能量，降低大气可见度　排放到大气中的各类污染物对太阳辐射都有一定的吸收和散射作用，从而降低了地表太阳的入射能量。污染严重的情况下，可减少到 40％以上。又由于热岛效应的存在，导致污染物难以迅速扩散开来，积存在大气中形成烟雾，增加了大气的浊度，降低了空气质量，降低了可见度。

（2）破坏降雨量的均衡分布　大气中的颗粒物对水蒸气具有凝结核和冻结核的作用。一方面热污染加大了受污染的大工业城市的下风向地区的降水量（拉波特效应），另一方面，由于增大了地表对太阳热能的反射作用，减少了吸收的太阳辐射热量，使得近地表上升气流相对减弱，阻碍了水蒸气的凝结和云雨的形成，加之其他因素，导致局部地区干旱少雨，导致农作物生长歉收。例如 20 世纪 60 年代后期，非洲撒哈拉牧区因受热污染影响，发生了持续 6 年的特大旱灾，受灾死亡人数达 150 万以上；非洲大陆因旱灾 3 年大饥荒，死 200 万人；在埃塞俄比亚、苏丹、莫桑比克、尼日尔、马里和乍得等 6 个国家的 9000 万人口中，有 2500 万人面临饥饿和死亡的威胁。

（3）加剧城市的热岛效应　城市热岛效应和大气热污染之间是一种相辅相成的关系，随着大气热污染的加剧，城市会变得更"热"。

**2. 大气热污染引起全球气候变化**

目前，尚缺少大气热污染对全球气候影响的实际观测资料，还不能具体确定其对自然环境可能造成的破坏作用及其可能产生的深远影响。然而已有明确的观测资料表明大量存在于大气中的污染物改变了地球和太阳之间的热辐射平衡关系，虽然这种影响尚小。曾有人指出，地球热量平衡的稍有干扰，将会导致全球平均气温 2℃的浮动。无论是平均气温低 2℃——冰河期，还是平均气温高 2℃——无冰期的发生对于脆弱的地球生命系统来讲都将是致命的。冰河期是指地球气候受到影响后，气温降低，而导致极地冰盖范围增大。从而冰反射来自太阳的辐射热量增强，使得地球温度进一步降低，进而导致冰盖范围进一步扩大。这种正反馈现象，最终将导致"全球冰河化"。即地球完全被冰盖所包围的现象发生。

（1）加剧 $CO_2$ 的温室效应　空气中含有二氧化碳，而且在过去很长一段时期中，含量基本上保持恒定。这是由于大气中的二氧化碳始终处于"边增长、边消耗"的动态平衡状态。大气中的二氧化碳有 80％来人和动、植物的呼吸，20％来自燃料的燃烧。散布在大气中的二氧化碳有 75％被海洋、湖泊、河流等地面的水及空中降水吸收溶解于水中。还有 5％的二氧化碳通过植物光合作用，转化为有机物质贮藏起来。这就是多年来二氧化碳占空气成分 0.03％（体积分数）始终保持不变的原因。

但是近几十年来，由于人口急剧增加，工业迅猛发展，呼吸产生的二氧化碳及煤炭、石油、天然气燃烧产生的二氧化碳，远远超过了过去的水平。而另一方面，由于对森林乱砍滥伐，大量农田建成城市和工厂，破坏了植被，减少了将二氧化碳转化为有机物的条件。再加上地表水域逐渐缩小，降水量大大降低，减少了吸收溶解二氧化碳的条件，破坏了二氧化碳生成与转化的动态平衡，就使大气中的二氧化碳含量逐年增加。空气中二氧化碳含量的增长，就使地球气温发生了改变。

（2）大气中颗粒物对气候的影响　到目前为止，近地层大气中的颗粒物主要还是自然界火山爆发的尘埃颗粒以及海水吹向大气中的盐类颗粒，由人类活动导致的大气中颗粒物的增加量尚少，且只是作为凝结核促进水蒸气凝结成云雾，增加空气的浑浊度。

① 平流层中大量颗粒物的存在，将会增强对太阳辐射的吸收和反射作用，减弱太阳向对流层和地表的辐射能量，导致平流层能量聚集，温度升高。1963 年阿贡山火山大喷发造成大量尘埃进入平流层，导致平流层中的同温层立即温升 6～7℃，多年以后，该层温升仍高达 2～3℃ 的事实充分证明了这一点。

② 对流层中大量存在的颗粒物，对太阳和地表辐射都既有吸收又有反射作用从而其对近底层的气温的影响，目前尚缺少统一的说法。

**3. 大气热污染的防治**

（1）植树造林，增加森林覆盖面积　绿色植物通过光合作用吸收 $CO_2$ 放出 $O_2$。

$$CO_2 \xrightarrow{\text{植物光合作用}} O_2$$

根据化学式，植物每吸收 $44gCO_2$，释放 $32gO_2$。据实验测定，每公顷森林每天可以吸收大约 $1tCO_2$，同时产生 $0.73tO_2$。据估算，地球上所有植物每年为人类处理 $CO_2$ 近千亿吨。此外，森林植被能够防风固沙、滞留空气中的粉尘，每公顷森林可以年滞留粉尘 2.2t，降低环境大气含尘量 50% 左右，进一步抑制大气升温。

（2）提高燃料燃烧的完全性，提高能源的利用效率，降低废热排放量　目前我国的能源利用效率只是世界平均水平的 50%，存在着极大的能源浪费现象。研究开发高效节能的能源利用技术、方法和装置，任重而道远。

（3）发展清洁型和可再生性替代能源，减少化石性能源的使用量　清洁型能源的开发使用是清洁生产的主要内容。所谓清洁型能源就是指它们的利用不产生或极少产生对人类生存环境的污染物。下面介绍几种新能源和可再生性能源。①太阳能：太阳向外的电磁波辐射。②风能：空气流动的动能。③地热能：地球内部蕴藏的热能，通常是指地下热水和地下蒸汽以及用人工方法从干热岩体中获得的热水与蒸汽所携带的能量。④生物质能：通过生物转化法、热分解法和气化法转化而成的气态、液态和固态燃料所具有的能量。⑤潮汐能：由于天体间的引力作用导致的海水的上涨和降落携带的动能和势能。⑥水能：自然界的水由于重力作用而具有的动能和势能。

（4）保护臭氧层，共同采取"补天"行动　世界环境组织已将每年的 9 月 16 日定为国际保护臭氧层日。严格执行《保护臭氧层维也纳公约》和《关于消耗臭氧层物质的蒙特利尔议定书》等国际公约。美国和欧盟等国家决定，自 2000 年起，停止生产氟里昂。中国从1998 年起，将实施《中国哈龙行业淘汰计划》，到 2006 年和 2010 年底，分别停止哈龙 1211和 1301 的生产。

环境热污染的研究属于环境物理学的一个分支。由于它刚刚起步，许多问题尚不十分清晰。随着现代工业的发展和人口的不断增长，环境热污染势必日趋严重。为此，尽快提高公众对环境热污染的重视程度，制订环境热污染的控制标准，研究并采取行之有效的防治热污染的措施方为上策。

# 第五节 热污染控制技术

## 一、节能技术与设备

### （一）热泵

热泵即将热由低温位传输到高温位的装置，是一种高效、节能、环保的技术，其理论基础起源于 19 世纪关于卡诺循环的论文。它利用机械能、热能等外部能量，通过传热工质把低温热源中无法被利用的潜热和生活生产中排放的废热，通过热泵机组集中后再传递给要加热的物质。其工作原理如图 5.4 所示。热泵设备的开发利用始于 20 世纪 20～30 年代，直到 70 年代能源危机的出现，热泵技术才得以迅速发展。目前热泵主要用于住宅取暖和提高生活热水，而且在北美洲和欧洲的应用最广（表 5.16）。在工业中，热泵技术可用于食品加工中的干燥、木材和种子干燥及工业锅炉的蒸汽加热等。

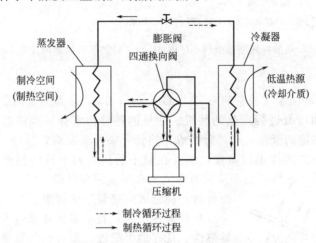

图 5.4　典型压缩式热泵工作原理

#### 表 5.16　热泵机组在欧洲的应用

| 国家 | 2000 年总量/台 | 热泵类型 | | | 应用 |
| --- | --- | --- | --- | --- | --- |
| | | 地热源 | 水源 | 空气源 | |
| 德国 | 1000000 | 72％ | 11％ | 17％ | 63％用于住宅供暖 |
| 荷兰 | 29500 | — | — | — | 43％用于住宅供暖 |
| 瑞典 | 370000 | 72％ | 12％ | 16％ | 90％用于住宅供暖 |
| 瑞士 | 67000 | 40％ | 5％ | 55％ | 91％用于住宅供暖 |
| 法国 | 30000 | 15％ | — | 85％ | 95％用于住宅供暖 |

热泵的热量来源可以是空气、水、地热和太阳能。其中以各种废水、废气为热源的余热回收型热泵不仅可以节能，同时也可以直接减少人为热的排放，减轻环境热污染。采用热泵与直接用电加热相比，可节电 80％以上；对 100℃以下的热量，采用热泵比锅炉供热可节约燃料 50％。

图 5.5 是莫斯科市乌赫托姆斯基小区的电-热-冷三联供系统，整个系统的能量都来自当地的"二次能源"。该小区有一根城市污水地下干管通过，而且附近 5 个热电站产生大量冷却水，这些废水处理后可作为压缩式热泵系统的低温热源。此外，这里有两个大型天然气分配站，把天然气的压力由 2MPa 减至 0.3～0.6MPa，利用这一压降驱动涡轮机发电，既可以保证热泵使用，又能满足小区其他用电。整个系统不需消耗任何化石燃料，

便可满足住宅楼、行政、文化设施的要求。图 5.5 乌赫托姆斯基生活小区电-热-冷三联供系统的能源及功率分配商业等建筑物的供电、供热，室内游泳池供热，人工滑冰场及各种冷库的制冷，同时还可用于路面下融雪装置的供热。该工程正在建设中，因为施工量巨大，全部投资预计在 3.5 年内回收。

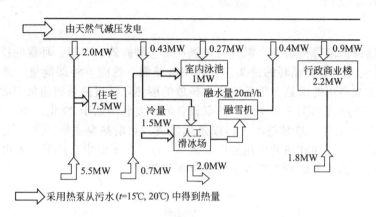

图 5.5  乌赫托姆斯基生活小区电-热-冷三联供系统的能源及功率分配

## （二）热管

美国 Los Alamos 国家实验室的 G. M. Grover 于 1963 年最先发明了热管，它是利用密闭管内工质的蒸发和冷凝进行传热的装置。常见的热管由管壳、吸液芯（毛细多孔材料构成）和工质（传递热能的液体）三部分组成。热管一端为蒸发端，另外一端为冷凝端。当一端受热时，毛细管中的液体迅速蒸发，蒸气在微小的压力差下流向另外一端，并释放出热量，重新凝结成液体，液体再沿多孔材料靠毛细作用流回蒸发段（图 5.6）。如此循环不止，便可将各种分散的热量集中起来。

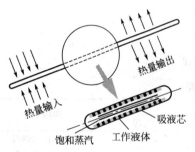

图 5.6  热管的工作原理

与热泵相比，热管不需从外部输入能量，具有极高的导热性、良好的等温性，而且热传输量大，可以远距离传热。目前，热管已广泛用于余热回收，主要用作空气预热器、工业锅炉和利用废热加热生活用水。此外，在太阳能集热器、地热温室等方面都取得了很好的效益。

## （三）隔热材料

设备及管道不断向周围环境散发热量，有时可以达到相当大的数量，所以隔热保温可节约能源，同时也可在一定程度上减少热污染。另外，在高温作业环境中使用隔热材料，还能显著降低热环境对人体的伤害。

### 1. 隔热材料的种类

隔热材料按其内部组织和构造的差异，可分为以下三类。

（1）多孔纤维质隔热材料  由无机纤维制成的单一纤维毡或纤维布或者几种纤维复合而成的毡布。具有导热系数低、耐温性能好的特点。常见的有超细玻璃棉、石棉、矿岩棉等。

（2）多孔质颗粒类隔热材料  常见的有膨胀蛭石、膨胀珍珠岩等材料。

（3）发泡类隔热材料  包括有机类、无机类及有机无机混合类三种。无机类常见的有泡沫玻璃、泡沫水泥等；有机类如聚氯酯泡沫、聚乙烯泡沫、酚醛泡沫及聚氨酯泡沫等，具有低密度、耐水、热导率低等优点，应用较广；混合型多孔质泡沫材料是由空心玻璃微球或陶瓷微球与树脂复合热压而成的闭孔泡沫材料。

近几年出现了许多新型的隔热材料，如用于高温的空心微珠和碳素纤维等，这些隔热材料一般都用于特定的环境。

**2. 隔热材料的基本性能**

隔热材料的主要性能参数包括热导率、密度（表观密度和压缩密度）、强度。热导率是隔热材料最基本的指标，是衡量隔热效果的主要参数，通常热导率越低越好，例如空心微珠热导率仅 $0.08\sim0.1$ W/(m·K)，其隔热性能极好。密度过高会增加隔热层重量；强度太低则易导致变形，因此隔热材料的密度一般都比较小，而且需要具备一定的强度。

某些使用条件对隔热材料的耐热性、防水性、耐火性、抗腐蚀性和施工方便性等也有一定的要求。因此，不同领域中隔热材料的选择及隔热技术的应用也各不相同。

（1）矿井巷道隔热技术　矿井巷道隔热材料要求导热系数和密度小，具有一定的强度和防水性能。经实验室和现场研究分析，热导率低于 $0.23$ V/(m·K) 时，才能起到较高的隔热作用。巷道隔热材料的组成见表 5.17，其中胶凝材料是隔热材料的强度组成，集料的作用是改善隔热性能，外掺料是用于减少水泥用量，而外加剂则是为了提高隔热材料的各项性能。

表 5.17　巷道隔热材料的组成

| 胶凝材料 | 集料 | 外掺料 | 外加料 | 水 |
|---|---|---|---|---|
| 水泥、生石灰 | 硅石灰、膨胀珍珠岩 | 粉煤灰 | 增加剂、发泡剂、减水剂、防水剂 | 自来水 |

（2）工业炉窑隔热技术　炉衬结构中使用的隔热材料必须耐高温，最高可达 2000℃ 以上。以轻质碳砖为例，其热导率低于 $1.5$ W/(m·K)，有效厚度大于 300mm 便可将下部耐火砖砌体承受的工作温度由 1800℃ 以上降至 1500℃ 以下。轻质碳砖技术的各性能指标见表 5.18。据 2000 年底统计资料，采用轻质碳砖隔热技术可有效减少热损失，提高炉窑温度，使电炉的作业率提高 2%，月产量增加 12%，平均电耗降低 230 kW·h/t，电极或电极糊消耗降低 15% 左右，炉衬结构一代寿命延长 1 年以上。

表 5.18　轻质碳砖技术性能指标

| 种类 | 性能指标 | | | | | | |
|---|---|---|---|---|---|---|---|
| | 灰分/% | 固定碳/% | 气孔率/% | 体积密度/(g/cm³) | 抗压强度/MPa | 导热系数/[W/(m·K)] | 使用温度/℃ |
| TKQ-1 | ≤15.0 | ≥84.0 | ≥30.0 | ≤1.25 | ≥22.5 | ≥1.5 | 1600~2000 |
| TKQ-2 | ≤6.0 | ≥93.0 | ≥35.0 | ≤1.2 | ≥20.0 | ≥1.5 | ≥1800 |

此外，将不同的隔热材料优化组合、配套使用，即根据炉窑的温度范围和隔热材料的性能，在不同部位或区段选择相应的隔热材料，在满足隔热节能效果的同时，也降低了生产成本。

（3）建筑工程隔热技术　在建筑工程中，根据在围护结构中使用部位的不同，保温隔热材料可分为内、外墙保温隔热材料；根据节能保温材料的状态及工艺不同又可分为板块状、浆体保温隔热材料等。表 5.19 列出了各建筑部位常用的隔热材料。国外资料表明，在建筑中每使用一吨矿物棉绝热制品，一年可节约一吨石油，而我国北京安苑北里节能小区采用高效绝热保温材料的应用情况表明，单位面积节煤率为 11.9kg 标煤/(m²·a)。

表 5.19　各建筑部位常用的隔热材料

| 建筑部位 | 新 建 筑 | 老建筑改造 |
|---|---|---|
| 顶棚 | 玻璃纤维天花板、纤维素酯天花板 | 塑料膜天花板、纤维素天花板 |
| | 岩棉天花板、岩棉望砖（半砖）、玻璃纤维望砖 | |
| 隔墙 | 玻璃纤维砖、岩棉砖、灰泥塑料织物板、光泽性反射板 | 玻璃纤维板条、岩棉、板条、纤维素板 |
| 地面 | 玻璃纤维砖、岩棉砖、光泽性反射板 | |

（4）低温工程隔热技术　不同的隔热材料，即使具有同样的热阻和导热性能，降温所需时间也可能相差很大。隔热材料的蓄热系数越大，冷却降温速度越慢。因此不同低温工程对隔热材料的要求也有所差异。通常速冻间选择蓄热系数小的材料做隔热内层，有利于提高降温速度，减少冷负荷，节省投资和运行费用。对冻结物或冷却物的冷藏间，则应选用蓄热系数较大的隔热材料，以减少库内壁表面的温度波动，保持库内温度稳定，从而节省动力消耗。

## （四）空冷技术

工业过程中的冷却问题，如火电厂的冷凝器、冷却塔、化工设备中的洗涤塔、大型活塞式压缩机的中间冷却器等，大多采用水冷方式。而冷却水排放正是造成水体热污染的主要污染源，采用空冷技术可以显著节约水资源，同时也有助于控制水体热污染。但空冷技术耗电量大，会提高燃料消耗，因此在能源丰富而水源短缺的地区比较适用。

# 二、生物能技术

### 1. 生物能的特点及开发现状

生物能即以生物质为载体的能量，是太阳能以化学能形式贮存在生物中的一种能量形式。生物质能的载体是有机物，是以实物形式存在的，也是唯一一种能够贮存和运输的可再生资源。以生物质资源替代化石燃料，不仅可以减少化石燃料的消耗，同时也可减少 $CO_2$、$SO_2$ 和 $NO_x$ 污染物的排放量。另外，生物能分布最广，不受天气和自然条件的限制，经过转化后几乎可应用于人类工业生产和社会生活的各个方面，因此生物能的开发和利用对常规能源具有很大的替代潜力。

生物质包括植物、动物及其排泄物、有机垃圾和有机废水几大类。目前其开发利用主要集中在三方面：一是建立以沼气为中心的农村新能源；二是建立"能量林场"、"能量农场"和"海洋能量农场"，以植物为能源发电，常用的能源植物或作物有绿玉树、续随子等；三是种植甘蔗、木薯、海草、玉米、甜菜、甜高粱等，发展食品工业的同时，用残渣制造酒精来代替石油。

### 2. 生物质压缩成型技术

由于植物生理方面的原因，生物质原料的结构通常比较疏松，密度较小，利用各种模具，可制成不同规格尺寸的成型燃料品。成型燃料的固体排放量、对大气的污染和锅炉的腐蚀程度、使用费用及其他性能都优于煤和木屑（表 5.20）。其工艺流程见图 5.7。

表 5.20　0.5t 锅炉采用不同燃料的耗能情况

| 燃料 | 项　目 | | | | |
| --- | --- | --- | --- | --- | --- |
| | 升温时间/min | 水量/kg | 耗能/(kJ/kg) | 热值/% | 热效率/% |
| 刨花、木屑 | 40 | 400 | 22.5 | 18406 | 30.7 |
| 煤 | 40 | 400 | 20 | 20930 | 30.4 |
| 成型燃料 | 32 | 400 | 16.5 | 18636 | 41.4 |

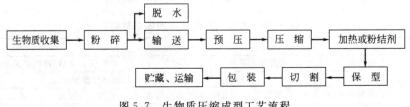

图 5.7　生物质压缩成型工艺流程

### 3. 生物质气化技术

生物质气化是在一定的热力条件下，将组成生物质的碳氢化合物转化为含一氧化碳和氢气等的可燃气体的过程，其工艺系统见图5.8。生物质经气化后排出的燃气中常含有一些杂质，叫做粗燃气，直接进入供气系统会影响供气、用气设施和管网的运行，因此必须进行净化。整个系统的运行和启、停均由燃气输送机控制，同时提供使燃气流动的压力。

国内采用生物质集中供气系统的投资与天然气基本相当，但其环境效益和社会效益高得多，因此更具应用前景。此外，生物质气化后还可用于发电，而且该系统具有技术灵活、环境污染少等特点，其综合发电成本已接近典型常规能源的发电水平。目前，中型气化发电系统已经成熟。

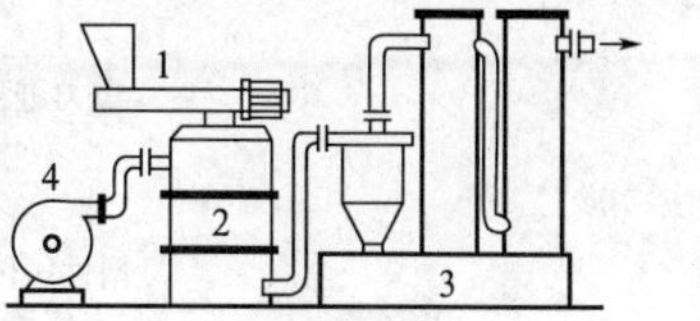

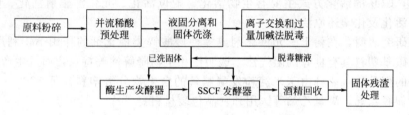

图5.8　燃气发生的工艺系统
1—加料器；2—气化器；
3—净化器；4—燃气输送器

### 4. 生物质燃料酒精

含有木质素的生物质废弃物是生产燃料酒精的主要原料来源。燃烧酒精放出的有害气体比汽油少得多，$CO_2$净排放量也很少。汽油中掺入10%～15%的酒精可使汽油燃烧更完全，减少CO的排放，因此也可以作为添加剂使用。

以生物质生产燃料酒精的原理比较简单，常用的工艺有酸水解、酶水解和发酵。图5.9是酶水解的工艺流程，分析表明该工艺生产酒精的成本仅为0.4美元/升，而且改进后可进一步降低酒精价格。

```
原料粉碎 → 并流稀酸预处理 → 液固分离和固体洗涤 → 离子交换和过量加碱法脱毒
                              │已洗固体           │脱毒糖液
酶生产发酵器 → SSCF发酵器 → 酒精回收 → 固体残渣处理
```

图5.9　SSCF酶水解工艺流程

### 5. 生物质热裂解液化技术

生物质热裂解是生物质在完全缺氧或有限氧供给的条件下热降解为液体生物油、可燃气体和固体生物质炭三个组成部分的过程。控制热裂解条件（主要是反应温度、升温速率等）可以得到不同的热裂解产品。生物质热裂解液化则是在中温（500～600℃）、高加热速率（$10^4$～$10^5$℃/s）和极短气体停留时间（约2s）的条件下，将生物质直接裂解，产物经快速冷却，使中间液态产物分子在进一步断裂生成气体之前冷凝，得到高产量生物质液体油的过程，液体产率（质量比）可高达70%～80%。气体产率随温度和加热速率的升高及停留时间的延长而增加，而较低的温度和加热速率会导致物料碳化，使固体生物质炭的产率增加。

快速热裂解液化对设备及反应条件的要求比较苛刻，但因产品油易存贮和运输，不存在就地消费问题，从而得到了广泛关注。下面以引流床液化工艺为例介绍其主要过程（图5.10）。物料干燥粉碎后在重力作用下进入反应器下部的混合室，与吹入的气体充分混合。丙烷和空气燃烧产生的高温气体与木屑混合向上流动穿过反应器，发生裂解反应，生成的混合物有不可冷凝的气体、水蒸气、生物油和木炭。旋风分离器分离掉大部分的炭颗粒，剩余气体进入水喷式冷凝器中快速冷凝，随后再进入空气冷凝器中冷凝，冷凝产物由水箱和接收器收集。气体则经去雾器后，燃烧排放。该工艺生物油产率60%，没有分离提纯的生物油是高度氧化的有机物，具热不稳定性，温度高于185～195℃就会分解。

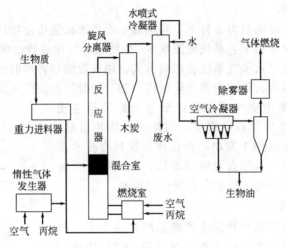

图 5.10  引流床反应工艺流程

## 三、二氧化碳固定技术

CO₂ 在特殊催化体系下，可与其他化学原料发生许多化学反应，从而可固定为高分子材料。该技术的关键是利用适当的催化体系使惰性 CO₂ 活化，从而作为碳或碳氧资源加以利用。目前，CO₂ 的活化方式主要有生物活化、配位活化、光化学辐射活化、电化学还原活化、热解活化及化学还原活化等。

我国的研究表明，在稀土三元催化剂或多种羧酸锌类催化剂的作用下，利用 CO₂ 生产出的二氧化碳基塑料具有良好的阻气性、透明性和生物降解性等特点，而且生产成本比现有万吨级生产的聚乳酸（一种由玉米淀粉发酵制备的全生物分解塑料）低 30%～50%，有望部分取代聚偏氟乙烯、聚氯乙烯等医用和食品包装材料。

# 第六章 环境光污染及其防治

随着生活水平的日益提高，人们的日常活动也变得越来越丰富，活动范围从室内扩大到室外，活动时间也从白天延长到夜晚。在这转变的过程中，人们借助光源获得了更为舒适和美好的生活环境。但是人们在享受灯火辉煌的同时，却发现眼睛如果长期处于强光和弱光的条件下，视力就会受到损伤。而光源的不恰当使用或者灯具的光线欠佳也会对人们的生活和生产环境产生不良的影响。之前我国的一项研究结果表明，导致学生近视率普遍提高的主要原因是由于视觉环境受到污染，而并不是通常所说的用眼不当造成的。因此本章以环境光学为依据，从光度学、色度学、生理光学、物理光学、建筑光学等学科的角度来研究适宜人类生存的光环境，分析光污染的产生原因、存在类型、危害和防治方法，以避免光污染对人类的危害。

## 第一节 光 环 境

光环境是由光照射于其内外空间所形成的环境，包括室内光环境和室外光环境。其中室内光环境是指在室内由光与颜色建立而形成的环境，该环境要满足物理、生理、心理及美学等方面的要求。室外光环境是在室外空间由光照射而形成环境，它既要满足与室内光环境相同的要求，也要满足照明和节能等社会方面的需求。光的照度和亮度、光色、周围亮度、视野外的亮度分布、眩光和阴影等是光环境的基本影响因素。

### 一、人与光环境

视觉是人类获取信息的主要途径，人在生活中75％以上的外界信息来自视觉，75％～90％的人体活动是由视觉引起的，而光是正常人产生视觉必不可少的外界条件，没有充足的光线，适当的对比度和背景亮度，人就不能发挥正常的视觉功能，无法识别环境，从而影响人的判断和活动。

眼睛是人体最重要的视觉器官，也是一个相当复杂的光学仪器，眼球主要分为外、中、内三层。外层由角膜、巩膜组成。中层又称葡萄膜、色素膜，具有丰富的色素和血管，内层为视网膜，是一层透明的膜，也是视觉形成的神经信息传递的第一站。人体对外界世界的反应是靠分布在视网膜上的感光细胞起作用的，感光细胞包括杆状感光细胞和锥状感光细胞，二者起的作用不同。当外界环境发生变化时，视网膜上感光细胞的化学组成也发生变化，杆状感光细胞只能在黑暗的环境中起作用，要达到其最大的适应程度大约需要30min左右，对光环境的明暗变化反应比较缓慢，并且杆状感光细胞仅能看到黑暗环境中的物体，不能分辨物体的细微特征。而锥状感光细胞只有在明亮的环境中起作用，达到其最大的适应程度只需要几分钟，能分辨出物体的细部特征和颜色，并能对光环境的明暗变化产生快速的反馈，使视觉尽快适应。这就是为什么人从阳光下走进昏暗的影剧院时由于锥状感光细胞的作用很难辨明自己的方位，而过一段时间杆状感光细胞发挥作用时，才相对好些，但是也很难看清楚物体的细部。

人的视野范围也受到身体结构的限制，主要是由于各种感光细胞在视网膜上的分布不均所致。视网膜中央一个很小区域，布满感光细胞，分辨本领最高，视网膜边缘，分辨本领急剧下降。因此人双眼直视时的视野范围是：水平面180°，垂直面130°左右，其中上仰角度为60°左右，下倾角度为70°左右。在这个范围内存在一个最佳视觉区域，就是从人的视野范围中心向30°左右的区域，人的视觉最清楚，是观察物体的最佳位置。同时人的视觉具有向光性，也就是说人总是对视野范围内最明亮的、色彩最丰富的或者对比度最强的区域最敏感。人的视觉活动和人的其他所有知觉一样，外界环境对神经系统进行刺激，更主要的是大脑对刺激进行分析同时进行判断并产生反馈，因此人们的视觉不仅是"看"的问题，同时也包含着"理解"的成分。所以光环境与人的关系是对生理和心理同时作用。

## （一）光环境和生理反应

### 1. 视觉形成过程

从光源来的光，照射外界物体，产生反射，形成颜色、明暗程度都不同的二次光源；来自于二次光源不同强度、颜色的光信号进入人的眼睛内，通过瞳孔经过眼球的调节，最终落到视网膜上并成像；视网膜在物像的刺激下产生脉冲信号，经过视神经传输给大脑，通过大脑的解读、分析、判断从而产生视觉。

由于视网膜上的锥状和杆状感光细胞对光反应灵敏度的不同，在不同光强的刺激下就形成了明视觉、暗视觉和中间视觉。所谓的明视觉是在光亮的条件下，人眼的锥状感光细胞可以看到光谱上不同明暗的颜色，在亮度高于 3 $cd/m^2$ 的水平时才能充分发挥作用；当亮度减低到一定程度时，人眼看不到光谱上的颜色，只能由杆状感光细胞看到无色彩的不同明度的灰色，又叫"暗视觉"。暗视觉能够感光的亮度阈限大约为 $10^{-8} \sim 0.03 cd/m^2$ 左右的亮度水平，在暗视觉的条件下，景物看起来总是模糊不清，灰茫茫一片；而中间视觉是眼睛适应亮度介于明视觉和暗视觉适应亮度范围之间时（$0.03 \sim 3 cd/m^2$），由视网膜上的锥状和杆状感光细胞同时起作用的视觉。

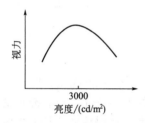

图 6.1 亮度与视力关系图

图 6.1 为亮度与视力的关系图，从图中可见人的视力是随着亮度的改变而变化的，在低亮度时，视力随着亮度的增加而提高；当亮度达到 $3000 cd/m^2$ 左右时，视力开始出现下降的趋势，此后随着亮度的增加，视力一直呈现下降趋势。因此在进行环境的设计时亮度要适中，不要一味追求高亮度，当亮度超过 $10^6 cd/m^2$ 时，人的视觉就难以忍受，视网膜就会由于辐射过强而受到损伤。

### 2. 识别力与光环境

眼睛对物体的识别主要是由目标物体的亮度（$B_{目标物}$）和目标物所处环境背景的亮度差（$\Delta B$），与环境背景亮度（$B_{背景}$）之比值 $C$ 决定的。见公式（6.1），公式（6.2）。

$$\Delta B = B_{目标物} - B_{背景} \tag{6.1}$$

$$C = \frac{\Delta B}{B_{背景}} \tag{6.2}$$

$C$ 值越大，环境背景亮度越小，目标物越容易识别。所以在白纸上书写不同颜色的字，在相同的照度条件下，黑字是最清晰的。这是因为白纸的反射率极高，而黑色的反射率低，与其他颜色在白纸上所产生的亮度差相比较，白纸黑字的亮度差是最大的，因而字体也最清晰。

用亮度识别阈值表示在该亮度下识别物体的难易程度，其定义为在不同的亮度下人眼睛所能识别的最小亮度差 $\Delta B_{min}$ 与 $B$ 的比值（$\Delta B_{min}/B$），比值越小越容易识别，而亮度不同，亮度识别阈值也不同。

## （二）光环境与视觉心理

光是人们视觉感知的基本条件，没有光就谈不上视觉。光反映自然界中一切事物的形态、质感、色彩和轮廓，使空间与形态发生联系，从这一点上来说光是一切视觉信息的载体。另一方面从视觉心理角度讲，不同的光环境影响人的注意力，在人们的工作环境中，目标物体上的光对人的工作效率产生直接影响。当人们进入一个色彩斑斓的环境空间时，由于装饰绚丽夺目，物体和图形引人注目，这样就会产生强烈的对比，人会不自觉地将注意力投向这些地方，在这种光环境下进行注意力集中的工作比如说看书学习就比较困难，会影响学习工作的效率。一般来说，休闲的场所像舞厅夜总会等地方，灯光要尽量绚丽多彩，从而分散人们的注意力，放松精神。而在图书馆阅览室，以及乒乓球和台球室等地方，周围环境应该注意朴素恬静，不能设计得太多彩，这样人们能将光主要投射在桌面及周围落球的区域内，能让运动员将精力集中在球上。

光线的好与坏影响人主动探索信息的过程，进而会影响人对外界环境的认识。人每到一个新环境，总要环顾周围，明确自身所在的位置，外界是否对自己有不良的影响。如果由于光线的影响这些信息不能获得，人就会烦躁不安，因此在环境设计中要创造使人注意力集中的光环境。一般通过改变目标物体周围的亮度，使人能够明确自己的存在位置，看清周围的物体。所以房间的墙一般都是白色或者明亮的颜色，而不是用深颜色或者黑色的。

从以上光与生理和心理关系的分析，了解到在我们生活的空间中要尽可能地创造既能满足生理视觉需要的光环境，提高视觉和识别能力，同时也要创造适合不同工作需要的心理因素的光环境，满足人的视觉心理。这样才会对人的生理健康和心理健康提供保障，提高工作效率。

## 二、光源及其类型

光源指自身正在发光，且能持续发光的物体。生活中光源分为天然光源和人工光源。有些物体，比如月亮，本身并不发光，而是反射太阳光才被人看见，所以月亮不是光源。

### （一）天然光源

天然光源指太阳光、闪电、萤火虫等。太阳光是天然光源的主要组成部分，由两部分组成。一部分称为直射光，这部分光是一束平行光，光的方向随着季节及时间作规律的变化；另一部分是整个天空的扩散光。太阳光的波长范围在 $0.2\sim3\mu m$，其中 $0.20\sim0.38\mu m$ 是紫外线，$0.38\sim0.78\mu m$ 是可见光，$0.78\sim3\mu m$ 是红外线。太阳光中红外线所占能量比例最大，为 53%，紫外线最少，为 3%，可见光居于二者之间，为 44%，不同波长的光所起的作用如图 6.2 所示。图中横坐标代表波长，纵坐标代表光强。图中①是从太阳到达大气层的光强，在这里分成两部分，阴影部分代表由水蒸气、二氧化碳、臭氧、尘埃和灰粒等引起的反射、散射、折射和吸收所导致的损失，这部分光被转变成为太阳光的扩散光，是天空的亮度；②是可以到达地球表面的光强；③是可见光的波长范围。从图中可以看出，大部分到达地球表面的光分布在可见光的波长范围内。因此环境光学研究的主要内容是可见光对人类的影响。图 6.3 为可见光谱能量的相对分布图，从图中可见日光光谱的能量比较均匀，因此人眼睛能感觉到的可见光是"白色"的，正是因为这个原因，在日光下观察物体才能看到它的天然颜色。

直射阳光能促进人的新陈代谢、杀菌，因而能带来生气，给人增添情调、感受阳光明媚的大自然。所以在一些特定的场所，像学校、医院、住宅、幼儿园、度假村等建筑通过修建阳光大厅来对直射光加以利用。但直射阳光由于强度高，变化快，容易产生眩光或使室内过热，因此在一些车间、计算机房、体育比赛场馆及一些展室中往往需要遮蔽阳光。同时多变的直射光也可以表现建筑的艺术氛围，材料的质感，对渲染环境气氛都有很大的影响。

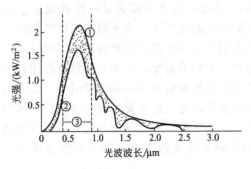

图 6.2　太阳辐射光的强度

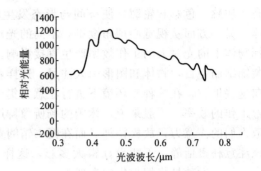

图 6.3　日光光谱能量的相对分布

建筑物的采光模式是以天空的扩散光为设计依据的，因此在决定建筑的采光时要明确天空的亮度。而天空的亮度与天气情况密切相关，当天空非常晴朗时亮度大约为 $8000cd/m^2$，略阴时约为 $4700cd/m^2$，浓雾天气约为 $6000cd/m^2$，全阴浓云天气约为 $800cd/m^2$。

天空的亮度也与地面的照度直接相关，同时与大气的透明度、太阳与地面的夹角有关。最亮的位置在太阳附近，但随着距离的变远亮度减小，在与太阳位置成 $90°$ 角处达到最低。因此全阴天时，看不到太阳。这时天顶亮度最大，近地面亮度逐渐降低，变化规律近似为：

$$L_\theta = \frac{1+2\sin\theta}{3} \times L_z \tag{6.3}$$

式中，$L_\theta$ 为离地面 $\theta$ 角处的天空亮度；$L_z$ 为天顶亮度；$\theta$ 为计算天空亮度处与地平面的夹角。

美国国家标准局 1983 年推荐的天顶亮度的经验公式为：

晴朗天空　　　　　　　　$L_z = 0.1593 + 0.0011h_s^2$ 　　　　　　　　　　(6.4)

全阴天空　　　　　　　　$L_z = 0.123 + 10.6\sin h_s$ 　　　　　　　　　　(6.5)

式中，$L_z$ 为天顶亮度，$kcd/m^2$；$h_s$ 为太阳高度角。

照度同天空亮度、太阳高度角和大气的透明度有关。普通晴天，大气透明度为 2.75。晴天时直射日光在地面上产生的照度为 $E_s$，晴天天空扩散光在地面上产生的照度为 $E_a^c$，全阴天天空扩散光在地面上产生的照度为 $E_a^0$，它们的计算式分别为：

$$E_s = 130\sin\upsilon \exp\left(\frac{-0.2}{\sin\upsilon}\right) \times 10^3 \tag{6.6}$$

$$E_a^c = (1.1 + 15.5\sin^{0.5}\upsilon) \times 10^3 \tag{6.7}$$

$$E_a^0 = (0.3 + 21\sin\upsilon) \times 10^3 \tag{6.8}$$

式中，$E_s$ 为直射日光在地面上产生的照度，lx；$E_a^c$ 为晴天天空扩散光在地面上产生的照度，lx；$E_a^0$ 为全阴天天空扩散光在地面上产生的照度，lx；$\upsilon$ 为太阳高度角；$\exp\left(\frac{-0.2}{\sin\upsilon}\right)$ 为 $T = 2.75$ 时，采用的大气透过函数。

不同地区，由于气象因素和大气污染程度的差异，光环境的特性也不同，因此需要对一个国家和地区的日光进行常年连续的观测和分析，以取得区域性日光数据，从而为建筑和环境工程提供资料。我国年平均总照度最高的地区是西藏高原，可超过 30klx，年平均总照度最低值在四川盆地，才 20klx，最高处和最低处年平均总照度相差很大，因此室内要达到同样光照效果时，采光面积的大小应该有所差别，即照度较低的地区采光面积应适当加大一些，而照度较高的地区，采光面积可以适当减小。近年来研究人员采用新的光学材料和光学系统，将它们普遍应用在建筑采光工程中，并发展了通过日镜、反射镜和透镜系统以及光导纤维等设备将日光远距离输送，使建筑物的深处以至地下、水下都能得到日光照明。

## （二）人工光源

在人们长期的生活中，天然光是人们习惯的光源，充分利用天然光可以节约能源，但是目前人们对天然光的利用还受到时间及空间的限制，天然光很难到达的地方，还需要人工光源来补充。人工光源按其发光原理来说主要包括热辐射光源和气体放电光源等。

光的产生是物质分子热运动的结果，所有的物质都发射电磁辐射，这种混有不同波长的辐射，称之为热辐射。当物体温度达到 300℃ 时，最强辐射的波长在红外区，波长为 5000nm；温度达到 800℃ 时，物体发射足够的可见辐射能而成为自发光并呈"赤热"状态（绝大部分仍然属于红外波）；加热到 3000℃ 时，即接近于白炽灯丝的温度，辐射能包含足够多的 400~700nm 间的"可见光"波长，因此热辐射光源是指依靠电流通过灯丝发热到白炽程度而发光的电光源。另一类气体放电光源是电极在电场作用下，电流通过一种或几种气体或金属蒸气而发光的电光源，也称为冷光源。

目前我国建筑照明通用的各种灯的名称、代号及所属种类归纳如图 6.4 所示。下面对主要的几种人工光源加以介绍。

### 1. 电光源的类型

（1）炽灯　最简单的白炽灯就是给灯丝导通足够的电流，灯丝发热至白炽状态，就会发出光亮。该光源灯丝为细钨丝线圈，为减少灯丝的蒸发，灯泡中充入氩气作为保护气。炽灯因其显色性好，价格低廉，使用方便，得到了广泛的应用。但具有能量转换效率低，使用寿命短等缺陷。近些年来新出现的涂白白炽灯和氪气白炽灯等使发光效率提高，寿命延长。

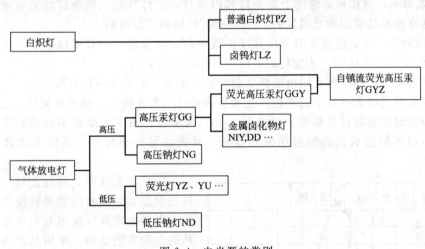

图 6.4　电光源的类别

（2）弧灯　弧灯是通常试验所选用的光源。两根钨丝电极密封在玻璃管或者石英管的两端，阴极周围为一池水银（汞）。当两个电极接上一电源，再将管子倾斜，直至水银与两电极接触，一些水银开始蒸发；当管子回复到原来直立位置时，电子和水银正离子保持放电。水银在低压时，其原子发射一种只有黄、绿、蓝和紫色的特征光。用滤光器吸收黄光，并用黄玻璃滤光器吸收蓝光和紫光，剩下的是很窄的波带所组成的强烈绿光，它的平均波长为 546nm。由于汞弧灯的绿光由极窄的波带组成，所以发出的光近似于单色光。

（3）碳弧灯　碳弧灯是利用两根接触的碳棒电极在空气中通电后分开时所产生的放电电弧发光的电光源。将碳棒接到 110V 或者 220V 的直流电源上，使两根碳棒短暂接触，然后拉开，这时正极碳棒上强烈的电子轰击使其端部形成极为炽热的焰口，其光源温度可达 4000℃ 左右。碳弧灯的工作电流大约为五十到几百安培。碳弧灯的光谱含有很强的紫外辐射，应注意防护，还需常调节距离，操作强度大，光色不理想。除原有的大功率探照灯外，现几乎都被短弧氙灯和金属卤化物灯取代。

（4）钠弧灯　钠弧灯是利用钠蒸气放电发光的电光源，电极密封在管内，其灯管用特种玻璃制成，不会受钠的侵蚀。每一电极是一发射电子的灯丝，以通过惰性气体来维持放电。当管内温度升高到某一数值时，钠蒸气压升高到足以使相当多的钠原子发射出钠的特征黄光，这种黄光对眼睛没有色差，视敏度也较高。钠灯经济耐用，可以作为路灯使用。

（5）荧光灯　即低压汞灯，它是利用低气压的汞蒸气在放电过程中辐射紫外线，从而使荧光粉发出可见光的放电灯。荧光灯是由一根充有氩气和微量汞的玻璃管构成的，灯内装有两个灯丝，灯丝上涂有电子发射材料三元碳酸盐（碳酸钡、碳酸锶和碳酸钙），在交流电压的作用下，灯丝交替地作为阴极和阳极。灯管内壁涂有荧光粉，通电后灯管内液态汞蒸发成汞蒸气。在电场作用下，汞原子不断从原始状态被激发成激发态，继而自发跃迁到基态，并辐射出波长253.7nm和185nm的紫外线，这些紫外线被涂在玻璃管内部的荧光粉所吸收，荧光粉吸收紫外线的辐射能后发出可见光。荧光粉不同，发出的光线也不同，这就是荧光灯可做成白色和各种彩色的原因。例如红光可由硼酸镉为荧光粉；绿光对应硅酸锌等；混合物可以发出白光。由于荧光灯所消耗的电能大部分用于产生紫外线，因此荧光灯的发光效率远比白炽灯和卤钨灯高，是目前最节能的电光源。

**2. 电光源的主要技术参数**

（1）寿命　光源的寿命又称光源寿期，一般以小时计算，通常有两个指标，有效寿命和平均寿命。

① 有效寿命：该指标通常用于荧光灯和白炽灯，指灯开始点燃至灯的光通量衰减到一定数值（通常是开始规定的光通量的70%～80%）时的点灯时数。

② 平均寿命：该指标通常用于高强度的放电灯，通常用一组灯来做实验，将点燃到其中50%的灯失效（另50%为完好的）时所经历的点灯时数。

（2）光通量　光通量指人眼所能感觉到的辐射能量，它等于单位时间内某一波段的辐射能量和该波段的光谱光视效率的乘积。光通量表征灯的发光能力，能否达到额定光通量是看一个灯质量的最主要的评价标准，以流明（lm）为单位。由于人眼对不同波长光的光视效率不同，所以不同波长光的辐射功率相等时，其光通量并不相等。光谱光视效率曲线见图6.5。

（3）发光效率　简称光效，表示发光体把受激发时吸收的能量转换为光能的能力。即指电光源所发出的光通量与其所消耗的电功率的比值，单位是流明/瓦（lm/W）。

（4）亮度　指发光体在视线方向单位面积上的发光强度，亮度以 $cd/m^2$ 表示。

（5）显色系数　光源显色性能的指标。指在光源照到物体后，与参照光源相比（多以日光或接近日光的人工光源为参照光源），对颜色相符程度的度量参数。

（6）光源的色表　光源的颜色，简称光色，会直接作用人的心理，有冷和暖的区别，它们是以色温或者相关色温为指标。色温低则为暖光，色温高为冷。室内

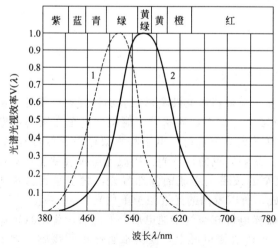

图 6.5　光谱光视效率曲线 V（λ）
1—暗视觉；2—明视觉

照明按照 CIE 的标准分为三类，如表 6.1 所示。

**表 6.1　灯的色表类别**

| 色表类别 | 色表 | 相关色温/K |
|---|---|---|
| 住宅、特殊作业、寒冷地区 | 暖 | ≤3300 |
| 工作房间 | 中间 | 3300～5300 |
| 高照度水平、热带地区 | 冷 | ≥5300 |

（7）光源的启动性能　光源的启动性能是指灯的启动和再启动特性，用启动和再启动所需要的时间来度量。光源的发光需要一个逐渐由暗变亮的过程，有的时间长，有的时间短。另外有一些光源熄灭后不能马上启动，要等到光源完全冷却以后才能再次启动，所以选择光源的时候要有所区别。

（8）环境适应能力　主要是指电压波动、温度剧变对光源的影响。

# 第二节　照明单位及度量

## 一、照明单位

**1. 照度（$E$）**

表示被照面上的光通量密度，即光通量（$F$）与受照射面积（$A$）的比值，定义式为：

$$E=\frac{F}{A}$$

式中，$F$ 为光通量，lm；$A$ 为受照射的面积，m²；$E$ 为照度，lx（勒克斯，简称勒）。

**2. 发光强度（$I$）**

表示光通量的空间密度，即光通量（$F$）与入射光立体角（$\omega$）的比值，即：

$$I=\frac{F}{\omega}$$

式中，$F$ 为光通量，lm；$\omega$ 为入射光的立体角；$I$ 为发光强度，cd（坎德拉）。

立体角（$\omega$）的含义为球的表面积 $S$ 对球心所形成的角，即以表面积 $S$ 与球的半径平方之比来度量。

**3. 亮度（$B$）**

表示发光体在视线方向单位面积上的发光强度，设一个面光源的面积为 $S'$，照在这个面积上的光源发光强度为 $I$，则：

$$B=\frac{I}{S'}$$

当光源发光强度的单位取 cd，光源的面积取 m² 时，亮度（$B$）的单位为 nt（尼特）。

**4. 辐照（$R$）**

定义为单位面积上的散射光的强度，即：

$$R=\frac{F}{S}$$

式中，$S$ 为散射光的发光表面（或反射光表面）的面积，m²；$F$ 为光通量，lm；$R$ 的单位为亚熙提，asb。

换算为照度的标准公式为：

$$R=\rho E$$

式中，$\rho$ 为接受光照的表面（反射光的表面）的反射率，%；$E$ 为接受光照的照度（光照射于受照表面上的照度）。

## 二、照度和明度的测量单位及定义

（1）流明（lm）光通量单位，一个均匀的具有强度为 1 cd 的点光源，在一个单位立体角中所产生的光通量。

（2）勒（lx）照度单位，即 lm/m²，即每平方米面积上光通量为 1 lm 的照度（与光源的距离无关）。

（3）坝德拉（cd）发光强度的单位，在 1m 距离上，每平方米面积所测得的全部光通量为 1 lm 的光强度。

（4）流明/英尺²（lm/ft²）也是照度的单位，与 lx 的换算为：1lm/ft²＝10.764lx。

（5）尼特（nt）亮度的单位，等于 cd/m²，即光的强度为 1cd，照在一个平面上的光通量为 1 lm 的光源的亮度。

（6）熙提（st）亮度单位，即 cd/cm²。

（7）亚熙提（asb）辐照的单位 lm/m²，一个均匀的漫散射光在单位面积上的强度。

（8）朗（L）辐照单位，一个均匀的漫散射光，强度为 1lm/cm²。

（9）英尺-朗（ft-L）亮度的单位，一个均匀的漫散射光，强度为 1lm/cm²。1 英尺-朗＝1.0764 毫朗。

（10）楚兰德（Troland）视网膜照度单位，等于一个光子照射于视网膜上的照度。

## 三、测量仪器

### 1. 亮度计

测量光环境的亮度或者光源的亮度主要有两种亮度计。一种是适用于被测目标较小或者距离较远的透镜式亮度计，如图 6.6 所示。这类亮度计设有目视系统，便于测量人员精确的瞄准被测目标。辐射光由物镜接收并成像于带孔反射板，辐射光在带孔反射板上分成两部分：一部分经反射镜反射进入目视系统；另一部分通过积分镜进入光探测器。

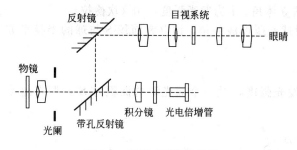

图 6.6　透镜式亮度计示意

另一种为适用于测量面积较大，亮度较高目标的遮筒式亮度计，其构造如图 6.7 所示。筒的内壁是无光泽的黑色装饰面，同时在筒内还设置了若干个光阑来遮蔽杂散反射光，在筒的一端有一个圆形窗口，面积为 $A$，另一端设有接受光的光电池 $C$。通过窗口，光电池可以接受到亮度为 $L$（cd/m²）的光源照射。若窗口的亮度为 $L$，则窗口的光强为 $LA$，它在光电池上产生的照度 $E$（lx）为：

$$E = \frac{LA}{l^2} \tag{6.9}$$

因而，

$$L = \frac{El^2}{A}$$

如果光源和窗口的距离不是很大时，窗口的亮度就等于光源被测部分（$\theta$ 角所含面积）的亮度。

### 2. 照度计

照度计（或称勒克斯计）是一种专门测量光度、亮度的仪器。即测量物体表面所得到的光通量与被照面积之比。当光照到光电元件上时就会产生光电效应，不同强度的光照在同一个光电池上产生的电流不同，所以只要观察产生电流的大小就可以判断光的强弱。当光线照射到光电池表面时，入射光透过金属薄膜到达硒半导体层和金属薄膜的分界面上，就会产生光电效应。接上外电路，微电流计就会有电流指示，根据不同照度同其产生的电位差成比例关系来判断照度的大小。根据这个原理设计的照度计就是用硒光电池和微电流计组成，见图6.8。

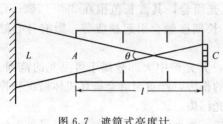

图 6.7　遮筒式亮度计

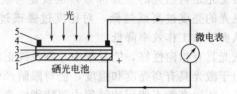

图 6.8　硒光电池照度计原理
1—金属底板；2—硒层；3—分界面；4—金属薄膜；5—集电环

# 第三节　光污染的危害和防治

## 一、光污染的产生

　　光污染问题最早出现于 20 世纪 70 年代，由国际天文界提出，认为是城市夜景照明使天空发亮造成对天文观测的负面影响。后来英、美、澳等国将其称之为干扰光，日本称为光害。我国理解的光污染是过量的光辐射（包括可见光、红外线和紫外线）对人类生活和生产环境造成不良影响的现象。

　　尽管不同国家对光污染的定义表述不同，但现代意义上的光污染有狭义和广义之分，狭义的光污染指干扰光的有害影响，其定义是："已形成的良好照明环境，由于溢散光而产生被损害的状况，又由于这种损害的状况而产生的有害影响"。广义光污染指由"人工光源导致的违背人的生理与心理需求或有损于生理与心理健康的现象"。广义光污染与狭义光污染的主要区别在于狭义光污染的定义仅从视觉的生理反应来考虑照明的负面效应，而广义光污染不仅包括了狭义光污染的内容，而且从美学方面以及人的心理需求方面做了拓展。

　　光污染的主要形式包括：眩光、光入侵、溢散光、反射光和天空辉光。

　　（1）眩光　由于视野中亮度分布或亮度范围不适宜，或存在极端的对比，以致引起不舒适感觉或降低观察细部或目标能力的视觉现象，称为"眩光"。眩光污染是指各种光源（包括自然光、人工直接照射或反射、透射而形成的新光源）的亮度过量或不恰当地进入人的眼睛，对人的心理、生理和生活环境造成不良影响的现象。眩光会使行人或者驾驶员短暂性"视觉丧失"从而引发交通事故。

　　（2）溢散光　从照明装置散射出并照射到照明范围以外的光线。

　　（3）反射光　室外照明设施的光线通过墙面，地面或其他被照面反射到周围空间，并对周围人与环境产生干扰的光线。

　　（4）光入侵　指光投射到了不需要照明的地方，影响了人们的正常生活。例如夜间的灯光让人难以入睡，目前世界各国已经有相关的法律来保护人民免受侵害。

　　（5）天空辉光　大气中的气体分子和气溶胶的散射光线，反射在天文观测方向形成的夜空光亮现象。

　　虽然光污染的形式多样，但其都具有两个特点：一是光污染是局部的，随距离的增加而迅速减弱；二是环境中不存在残余物，光源消失，污染立即消失。

## 二、光污染的危害

光污染按照光波波长不同分为可见光污染、红外线污染和紫外线污染三大类，其对人体产生的危害也各不相同。

### 1. 可见光危害

可见光是自然光的主要部分，也就是常说的七色光组合，其波长范围在 $390\sim760nm$。当可见光的亮度过高或过低，对比度过强或过弱时，长期接触会引起视疲劳，影响身心健康，从而导致工作效率降低。

激光具有指向性好，能量集中，颜色纯正的特点，其光谱中大部分属于可见光的范围。但是由于激光具有高亮度和强度，会对眼睛产生巨大的伤害，严重时就会破坏机体组织和神经系统。所以在激光使用的过程中要特别注意避免激光污染。

来自于建筑的玻璃幕墙，建筑装饰（高级光面瓷砖、光面涂料）的杂散光也是可见光污染的一部分，由于这些物质的反射系数比一般较暗建筑表面和粗糙表面的建筑反射系数大10倍，所以当阳光照射在上面时，就会被反射过来，对人眼产生刺激。此外来源于夜间照明的灯光通过直射或者反射进入住户内的杂散光，其光强可能超过人夜晚休息时能承受的范围，从而影响人的睡眠质量，人点着灯睡觉不舒服就是这个原理。

在可见光的污染中，过度的城市照明对天文观测的影响受到人们的普遍重视，国际天文学联合会就将光污染列为影响天文学工作的现代四大污染之一。各种光污染直接作用于观测系统的结果是观测的数据变得模糊甚至做出错误的判断。

### 2. 红外线危害

自然界中的红外线主要来源于太阳，生活环境中的红外线来源于加热金属、熔融玻璃等生产过程。物体的温度越高，其辐射波长越短，发射的热量就越高。随着红外线在军事、科研、工业等方面的广泛应用，其对人类产生的危害也越来越大。人体受到红外线辐射时会在体内产生热量，造成高温伤害。此外红外线还会对人的眼睛造成损伤，波长在 $750\sim1300nm$ 时会损伤眼底视网膜，超过 1900nm 时就会灼伤角膜，如果长期暴露于红外线下可引起白内障。

### 3. 紫外线危害

自然界中的紫外线来自于太阳辐射，而人工紫外线是由电弧和气体放电所产生。紫外线辐射的波长范围在 $10\sim390nm$ 的电磁波。长期缺乏紫外线辐射可对人体产生有害影响。比如儿童佝偻病发生最主要的原因就是维生素 D 缺乏症和由于磷和钙的新陈代谢紊乱所导致的。但过量的紫外线将使人的免疫系统受到抑制，从而导致各种疾病的发生。当波长范围在 $220\sim320nm$ 时，会导致眼睛结膜炎的出现及白内障的发生，皮肤表面产生水泡和皮肤表面的损伤，类似一度或者二度烧伤。此外，当紫外线作用于大气的污染物 HC 和 $NO_x$ 时，就会发生光化学反应产生光化学烟雾，也会对人体健康造成间接危害。

## 三、光污染的防治措施

光污染已经成为现代社会的公害之一，引起了政府及专家的足够重视，为了更好地控制和预防光污染的出现，应从光源入手，预防为主，来改善城市环境质量。一般从以下几个方面采取措施来解决。

（1）夜景照明光污染防治　夜景照明主要指广场、机场、商业街和广告标志以及城市市政设施的景观照明。夜景照明的防治主要通过合理的设计照明手法，采用截光、遮光、增加折光隔栅等措施以及应用绿色照明光源等措施来进行污染防治。

（2）交通照明光污染防治　交通照明光污染包括道路照明光污染和汽车照明光污染。针对道路照明光污染要实行灵活限制开关制度，选择合适的灯具和布灯方式。而对于汽车照明光污染要规范车灯的使用，以强化自我保护意识，尽量减少光污染。

（3）工业照明光污染防治　要加强施工现场管理，处理好各方面的矛盾，对有红外线和紫外线污染的场所采取必要的安全防护措施，以保护眼部和裸露皮肤勿受光辐射的影响。

（4）建筑装饰光污染防治　建筑装饰光污染主要来源于玻璃幕墙和建筑物装修材料。玻璃幕墙反射引起的光污染，可通过控制玻璃幕墙的安装地区，限制安装位置和安装面积，并且玻璃幕墙的颜色要与周围环境相协调。选择建筑物装修材料时也要服从环境保护要求，尽量选择反射系数低的材料，而不要用玻璃、大理石、铝合金等反射系数高的材料。

（5）彩光污染防治　彩光污染主要来源于商业街的夜间照明，因此夜间照明不能太多，要关闭夜间广场和广告板等设施的照明。此外如能对各娱乐场所实行申报登记制度和排污收费制度，将光污染列入收费项目，就能达到对彩光污染的有效控制。

（6）其他防治措施　通过提高市民素质，加强城市绿化，尽量使用"生态颜色"以减轻噪光这种都市新污染的危害。

# 第四节　眩光的产生、危害、防治

根据光波波长的不同，光污染可分为可见光污染、红外线污染和紫外线污染，而可见光污染中的眩光污染是城市中光污染的最主要形式，因此本小节对眩光的产生、危害及防治进行叙述。

## 一、眩光的产生

眩光是指"一种由于视野中的亮度分布或亮度范围的不适宜，或存在极端的对比，以致引起不舒适感，或降低观察细部与目标能力的视觉现象"。从上述定义中可知眩光是一种视觉条件，是与物理、生理、心理都有关系的研究对象。而这种视觉条件的形成是由于亮度分布不适当，或亮度变化的幅度太大、或空间、时间上存在着极端的对比，以致引起不舒适或降低观察重要物体的能力，或同时产生上述两种现象。在建筑环境设计中，为了满足人们生活、工作、休息、娱乐等方面的要求，要很好地处理影响环境的各项因素，这些因素主要是所观察物体与周围环境的亮度对比，光源表面或灯具反射面的亮度绝对值以及光源大小。为避免日光的直射或过亮光源引起的眩目现象，就要采取限制或防止眩光的措施。

## 二、眩光的分类

### （一）按眩光的形成机理划分

眩光按形成机理可分为以下 4 类。

**1. 直接眩光**

直接眩光是人眼视场内呈现过亮的光源引起的，也就是说在视线上或视线附近有高亮度的光源，这样产生的眩光称为直接眩光。在生活或工作时，直接眩光会严重地妨碍人的视觉功效，因此在进行光环境设计时要尽量设法限制或防止直接眩光。例如有些施工工地夜晚用投光灯照射，由于灯的位置较低，光投射的较平，对迎面过来的人就产生眩光，容易出事故。

**2. 间接眩光**

间接眩光又称"干扰眩光"，当不在观看物体的方向存在着发光体时，由该发光体引起的眩光为间接眩光。例如：在视野中存在着高亮度的光源，而该光源却不在观察物体的方向，这时它引起的眩光就是间接眩光。

### 3. 反射眩光

反射眩光是高亮度光源被光泽的镜面材料或半光泽表面反射，而这种反射在作业范围以外的视野中出现时就是反射眩光，也就是说是由光滑表面内光源的影像所引起的。反射眩光能降低物体细微部分的分辨能力，因此在进行光环境设计时，必须注意所用材料的表面特性与其产生的反射眩光的关系，并在此基础上慎重选择材料的种类，通过精心设计，防止在室内的各个表面上出现反射眩光。

### 4. 光幕眩光

光幕反射是指在光环境中由于减少了亮度对比，以致本来呈现扩散反射的表面上，又附加了定向反射，于是遮蔽了要观看的物体细部的一部分或整个部分。

## （二）按眩光对人的心理和生理的影响划分

按眩光对人的心理和生理的影响可划分为两类。

### 1. 失能眩光

失能眩光是在视野内使人们的视觉功能有所降低的眩光，出现的原因是由于眼内光的散射，从而使成像的对比度下降，因此也称为生理眩光。在我国习惯上描述这种眩光为失能眩光，而国外，也有人建议称它为减视眩光或减能眩光。人眼的晶状体相当于反射面，从眩光源发出的光线进入眼球，尽管大部分能量是按照入射方向对眩光进行成像，但不可避免地会在眼球内引起散射，这部分光经散射后分布在视网膜上，就像在视场内蒙上了一层不均匀的光幕，如果眩光在眼睛表面形成的照度比目标物体要大得多，那么这种影响还是相当大的。在出现失能眩光时，光分散在眼睛的视网膜内，致使眼睛的视觉受到妨碍。

当人的眼睛遇到一种非常强烈的眩光以后，在一定的时间内完全看不到物体。这种使人的视觉功效显著降低的眩光就是失明眩光，也称闪光盲，很明显失明眩光是失能眩光达到极端的情况。核爆炸后的强烈闪光可使未加防护的飞行人员在短期内无法看清眼前的物体，这是失明眩光的一个典型例子。

在建筑环境中常会遇到失能眩光。比如视野中有过亮的窗、灯光或其他光源时，眼睛必须经过一番努力才会看清楚物体，这是失能眩光正在起着作用。例如，幻灯机在墙上的投影受到旁边强光的干扰而导致成像质量下降的表现，也属于失能眩光的范畴。

等效光幕亮度理论：失能眩光可由眼睛内的散光引起的，因此可用等效光幕亮度来表示。这种等效光幕亮度在视网膜上和影像一起被重叠起来，减少了对象和背景的亮度对比，以致造成失能眩光效应。等效光幕亮度可由下式表示：

$$L_r = KE\theta^{-n} \tag{6.10}$$

式中，$L_r$ 为等效光幕亮度，$cd/m^2$；$E$ 为眩光光源在眼睛瞳孔平面上产生的垂直照度；$\theta$ 为眩光光源的中心和视觉线所成的角度；$K$，$n$ 为常数，一般情况下，$K=10\pi$，$n=2$。

该理论将光度和视觉功效合理地联系起来，解释了眩光效应对于生理的关系。

### 2. 不舒适眩光

不舒适眩光是指在视野内使人们的眼睛感觉不舒适的眩光。这种眩光影响人的注意力，会增加视觉疲劳，但不一定妨碍视觉，可是会在心理上造成不舒适的效果，因此也称为心理眩光。眩光对于心理的影响作用因人而异，即使在相同的条件下，眩光引起的不舒适度也可能是不同的。但一般来说舒适和不舒适之间是有一个界限的，称之为 BCD（Borderline Between Comfort and Discomfort）。BCD 的判断是一个主观问题，为了将其客观化，有人提出了一个评价方法，叫做背景变亮和背景变暗现象感觉法：此方法在试验开始时，使眩光源的亮度与背景亮度相同，然后逐渐增加眩光源的亮度，当亮度增加到一定的程度时，观察者发现背景有些变亮，再继续增加眩光源的亮度达到一定的程度，观察者发现背景变暗，这时的眩光程度就达到了 BCD 的水平。BCD 的确定，可以确定眩光的分级及眩光常数。眩光常数 $G$ 的数学表达式：

$$G = \frac{L_s^a \omega^b}{L_f^c P^d}$$ (6.11)

式中，$L_s$ 为眩光亮度；$L_f$ 为背景亮度；$\omega$ 为眩光源的张角；$P$ 为位置函数。$a$、$b$、$c$、$d$ 为常数，根据不同的人群有不同的取值。$G$ 越大，观察者受眩光的影响越大。

眼睛的不舒适感觉是因为当眩光使眼睛受到过亮的光刺激，在视网膜上呈现出一种感电状态。例如坐在强太阳光下看书或在一间漆黑的房子里看高亮度的电视，当人眼的视野必须在亮度相差很大的环境中相互转换时，就会感到不适。这种不舒服的情况会引起眼的一种逃避动作而使视力下降。在建筑环境中存在着反射眩光，就容易形成不舒适眩光，直接眩光也会形成不舒适眩光。在进行光环境设计时，不舒适眩光出现的概率要比失能眩光多。比如，室内装修或家具的材料本身是光泽的表面，以致形成镜面反射；外墙窗或灯具过亮；或者灯具设计不良，没有设置遮光角，过亮的大面积光源等。很多情况都可以产生不舒适眩光，因此不舒适眩光比失能眩光更是有待解决的实际问题，所以在设计时应该随时注意采取限制或防止不舒适眩光的措施。

为了评价眩光对视觉的影响程度，通常对眩光的主观视感觉进行分级。但目前国际上尚无统一的标准，我国结合自己的具体情况提出了以下意见：①在制定我国眩光的限制标准时，应得出各种照明条件下眩光源亮度对人们主观感觉的影响，并将这一感觉分级作为制定眩光限制标准的依据；②分级的原则应使被测者较容易区别各种主观感觉，以便使各种感觉程度与眩光常数值有准确的对应关系。

## 三、眩光的危害

### (一) 眩光对心理的影响

#### 1. 眩光对舒适度的影响

由于人们的心理状态和所处光环境的不同，眩光对人舒适度的影响是不一样的，其中起主要作用的是人们的心理状态（人们对于这种视觉条件的反映或情绪）。在相同的眩光效果下，由于人们的反应、情绪等原因会有舒适或不舒适的感觉。例如，当人们看到篝火、海水的折射光，甚至钻石的光辉，在心理上会感到舒适，但对妨碍工作的亮光，比如人们在夜晚开车时，突然眼睛被对面开远光灯的车照射，就会感到不舒适。

此外所处的光环境（光源的亮度、大小和其在视野中的位置以及环境亮度等）是眩光对舒适度影响的客观因素。若环境亮度和光源亮度之差越大，眩光效应也就越大，其差越小，眩光效应越不容易发生。因此，在视野中亮度不均匀，就会感到不舒适，如果环境亮度变暗或变亮，都会引起眼睛的适应性问题和相应的心理问题。

#### 2. 眩光对人情绪的影响

人们受到不舒适的眩光后，会感到刺激和压迫，长时间在这种条件下工作或生活，会产生心绪厌烦、急躁不安等情绪，进而使人的精神状态发生变化。例如夜间睡觉时，把灯打开，眼前就会一片白茫茫，严重影响睡眠质量。

### (二) 眩光对生理的影响

眩光中对人的健康影响最大的就是失能眩光。

#### 1. 失能眩光对视觉功效的影响

失能眩光对人眼睛的影响主要是可见度降低，而眼睛的适应度、眩光光源的位置以光幕亮度都是影响可见度降低的因素。当眼睛在适应状态下直接看到高亮度光源时，光刺激使眼睛留有后像，会使可见度减退。在暗适应的情况下，视野内的亮度和高亮度光源的亮度之差越大，可见度的降低也就越大。

当要观看的物体接近于视野中心。而且距离很近，这时如果在视野的范围内存在着眩光光源，则被观察物体的亮度与眩光的亮度差大，会降低可见度。

眼睛在有失能眩光的环境中进行视觉工作时，在视野内会产生光幕。光幕是由眩光光源发射的光在眼睛里发生散乱而掩盖视网膜的现像。

**2. 失能眩光与年龄的关系**

年龄的不同对失能眩光的敏感度也不同，一般随着人的年龄增长，对失能眩光的敏感也越强。年老时眼睛的水晶体减少，会引起光散射，随着年龄的增长光散射会急剧地增加，60岁的老人体验到的失能眩光为 20 岁年轻人的 2～3 倍。

**3. 失能眩光与健康的关系**

人的健康情况不同，所以对于失能眩光的敏感也不相同。有眼疾病的人对于失能眩光的感光性能与正常人是不一样的。尤其是患白内障的人对于失能眩光很敏感。

## 四、眩光的防治

为了能采用科学的方法消除眩光污染，就需要了解眩光的性质以及它的评价方法。

### （一）影响眩光的因素

当直接或通过反射看到灯具、窗户等亮度极高的光源，或者在视野中出现强烈的亮度对比时（先后对比或同时对比），人就会感到眩光。失能眩光、不舒适眩光两种眩光效应多半是同时存在着。但相比较而言，不舒适眩光对人的影响更大，因此不舒适眩光是室内照明设计的一个主要质量评价指标。

对不舒适眩光研究的历史已超过 50 年了，结果产生了预测不同照明条件下是否会产生不舒适眩光的许多方法，这些方法除亮度限制曲线外都采用一个基本相似的公式计算一组照明设施所产生的不舒适感觉，公式虽不同，但对单个光源来讲都具有下列形式，见式（6.12）。该式也体现了不舒适眩光感觉与外界物理因素的关系，而影响眩光的因素见图 6.9 和图 6.10。

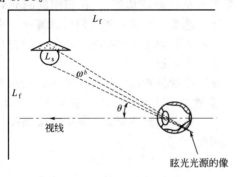

图 6.9　影响眩光的因素

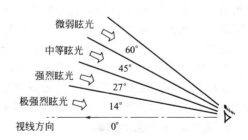

图 6.10　光源位置对眩光的影响

$$G = \frac{L_s^a \omega_s^b}{L_f^c f(\theta)} \qquad (6.12)$$

式中，$G$ 为表达眩光主观感觉的量值；$L_s$ 为眩光源在观测者眼睛方向的亮度，$cd/m^2$；$\omega_s$ 为眩光源在观测者眼睛形成的立体角；$L_f$ 为观测者视野内的背景亮度，$cd/m^2$；$f(\theta)$ 为光源对视线形成偏角的一个复合函数，要分别考虑水平偏角与垂直偏角两个分量。$a$，$b$，$c$

为适当的加权指数，每一项的指数在不同公式中是不同的，我国科学工作者研究报告的数字为 $a=1$，$b=0.63$，$c=0.28$。

由式(6.12)可知，眩光感觉与光源的亮度、面积成正比，与周围环境亮度成反比，我们可以通过控制上述因子，将眩光降低到允许限度之内。

多个光源产生的总眩光感觉为单个光源的眩光感觉之和，即：

$$G=G_1+G_2+G_3+\cdots+G_n \tag{6.13}$$

### （二）不舒适眩光的试验研究和评价方法

由式(6.12)可知，不舒适眩光的产生主要由四个因素决定：眩光的亮度 $L_s$，眩光源的表观立体角 $\omega_s$，眩光源离开视线的仰角 $\theta$ 和眩光源所处的背景亮度 $L_f$，公式中的常数 $a$、$b$、$c$ 用试验的方法来确定。

由于常数的测定带有主观性，因此试验方案也有所不同，但各国的试验方案归纳起来主要有三类：第一类是在实验室内进行单光源和多光源的眩光试验；第二类是规模缩小的模拟试验；第三类是现场实际照明条件下的试验。

第一类单光源眩光试验的具体实验过程如下：在一个长、宽、高为 $6.8m\times5m\times3.2m$ 的房间内，安装一个均匀的反射白屏，反射白屏高×宽的尺寸为 $3.2m\times4.66m$。屏中心设有视标，屏上方刻出了不同大小和高度的眩光孔，孔的后面设有与屏的漫反射率相同的漫射板。用1000W的碘钨灯来对漫射板进行照射，以此在板上形成高亮度反射产生眩光。通过滑轮装置漫射板可以上下移动和水平滑行。全部的照明灯可以通过调压器来改变亮度，还可以通过分路开关来调节背景亮度。

**1. 试验条件**

（1）背景亮度 亮度均匀的背景在观察者的视场角中上下各为 $51°$，左右为 $60°\sim80°$。背景的亮度不均匀度上下浮动为 $20\%$。国外的试验背景亮度范围最小为 $1cd/m^2$，高为 $243cd/m^2$，我国的工厂车间的背景亮度一般在 $10cd/m^2$ 以下，试验中可以在此基础上进行适当的选取。

（2）眩光源的立体角 国际上研究的眩光源的立体角一般在 $1.1\times10^{-3}\sim2.5\times10^{-2}$ sr。我国根据照明条件的实际情况一般选取在 $1\times10^{-3}\sim10\times10^{-3}$ sr。

（3）眩光源的亮度 国际上眩光源的亮度最高可达 $3\times10^4$ $cd/m^2$，可根据实际情况适当选取。

（4）眩光源的位置 国际上研究眩光源与视线之间的夹角一般在 $0°\sim30°$ 范围内。

（5）试验中的观察者 各国试验时采用的观察者人数是不同的。大致在 $4\sim50$ 名范围内，一般选用的都是视力正常的试验者，且男女各半，多数为年青人。从试验的角度来看，选用的观察者是越多越好，或选用少量的观察者进行大量的试验也可以。

**2. 眩光的评价方法**

随着研究的深入，不同国家眩光的评价方法各不相同。例如美国的视觉舒适概率法（VCP）、英国的眩光指数法（GI）、德国的亮度曲线法（LC）以及澳大利亚标准协会（SAA）的灯具亮度限制法等。国际照明委员会不舒适眩光技术委员会（TC-3.4）推荐的国际通用眩光指数 CGI，作为评价不舒适眩光的尺度，与英国的不舒适眩光指数 GI 是等价的。该指数是国际照明委员会多年的研究成果，这个公式的特点是比较简便，所以得到各个国家的赞同。

（1）眩光指数（CGI）法 国际照明委员会以眩光指数（CGI）定量评价不舒适眩光。一个房间内照明装置的眩光指数计算规则是以观测者坐在房间中线上靠后墙的位置，平视时作为计算条件。眩光指数见公式（6.14）。

眩光指数
$$CGI = 8\lg 2\left(\frac{1 + E_d/500}{E_i + E_d}\sum\frac{L^2 W}{P^2}\right) \tag{6.14}$$

式中，$E_d$ 为全部照明装置在观测者眼睛垂直面上的直射照度，lx；$E_i$ 为全部照明装置在观测者眼睛垂直面上的间接照度，lx；$W$ 为观测者眼睛同一个灯具构成的立体角；$L$ 为此灯具在观测者眼睛方向的亮度，cd/m²；$P$ 为考虑灯具在观测者视线相关位置的一个系数。

表 6.2 与表 6.3 分别为眩光等级的划分，以及多种场合允许眩光的最大值。

**表 6.2　眩光指数与不舒适感受的关系**

| 眩光等级 | 眩光效应评价标准 | 眩光指数 | 眩光等级 | 眩光效应评价标准 | 眩光指数 |
|---|---|---|---|---|---|
| A | 刚好不能忍受 | 28 | C | 刚好能够接受 | 18 |
| B | 刚好有不舒适的感觉 | 22 | D | 刚刚感觉到 | 8 |

**表 6.3　室内照明眩光指数极限值**

| 场　所 | 分　类 | 眩光指数 | 场　所 | 分　类 | 眩光指数 |
|---|---|---|---|---|---|
| 办公室 | 一般办公室 | 19 | 工　厂 | 粗装配车室 | 28 |
| | 制图室 | 16 | | 普通加工车间 | 25 |
| 学　校 | 教室 | 16 | | 精密加工车间 | 22 |
| 医　院 | 病房 | 13 | | 超精密加工车间 | 19 |
| | 手术室 | 10 | | | |

（2）视觉舒适概率（VCP）法　视觉舒适概率法（VCP）是 20 世纪 60 年代 IESNA 根据美国学者 Guth 的研究提出的，是针对不舒适眩光进行评价的方法，此法可用来解决不舒适眩光的限制问题，是一种生理心理指标。对于单独一个眩光源的公式为：

$$\text{眩光感觉 } M = \frac{0.5 L_s Q}{P L_f^{0.44}} \tag{6.15}$$

式中，$L_s$ 为眩光源的亮度，cd/m²；$L_f$ 为背景亮度，cd/m²；$Q$ 为眩光源立体角的函数；$P$ 为位置函数，即眩光源相对于视线的位置。

该方法有三个基本步骤，首先要考虑单光源下不舒适眩光的感觉指标，即由光源亮度、视野平均亮度、光源表面积及位置指数决定眩光指数 $M$；其次考虑多光源下不舒适眩光的评价值，也就是将数个灯具的眩光指数集合起来，同时进行眩光的评价；最后用可接受不舒适眩光评价值的观察者数所占的百分率表示视觉舒适程度，即用人数的比率来表示这种照明设备的视觉舒适程度，所以称为视觉舒适概率法。

此外，如果照明装置满足下列三个条件时，一致同意就不存在不舒适眩光问题：①VCP 等于 70 或以上；②灯具的最大亮度与平均亮度之比，无论从横向还是从纵向观看，在与垂直线成 45°、55°、65°、75°和 85°的方向上，都不要超过 5∶1；③灯具的最大亮度，无论从横向还是纵向观看时，都不要超过表 6.4 的数值。

视觉舒适概率法可以应用于各种类型的室内照明灯具，也可用于特定的照明布置方式等非标准条件下。它解决了大面积光源不舒适眩光限制的问题，打破了多光源眩光感观指标的叠加概念，是一种独特的评价方法。

**表 6.4　观看角度与灯的亮度限值**

| 与下垂线构成的角度 | 最大亮度/(cd/m²) | 与下垂线构成的角度 | 最大亮度/(cd/m²) |
|---|---|---|---|
| 45° | 7710 | 75° | 2570 |
| 55° | 5500 | 85° | 1695 |
| 60° | 3860 | | |

（3）亮度限制曲线（LC）法　以上两种方法中多个眩光源的影响，都是将单个眩光源的眩光感觉累计起来的，也就是说考虑整个光环境对于不舒适眩光的影响，而亮度限制曲线法只预测由灯具产生的不舒适眩光。要评价灯具的亮度是否合乎限制眩光的要求，首先要画出灯具的亮度曲线，然后把此曲线放在灯具亮度限制曲线表内进行比较，看是否超出推荐的亮度。眩光感觉程度主要取决于灯具的亮度及其在视野中的位置，但在评价眩光时还应首先了解房间的大小和房间内的照度变化。一般将照度分为 4 级，又按照明质量将眩光分级简化，定为 3 级。根据上述的照度等级和眩光的分级求出亮度的界限，一般使用绘制的图标（见图 6.11）。图中 $L$ 为灯具的亮度，$\gamma$ 为垂直角，$a/h_s$ 为距高比。

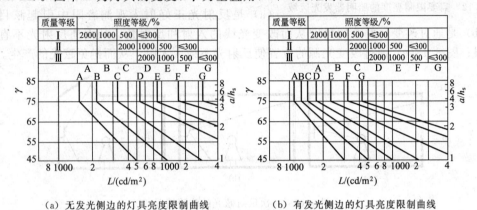

(a) 无发光侧边的灯具亮度限制曲线　　　(b) 有发光侧边的灯具亮度限制曲线

图 6.11　亮度限制曲线

（4）统一眩光值（UGR）法　原工业和民用照明设计标准规定室内一般照明的直接眩光，是根据亮度限制曲线进行限制的，这种方法只是针对单个灯具的眩光，并不能表征室内所有灯具产生的总的眩光效应。因此，CIE 在综合各国眩光计算公式的基础上提出了一个新的不舒适眩光公式，统一眩光值的计算公式。此式如下：

$$UGR = 8 \lg(0.25/L_b) \sum L_s^2 \omega / p^2 \tag{6.16}$$

式中，UGR 为统一眩光值；$L_b$ 为背景亮度，$cd/m^2$；$L_s$ 为眩光源的亮度，$cd/m^2$；$\omega$ 为眩光源对观察者眼睛所张的立体角；$p$ 为眩光源的位置函数。

该公式适用于简单的立方体形房间的一般照明设计，在某种意义上说 UGR 系统成功地用数学方法来处理人的感觉。现新标准 GB 50034—2004 中改用了 UGR（统一眩光值）法。

### （三）消除眩光的措施

在进行室内照明设计时，预防眩光是一个很重要的任务。在环境中眩光主要是直接眩光及反射眩光，反射眩光又分为一次反射眩光及二次反射眩光两种。

**1. 消除直接眩光的措施**

直接眩光就是光源直接将光投入眼帘引起的眩光。消除直接眩光其实就是限制视野内灯或灯具的亮度，要控制光源在 $\gamma$ 角为 $45°\sim90°$ 范围内的亮度，如图 6.12 所示。一般通过以下几种方式来实现，一是利用材质对光的漫反射和漫透射的特性对光进行重新分配，或靠减小灯光的发光面积来实现；二是减小灯具的功率，或用增加眩光源的背景亮度或作业照度的方法。当周围环境较暗时，即使是低亮度的眩光，也会给人明显的感觉。增大背景亮度，眩光作用就会减小。

**2. 消除反射眩光的措施**

（1）一次反射眩光　一次反射眩光是指一束强光直接投射到被观看的物体上，如果目标

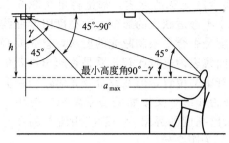

图 6.12 需要限制亮度的照明器发光区域

物体的表面光滑，就会产生镜面反射，镜面反射特别容易产生反射眩光。当光源的亮度超过所观看物体的亮度时，所观看物体就被光源的像或者一团光亮所淹没。例如当电脑显示器在屏幕上映入了照明灯罩和窗户影子的话，影像就会模糊不清。对于这类眩光的防治主要需考虑人的观看位置、光源所在位置、反射材料所在位置三者之间的角度关系。图6.13是一次反射眩光的出现和防治情况。图6.13(a)是反射光正好射入观测者眼中引起眩目；图6.13(b)是通过改变反射面的角度从而改变光线的入射和反射角，从而使反射光不直接进入人眼；图6.13(c)通过改变光源的位置使反射光不射入人眼，从而避免眩光的产生。

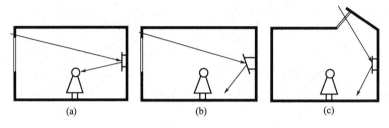

图 6.13 一次反射眩光的防治情况

（2）二次反射眩光 曾遇到过这种情形，当站在一个玻璃的陈列柜前想看陈列品时看见的反而是自己，这种现象称为二次反射眩光。产生这种现象的原因是观察者所处位置的亮度大大超过了陈列品的亮度。因此在设计陈列室时，不要一味追求室内空间的亮度，相反要注意陈列品所在位置的亮度，避免眩光的产生。但是有些场合不便降低观看者所在位置的亮度时，其解决办法一是提高展品的亮度，二是改变橱窗玻璃的倾角和形状以消除眩光，如图6.14所列。

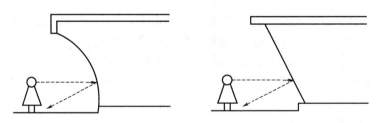

图 6.14 改变橱窗玻璃的倾角及形状以消除眩光

**3. 消除不同场合眩光的具体措施**

（1）照明眩光的限制 对照明眩光的限制还包括以下几个方面。

① 眩光限制分级：眩光限制可分为三个等级，如表6.5所列。

表 6.5 眩光限制等级

| 眩光限制等级 | 眩光程度 | 适 用 场 所 |
| --- | --- | --- |
| I | 高质量 | 无眩光 | 阅览室、办公室、计算机房、美工室、化妆室、商业营业厅的重点陈列室、调度室、体育比赛馆 |
| II | 中等质量 | 有轻微眩光 | 会议室、接待室、宴会厅、游艺厅、候车室、影剧院进口大厅、商业营业厅、体育训练馆 |
| III | 低质量 | 有眩光感觉 | 贮藏室、站前广场、厕所、开水房 |

② 光源和眩光效应：眩光的出现与照明光源、灯具或照明方式的选择有关。一般是光源越亮，眩光的效应越大，根据选用光源的类型，眩光效应如表6.6所示。

表 6.6　光源和眩光效应

| 照明用电光源 | 表面亮度 | 眩光效应 | 用　途 |
|---|---|---|---|
| 白炽灯 | 较大 | 较大 | 室内外照明 |
| 柔和白炽灯 | 小 | 无 | 室内照明 |
| 镜面白炽灯 | 小 | 无 | 定向照明 |
| 卤钨灯 | 小 | 大 | 舞台、电影、电视照明 |
| 荧光灯 | 小 | 极小 | 室外照明 |
| 高压钠灯 | 较大 | 小于高压汞灯 | 室外照明 |
| 高压汞灯 | 较大 | 较大 | 室外照明 |
| 金属卤化物灯 | 较大 | 较大 | 室内外照明 |
| 氙灯 | 大 | 大 | 室外照明 |

　　③ 光源的眩光限制：光源主要指照明光源，其限制方法主要通过四种方式来实现。一是在满足照明要求的前提下，减小灯具的功率，避免高亮度照明。二是避免裸露光源的高亮度照明；可以在室内照明中多采用间接照明的手法，利用材质对光的漫反射和漫透射的特性对光进行重新分配，产生柔和自然的扩散光的效果，例如把灯泡外罩上一个乳白色的磨砂玻璃灯罩，我们就可以得到柔和的漫射光。三是减小灯光的发光面积。同样的光源，随着光源亮度的增加，光源的发光面积会增大，随之而来的就是愈加强烈的眩光。因此在选择使用高亮度裸露光源进行照明的时候，可以把高亮度、大发光面灯光和发光面分割成细小的部分，那么光束也就相对分散，即不容易产生眩光又可以得到良好的照明表现效果。四是合理安排光源的位置和观看方向。例如当房间尺寸不变时，提高灯具的安装高度可以减少眩光，反之则增加眩光。

　　根据上述限制措施，举个实际应用的例子，把一块小黑板放在靠近玻璃窗的位置上看，不如把它放在与窗有一定距离的墙壁看上清楚，这样黑板上的照度可能低于靠近玻璃窗，靠在窗上看不清的现象就是由直接眩光引起的。再比如，纺织厂的纺丝车间的一个单侧采光房间见图 6.15(a)，其中放了两台机器 1 和 2，工人行走的路线如图中箭头所示，虽然机器 1 照度比机器 2 的大，但由于工人接断丝时背景是明亮的窗产生了直接眩光，所以根本找不到断丝，而机器 2 虽然照度较小但无眩光，因此找断丝较为容易。这种情况下要消除眩光，就要改变机器的位置，可以将机器垂直与窗口安放，见图 6.15(b)。

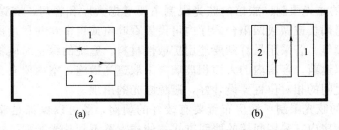

(a)　　　　　　　　　(b)

图 6.15　某纺织厂有眩光车间及消除眩光布置

　　(2) 窗的眩光限制　窗的眩光限制是保证良好的室内天然光环境的重要措施之一。室外良好的环境条件是室内避免出现眩光的重要影响因素，室内的光环境与通过窗的直射日光和天空自然光线密切相关，特别是高层建筑的出现，使得室内出现眩光的几率大大提高。为了限制室内眩光，就要创造良好的室外条件，首先要对建筑物的设计进行精心的安排，特别要注意建筑物的位置和朝向，如南北向的建筑物可以比东西向的减少太阳直射的机会。合理的建筑物之间的距离不仅可以使每个建筑物都可以获得充足的日照，还有利于防止由邻近建筑物产生的反射眩光；其次要注意室外环境的绿化，住宅小区的绿化不但可以美化环境，而且对于眩光也有较好的限制作用。如小区中的树木可以在一定程度上减少直射的阳光。此外，窗的设计对限制眩光也有一定的影响。根据当地的气候和室外环境条件的现状、根据建筑物的功能要求来合理地确定窗的朝向、窗的采光部位、相邻间距和数量，将会对抑制眩光起到积极的作用。一般情况下天然光在室内的分布取决于窗的形状、面积以及制造材料。面积大的窗更容易产生眩光效应，因此还应该重视对窗的面积和形状的确定，在保证正常的室内采光和美观的条件下，尽量避免眩光的出现。窗的制造材料不同，对眩光出现几率的影响也不一样。目前常见的有色玻璃、热反射玻璃、普通的磨砂玻璃都有较好的限制眩光的作用。

（3）各类建筑的眩光限制

① 住宅建筑的眩光限制：进行窗设计时，对于大面积的窗或玻璃墙幕慎用，在窗外要有一定的遮阳措施，窗内可设置窗帘等遮光装置；室内各种装修材料的颜色要求高明度、无光泽，以避免出现眩光；采用间接照明时，使灯光直接射向顶棚，经一次反射后来满足室内的采光要求；采用探照明灯具要求灯具材料具有扩散性；采用悬挂式荧光灯可适当的提高光源的位置。

② 教室的眩光限制：教室不要裸露使用白炽灯和荧光灯。照明的布置方式最好选用纵向布置来减少直接眩光，而且灯具的位置也应该提高。黑板的垂直照度要高，一般做成磨砂玻璃黑板。黑板照明的灯具和教师的视线夹角要大于 $60°$，在学生一侧要有 $40°$ 的遮光角，与黑板面的中心线夹角在 $45°$ 左右为宜。

③ 办公建筑的眩光限制：考虑窗的布置，适当减小窗的尺寸，采用有色或透射系数低的玻璃。在大面积的玻璃窗上设置窗帘或百叶窗；室内的各种装饰材料应无光泽，宜采用明度大的扩散性材料。在室内不宜采用大面积发光顶棚，在安装局部照明时，要采用上射式或下射式灯具；灯具宜用大面积、低亮度、扩散性材料的灯具，适当的提高灯具的位置，并将灯具做成吸顶式。

④ 商店建筑的眩光限制：在橱窗前设置遮阳板、遮棚等装置，在橱窗内部可做有暗灯槽、隔栅等将过亮的照明光源遮挡起来，橱窗的玻璃要有一定的角度，或做成曲面，以避免眩光的发生；在陈列橱内的顶部、底部及背景都要采用扩散性材料，橱内的如镜子之类可产生镜面反射的物品要适当地倾斜排放，顶棚的灯具要安装在柜台前方，柜内的过亮灯具要进行遮蔽。

⑤ 旅馆建筑的眩光限制：旅馆的眩光限制主要考虑大厅和客房。宾馆的大厅外可根据气候的要求设置遮阳板或做成凹阳台，厅内可设置百叶窗或窗帘，并尽量提高灯具的悬挂位置，如使用吸顶棚等，若采用吊灯则要使用扩散性材料。庭院的绿化时应将地面上的泛光照明设备用灌木加以遮蔽。客房内的大面积玻璃要采取遮光措施，室内要有良好的亮度分布控制，灯具和镜子之间的相对位置要设计好，避免眩光的出现。

⑥ 医院建筑的眩光限制：病房布置要有较好的朝向，既可以保证足够的光照又可以避免眩光的出现，病房内宜采用间接的照明方式，使病人看不到眩光光源，灯具要采用扩散性材料和封闭式构造，防止直接眩光。病房内的色彩要协调，以中等明度为主，材料无光泽；窗外要有遮阳设施，防止日光直射，里面设置遮光窗帘，防止院内汽车灯光的干扰；医疗器械避免有光泽，走廊内的灯具亮度应该加以限制，防止光线进入病房。

⑦ 博览建筑的眩光限制：可通过改变展品的位置和排列方式，改变光的投射角度，改变展品光滑面的位置和角度来消除反射眩光。也可利用照明或自然光的增加来提高场所的照度，缩小展品与橱窗玻璃间的位置，在橱窗玻璃上涂上一层防止眩光的薄膜。改善展品的背景，使其背后没有反光或刺眼的物件，置于玻璃后的展品避免用深暗色；减小陈列厅的亮度对比，采用窗帘、百叶窗等阻止日光直射，利用局部照明来增加暗处展品的亮度。

⑧ 体育馆的眩光限制：体育馆的侧窗宜布置成南北走向，窗内设置窗帘、百叶窗等遮

光设施，室内不采用有光泽的装饰材料；馆内的光源可采用高强气体放电灯，比赛时光源的显色指数要求大于80。光源与室内的亮度分布要合理，如光源与顶棚的亮度比为20∶1，墙面与球类的亮度比为3∶1，光源与视线的夹角要尽量大，灯具可采用铝制外壁的敞口混光灯具，若采用顶部采光，则顶部也要设置遮阳设置。

⑨ 工厂厂房的眩光限制：车间的侧窗要选用透光材料、安装扩散性强的玻璃，如磨砂玻璃，窗内要有由半透明或扩散性材料做成的百叶式或隔栅式遮光设施。车间的天窗尽量采用分散式采光罩、采光板，选用半透明材料的玻璃；车间的顶棚、墙面、地面及机械设备的表面的颜色和反射系数要很好地选择，限制眩光的发生。对于具有光泽面的器械，可在其表面采取施加油漆等措施；车间内的灯具宜采用深照型、广照型、密封型以及截光型等，其安装高度应避免靠近视线，为避免眩光可适当地提高环境亮度，并且根据视觉工作的要求，要适当限制光源本身的亮度。

# 第五节　光环境的评价标准

评价光环境质量的好与坏，主要是依靠人的视觉反应，但这种反应只是一种感觉，没有具体的物理指标来评定。为了使人的生理和光环境能够和谐统一，各国的研究人员进行了大量的研究，通过大量视觉功效的心理物理实验，找出了评价光环境质量的客观标准，这些研究成果也被列入照明规范、照明标准或者照明设计指南，成为光环境设计和评价的准则。

## 一、适当的照度水平

### （一）视力与照度的关系

对于人的视觉而言，照度过大，会使物体过亮，容易引起视觉疲劳和眼睛灵敏度的下降。照度太低使人感到不舒适，黑暗的光使人看不清周围的环境，不能正确地判断自己所处的位置，缺乏安全的感觉。人的视力（$V$）随着照度的变化而变化，它与辐照度（$R$）的关系如下：

$$V = \frac{2.46R}{(0.412 + R^{\frac{2}{3}})^3} \tag{6.17}$$

上式中当目标为白色，背景为暗色时，$R$ 为目标的辐照值；当目标为黑色，背景为明色时，$R$ 为背景的辐照值。

人们生活的光环境要有一个适当的范围，在这个范围内，人的工作效率达到最高，而且视觉也最舒适。通过对不同工作场所以及各种照度条件下的调查表明，这个照度范围大致处于 50～200lx，最佳点在 100lx 附近。也有研究人员使用一定照度下的实际视力与适宜照明下的最佳视力之比（$R_u$）来表示照度的适宜程度，即：

$$R_u = \frac{R}{(0.412 + R^{\frac{1}{3}})^3} \tag{6.18}$$

式中，$R_u$ 的建议取值见表6.7。

表 6.7　建议使用的 $R_u$ 值

| 视觉要求 | 实　例 | 建议的 $R_u$ 值 |
|---|---|---|
| 不需要看清细节 | 廊下、楼梯、粗的机械作业 | 0.70 |
| 短时间看书及其他容易的视觉工作 | 食堂、会客室、休息室 | 0.8 |
| 长时间阅读及其他远距离作业 | 事务室、图书馆、一般工厂作业、办公室 | 0.85 |
| 长时间精细视觉作业 | 制图室、工具制作和检查工作 | 0.90 |

## （二）照度值的确定

任何照明装置的照度在使用过程中都有一个衰减的过程，产生衰减的原因是由于灯、灯具和房间的表面受到污染使透过系数和反射系数发生变

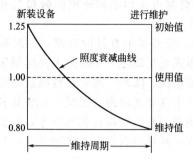

图 6.16　照度标准的三种不同数值

化，进而导致灯的光通量的衰减。所以一般不将初始照度作为设计的标准，而是采用使用照度或者维持照度来制定设计标准。灯的照度衰减曲线和使用照度、维持照度的区别见图 6.16。

使用照度，是灯在一个维护周期内照度变化曲线的中间值。西欧国家及 CIE 采取使用照度标准。

维持照度，是在必须更换光源或者清洗灯具和清理粉刷房间表面，或者同时进行上述维护工作时所应保持的平均照度。从图 6.16 中可以看出使用中的照度水平不得低于这个数值，通常维持照度不能低于使用标准的 80%。采用维持照度标准的国家有美国、俄罗斯和中国。

## （三）照度标准

根据韦伯定律，主观感觉的等量变化大体是由光量的等比变化产生的。所以在照度标准中以 1.5 左右的等比级数划分照度等级。例如，CIE 建议的照度等级为 20、30、50、75、100、150、200、300、500、750、1000、1500、2000、3000、5000 等。CIE 为不同作业和活动都推荐了照度标准，并规定了每种作业的照度范围，以便根据具体情况选择适当的数值。

### 1. 住宅建筑照度标准

住宅建筑照度标准如表 6.8 所示。

表 6.8　住宅建筑照度标准

| 类别 | | 参考平面及其高度 | 照度标准值/lx | | |
|---|---|---|---|---|---|
| | | | 低 | 中 | 高 |
| 起居室、卧室 | 一般活动区 | 0.75m 水平面 | 20 | 30 | 50 |
| | 书写、阅读 | 0.75m 水平面 | 150 | 200 | 300 |
| | 床头阅读 | 0.75m 水平面 | 75 | 100 | 150 |
| | 精细作业 | 0.75m 水平面 | 200 | 300 | 500 |
| 餐厅或门厅、厨房 | | 0.75m 水平面 | 20 | 30 | 50 |
| 卫生间 | | 0.75m 水平面 | 10 | 15 | 20 |
| 楼梯间 | | 地面 | 5 | 10 | 15 |

（1）光源的选择　住宅内所选用的光源应满足标准中的要求。目前，根据绿色照明节能要求，光源的发光效率也是人们选择的参数之一。住宅中广泛采用的光源有以下三种：白炽灯、管型荧光灯和紧凑型荧光灯。白炽灯即开即亮，无需附件，很受欢迎，为减少眩光，透明白炽灯将逐步被造型优美的磨砂泡等代替；管型荧光灯由于高效，寿命较长，被大力推广使用作为家庭光源；紧凑型荧光灯因尺寸小，光效高，灯具配套灵活，配合室内灯光装饰，深受人们喜爱，也在住宅建筑中大量使用。

（2）灯具的选择　灯具在住宅中不仅为光环境提供合理的配光，满足人们视功能的要求，而且作为家庭装饰物的组成之一，其作用越来越明显，随着照明技术的发展，现在住宅内的灯具要满足以下要求。

① 灯具多样性：灯具的多样性不仅表现在其配光合理，而且也表现在造型的多变上。配光方面为了有效控制眩光，有直接配光、间接配光或半间接配光。而在造型上尽可能与房间的格局相配套，管式荧光灯具和普通白炽灯灯具将逐步淘汰。

② 灯具高效节能：从节能的要求出发，使用的反射材料将有较高反射比。体现在光环境设计上室内灯具的效率不宜低于70%，装有格栅的灯具其效率不应低于55%。

③ 灯具易安装维护：由于城市中空气污染和光源质量还有待提高，清尘和换灯泡的次数较多，所以住宅中灯具要求易于清洗和拆卸。

**2. 工业企业照明设计标准**

一般生产车间和作业场所工作面上的照度标准值如表6.9所示。工业企业辅助建筑照度标准值如表6.10所列。《工业企业照明设计标准》将生产作业按识别对象的最小尺寸（假定视距为500mm）分为10等，其中Ⅰ~Ⅳ等又按亮度对比的大小细分为甲、乙两级，分别规定了不同照明方式下每一视觉工作等级的照度范围。工业企业的光源和灯具选择要依据生产产品对照度的要求、厂房的空间布置差异和照明方式的不同而选用相应种类的灯。

**表6.9　一般生产车间和作业场所工作面上的照度标准值**

| 车间和作业场所 | | 视觉作业等级 | 照度范围/lx | | | | | | | | |
| --- | --- | --- | --- | --- | --- | --- | --- | --- | --- | --- | --- |
| | | | 混合照明 | | | 混合照明中的一般照明 | | | 一般照明 | | |
| 金属机械加工车间 | 粗加工 | Ⅲ乙 | 300 | 500 | 750 | 30 | 50 | 75 | — | — | — |
| | 精加工 | Ⅱ乙 | 500 | 750 | 1000 | 50 | 75 | 100 | — | — | — |
| | 精密 | Ⅰ乙 | 1000 | 1500 | 2000 | 100 | 150 | 200 | — | — | — |
| 机电装配车间 | 大件装配 | Ⅴ | — | — | — | — | — | — | 50 | 75 | 100 |
| | 小件装配、试车台 | Ⅱ乙 | 500 | 750 | 1000 | 75 | 100 | 150 | — | — | — |
| | 精密装配 | Ⅰ乙 | 1000 | 1500 | 2000 | 100 | 150 | 200 | — | — | — |
| 焊接车间 | 手动焊接♯、切割♯、接触焊、电渣焊 | Ⅴ | — | — | — | — | — | — | 50 | 75 | 100 |
| | 自动焊接、一般划线* | Ⅳ乙 | — | — | — | — | — | — | 75 | 100 | 150 |
| | 自动焊接、精密划线* | Ⅱ甲 | 750 | 1000 | 1500 | 75 | 100 | 150 | — | — | — |
| | 备料（如有冲压、剪切设备则参照冲压剪切车间） | Ⅵ | — | — | — | — | — | — | 30 | 50 | 75 |
| 钣金车间 | | Ⅴ | — | — | — | — | — | — | 50 | 75 | 100 |
| 冲压剪切车间 | | Ⅳ乙 | 200 | 300 | 500 | 30 | 50 | 75 | — | — | — |
| 锻工车间 | | Ⅹ | — | — | — | — | — | — | 30 | 50 | 75 |
| 热处理车间 | | Ⅵ | — | — | — | — | — | — | 30 | 50 | 75 |
| 铸工车间 | 熔化、浇铸 | Ⅹ | — | — | — | — | — | — | 30 | 50 | 75 |
| | 型砂处理、清理、落砂 | Ⅵ | — | — | — | — | — | — | 20 | 30 | 50 |
| | 手工造型* | Ⅲ乙 | 300 | 500 | 750 | 30 | 50 | 75 | — | — | — |
| | 机器造型 | Ⅵ | — | — | — | — | — | — | 30 | 50 | 75 |
| 木工车间 | 机床区 | Ⅲ乙 | 300 | 500 | 750 | 30 | 50 | 75 | — | — | — |
| | 锯木区 | Ⅴ | — | — | — | — | — | — | 50 | 75 | 100 |
| | 木模区 | Ⅳ甲 | 300 | 500 | 750 | 50 | 75 | 100 | — | — | — |
| 表面处理车间 | 电镀槽间、喷漆间 | Ⅴ | — | — | — | — | — | — | 50 | 75 | 100 |
| | 酸洗间、发蓝间、喷砂间 | Ⅵ | — | — | — | — | — | — | 30 | 50 | 75 |
| | 抛光间 | Ⅲ甲 | 500 | 750 | 1000 | — | 50 | 75 | 150 | 200 | 300 |
| | 电泳涂漆间 | Ⅴ | — | — | — | — | — | — | 50 | 75 | 100 |
| 电修车间 | 一般 | Ⅳ甲 | 300 | 500 | 750 | 30 | 50 | 75 | — | — | — |
| | 精密 | Ⅲ甲 | 500 | 750 | 1000 | 50 | 75 | 100 | — | — | — |
| | 拆卸、清洗场地* | Ⅵ | — | — | — | — | — | — | 30 | 50 | 75 |
| 实验室 | 理化室 | Ⅲ乙 | — | — | — | — | — | — | 100 | 150 | 200 |
| | 计量室 | | — | — | — | — | — | — | 150 | 200 | 300 |
| 动力站房 | 压缩机房 | Ⅶ | — | — | — | — | — | — | 30 | 50 | 75 |
| | 泵房、风机房、乙炔发生站 | Ⅶ | — | — | — | — | — | — | 20 | 30 | 50 |
| | 锅炉房、煤气站的操作层 | Ⅶ | — | — | — | — | — | — | 20 | 30 | 50 |

| 车间和作业场所 | | 视觉作业等级 | 照度范围/lx | | | | | | | | |
|---|---|---|---|---|---|---|---|---|---|---|---|
| | | | 混合照明 | | | 混合照明中的一般照明 | | | 一般照明 | | |
| 配变电所 | 变压器室、高压电容器室 | Ⅶ | — | — | — | — | — | — | 20 | 30 | 50 |
| | 高低压配电室、低压电容器室 | Ⅵ | — | — | — | — | — | — | 30 | 50 | 75 |
| | 值班室 | Ⅳ乙 | — | — | — | — | — | — | 75 | 100 | 150 |
| | 电缆间(夹层) | Ⅷ | — | — | — | — | — | — | 10 | 15 | 20 |
| 电源室 | 电动发电机室、整流间、柴油发电机室 | Ⅵ | — | — | — | — | — | — | 30 | 50 | 75 |
| | 蓄电池室 | Ⅶ | — | — | — | — | — | — | 20 | 30 | 50 |
| 控制室 | 一般控制室 | Ⅳ乙 | — | — | — | — | — | — | 75 | 100 | 150 |
| | 主控制室 | Ⅱ乙 | — | — | — | — | — | — | 150 | 200 | 300 |
| | 热工仪表控制室 | Ⅲ乙 | — | — | — | — | — | — | 100 | 150 | 200 |
| 电话站 | 人工交换台、转接台 | Ⅴ | — | — | — | — | — | — | 50 | 75 | 100 |
| | 自动电话交换机室 | Ⅵ | — | — | — | — | — | — | 100 | 150 | 200 |
| | 广播室 | Ⅳ乙 | — | — | — | — | — | — | 75 | 100 | 150 |
| 仓库 | 大件贮存 | Ⅸ | — | — | — | — | — | — | 5 | 10 | 15 |
| | 中小件贮存 | Ⅷ | — | — | — | — | — | — | 10 | 15 | 20 |
| | 精细件贮存、工具库 | | — | — | — | — | — | — | 30 | 50 | 75 |
| | 乙炔瓶库、氧气瓶库、电石库 | | — | — | — | — | — | — | 10 | 15 | 20 |
| 汽车库 | 停车间 | | — | — | — | — | — | — | 10 | 15 | 20 |
| | 充电室 | | — | — | — | — | — | — | 20 | 30 | 50 |
| | 检修间 | | — | — | — | — | — | — | 30 | 50 | 75 |

注：1. 冲压剪切车间、铸工车间手工造型工段、锅炉房及煤气部操作层为了安全起见，照度应选最高值。

2. 加"*"号者，表示被照面的计算高度为零。

**表6.10　工业企业辅助建筑照度标准值**

| 类　别 | | 规定照度的作业面 | 照度范围/lx | | | | | |
|---|---|---|---|---|---|---|---|---|
| | | | 混合照明 | | | 一般照明 | | |
| 办公室、资料室、会议室、报告厅 | | 距地0.75m | — | — | — | 100 | 150 | 200 |
| 工艺室、设计室、绘图室 | | 距地0.75m | 300 | 500 | 750 | 100 | 150 | 200 |
| 打字室 | | 距地0.75m | 500 | 750 | 1000 | 150 | 200 | 300 |
| 阅览室、陈列室 | | 距地0.75m | — | — | — | 100 | 150 | 200 |
| 医务室 | | 距地0.75m | — | — | — | 75 | 100 | 150 |
| 食堂、车间休息室、单身宿舍 | | 距地0.75m | — | — | — | 50 | 75 | 100 |
| 浴室、更衣室、厕所、楼梯间 | | 地面 | — | — | — | 10 | 15 | 20 |
| 洗室 | | 地面 | — | — | — | 20 | 30 | 50 |
| 托儿所、幼儿园 | 卧室 | 距地0.4～0.5m | | | | 20 | 30 | 50 |
| | 活动室 | 距地0.4～0.5m | | | | 75 | 100 | 150 |

## （四）照度均匀度

通常采用的照明方式是对整个对象空间的均匀照明。为了避免工作面上某些局部照度水平偏低而影响工作效率，在进行设计时提出了照度均匀度的概念。照度均匀度是表示给定平面上照度分布的量，即规定平面上的最小照度和平均照度的比值。规定照度的平面（参考面）往往就是工作面，通常假定工作面是由室内墙面限定的距地面高0.7～0.8m的水平面。照度均匀度值不能小于0.7，国际CIE的建议标准是0.8。在满足这个要求的同时还需要满足房间总的平均照度不能小于工作面平均照度的1/3。相邻房间的平均照度比不能超过5。但是在一些特殊的工作中则要求有特殊的照明，比如说精密车床、钟表工的照明是希望光线集中的，医生外科手术则要求没有阴影。

## 二、避免耀目光源的照射

耀目光源是来自工作区附近的强烈光源或者光滑表面的反射光。如许多舞台、舞厅中刺眼耀目、令人眼花缭乱的活动光源就属于"耀目光源"，它不仅对人的视觉有害，且能干扰大脑中枢高级神经的功能，表现为头痛、失眠、注意力不集中等神经衰弱症状，因此耀目光源会影响人的工作效率，严重的情况下可能导致事故的发生。一般情况下当入射到人眼的光强度超过 $0.1cd/cm^2$ 时，就能引起耀目效应。而耀目光的视觉效应是产生对暗光环境的不适应，使工作区的视觉效率降低，分散注意力，比如仰视太阳后，再观察周围的环境就是一片模糊的感觉。

为了提高工作效率，要防止耀目效应，尽量避免在视野中存在强度差过大的光源，调整工作区视线的角度，使耀目光源处于工作区视线的 $30°$ 以外，控制耀目光与周围环境的亮度比在 $100:1$ 以下，也可以通过增大工作区的照明来避免耀目光的影响。

## 三、适宜的光色

光源的颜色常用光源的表观颜色（色表）和显色性来同时表征。颜色可以影响光环境的气氛，比如说暖色光能在室内创造温馨、亲切、轻松的气氛；冷色光能为工作空间创造紧张、活跃、精神振奋的氛围。表 6.11 列出了每一类显色性能的使用范围。而显色性是指灯光对被照物体颜色的影响作用。不同房间的功能对显色性的要求是不一样的，例如，商店和医院要真实的显色。纺织厂的印染车间，美术馆等需要精确辨色的场所要求良好的显色性。在色度要求不高的场所可以和节能结合起来选择光源，比如在办公室用显色性好的灯和用显色性差的灯产生一样的照明效果，照度可以降低 $25\%$，同时做到了节能。

CIE 取一般显色指数 $R_a$（显色指数是反映各种颜色的光波能量是否均匀的指标）作为指标，对光源的显色性能分为 5 类，并规定了每类的使用范围，供设计参考。虽然高显色性指数的光源是照明的理想选择，但这种类型的光源发光效率不高。与此相反，发光效率高的显色指数低，因此在工程应用中进行选择时要将显色性和光效各有所长的光源结合使用。

表 6.11　灯的显色类别和使用范围

| 显色类别 | 显色指数范围 | 色表 | 应用示例 | |
|---|---|---|---|---|
| | | | 优先原则 | 允许采用 |
| ⅠA | $R_a \geqslant 90$ | 暖 | 颜色匹配 | |
| | | 中间 | 临床检验 | |
| | | 冷 | 绘画美术馆 | |
| ⅠB | $80 \leqslant R_a \leqslant 90$ | 暖 | 家庭、旅馆 | |
| | | 中间 | 餐馆、商店、办公室、学校、医院 | |
| | | 中间 冷 | 印刷、油漆和纺织工业，需要的工业操作 | |
| Ⅱ | $60 \leqslant R_a \leqslant 80$ | 暖 中间 冷 | 工业建筑 | 办公室、学校 |
| Ⅲ | $40 \leqslant R_a \leqslant 60$ | | 显色要求低的工业 | 工业建筑 |
| Ⅳ | $20 \leqslant R_a \leqslant 40$ | | | 显色要求低的工业 |

## 四、充足的日照时间

太阳光能促进人体钙的吸收以及某些营养成分的合成，太阳光尤其对儿童的健康十分重要，长期缺少光照的儿童会得软骨病。同时太阳光中的紫外线具有杀毒灭菌的作用。因此在建筑设计中要保证房屋的日照时间。决定居住区住宅建筑日照标准的因素有两个，一是住宅所处地理纬度及其气候特征；二是住宅所处城市的规模大小。表6.12为住宅建筑日照标准。但是在我国地域辽阔，南北方纬度差较大，因此高纬度的北方地区日照间距要比纬度低的南方地区大得多，达到日照标准的难度也就大得多，所以在房屋的设计上要尽量考虑实际情况，以满足日照标准的要求。

**表6.12　住宅建筑日照标准**

| 建筑气候区划 | Ⅰ、Ⅱ、Ⅲ、Ⅳ气候区 | | Ⅳ气候区 | | Ⅴ、Ⅵ气候区 |
|---|---|---|---|---|---|
| | 大城市 | 中小城市 | 大城市 | 中小城市 | |
| 日照标准日 | 大寒日 | | | | 冬至日 |
| 日照时数/h | ≥2 | | ≥3 | | ≥1 |
| 有效日照时间带/h | 8～16 | | | | 9～15 |
| 计算起点 | 底层窗台面 | | | | |

　　光是人类活动最基本的环境要素，没有光人们的工作、学习、生产、生活就无从谈起，但是当人们不正确的使用光源时，就产生了光污染现象，目前环境光污染日益成为环境污染中的重要组成部分，对人体的危害也日益严重。本章对光环境和光污染的介绍，是为了使人们了解了光污染的出现形式和危害以及采取的相应防治措施。只有提高全民的环保意识，才能避免光污染，创造良好的光环境。

# 第七章 污染物在环境中的迁移扩散规律

污染源排放到环境中的污染物质的种类和数量由污染源的性质决定，但污染物在环境中的运动规律则受到各种环境因素的影响。污染物在环境中的迁移和扩散通常并不改变污染物的性质，污染物总量并未发生变化，仅仅是浓度降低而已。要使总量有所降低，必须在污染物排放之前加以处理。了解污染物在环境中即大气、水、土壤中的运动规律，有助于帮助我们认识和掌握所处环境中的污染物浓度变化，更好地利用环境的自净能力，以便更好地控制污染，保护环境。

## 第一节 环境空气动力学与大气污染物运动规律

环境空气动力学这一概念，是英国理论力学教授 R·S·斯科勒于 1957 年首次提出的。工业、航空和航天技术以及计算技术的发展，一方面对环境空气动力学提出了许多新的研究课题，另一方面又为环境空气动力学的研究提供了有力的观测手段。

进入大气中的污染物，受大气水平运动、湍流扩散运动以及大气的各种不同尺度的扰动运动而被输送、混合和稀释，称为大气污染物的扩散。环境空气动力学是环境物理学的一个分支学科，是运用流体力学的基本理论和研究方法，研究自然界中大尺度气体运动的规律和运动着的气体相互之间及其与周围物体之间的受力，受压、受热、相变和扩散机理、变形特性的一门新兴学科。

环境空气动力学研究内容主要包括以下几个方面。

① 研究在地球的自转作用、重力作用和太阳辐射作用下，大气相变和对流以及由此产生的风、云、雨、雾、雪自然现象的机理。

② 研究分层气体（如大气中的密度和温度的分层结构）的运动规律以及产生波和波涛的机理。

③ 研究大气的湍流、飘浮对流、沉降动力等，以便弄清自然界中气体质量和固体质量迁移的机理。这对研究污染物传输、扩散的规律和机理以及防止污染的措施是有意义的。

④ 研究生命的空气动力学环境，弄清大气运动对人类以及鸟类和昆虫的影响。

环境空气动力学常用的研究方法有三种，即理论分析、现场观测和实验室模拟。可见，环境空气动力学的研究领域是相当广阔的。

## 一、大气中污染物的转化

### （一）一氧化碳的迁移转化

CO 是低层大气中最丰富的气态污染物，也是人类向自然界排放量最大的污染物。

人为源 CO 主要来自汽车尾气和化石燃料的燃烧。根据对全球化石燃料消耗量、燃烧条件以及对汽车排放状况的实际测量估算，1984 年全球人为排放的一氧化碳约为 $640 \times 10^6 t$。其中 50% 以上是来自汽车的汽油燃烧。

自然源 CO 主要来自海洋、森林火灾和森林中释放出的萜烯化合物及其他生物体的燃烧，此外还有甲烷和其他烃类的氧化对大气一氧化碳的贡献。

以前，人们认为海洋是吸收 CO 的重要途径，但通过实测研究发现，表层海水中的 CO

239

是饱和的，根据海水和大气中 CO 浓度之差估算出海洋每年向大气中排放 CO 量约 $100 \times 10^6 t$。森林火灾和其他生物体燃烧排放的 CO 量约为 $60 \times 10^6 t$。甲烷和其他碳氢化合物的氧化向大气排放 CO 量很难估算，因为甲烷转化成一氧化碳的中间产物很多，因此该源的估算值相差很大。

大气中甲烷被氧化成一氧化碳的反应过程主要是首先与 OH· 作用生成 $CH_3·$ 和 $H_2O$，即

$$CH_4 + OH· \longrightarrow CH_3· + H_2O$$

生成的 $CH_3·$ 很快与大气氧反应生成 $CH_3O_2$，此生成物继续反应，生成 $CH_2O$，进而转化为 CO，即

$$CH_3· + O_2 + M \longrightarrow CH_3O_2 + M$$
$$CH_3O_2 + 3O_2 + 2h\gamma \longrightarrow CH_2O + OH· + 2O_3$$
$$CH_2O + h\gamma \ (\lambda < 0.36\mu m) \longrightarrow CO + H_2$$

大气中 CO 的最终归宿有两个方面：第一，在大气中氧化转化成 $CO_2$；第二，被土壤吸收。

大气中 CO 很容易与 OH· 反应，主要过程是：

$$CO + OH· \longrightarrow CO_2 + H·$$

这一过程对大气 CO 的清除率约为 90%。

土壤吸收 CO 能力的大小取决于土壤的类型，不同类型的土壤吸收率差别很大。根据实验资料推测，全球地表土壤的 CO 吸收量为 $450 \times 10^6 t/$ 年，约占全球 CO 总量的 10%。

应该指出的是，对流层中 CO 的浓度变化深受海陆分布与人类活动的影响，北半球中纬度地区 CO 浓度最高，并且浓度随高度增加而减少，随纬度增加而减少；南半球大气 CO 的浓度较低，并且随高度和纬度的变化都很小。这种空间分布特征，可能是由于 CO 的人为源主要集中于北半球中纬度大陆上，加上该地带高浓度甲烷转化产生较多的 CO，因此北半球中纬度地区 CO 浓度最高。而南半球 CO 主要来自自然源，所以浓度较低，分布比较均匀。

就全球大气 CO 而言，尽管人为活动排放的 CO 量逐年增加，但全球平均浓度却没有什么变化，这可能由于 CO 寿命较短且最终转化为 $CO_2$，不可能在大气中累积之故。

不过城市大气中 CO 含量相当高，一般为 0.0005%～0.005%，主要是由于城市汽车的尾气中含有大量 CO 所造成的。大气中 CO 浓度与交通量有直接关系。

另外，关于大气中 CO 的归宿问题还存在着争论。有人认为大气中的 $O_2$、$O_3$、$NO_2$、OH、$HO_2$、RO 等可将 CO 氧化成 $CO_2$，但由于这些物质浓度低，反应速率慢，不可能对 CO 的清除产生重大影响；而 CO 又不易溶于水，在大气中被雨水清除的可能性也很小；再加之人为源对全球大气 CO 本底值影响不大的事实，这就充分说明大气中的 CO 存在巨大的消耗途径。因此有人认为土壤吸收是大气中 CO 消除的主要原因，而且土壤吸收 CO 主要是靠土壤中的微生物来实现的，它们将 CO 转化为 $CO_2$。

也有人认为对流层大气中 CO 也会有一小部分被输送到平流层中，并发生反应，即

$$CO + 2OH· \longrightarrow CO_2 + H_2O$$

### （二）硫化氢和二氧化硫的迁移转化

硫是组成地球的重要元素之一，在生态循环中起着重要作用。大气中硫的化合物主要包括：硫化氢（$H_2S$）、二氧化硫（$SO_2$）、三氧化硫（$SO_3$）、硫酸（$H_2SO_4$）和硫酸盐及其气溶胶、有机硫及其气溶胶等。硫酸和硫酸盐的干、湿沉降是大气酸沉降的最主要成分。这里主要介绍硫化氢和二氧化硫的来源、迁移转化和归宿。

**1. 硫化氢（$H_2S$）**

$H_2S$ 主要来自陆地生物源和海洋生物源，人为来源很少。陆地生态系统产生 $H_2S$ 的过程与 $CH_4$ 的产生过程类似。如果缺氧土壤中富含硫酸盐，厌氧微生物（还原菌）则将其分

解还原成 $H_2S$。土壤中产生的 $H_2S$ 一部分重新被氧化成硫酸盐，另一部分被释放到大气中。土壤中 $H_2S$ 释放率取决于多种因素，包括土壤中 $H_2S$ 产率，氧化率和输送效率。另外，光辐射强度、土壤温度、土壤化学成分和酸度等也都影响着土壤中 $H_2S$ 的释放率。

由于 $H_2S$ 主要来自自然源，它的浓度空间分布变化较大。大气中 $H_2S$ 的浓度为 $0.05\sim0.1\mu g/m^3$。随高度增加浓度迅速下降。在海洋上空的大气中 $H_2S$ 的浓度为 $0.0076\sim0.076\mu g/m^3$。也就是说，大气中 $H_2S$ 的浓度陆地高于海洋，乡村高于城市。$H_2S$ 在大气中残留的时间可达 $40d$。

$H_2S$ 在大气中最终会氧化为 $SO_2$，但其中间转化过程目前还不了解。可能的反应过程是：

$$H_2S + OH \longrightarrow SH + H_2O$$
$$SH + O_2 \longrightarrow OH + SO$$
$$SO + \frac{1}{2}O_2 \longrightarrow SO_2$$
$$H_2S + O \longrightarrow SH + OH$$
$$H_2S + 3O \longrightarrow SO_2 + H_2O$$
$$H_2S + \frac{3}{2}O_2 \longrightarrow SO_2 + H_2O$$
$$H_2S + O_2 \longrightarrow SO_2 + H_2O$$

上述反应在气相中进行很慢，但在大气中的颗粒物表面上反应速度则很快。由于 $H_2S$、$O_2$、$O_3$ 均溶于水，所以在云雾中反应速度也很快，特别是有过渡金属元素存在时，这种氧化过程进行得更快。

**2. 二氧化硫**（$SO_2$）

$SO_2$ 是大气中分布广、影响大的物质，常用它作为大气污染的主要指标。$SO_2$ 来自自然源和人为源。自然源是火山爆发和还原态硫化物（$H_2S$）的氧化；人为源是化石燃料（主要是煤）的燃烧，其次是有色金属冶炼、石油加工和硫酸制备等。

煤和石油中的硫以无机硫和有机硫两种形式存在，燃烧过程中发生如下反应。

无机硫绝大部分以硫化金属矿形式存在，燃烧时产生 $SO_2$：

$$4FeS_2 + 11O_2 \longrightarrow 2Fe_2O_3 + 8SO_2$$

有机硫有硫醇、硫醚等，燃烧时先生成 $H_2S$，然后继续氧化为 $SO_2$：

$$CH_3CH_2CH_2CH_2SH \longrightarrow H_2S + 2H_2 + 2C + C_2H_4$$
$$2H_2S + 3O_2 \longrightarrow 2SO_2 + 2H_2O$$

燃烧过程中生成的 $SO_2$ 气体从烟气中排出，少部分生成硫酸盐存在于灰渣中。

$SO_2$ 进入大气圈后会发生一系列氧化反应，形成 $H_2SO_4$、硫酸盐和有机硫化合物。目前，一般认为 $SO_2$ 的氧化过程有两种途径，即催化氧化和光化学氧化。这两种途径虽不能截然分开，但还是有主次之分的。国内外大量研究表明，太阳辐射强度、温度、湿度、气溶胶、云、雾及氧化剂均是影响 $SO_2$ 转化的途径和速率的重要因素。

（1）二氧化硫的催化氧化　在清洁干燥的大气中，$SO_2$ 被缓慢地氧化成 $SO_3$。但在电厂烟气中 $SO_2$ 被氧化的速度非常快，其氧化速率是清洁干燥大气的 $10\sim100$ 倍，这与 $SO_2$ 在溶液中有催化剂存在条件下的氧化反应相似，其总反应方程式可表示为：

$$2SO_2 + 2H_2O + O_2 \xrightarrow[\text{（金属盐）}]{\text{催化剂}} 2H_2SO_4$$

在上述反应中，催化剂是指 $MnSO_4$、$FeSO_4$、$MnCl_4$、$FeCl_2$ 等金属盐类。

催化氧化的基本机理是：由于 $Mn$、$Fe$ 的硫酸盐和氧化物常常以微粒的形式悬浮在空气中，当湿度高时，这些颗粒物就成为凝结核与水合成液滴。这些液滴吸收 $SO_2$ 和 $O_2$，并使其在液相中进行一系列化学反应，其具体步骤为：①气态 $SO_2$ 向液滴表面扩散；②$SO_2$ 从液滴表面扩散到内部；③$SO_2$ 在液滴内部发生催化反应。

通常可以认为 $SO_2$ 的催化反应为一级反应，其氧化速度与 $SO_2$ 的浓度有关，并随催化剂类型与相对湿度而变。

(2) 二氧化硫的光化学氧化　在低层大气中，$SO_2$ 受太阳辐射时被缓慢地氧化成 $SO_2$。但是，一旦生成 $SO_2$，它便迅速地与大气中的水蒸气反应转变为 $H_2SO_4$。如果含有 $SO_2$ 的大气中同时存在氮氧化物和碳氢化合物，则 $SO_2$ 转化为 $SO_2$ 的速度将大大提高，并经常伴随着大量气溶胶的形成。

在大气中只存在 $SO_2$ 时，其光化学氧化反应过程如下：大气中 $SO_2$ 的吸收光谱表明，在 384nm 处为弱吸收，$SO_2$ 吸收此波长的光后转变为三重态 $3SO_2$；在 294nm 处为强吸收，$SO_2$ 吸收此波长的光后转变为单重态 $1SO_2$。也就是当 $SO_2$ 在大气中吸收不同能量的光波时，形成不同激发态的 $SO_2$：

$$SO_2 + h\gamma(340 \sim 400nm) \longrightarrow 3SO_2 （第一激发态）$$
$$3SO_2 + h\gamma(290 \sim 340nm) \longrightarrow 1SO_2 （第二激发态）$$

$3SO_2$ 能量较低，比较稳定。$1SO_2$ 能量较高，它在进一步反应中，或者变为基态 $SO_2$，或者变为能量较低的 $3SO_2$。$1SO_2$ 遇到第三体 M（$O_2$，$N_2$）时，很快地转变为基态 $SO_2$ 或 $3SO_2$，其反应如下：

$$1SO_2 + M \longrightarrow SO_2 + M$$
$$1SO_2 + M \longrightarrow 3SO_2 + M$$

大气中 $SO_2$ 的光化学产物主要是 $3SO_2$，而 $1SO_2$ 的作用主要在于生成 $3SO_2$。大气中 $SO_2$ 转化为 $SO_3$ 主要是 $3SO_2$ 与其他分子反应的结果。其中一部分 $3SO_2$ 与其他吸收能量的分子反应转化为基态 $SO_2$，其反应如下：

$$3SO_2 + M \longrightarrow SO_2 + M$$

而当 M 为 $O_2$ 时，则：

$$3SO_2 + O_2 \longrightarrow SO_3 + O$$

这是大气中 $SO_2$ 转化为 $SO_3$ 的重要光化学反应过程。在阴天，相对湿度高和颗粒物浓度大的条件下，$SO_2$ 的转化途径以催化氧化为主；在晴天，相对湿度低，大气中同时含有氮氧化物和碳氢化合物时，尤其是颗粒物含量很少时，$SO_2$ 的转化途径则以光化学氧化为主。$SO_2$ 氧化后立即与 $H_2O$ 反应，生成 $H_2SO_4$。如果大气中还有 $NH_3$ 存在时，就会生成 $(NN_4)_2SO_4$。所以，大气中的 $SO_2$ 经过一系列的化学转化之后，最终形成硫酸或硫酸盐，然后以湿沉降或干沉降的方式降落到地球表面。

### （三）氮氧化物的迁移转化

大气中的氮氧化物主要包括 $N_2O$、$NO$、$N_2O_3$、$NO_2$、$N_2O_5$。$N_2O_3$ 和 $N_2O_5$ 在大气条件下易分解成 $NO$ 和 $NO_2$，即

$$N_2O_3 \longrightarrow NO + NO_2$$
$$N_2O_5 \longrightarrow N_2O_3 + O_2$$

通常把这两种氮氧化物统称为奇氮。$NO$，$NO_2$ 是主要的大气污染物，常用 $NO_x$ 表示。

$NO_x$ 既有自然来源又有人为来源。自然源主要来自生物圈中氨的氧化、生物质的燃烧、土壤的排出物、闪电的形成物和平流层进入物。据估计，大气中 $NO_x$ 自然源排出量占总量的 $47\% \sim 54\%$，人为源排出量占总量的 $53\% \sim 46\%$。

$NO_x$ 人为来源主要指燃料燃烧、工业生产和交通运输等过程排放的 $NO_x$。据统计，20世纪 60 年代全世界的 $NO_x$ 的年排出量已达 5000 多万吨。

燃料燃烧是指化石燃料燃烧时，排放的废气中含有 $NO$，其浓度可达千分之几。$NO$ 排入大气后迅速转化为 $NO_2$。

工业生产是指有关企业如硝酸、氮肥和有机合成工业及电镀等工业在生产过程中排出大量 $NO_x$。

　　交通运输是指机动车辆和飞机等排出废气中含有大量 $NO_x$。汽车排气已成为城市大气中 $NO_x$ 的主要来源。

　　大气中 $NO_x$ 的化学转化和归宿是大气环境化学中的一个重要问题。

　　在最初排放的 $NO_x$ 中，NO 占绝对优势，而 $NO_2$ 通常只占不到 0.5%。$NO_x$ 在光化学烟雾形成过程中以及 $SO_2$ 被氧化过程中都起着重要作用。

　　(1) NO 的主要转化途径　　NO 在大气中主要发生以下反应：

$$2NO+O_2 \longrightarrow 2NO_2$$
$$NO+O_3 \longrightarrow NO_2+O_2$$
$$NO+HO_2 \longrightarrow NO_2+OH$$
$$NO+RO_2 \longrightarrow RO+NO_2$$
$$NO+NO_2+H_2O \longrightarrow 2HNO_2$$
$$HNO_2+h\gamma \longrightarrow NO+OH$$

　　(2) $NO_2$ 的主要转化途径　　$NO_2$ 在大气中主要发生以下反应：

$$NO_2+h\gamma \longrightarrow NO+O$$
$$NO_2+OH+M \longrightarrow HNO_3+M$$
$$NO_2+RO_2+M \longrightarrow RO_2NO_2 \text{ (PAN)}$$
$$NO_2+RO+M \longrightarrow RONO_2$$
$$NO_2+O_3 \longrightarrow NO_3+O_2$$
$$NO_2+NO_3+M \longrightarrow N_2O_5+M$$
$$N_2O_5+H_2O \longrightarrow 2HNO_3$$
$$NH_3+HNO_3 \longrightarrow NN_4NO_3$$
$$2NO_2+NaCl \longrightarrow NaNO_3+NOCl$$

　　由上述反应可以看出，$NO_x$ 的最终归宿是形成硝酸和硝酸盐。大颗粒的硝酸盐可直接沉降到地表和海洋中，小颗粒的硝酸盐被雨水冲刷也沉降到地表和海洋中。

**（四）碳氢化合物的迁移转化**

　　由碳元素和氢元素形成的化合物总称为碳氢化合物，一般用 HC 来表示。

　　碳氢化合物主要包括烷烃、烯烃、炔烃、脂环烃和芳香烃。

　　全世界每年向大气中排放的碳氢化合物约为 $1858.3 \times 10^6 t$，其中自然排放量占 95%，主要为甲烷和少量萜烯类化合物。人为排放量占世界总排放量的 5%，主要来自汽车尾气、燃料燃烧、有机溶剂的挥发、石油炼制和运输等。

　　城市大气中碳氢化合物的人为污染主要来自汽车尾气，即没有完全燃烧的汽油本身和由于燃烧时汽油裂解或氧化而形成的产物。

　　从环境污染的角度来看，HC 的含量并不直接反映其污染环境的水平，更为重要的是它们在空气中的反应产物的含量。因为大多数 HC 的毒性较小，但由于它们是形成光化学烟雾的主要成分，由此而产生的二次污染物如 PAN 等却对人类健康有很大危害。

　　HC 进入大气后发生一系列的化学变化，主要是氧化过程。大气中 HC 及其衍生物很多，常见的有烷烃、烯烃、芳香烃、醛、酮等。这些 HC 可与各种自由基——OH，$HO_2$，$RO_2$ 和 O 及 $O_3$ 反应。其主要反应如下：

**1. 烷烃、烯烃、芳香烃与 OH 反应**

$$CH_3CH_2CH_3+OH \longrightarrow CH_3CHCH_3+H_2O$$
$$C_2H_4+OH \longrightarrow HOCH_2CH_2$$

　　从上述反应中可以看出：丙烷与 OH 反应会引起脱氢，形成烷基和水；乙烯与 OH 反应会形成加合物，即 OH 在烯烃双链上加成；乙苯与 OH 反应引起芳香烃侧链上的脱氢，形成 [结构式CHCH₃苯环] 和水。

### 2. 烷烃、烯烃与 O 反应

$$CH_3CH_2CH_3 + O \longrightarrow CH_3CHCH_3 + OH$$

$$\underset{R_2}{\overset{R_1}{>}}C=C\underset{R_4}{\overset{R_5}{<}} + O \longrightarrow \underset{R_2}{\overset{R_1}{>}}C\underset{O}{—}C\underset{R_4}{\overset{R_5}{<}} \longrightarrow R_1\underset{R_3}{\overset{R_2}{—}}C\cdot + R_4—C\overset{O}{=}$$

$$或者 \quad R_1—\underset{O}{\overset{}{C}}\cdot + R_2—\underset{R_4}{\overset{R_3}{C}}\cdot$$

从上述反应中可以看出：丙烷与 O 反应能引起脱氢反应，形成烷基和氢氧基；烯烃与 O 反应首先形成激发态的环氧化合物，然后分解为烷基和酰基。

### 3. 烯烃与 O₃ 反应

气态烯烃和液态烯烃与 $O_3$ 的反应机制相似，在反应中 $O_3$ 加合到烯烃的双链上，形成第一臭氧化物（primary ozonide）或单一臭氧化物（mon ozonide），即

$$O_3 + \underset{R_2}{\overset{R_1}{>}}C\overset{O—O—O}{———}C\underset{R_4}{\overset{R_3}{<}} \longrightarrow \underset{R_2}{\overset{R_1}{>}}C—C\underset{R_4}{\overset{R_3}{<}}$$

第一臭氧化物　　　　中间产物

中间产物
$$\begin{cases} R_1R_2C=O + R_3R_4COO \\ R_1R_2COO + R_3R_4C=O \end{cases}$$

然后第一臭氧化物迅速分解为中间产物，最后转化为醛、酮、酸和无机化合物，如 CO、$CO_2$ 和 $H_2O$。

例如 $C_2H_4$ 和 $O_3$ 的反应为：

$$C_2H_4 + O_3 \longrightarrow HCHO + H_2COO + CO_2 + CO + H_2 + H_2O + HO_2$$

$$H_2COO + SO_2 \longrightarrow HCHO + SO_3$$

$$\downarrow nH_2O$$

$$H_2SO_4 \cdot nH_2O$$

$$H_2COO + SO_2 \longrightarrow H_2COOSO_2 \longrightarrow 有机硫气溶胶$$

另外，中间产物也可能与 NO、$NO_2$ 反应。

## 二、污染物在大气中的扩散规律

一个地区的大气污染程度取决于该地区的排放污染物的源参数、气象条件和近地层下垫面的状况。源参数包括污染源排放污染物的数量、组成、排放方式、排放源的几何形状、密集程度、相对位置及源高，它是影响大气污染的重要因素。气象条件和下垫面状况决定了大气对污染物的稀释扩散速率和迁移转化途径。在源参数一定的情况下，气象条件和近地层下垫面的状况对一个地区的大气污染程度有着重要的影响。

影响大气污染物扩散能力的主要因素有两方面：气象的动力因子和热力因子。

### （一）影响大气污染物扩散中的动力因子

动力学因子主要指风和湍流，二者对污染物的扩散和稀释起着决定性的作用。大气的水平运动称为风。风对污染物的扩散有两个作用：整体的输送作用和冲淡稀释作用。风向决定污染物迁移运动的方向，风速决定污染物的迁移速度。污染物总是由上风向被输送到下风向，在污染源下风向，污染要重一些，因此考察一个地区的大气污染时，一定要了解当地的风向；风速越大，单位时间内污染物混合的清洁空气量越大，冲淡稀释作用就越好。一般来

说，大气中污染物浓度与污染物的总排放量成正比，而与风速成反比。

大气除了整体水平运动外，还存在着不同于主流方向的各种不同尺度的次生运动或称为旋涡运动，这种极不规则的大气运动称为大气湍流。大气湍流与大气的热力因子——大气垂直稳定度，近地面的风速以及下垫面等机械因素有关。前者形成的湍流称为热力湍流，后者所形成的湍流称为机械湍流，大气湍流就是这两种湍流综合作用的结果。大气湍流以近地层大气表现最为突出，风速时强时弱，风向不停摆动，就是存在大气湍流的具体表现。大气的湍流运动造成湍流场中各部分之间强烈混合，当污染物由污染源排入大气时，高浓度的污染物由于湍流混合，不断被清洁空气掺入，同时又无规则地分散到其他方向去，使污染物不断地被稀释、冲淡。

因此，风和湍流是决定污染物在大气中扩散状态的最直接和最本质的因子，是决定污染物扩散的决定因素。凡有利于增大风速、增强湍流的气象条件，都有利于污染物的稀释扩散；否则，将会使污染加重。

## （二）影响大气污染物扩散中的热力因素

热力因子主要是指大气的温度层结和大气稳定度。温度层结是指在地球表面上方大气的温度随高度变化的情况，即在垂直方向上的气温分布。气温的垂直分布决定着大气的稳定度，而大气稳定程度又影响着湍流的强度，因而温度层结与大气污染程度有着紧密的关系。

### 1. 大气边界层的温度场

为了描述气温垂直分布的特点，经常运用气温垂直递减率这个概念。气温（$T$）随高度（$Z$）的升高而降低的快慢用每上升单位高度（100m）的降低值，即气温垂直递减率 $\gamma = -\partial T/\partial Z$ 表示。

通常气温垂直递减率 $\gamma$ 平均为 $0.65℃/100m$，气温随高度的升高而降低时 $\gamma > 0$；气温随高度的升高增加时 $\gamma < 0$，气温随高度的升高不变时 $\gamma = 0$。

空气与外界无热量交换，到由于外界压力的变化，使其被压缩或向外膨胀时所引起的温度变化，称为气温的绝热变化。在绝热过程中，空气内能的变化是由外力压缩它对它做功，或由空气以膨胀的形式反抗外力做功的结果，当空气上升时，由于周围气压的降低，使空气膨胀而降温。相反，空气下降时，由于气压的增加，使空气被压缩而增温。

干空气绝热上升单位距离时的温度降低值，称为干空气的绝热垂直递减率，简称干绝热直减率，通常以 $\gamma_d = -\dfrac{dT}{dZ}$ 表示。$T$ 为干空气团的温度。据计算，其值约为 $1℃/100m$，也就是说，干空气在绝热上升中，每上升 100m，温度约降低 $1℃$。相反，在绝热下降时，每下降 100m，温度约升高 $1℃$。必须注意：$\gamma_d$ 与 $\gamma$（气温垂直递减率）是截然不同的。$\gamma_d$ 是干空气在绝热升降过程中本身的变温率，它近似为常数。而 $\gamma$ 时表示周围大气的温度随高度分布状况，它可以有不同的数值，既可大于 $\gamma_d$ 也可以等于或小于 $\gamma_d$。

饱和湿空气绝热上升单位距离时的温度降低值，称为湿空气温度的绝热垂直递减率，简称湿绝热直减率。通常以 $\gamma_m$ 表示。未饱和湿空气的绝热垂直递减率与干绝热垂直递减率相同。但是，当它绝热上升到使湿空气达到饱和后，水汽就要发生凝结，并释放出潜热。反之，饱和的湿空气绝热下降，水汽凝结物就要蒸发而消耗热量，因此，湿绝热直减率总比干绝热直减率要小，而且也是一个变化的数值，通常在 $0.4 \sim 0.7℃/100m$（见表 7.1）。

表 7.1 大气边界层湿绝热直减率 $\gamma_m$

| $P/mbar$① | $-20℃$ | $-10℃$ | $0℃$ | $10℃$ | $20℃$ |
|---|---|---|---|---|---|
| 1000 | 0.87 | 0.76 | 0.65 | 0.53 | 0.43 |
| 750 | 0.84 | 0.71 | 0.59 | 0.48 | 0.39 |
| 500 | 0.78 | 0.64 | 0.51 | 0.41 | 0.33 |

①1mbar=100Pa。

## 2. 大气稳定度

大气稳定度是指在垂直方向上大气稳定的程度，即大气是否易于发生对流。它与气温直减率 $\gamma$ 和干绝热递减率 $\gamma_d$ 密切相关。

任何物体都具有三种不同的状态：稳定平衡、不稳定平衡和中性平衡。取大气中某一高度上的一团空气，假如它受到了某种外力的作用，产生了向上或向下的运动，那么也可以出现这三种情况，如果它移动以后就逐渐减速，并有返回原来高度的趋势，这时的大气是稳定的；如果它一离开原位就加速地向前运动，这时大气是不稳定的；如果将它推到某一高度以后，它既不加速也不减速，这时的大气是处于中性平衡状态。当一团空气在大气中上升时，它受到周围大气的压力逐渐减小，它的体积随之发生膨胀。根据热力学原理，气体膨胀会降低它的温度。对于干燥空气来说，如果没有外界热量输入的话，它每上升 100m 温度就会下降约 1℃，而不论其所处的高度是多少。由于空气的热传导作用很弱，当空气团上升时实际发生的膨胀过程近似于绝热膨胀。

因此，大气是否稳定，通常用周围空气的温度直减率 $\gamma$ 与上升空气块的绝热直减率（或 $\gamma_d$）对比来判断，对于干空气和饱和湿空气而言。当 $\gamma < \gamma_d$ 时，大气是稳定的；当 $\gamma > \gamma_d$ 时，大气是不稳定的；当 $\gamma = \gamma_d$ 时，大气处于中性平衡状态。

饱和湿空气与干空气类似，当 $\gamma < \gamma_m$ 时，大气是稳定的；当 $\gamma > \gamma_m$ 时，大气是不稳定的，当 $\gamma = \gamma_m$ 时，大气处于中性平衡状态。

大气稳定度分为 A、B、C、D、E 和 F 六个级别，分别代表极不稳定、不稳定、弱不稳定、中性、弱稳定和稳定。

### （三）几种气象状况对大气污染物扩散的影响

#### 1. 逆温

大气对流层的气温从总体看是随高度的增加而降低，也就是说气温随高度递减。但是，近地面的大气层情况比较复杂，也有正好相反的时候，即气温随高度递增，这就是出现了所谓逆温。当出现逆温天气时，大气异常稳定，此时大气的对流运动很弱，稀释作用很小，对大气污染物的扩散极为不利。

一般在晴朗的白天风不太大时，由于太阳强烈照射地面，使地面增温幅度很大，近地面的空气因此也迅速增温，热量不断地由低层向高层传递，低层增热比高层快，于是就出现了气温下高上低的情况。夜间仍是少云无风时，地面不受太阳照射而无热量输入，但地面的辐射却依然存在，于是地面失去热量而很快冷却，近地面空气的温度也随之降低，离地面越近的空气温度降低的越快，从而形成了气温下低上高的现象，即逆温。这是在陆地上最常出现的逆温叫辐射逆温，以冬季最多，强度也最大，一般此状况下的临界风速大约是 2.5m/s。日出后地面受太阳辐射，使地面和近地面大气层增温，辐射逆温将逐渐消亡。辐射逆温全年都会出现，它的厚度可从几米到二三百米。

另外还有平流逆温、下沉逆温、湍流逆温和锋面逆温。由于逆温时的大气状态十分稳定，因此在逆温层内大气的垂直运动受阻，处于逆温层中的烟尘等空气污染物及水汽凝结物因不易扩散而造成大量积聚，使能见度变坏，空气质量恶化，严重时甚至形成污染事件。

#### 2. 烟流形状、大气污染状况与大气稳定度的关系

大气污染状况与大气稳定度有密切的关系。为了能直观地说明大气稳定度对污染物扩散的影响，可举一高架源连续排放烟云的例子说明。

高架源排放的烟云有 5 种类型，分别为翻卷型、锥型、扇型、屋脊型和熏烟型，见图 7.1。

翻卷型出现于大气不稳定状态下 $\gamma > 0$，$\gamma > \gamma_d$。温度随高度的增加而降低，烟云在上下

左右方向上摆动很大，扩散速度较快，烟流呈剧烈翻卷。由于扩散速度快，靠近污染源地区污染物落地浓度较高，在较远地下风处污染较轻。翻卷型烟流多发生在晴朗的中午。

锥型烟流外形类似一个椭圆锥，当烟流离开排放口一定距离后，云轴基本保持水平。烟流比翻卷型规则。大气处于中性或弱稳定 $\gamma > 0$，$\gamma = \gamma_d$。扩散速度及落地浓度均比翻卷型低，污染物运输的较远。锥型烟流多出现在阴天或多云天以及冬季夜晚。

扇型烟流的扩散在垂直方向受到抑制，在水平方向扩散成扇形。大气处于稳定状态 $\gamma < 0$，$\gamma < \gamma_d$，出现逆温层。污染物可以传送到很远的下风向。

屋脊型烟流的下侧边缘清晰，呈平直状，上部出现湍流扩散，烟囱出口上方大气处于不稳定状态 $\gamma > 0$，$\gamma > \gamma_d$；下方大气则处于稳定状态 $\gamma < 0$，$\gamma < \gamma_d$。烟气中污染物不向下方扩散而只向上方扩散，对地面污染较小。屋脊型烟流多出现在日落前后。

熏烟型与屋脊型烟流相反，烟流的上侧边缘清晰，呈平直状，烟云的下部有较强的湍流扩散，烟上方有逆温层。烟气上升到一定程度后受到逆温层的控制。烟囱出口上方大气稳定 $\gamma < 0$，$\gamma < \gamma_d$；下方大气不稳定 $\gamma > 0$，$\gamma > \gamma_d$。这种情况下烟云就好像被盖子盖住一样，只能向下部扩散，像烟熏一样直扑地面。在污染源附近的污染物浓度很高，地面污染严重。

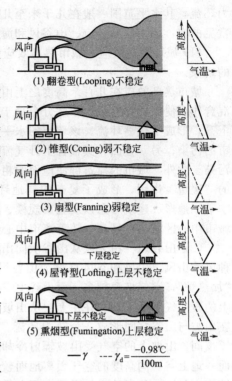

(1) 翻卷型(Looping)不稳定

(2) 锥型(Coning)弱不稳定

(3) 扇型(Fanning)弱稳定

(4) 屋脊型(Lofting)上层不稳定　下层稳定

(5) 熏烟型(Fumingation)上层稳定　下层不稳定

$$-\gamma \quad ---\gamma_d \qquad \frac{-0.98℃}{100m}$$

图 7.1　高架源排沿烟云形状与大气稳定度关系

### 3. 辐射和云

晴朗的白天，特别是午后，太阳辐射最强，地面强烈增温。温度层结是递减的，大气极不稳定。晴朗的夜晚，地面辐射损失，而形成逆温；日出日落前后为转换期，接近中性状态。云对辐射起屏障作用，它既阻挡白天的太阳辐射，又阻挡夜间地面向上的辐射。总的效果是减少垂直温度梯度，使白天递减和夜间逆温均受到削弱。减弱的程度视云量的多少而定。阴天，温度层界的昼夜变化几乎消失，大气接近中性状态；同理，温度层结也随季节变化。例如，夏季递减强度大，频率高，大气不稳定；冬季逆温强度大，频率高，大气多出现稳定态。

由此可见，辐射和云对大气稳定度可产生重要的影响，从而影响到大气污染物的扩散稀释。

### 4. 气压分布

低压（气旋）控制区，空气有上升运动，云天较多，通常风速也较大，大气多为中性或不稳定状态，有利于稀释扩散。相反，在强高压（反气旋）控制区，天气晴朗，风速较小，由于大范围内空气的下沉运动，在几百米至一二千米上空形成下沉逆温，阻挡着污染物向上湍流扩散。若高压大气系统是静止的或移动极慢的微风天气，又连续几天出现逆温时，由于大气对污染物的扩散稀释能力大大下降，将会呈现所谓"空气停滞"的现象。这时即使存在正常情况下不足以造成大气污染的污染源，也可能出现大范围的污染危害。如再处于不利的地形条件，就会出现严重的污染情况。世界闻名的伦敦烟雾事件就是在这样的条件下发生的。

### 5. 局部气流

地形和地貌的差异，加上日照时间的变化，造成地表热力性质的不均匀性，造成局地热力环流，其水平范围一般在几千米至几十千米，局部气流对当地的大气污染有显著的影响。常见的有：城市热岛效应、山谷风和海陆风等。

（1）城市热岛效应　城市热岛效应是由于人口稠密、工业集中，造成温度高于周围地区的现象。

城市热岛效应在几百米高度之上由一稳定层所覆盖，而在稳定层之下形成城市混合层，混合作用使该层内的铅直浓度分布趋于均匀。同时，热岛效应使农村的冷空气向城市辐合而上升，形成了热岛环流。该环流的水平辐合流场使接近地面的污染物向城市汇集，加重了城市的污染；另一方面，其辐合上升气流使高烟囱的烟气上升，输往远处，又可减少对城市的污染。此外，城市的建筑群使地面的粗糙度增大，减弱了风速的铅直变化，加上建筑物之间的"渠道"作用，形成了复杂的局地环流。它的强度与局部地区气象（如云量、风速等）、季节、地形、建筑形态以及城市规模、性质有关，它的温度分布一般是工商业和人口集中的城市中心区域温度最高，随着离市中心距离的增加，温度不断下降。

（2）山谷风　白天风从山谷吹向山坡，这种风叫谷风；到夜晚，风从山坡吹向山谷，这种风称山风。山风和谷风总称为山谷风。白天，山坡接受太阳光热较多，成为一只小小的"加热炉"，空气增温较多；而山谷上空，同高度上的空气因离地较远，增温较少。于是山坡上的暖空气不断上升，并在上层从山坡流向谷地，谷底的空气则沿山坡向山顶补充，这样便在山坡与山谷之间形成一个热力环流。下层风由谷底吹向山坡，称为谷风（见图7.2）。到了夜间，山坡上的空气受山坡辐射冷却影响，"加热炉"变成了"冷却器"，空气降温较多；而谷地上空，同高度的空气因离地面较远，降温较少，于是山坡上的冷空气因密度大，顺山坡流入谷地，谷底的空气因汇合而上升，并从上面向山顶上空流去，形成与白天相反的热力环流。下层风由山坡吹向谷地，称为山风。

图7.2　山谷风环流

在山谷中的不同位置，不同高度的气流有很大差异，因此不同排放点的污染物输送路径也不相同。气流过山的动力作用在背风坡产生下沉气流或涡旋；谷风在不稳定条件下，风速较大时也出现下沉现象。这都会使烟囱排放的烟气向下倾斜或下沉到地面。山谷中的曲折地段，因地形阻塞而出现小风，会使这一地区的污染加重。山区逆温维持时间比平原地区长，而且还可能出现多层逆温，逆温层和山谷构成一个"管道"，限制了污染物的扩散，加重了下风地区的污染。

山谷风还可以把清新的空气输送到城区和工厂区，把烟尘和飘浮在空气中的化学物质带走，有利于改善和保护环境。工厂的建设和布局要考虑有规律性的风向变化问题。山谷风风向变化有规律，风力也比较稳定，可以当作一种动力资源来研究和利用，发挥其有利方面，控制其不利方面，为社会主义建设服务。

（3）海陆风　在海滨地区，只要天气晴朗，白天风总是从海上吹向陆地；到夜里，风则从陆地吹向海上。从海上吹向陆地的风，称为海风；从陆地吹向海上的风，称为陆风。气象上常把两者合称为海陆风。

海陆风是因为海陆分布影响所形成的周期性的风，以昼夜为周期，白天，陆地上空气增温迅速，而海面上气温变化很小。这样，温度低的地方空气冷而下沉，接近海面上的气压就高些；温度高的地方空气轻而上浮，陆地上的气压便低些。陆地上的空气上升到一定高度后，它上空的气压比海面上空气压要高些。因为在下层海面气压高于陆地，在上层陆地气压又高于海洋，而空气总是从气压高的地区流到气压低的地区，所以，就在海陆交界地区出现了范围不大的垂直环流。夜晚的情况与白天相反。

下面以陆风为例研究污染物的运动规律。陆地上空气上升，到达一定高度后，污染物会随空气从上空流向海洋；在海洋上空，空气下沉，到达海面后，污染物又会随空气转而流向陆地。由此可见污染物如此往复运动会形成重复污染，污染物浓度成倍增加。

### 6. 大气污染扩散模式

大气污染扩散的基本问题，是研究湍流与烟流传播和物质浓度衰减关系问题，目前广泛应用的理论有三种：梯度输送理论、统计理论和相似理论。

利用这些理论进行研究时，常采用数值分析法、现场研究法和实验室模拟研究法三种方法。理论和方法的运用截然不可分，应该将它们很好地结合在一起，得出与实际大气污染扩散相符合的计算模式。

高斯在大量实测资料分析基础上，应用湍流统计理论得到了正态分布假设下的扩散模式，即通常所称的高斯模式。高斯模式是目前应用较广的模式。

(1) 坐标系　实际处理的大气污染物排放源有点源、线源、面源和体源几种形式。点源是最简单也是较为常见的一种污染源形式。

烟流扩散高斯模型的坐标系如图 7.3 所示。原点 o 为排放点或高架源排放点在地面的投影。$x$ 轴的正方向为平均风向；$y$ 轴在水平面上垂直于 $z$ 轴，指向纸里面为正，$z$ 轴通过原点 o 垂直于 $xoy$ 平面，向上为正。

(2) 点源扩散模式　大量的观测事实表明，从点源排放的大气污染物在开阔平坦的地形条件下以烟流形式扩散，并处在湍流随机运动之中，其浓度分布通常符合在平均烟流轴两侧是正态分布，即高斯分布的规律。

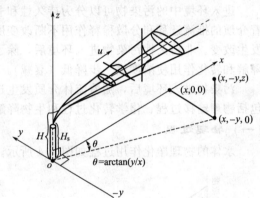

图 7.3　烟流扩散高斯模型的坐标系

① 无限空间中点源扩散高斯模式　当污染源位于无限空间中，$x$ 轴与烟流轴线重合，这时：

$$C(x,y,z) = \frac{q}{2\pi \bar{u}\delta_y\delta_z} \exp\left[-\left(\frac{y^2}{2\delta_y^2} + \frac{z^2}{2\delta_z^2}\right)\right]$$

式中，$\delta_y$、$\delta_z$ 分别为污染源在 $y$、$z$ 方向分布的标准差，m；$C(x, y, z)$ 为任一点处污染物的浓度，$g/m^3$；$\bar{u}$ 为平均风速，m/s；$q$ 为源强，g/s。

② 高架连续点源的扩散模式　高架连续点源的扩散，考虑地面对扩散的影响，空间任意点污染物浓度为：

$$C(x,y,0,H) = \frac{q}{\pi \bar{u}\delta_y\delta_z} \exp\left(-\frac{y^2}{2\delta_y^2}\right)\left\{\exp\left[-\frac{(x-H)^2}{2\delta_z^2}\right] + \exp\left[-\frac{(z+H)^2}{2\delta_z^2}\right]\right\}$$

式中，$H$ 为有效源高，m。

由此模型可算出下风向任意点的污染源浓度。

③ 高斯点源的地面浓度　预测地面污染物浓度，可由下式得到：

$$C(x,y,0,H) = \frac{q}{\pi \bar{u}\delta_y\delta_z} \exp\left(-\frac{y^2}{2\delta_y^2}\right)\exp\left(-\frac{H^2}{2\delta_z^2}\right)$$

(3) 线源扩散模式　近几年我国汽车拥有量快速增加，汽车尾气对大气的污染程度日益严重。评估汽车尾气中污染物对沿途大气污染状况十分重要。

平坦地形上的公路可以当做一无限长线源。它在横风向产生的浓度处处相等，当风向与线源垂直时，连续排放的无限长线源下风向浓度模式为：

$$C(x,0,H)=\frac{\sqrt{2}q}{\sqrt{\pi}\ \overline{u}\delta_z}\exp\left(-\frac{H^2}{2\delta_z^2}\right)$$

当风向与线源不垂直时，若风向与线源交角 $\alpha<45°$，线源下风向浓度模式为：

$$C(x,0,H)=\frac{\sqrt{2}q}{\sqrt{\pi}\ \overline{u}\delta_z\sin\alpha}\exp\left(-\frac{H^2}{2\delta_z^2}\right)$$

# 第二节　水体物理净化作用与水中污染物迁移转化规律

## 一、水体中污染物的迁移与转化

进入环境中的污染物可以分为持久性和非持久性两大类。持久性污染物进入环境后，随着介质的推流迁移和分散稀释作用不断改变所处空间位置，同时降低浓度，但其总量一般不发生改变。非持久性污染物进入环境后，除了随介质运动改变空间位置和降低浓度外，还因降解和转化作用使浓度进一步降低（衰减）。

污染物进入环境后，随着流体介质发生迁移、扩散和转化。水体中污染物的迁移与转化包括物理输移过程、化学转化过程和生物降解过程。

### （一）物理过程

水体的物理净化作用过程如图7.4所示。包括稀释、混合、沉淀与挥发作用。

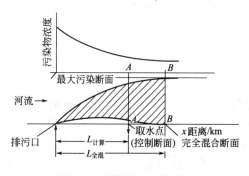

图7.4　水体物理净化作用

**1. 稀释**

污水排入水体后，在流动的过程中，逐渐和水体水相混合，使污染物的浓度不断降低的过程称为稀释。在下游某个断面处污水与河水完全混合，该断面称为完全混合断面（见图7.4中，$B—B$断面）。河床宽阔的情况下，污水与河水不易达到完全混合，而只能与一部分河水相混合，并形成较稳定的污染带。

稀释效果受两种运动形式的影响，即对流与扩散。

（1）对流（或称平流）　对流是沿纵向 $x$，横向 $y$（即河宽方向）和深度方向 $z$（竖向）运动的统称。污染物在水体内的任意单位面积上的移流率可用下式推求：

$$O_1=U(x,t)C(x,t)$$

式中，$O_1$ 为污染物在对流时的移流率，$mg/(m^2\cdot s)$；$U$，$C$ 分别为水体断面平均流速与污染物平均浓度，$m/s$，$mg/L$。

（2）扩散扩散有3种方式　①分子扩散；②紊流扩散；③弥散。湖泊、水库等静水体，在没有风生流、异重流（由温度差、浓度差引起）、行船等产生的紊动作用时，扩散稀释的主要方式是分子扩散。流动水体的扩散方式主要是紊流扩散与弥散。

紊流扩散与弥散作用符合胡克定律，可用下式推求污染物在三维方向的扩散通量：

$$O_2=-\left(D_x\frac{\partial C}{\partial x}+D_y\frac{\partial C}{\partial y}+D_z\frac{\partial C}{\partial z}\right)$$

式中，$O_2$ 为三维综合的扩散通量值，$mg/(m^2\cdot s)$；$D_x$，$D_y$，$D_z$ 为 $x$、$y$、$z$ 向的紊动扩散系数，$m^2/s$；$\dfrac{\partial C}{\partial x}$，$\dfrac{\partial C}{\partial y}$，$\dfrac{\partial C}{\partial z}$ 分别为 $x$、$y$、$z$ 向的浓度梯度，$mg/m^4$。"－"表示沿污

染浓度减少方向扩散。

### 2. 混合

污水与水体水混合后，污染物浓度降低。河流的混合稀释效果决定于混合系数 $\alpha=\dfrac{Q_{混}}{Q_{总}}$。中、小型河流的全部河水都能与污水混合，则 $Q_{总}=Q$。大型河流 $Q_{总}=Q_{混}+q$（$q$ 为污水流量，$Q_{混}$ 为能与污水混合的河水流量）

混合系数受河流形状、污水排污口形式（包括排污口构造、排污方式、排污量等）等因素的影响。

若要计算出排污口下游某特定断面处的混合系数，可采用下式计算。该特定断面称为计算断面或控制断面（见图 7.4，$A$—$A$ 断面）：

$$\alpha=\frac{L_{计算}}{L_{全混}}$$

式中，$L_{计算}$ 为排污口至计算断面（控制断面）的距离，km；$L_{全混}$ 为排污口至完全混合断面的距离，km；$L_{计算}<L_{全混}$；$\alpha$ 为混合系数，$L_{计算}=L_{全混}$ 时，$\alpha=1$。

表 7.2 为岸边排放时排污口与完全混合断面的距离统计数据，可作为参考。

**表 7.2　岸边排污口与完全混合断面距离**

| 河水流量与污水流量之比 $\dfrac{Q}{q}$ | 河水流量 $Q/(m^3/s)$ | | | |
|---|---|---|---|---|
| | 5 | 5~50 | 50~500 | >500 |
| (5∶1)~(25∶1) | 4 | 5 | 6 | 8 |
| (25∶1)~(125∶1) | 10 | 12 | 15 | 20 |
| (125∶1)~(600∶1) | 25 | 30 | 35 | 50 |
| >600∶1 | 50 | 60 | 70 | 100 |

注：当污水在河心进行集中排污时，表列距离可缩短至 2/3；当进行分散式排污时，表列距离可缩短至 1/3。

完全混合断面污染物平均浓度为：

$$C=\frac{C_{w}q+C_{R}\alpha Q}{\alpha Q+q}$$

式中，$C_{w}$ 为原污水中某污染物的浓度，mg/L；$q$ 为污水流量，$m^3/s$；$C_{R}$ 为河水中该污染物的原有浓度，mg/L；$Q$ 为河水流量，$m^3/s$。

### 3. 沉淀与挥发

污染物中的可沉物质，可通过沉淀去除，使水体中污染物的浓度降低，但底泥中污染物的浓度增加，如果长期沉淀，淤积河床，一旦受到暴雨冲刷或扰动，可对河水造成二次污染。沉淀作用的大小可用下式表达：

$$\frac{dC}{dt}=-k_{3}C$$

式中，$C$ 为水中可沉淀污染物浓度，mg/L；$k_{3}$ 为沉降速率常数（沉淀系数），如果 $k_{3}$ 取负值，表示已沉降物质再被冲起，$d^{-1}$。

若污染物属于挥发性物质，可由于挥发而使水体中的浓度降低。

### （二）化学过程

水体化学净化的重要作用是氧化-还原反应。流动的水体通过水面波浪不断地将大气中的氧溶于水体，这些溶解氧与水体中的污染物将发生氧化反应。另外，还原作用对水体也有净化作用，但这类反应多在微生物的作用下进行。天然水体接近中性，酸碱反应在水体中的作用不大。天然水体中含有各种胶体，由于有些微粒具有较大的表面积，另一些物质本身就是凝聚剂，所以天然水体具有混凝沉淀作用和吸附作用，从而使有些污染物随着这些作用从水体中去除。

### （三）生物过程

生物自净的基本过程是水体中的微生物（尤其是细菌）在溶解氧充分的情况下，将一部分有机污染物当作食饵消耗掉，将另一部分有机污染物氧化分解成无害的简单无机物。

影响生物自净作用的关键是：溶解氧的含量；有机污染物的性质、浓度；微生物的种类、数量等。生物自净的快慢与有机污染物的数量和性质有关。另外，水体温度、水流状态、风力、天气等物理和水文条件以及水面有无影响复氧作用的油膜、泡沫等均对生物自净有影响。

## 二、水质模型

### 1. 污水在河流中的扩散稀释及应用

污水在河流中扩散稀释时，空间任意点处的污染物浓度为：

$$C(x,y) = \frac{M\sqrt{\overline{h}}}{\sqrt{2\pi}\,\overline{u}\delta_y}\exp\left(-\frac{y^2}{2\delta_y^2}\right)$$

$$\delta_y^2 = 2D_y\frac{x}{\overline{u}}$$

$$D_y = \alpha_y\overline{h}u^*$$

$$u^* = \sqrt{gi\overline{h}}$$

式中，$C(x,y)$ 为任一点 $(x,y)$ 处的污染物浓度，mg/L；$M$ 为排放源的强度，g/s；$\overline{h}$ 为河流平均水深，m；$\overline{u}$ 为河流平均流速，m/s；$\delta_y$ 为横向均方差；$\alpha_y$ 为横向弥散系数；$u^*$ 为摩阻流速，m/s；$i$ 为河流平均水力坡度；$g$ 为重力加速度，m/s²。

如为分散排放，则排放源的强度应为 $M/n$，$n$ 为排放孔数。分散排放扩散稀释见图7.5。显然 $y$ 轴处浓度最大，其增量为：

$$\Delta C(x,y) = \alpha + 2\sum_{i=1}^{\frac{n-1}{2}}\alpha\exp\left(-\frac{y_i^2}{2\delta_y^2}\right)$$

$$\alpha = \frac{\dfrac{M}{n\,\overline{h}}}{\sqrt{2\pi}\overline{u}\delta_y}$$

式中，$i$ 为序数，$1，2，\cdots，\dfrac{n-1}{n}$；$y_i$ 为 $pi$；$p$ 为排放孔间距。

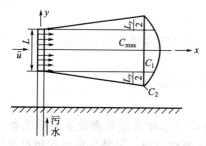

图7.5　分散排放扩散稀释图

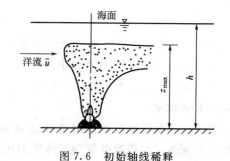

图7.6　初始轴线稀释

### 2. 污水排海的扩散稀释

由于海水的性质与江河不同，海水的含盐量高，密度大，水层上下温差大，有潮汐与洋流的回荡。因此污水排入海湾后，扩散稀释存在着初始轴线稀释、输移扩散稀释等。

（1）初始轴线稀释　海水的相对密度一般为 1.01～1.03，远较污水相对密度（约为1）大，故污水排入海水后，会立即引起密度流而向上升腾，如图 7.6 所示。在升腾过程中被扩散稀释，称为初始轴线稀释。

初始轴线稀释可用初始轴线稀释度表示。

① 当海水密度均匀时，污水喷出后，羽状流可一直浮升至海面：

$$S_1 = S_c \left(1 + \frac{\sqrt{2}S_c q}{uh}\right)^{-1}$$

$$S_c = 0.38(g')^{\frac{1}{3}} h q^{-\frac{2}{3}}$$

式中，$S_1$ 为初始轴线稀释度；$S_c$ 为无水流时，即 $u=0$ 时的初始轴线稀释度；$g'$ 为由于海水与污水浓度差引起的重力加速度差，$g' = g\frac{\rho_s - \rho_0}{\rho_0}$；$\rho_0$ 为污水密度；$g$ 为重力加速度；$\rho_s$ 为海水密度；$h$ 为污水排放深度，m；$q$ 为扩散器单位长度的排放量，$m^3/(s \cdot m)$；$u$ 为海水流速，m/s。

② 海水密度随深度呈线性分布时，即海水密度自海面向海底呈线性逐渐增加，污水喷入海水后，羽状流上升至一定高度 $Z_{max}$ 后，停止上升，此时污染云的密度比其上面的海水的密度大。则：

$$S_1 = S_c \left(1 + \frac{\sqrt{2}S_c q}{uZ_{max}}\right)$$

$$S_c = 0.31(g')^{\frac{1}{3}} h q^{-\frac{2}{3}}$$

式中，$Z_{max}$ 为污染云的最大浮升高度，m。

$$Z_{max} = 6.25(g'q)^{\frac{2}{3}} \left[\frac{\rho_0}{g(\rho_a - \rho_0)}\right]$$

（2）由于洋流引起的输移扩散　海洋的流态较复杂，除主导洋流外，还有潮汐的影响。对于海域或宽阔的海湾，可不考虑潮汐的回荡作用。此外，污水中有机污染物在海水中的生物化学降解作用远小于洋流引起的输移扩散稀释作用。因此生化降解作用可略去不计。又因为经初始轴线稀释后，可视深度方向的浓度是均匀的。

如不考虑回荡的影响，假设污染云随洋流的移动是单向的、连续的和均速的，污水的横向扩散混合可用具有水平扩散系数的扩散过程来描述：

$$S_2 = \frac{1}{\text{erf}\sqrt{\dfrac{3/2}{\left(1 + \dfrac{2}{3}\beta\dfrac{x}{L}\right)^3 - 1}}}$$

式中，$S_2$ 为输移扩散稀释度；erf 为误差函数；$x$ 为排污口至下游某点的水平距离，m；$\beta$ 为系数；$L$ 为扩散器长度，m。

**3. 污水由海湾排海的扩散模式**

由河口向海湾的流线多呈喇叭状，见图 7.7。在稳定条件下，污染物以半圆形散布。设各个方向上的扩散系数相等，连续流入的污染物浓度为 $C_0$，则在半径为 $r$ 处的污染物浓度为：

$$C = C_0(1 - e^{-a/r})$$

$$a = Q/2\pi K$$

式中，$Q$ 为废水排放量；$K$ 为扩散系数。

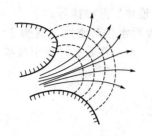

**4. 污水排入湖泊的扩散模式**

一般情况下，湖水流速缓慢，污染物在湖泊中的停滞时间可能比海湾还要长。污染物浓度与停滞时间有关，同时，与湖泊大小、形状、深浅有关。一般大湖都有沿岸流，不是环流，而是往返流，其周期为数天。流向的转换是朝向湖心的，转向时间为数小时。对近海岸释放的污染物稀释而言，流向的转换是最为有利的。

图 7.7 由河口向海湾的流线

对于长条形湖泊，污染物从一边流入，从另一边流出，污染物的停滞时间为：

$$T=V/Q$$

式中，$V$ 为湖泊的储水量，$m^3$；$Q$ 为流入湖中的平均流量（包括河水和污染物），$m^3/d$ 或 $m^3/h$。

如果污染物质不发生分解，处在完全混合的情况下，湖泊中污染物的浓度为：

$$C=C_0(1-e^{-t/T})$$

式中，$C_0$ 为流入的污染物浓度，$mg/L$；$t$ 为扩散时间。

# 第三节　土壤的自净与污染物在土壤中的迁移规律

## 一、土壤的组成和基本性质

### 1. 土壤的组成和结构

土壤是绿色植物生长的基地，由地球陆地表面的岩石经风化发育而成。土壤在自然界中处于大气圈、岩石圈、水圈、生物圈之间的过渡带，是联系有机界和无机界的中心环节，也是结合地理环境各组成要素的纽带。土壤有其独特的生成发展规律，也有其独特的功能。从农业的角度出发，它是地球陆地表面具有肥力的能够生长植物的疏松表层，是人类赖以生存的重要自然资源；从环境学的角度看，土壤不仅是一种资源，还是人类生存环境的重要组成部分。它依据其独特的物质组成、结构和空间位置；在提供肥力的同时，还通过自身的缓冲性、同化和净化性能，对稳定和保护人类生存环境中发挥着极为重要的作用。

土壤的基本组成如下：

土壤
- 固相物质
  - 矿物质：占固相质量95%左右，总体积的38%左右
  - 有机质：占固相质量5%左右，总体积的12%左右
- 粒间物质
  - 气相：部分由大气进入，主要成分是 $O_2$、$N_2$ 等，另一部分是由土壤内部产生的，主要是 $CO_2$、水汽等
  - 液相：粒间水分及溶解在其中的多种溶解性物质
- 生物体
  - 各类昆虫、线虫、节肢动物
  - 土壤微生物，1g 土壤中可达数十亿个

土壤不仅能为植物提供支撑场所，调节土壤水、肥、气、热等植物根系适宜的生活环境，同时还具有环境功能。这些功能是由土体、土层、土壤结构与土粒成分的功能组成的。其中土粒成分是基本的组成要素，也是重要的功能单元。

土壤结构是土粒的规律性结合体。它是以多孔体的形式，将固、液和气三相同时存在于一定的空间中，发挥其调节水、热、气的作用。土壤结构体的直接作用是对空气和水分的调节，间接作用是影响温度、营养元素和其他化学物质的状况。其中土粒是使土体存在多孔的

条件。不同的土壤结构体所具有的功能大小不相同。总体说来，结构体较小的，其作用的强度和灵活性要大些，个体越大的结构体，大小空隙和分布密度的差异太悬殊，容易出现极端的水、热、气状况，因而功能较差。

**2. 土壤的基本性质**

（1）土壤孔性和质地　土壤孔性是指土壤孔隙数量大小的分配和比例特征。土壤孔隙分为无效孔隙、毛管孔隙和通气孔隙。土壤孔性在调节土壤水分和空气比例的基础上调节了土壤热量，同时还可以通过过滤、截留、物理化学吸附、化学分解、微生物降解等作用影响进入土壤的各种污染物质。

土壤质地影响进入土壤中环境污染物质的截留、迁移和转化。黏土富含黏粒，颗粒细小，比表面积大，故其在物理性上表现较强的吸附能力，可以将进入土壤中的污染物吸附到土粒的表面，使其不易迁移。砂土黏粒含量少，砂粒含量多，土壤的通气和透水性强，吸附能力较弱，进入其中的污染物易迁移。

（2）土壤环境中的胶体物质　土壤胶体是土粒中颗粒细小的部分，一般为直径小于0.001mm 或 0.002mm 的微细固体颗粒，是由矿物质微粒（铝硅酸盐类）、腐殖质、铝、铁、锰、硅和含水氧化物组成。土壤胶体的重要性质是带电荷和具有吸附作用，对土壤的物理和化学性质有重大影响。而它的吸附作用则是由于其颗粒细小，表面积大。

（3）土壤酸度和土壤缓冲性　土壤酸度是反映土壤溶液中氢离子浓度和土壤胶体上交换性氢铝离子数量状况的一种化学性质；又称酸碱性或土壤酸碱度。土壤酸度对植物的生长、污染物质的迁移和转化有重大的影响。首先它影响养分的有效度。其次，土壤酸度影响金属元素的固定、释放和淋洗。最后，土壤酸度还影响土壤中微生物的活性。

（4）土壤氧化还原性　土壤氧化还原性常用土壤的氧化还原电位这个综合性指标表示。它的含义是：当一支能传递电子的"惰性"的铂电极插入土壤中时，在土壤和电极之间建立一个电位差，称为氧化还原电位（$E_H$），单位是 mV。它是由于土壤中存在氧化性物质和还原性物质而产生的。

（5）土壤环境中的矿化作用和腐殖化作用

① 土壤环境中的矿化作用　矿化作用是指在土壤微生物作用下，土壤中有机态化合物转化为无机态化合物过程的总称。因无机态亦称矿质态，故名。

② 土壤环境中腐殖化作用　腐殖化作用指动植物残体在微生物的作用下转变为腐殖质的过程。一般用腐殖化系数来度量。

# 二、污染物在土壤中的迁移转化规律

**1. 土壤污染及特点**

土壤污染就是人为因素有意或无意地将对人类本身和其他生命体有害的物质施加到土壤中，使其某种成分的含量超过土壤自净能力或者明显高于土壤环境基准或土壤环境标准，并引起土壤环境质量恶化的现象。

土壤污染源可分为天然污染源和人为污染源，按照污染物的属性，土壤污染物可分为无机物类和有机物类两种类型。土壤污染具有隐蔽性或潜伏性、不可逆性和持久性、危害的严重性等特点。

**2. 土壤自净能**

土壤环境都有一定的缓冲作用和强大的自然净化作用。土壤的自净作用是指在自然因素作用下，通过土壤自身的作用，使污染物在土壤环境中的数量、浓度或形态发生变化，活性毒性降低的过程。按其机理不同，可分为物理净化作用、物理化学净化作用、化学净化作用和生物净化作用四个方面。前三者主要体现在土壤环境的机械阻留、吸附（物理、物理化学净化作用）、沉淀溶解（化学净化作用）等方面。污染物在土壤中的迁移规律对于土壤自净有较大影响。

**3. 污染物在土壤中的迁移规律**

所谓物质迁移就是元素在土壤中的转移和再分配，这是导致物质的分散或集中的原因。迁移是一个复杂的过程，在不同的生态条件和物理化学条件下，迁移的特点不同。土壤中所见到的各种迁移与积累现象，都是内外因素作用的结果，主要分为溶解迁移、还原迁移、螯合迁移、悬粒迁移和生物迁移5种方式。以下以农药在土壤中迁移规律为例介绍污染物在土壤中迁移规律。

（1）土壤中农药的迁移方式　农药在土壤中以蒸气的和非蒸气的形式进行迁移，主要是通过扩散和质体流动两个过程。

① 扩散　扩散是由于分子不规则运动而使物质分子发生转移的过程。不规则运动导致分子的不均匀分布，因而引起分子由浓度高的地方向浓度低的地方迁移运动。Shearer 等根据农药在土壤系统中的扩散特性提出了如下方程式：

$$\frac{\partial C}{\partial t} = D_{VS}\frac{\partial^2 C}{\partial t^2}$$

$$D_{VS} = \left[\frac{D_V P^{\frac{7}{3}}}{P_T^2(1+R)} + \frac{R}{1+R}\right] \times \left[\frac{D_S + D_A K'\beta + \beta D_1 R'}{\beta K' + \theta + \beta R'}\right]$$

式中，$C$ 为土壤中农药的浓度，$g/g$ 土；$D_V$ 为空气中农药蒸气的扩散系数，$cm^2/s$；$P$，$P_T$ 分别为土壤的充气空隙度和总空隙度，$cm^3/cm^3$；$R$ 为农药蒸气密度和土壤中农药浓度之间的平衡系数；$D_A$ 为吸附在液-固界面分子的表现扩散系数，$cm^2/s$；$D_S$ 为表现液相扩散系数，$cm^3/g$；$K'$ 为溶液浓度和液-固界面的浓度之间的平衡，$cm^3/g$；$\beta$ 为土壤密度（即紧实度），$g/cm^3$；$R'$ 为溶液浓度和液-气界面的浓度之间的平衡，$cm^2/s$；$D_1$ 为吸附在液-气界面的分子表现扩散系数，$cm^3/g$；$\theta$ 为土壤含水量（即土壤水分含量），$cm^3/cm^3$；$D_{VS}$ 为总表现扩散系数，$cm^2/s$。

其中，$D_S$ 与自由溶液扩散系数（$D_0$）之间的关系近似于：

$$D_S = \left(\frac{\theta}{P_T}\right)^2 \theta^{\frac{4}{3}} D_0$$

农药在土壤中扩散受许多土壤和农药特性因素的影响，如土壤含水量、吸附、土壤密度、温度、气流速度和农药种类等，目前对土壤中农药扩散的定量预测尚在积极探讨之中。

② 质体流动　物质的质体流动是由水或土壤颗粒或两者共同作用引起的物质流动。土壤中的农药既能溶于水，也能悬浮于水中，或者吸附在土壤固体物质上，或存在于土壤有机质中，而使之能随水和土壤颗粒一起发生质体流动。在影响农药质体流动的因素中，农土壤的吸附显得最为重要。

农药在稳态土-水流的质体流动的一般方程为：

$$\frac{\partial C}{\partial t} = D'\frac{\partial^2 C}{\partial t} - v_0\frac{\partial C}{\partial t} - \beta\frac{\partial S}{\theta\partial t}$$

式中，$D'$ 为分散系数，$cm^2/s$；$C$ 为溶液中化学品的浓度，$g/cm^2$；$v_0$ 为平均孔隙水流速度，$cm/s$；$\beta$ 为土壤密度，$g/cm^3$；$\theta$ 为土壤含水量，$cm^3/cm^3$；$S$ 为吸附在土壤上的化学品浓度，$g/g$。

（2）农药在土壤中的迁移转化行为　土壤对农药的吸附取决于多种因素，其中构成土壤胶体复合体的胶粒和有机质最为重要。吸附的机理主要有以下几种：离子交换吸附（有机物和黏土矿物对敌草快等其他某些除草剂的吸附）；农药通过质子化作用而带正电荷后可借助离子交换而被吸附；通过范德华力以及氢键等作用方式对农药进行吸附；通过疏水型相互产生吸附；通过电子从供体向受体的传递产生吸附；通过形成配位键和配位体交换产生吸附。可通过微生物降解和非生物降解，此处不详述。

（3）影响农药在土壤环境中迁移的因素　　农药在土壤中的迁移，受到农药本身的性质和各种自然与人工环境条件的影响。对农药而言，其分子结构、电荷特性、水溶性为重要的影响因素；环境中主要的影响因素为：降雨量、淹灌条件、土壤初始含水量和土壤酸碱度、有机质含量、土壤黏土矿物粒组成等。

# 第八章　物理性污染的综合应用

随着社会生活和生产的发展，物理性污染的来源越来越广泛，以致人们生存的环境，尤其是物理环境日益恶化，迫使人们努力寻求物理性污染的控制方法和措施。本书前面已经介绍了物理性污染的现状、原理、危害和应采取的控制措施。但还应看到物理性因素被人们有效利用的一面。目前，物理性污染的利用已引起了人们的注意，很多国家的科学家已开展了广泛研究，并已取得了一定的研究成果，如噪声的利用、余热利用等。物理性污染的利用对于改善人类的生存环境具有重要意义。尽管目前尚处于实验研究阶段，但随着科学技术的发展，研究的进一步深入，不久的将来，人们不仅能够利用物理性污染，使之服务于人们的生产和生活，而且人们的生存环境，尤其是物理环境必将得到改善。

## 第一节　噪声的应用

噪声已被世人公认为仅次于大气污染和水污染的第三大公害。许多科学家在噪声利用方面做了大量研究工作，获得许多新的突破。不久的将来，恼人的噪声将会变成优美的新曲，造福于人类。

### 一、有源消声

通常所采用的降噪措施都是消极被动的，即在声源处降噪、在传播过程中降噪及在人耳处降噪。为了积极主动地消除噪声，人们发明了"有源消声"这一技术。它的原理是：任何声音都由一定的频谱组成，如果能够找到一种声音，其频谱与所要消除的噪声完全一致，而相位相反（相差 180°），就可以将这噪声完全抵消，而达到消声的目的。这一技术的关键在于如何得到那抵消噪声的声音。实际采用的办法是：从噪声源本身着手，设法通过电子线路将原噪声的相位倒过来。由此看来，有源消声这一技术实际上是"以毒攻毒"。

### 二、噪声能量的利用

噪声是声波，所以它也是一种能量。例如鼓风机的噪声达 140dB 时，其噪声具有 1000W 的声功率。

#### 1. 利用噪声发电

广泛存在的噪声为科学家们开发噪声能源利用提供了广阔的前景。噪声是一种能量污染，比如噪声达 140 dB 的大型鼓风机，其声功率约为 100W；噪声达到 160 dB 的喷气式飞机，其声功率将达到 10000W，这种现象引起新能源开发者的兴趣。英国的学者根据当声波遇到屏障时，声能会转化为电能这一原理，设计制造了鼓膜式声波接收器，将接收器与能够增大声能、集聚能量的共鸣器连接，当从共鸣器来的声能作用于声电转换器时，就能发出电来。由此看来，利用环境噪声发电已指日可待。

#### 2. 利用噪声来制冷

众所周知，电冰箱能制冷，但令人鼓舞的是，目前世界上正在开发一种新的制冷技术，即利用微弱的声振动来制冷的新技术，第一台样机已在美国试制成功。在一个结构非常简单，直径不足 1 m 的圆筒里叠放着几片起传热作用的玻璃纤维板，筒内充满氦气或其他气体。筒的一端封死，另一端用有弹性的隔膜密闭，隔膜上的一根导线与磁铁式音圈连接，形成一个微传声器，声波作用于隔膜，引起来回振动，进而改变筒内气体的压力。由于气体压缩时变热，膨胀时冷却，这样制冷就开始了，可以想象，如果住宅、厂房等建筑物能加以考虑这些因素，即可降伏噪声这一无形的祸害，为住宅、厂房等建筑物降温消暑。

**3. 利用噪声除尘**

美国科研人员研制出一种功率为 2 kW 的除尘报警器，它能发出频率 2000Hz、声强为 160dB 的噪声，这种装置可以用于烟囱除尘，控制高温、高压、高腐蚀环境中的尘粒和大气污染。

## 三、噪声在探测中的应用

利用噪声透视海底。在科学研究领域更为有意义的是利用噪声透视海底的方法。在 20 世纪初，人类才发现声音接受器——声纳。在第一次世界大战期间，为了防范潜水艇的袭击，研究了这一水下声波定位系统。如今声纳的应用已远远超出了军事目的。最近科学利用海洋里的噪声，如破碎的浪花、鱼类的游动、下雨、过往船只的扰动声等进行摄影，用声音作为摄影的"光源"。为利用声音拍照，美国斯克利普海洋研究所的专家们研制出一种"声音-日光"环境噪声成像系统，简称 ADONIS，这个系统就有奇妙的摄影功能。虽然ADONIS所获得的图像分辨率较低，不能与光学照片相比，但在海水中，电磁辐射十分容易被吸收。相比之下，声波要好得多，这样声音就成为取得深部海洋信息的有效方法。

1991 年，美国科学家率先在太平洋海域做了实验。他们在海底布置了一个直径为 1.2m，对声音具有反射、聚焦作用的抛物面状声波接收器。在其焦点处设有水下听音器。他们又把一块贴有声音反射材料的长方形合成板作为摄影的目标，放在声音接收器的声束位置上，此时，接收器收到的噪声增加 1 倍。这一效果与他们事先的设想相一致。然后他们又把目标放置在离接收器 7~12m 的地方，出现了同样的结果。他们发现，摄像目标对某些频率的声波的反射差异。正好对应为声音的"颜色"。据此，他们可以把反射的声波信号"翻译"成光学上的颜色，并用各种颜色表示。

## 四、噪声在农业领域中的应用

**1. 利用噪声除草**

科学家发现，植物种类不同，其对噪声敏感程度也不一样。根据这一道理，人们制造出了噪声除草器。这种噪声除草器发生的噪声能使杂草的种子提前萌发，这样可以在作物生长之前用药物除掉杂草，用"欲擒故纵"的妙策，保证作物的顺利生长。

**2. 利用噪声促进农作物生长**

噪声应用于农作物同样可喜的结果。科学家们发现，植物在受到声音的刺激后，气孔会张到最大，能吸收更多的二氧化碳和养分，加快光合作用，从而提高增长速度和产量。

有人曾经对生长中的番茄进行实验，经过 30 次 100dB 的噪声刺激后，番茄的产量提高了近 2 倍，而且果实的个头也成倍增大，增产效果明显。通过还实验发现，水稻、大豆、黄瓜等农作物在噪声的作用下，都有不同程度的增产。

## 五、噪声在医疗、保健方面的应用

**1. 利用噪声诊断疾病**

美妙、悦耳的音乐能够治疗疾病。最近，科学家研制成一种激光听力诊断装置，它由光源、噪声发生器和电脑测试器三部分组成。使用过程中，它先由微型噪声发生器产生微弱短促的噪声，振动耳膜，然后微型电脑会根据回声，把耳膜功能的数据显示出来，供医生诊断。该装置诊测迅速，不会损失耳膜，没有痛感，非常适合儿童使用。此外，还可以用噪声测温法来探测病灶。

### 2. 将噪声变成优美的音乐

美妙动人的音乐能让人心旷神怡。为此，各国科学家已开展了将噪声变为优美的音乐的研究。

日本科学家采用现代高科技，将令人烦恼的噪声变为美妙悦耳的音乐。他们研究出一种新型"音响设备"，将生活中各种流噪声如洗手、淘米、洗澡、洁具、水龙头等产生的噪声变为悦耳的协奏曲。这些嘈杂的水声既可以转变成悠扬的乐曲，也可以转变成潺潺的溪流声、树叶的沙沙声、虫鸟的鸣叫声和海浪潮涌等大自然音响。

无独有偶，美国也研究出一种吸收大城市噪声并将其转变为大自然"乐声"的合成器，它能将街市的嘈杂喧闹变成变为大自然声响的"协奏曲"。

英国科学家还研制出一种像电吹风声响的"白噪声"，具有均匀覆盖其他外界噪声的效果，并由此产生出一种"宝宝催眠器"的产品，能使婴幼儿自然酣睡。

## 六、噪声在其他方面的应用

噪声能够克敌。利用噪音还可以制服顽敌，目前已研制出一种"噪音弹"，能在爆炸间释放出大量噪音波，麻痹人的中枢神经系统，使人暂时昏迷，该弹可用于对付恐怖分子，特别是劫机犯等。

噪声能够诊断机械故障。对于一个经验丰富的工程师来说，通过利用机械在转动过程中声音的变化可以诊断出机械是否发生故障，发生什么故障。

当我们在嘈杂声中迈进 21 世纪的时候，期待着未来是一个宁静的世界。随着环保科技的新发展，各种先进技术，21 世纪时将普及和发展，人类生活的声环境将日益得到改善。人类生活将越来越美好。

# 第二节  电磁波辐射及其应用

从前面的叙述中我们知道，电磁波对人们的生存环境和人体健康具有很多不利的方面，随着科学技术的不断进步，人们尝试应用这些电磁波，并取得了很多意想不到的效果。电磁波的应用是多方面的，不仅在军事领域、农业生产中，还在环境保护等行业发挥着巨大的作用。

## 一、在军工领域中的应用

### 1. 电磁导弹的研究与应用

国外从 20 世纪 80 年代初开始研究慢衰减电磁波，并在 1985 年提出了电磁导弹理论。我国从 1988 年开始系统地研究电磁导弹理论。电磁导弹这种慢衰减的电磁波理论的提出，是近年来电磁科学研究的最新成果。它开辟了时域电磁学研究的新领域，具有极深刻的理论意义和重大的应用价值。它极大地发展了电磁理论，使我们拥有了更丰富的电磁资源，开发了瞬态电磁波频谱资源。电磁导弹具有广阔的应用前景，并将在未来的战争中成为争夺电磁波控制权的有力工具。传闻某场战争中，军方使用装备有该技术的先进雷达，给敌军空军以沉重打击。电磁技术在通信领域也有用武之地，通信系统的发展首先是点频通信系统的发展，后者是较其抗干扰能力强的跳频通信系统，近来又出现了比跳频通信系统信道容量大、抗干扰能力更强的扩频通信系统，由于电磁导弹的优异性能，电磁导弹技术必将在未来的通信领域大显身手。

### 2. 电磁发射在武器方面的应用

电磁发射是将带有通电电枢的物体置于电磁推进装置的直线磁场内，利用电磁相互作用力，即洛伦兹力使物体加速向前运动。

（1）防空电磁炮　电磁炮作为中近程防空武器具有起步速度快、加速时间短等特点，其初始速度可达 4～5km/s，比歼击机的速度还快。其加速时间仅用几毫秒，有利于攻击飞行目标。对于攻击距离 5km 内的飞机，电磁炮比防空导弹具有用时短、效率高的特点，此时，电磁炮攻击飞机的时间仅为 2s 左右；而用导弹攻击飞机，考虑到用火箭发动机给导弹加速的时间和导弹总飞行时间是电磁炮的好多倍。由于水面战舰有条件承载当前较重的电磁发射装置，因此防空电磁炮将最先装备到战舰上。美国海军已经投资研制电磁导轨炮，以取代舰载"密集阵"。

（2）远程大炮　将电磁导轨炮用做远程大炮，射程可达 100～150km。用线圈炮发射炮弹，不仅炮弹质量小，射程也比常规大炮远得多。研制大型电磁炮的前景是肯定的，但需在电磁炮能源、装置质量以及耐热材料等方面还需要进一步研究。

（3）反地地战术导弹　地对地弹道式战术导弹的飞行速度很快，如果用电磁推进武器反击地地战术导弹，其初始速度可达 6～83km/s，从发射到命中的飞行时间在半分钟内完成。与导弹相比，电磁炮在成本和消费方面具有明显优势。目前电磁炮的速度和质量已经接近反地地战术导弹的要求，但在电源的小型化、多发连发时加速器的结构与材料以及较远距离的瞄准精度等问题上仍需努力。

（4）反坦克炮和坦克炮　试验表明，用电磁炮发射重量为 50g 的炮弹，只要达到 3km/s 的速度，就能穿透 25.4mm 的装甲。目前，电磁炮已达到反坦克武器所需大炮的质量和速度，但发射装置的机动性不佳。如将发射装置包括电源蓄能装置实现小型化，可将电磁炮安装在坦克上作为坦克炮，可以利用坦克发动机作为电磁炮能源的动力源，美国陆军已开始研制电磁坦克炮和电磁反坦克炮。

（5）反卫星　卫星在军事上的应用非常广泛，未来战争中，反卫星的意义将十分重大。用电磁炮反卫星也是一种有效措施。电磁炮可分天基和地基两类。用地基电磁炮反卫星，可采用高仰角迎头攻击的方式，因其射程远，所以需要采用多发连发以及某些新技术，以便于提高瞄准精度。当然，也可以使用电磁线圈炮发射质量为几十千克的小型导弹。

## 二、在环境领域中的应用

### 1. 环境污染调查中磁与电磁测量新技术的应用

探查和检测废弃埋藏物的污染状况是环境灾害调查的重要内容，而采用电磁探测技术是工程和环境地球物理勘查中最有效的技术之一。近年来频率域和时间域电磁探测仪器研究工作发展迅速，不断研出适用于地下管线探测、堤坝质量检测、地下水污染监测、土壤特性探测与评价的新型电磁探测仪器。欧美发达国家近年应用物探新方法技术在环境灾害监测、废弃埋藏物调查方面取得了很好的效果，为环境保护部门提供了大量可靠的资料。如美国采用高精度磁测和电磁测量进行浅层（埋深小于 4m）废弃金属埋藏物、战争遗留物（如炸弹）及化学污染物的调查新方法与新技术进行研究发现，采用下列仪器和方法可以有效地增强环境污染源的异常信号，提高物探方法在环境灾害调查中的探测能力：高分辨率的测量仪器，进行数据采集并辅以 GPS 定位；降低飞行高度、加密测网布置精细网络；航空磁测、电磁测量与地面磁梯度、地质雷达等不同方法配合等。

**2. 电磁场水处理技术的研究与应用**

电磁场水处理技术是在静电阻垢和磁场软化水基础上发展起来的一种新型的物理法水处理技术。工作中，高频发生器电子电路首先产生高频电磁振荡，在水处理器中的两个固定电极间将感应出随时间周期性变化的等量异号电荷，随后两极上电荷激发的电场也将随时间发生变化。根据麦克斯韦电磁理论，随时间变化的电场将在空间激发出随时间变化的磁场，而随时间变化的磁场又激发出随时间变化的电场，电场、磁场不断地相互激发，在水处理器间将形成具有一定强度的高频交变电磁场。水分子在电磁场作用下被激活使之处于高能位状态，电子能位的上升，使水中正、负离子在其流动中获得能量，进而使流过处理器的水得到处理。

**3. 电磁场处理防垢及防腐**

物质分为极性物质和非极性物质两种，对称分子如 $H_2$ 和 $O_2$ 是非极性的，而 $H_2O$、$N_2O$ 则是极性的。极性分子在无磁场作用时，以任意方式排列，但当磁场作用于极性分子时，会使偶极朝向磁场方向定向排列。非极性分子在磁场作用下，被极化而诱导成极性分子，从而带有偶极矩，产生相互吸引作用，形成定向排列。两个极性分子在产生异极相互吸引、同极相互排斥作用时，会使分子发生形变，极性增大，水中盐类的阴、阳离子将分别被水偶极子包围使之不易运动，抑制了钙、镁等盐垢析出。运动的电子在磁场作用下，产生一个与电子运动方向垂直的力（洛伦兹力），这样会使电子偏离正常的晶格，从而抑制固体正常结晶的生成；同时可以减少水垢附着在金属表面。由于经电磁场处理的水分子极性增强，对水垢的渗透性增强，进而削弱了水垢与管道之间的结合力，从而使水垢脱落，这就是磁处理防垢机理之一。

水中正负离子在磁场的作用下，分别向相反方向运动，形成微弱的电流，水中 $O_2$ 形成活性氧，使水中 $O_2$ 减少。同时由于因管道自身的电位差腐蚀而产生的 $Fe_2O_3 \cdot nH_2O$（俗称铁锈）和微弱电子流发生反应生成 $Fe_3O_4$。$Fe_3O_4$ 在常温下很稳定，不再被氧化，称为磁性化铁。它形成的膜将管道壁和水隔开、腐蚀即停止。

**4. 电磁杀菌**

前已提及在微弱电流作用下，水中的 $O_2$ 生成活性氧。活性氧对水中微生物有强大杀伤力，能够加速微生物机体老化。强磁场作用破坏了细胞的离子通道，改变了生存生物场，使其丧失了生存环境，以致杀死生物。

电磁水处理机理，还有待于进一步研究。电磁水处理其效果虽不及药剂法，但由于其运行操作简单，并且有明显的效果，可以相信，随着对电磁水处理器机理的深入研究和水处理器结构构造的完善，其应用前景将日益广阔。

## 三、在农业生产方面的应用

**1. 电磁波在粮油食品研究方面应用**

（1）红外线应用　红外线在粮油食品上的应用主要体现在两个方面：①是利用粮油食品分子官能团的红外吸收光谱对食品分子进行鉴定；②利用食品研究和加工中经常利用的红外线具有显著的热效应这一特点进行加热、烘干等。红外加热干燥在粮油食品方面有着极其广泛的应用。

（2）紫外线应用　紫外线在粮油食品上的应用主要体现在两个方面。①利用紫外线的性质，测定食品分子中的双键，分子结构和含量，这在油脂不饱和度的测定上已得到广泛应用。②利用紫外线的能量进行杀菌和菌种诱变，这是紫外线破坏微生物的核酸所致。

（3）可见光谱应用　可见光谱在粮油食品上的应用主要是利用可见光的光学性质来测量和鉴定食品成分。同时某些食品成分具有可见光吸收性，从而可对这些成分进行测定。

（4）射线的应用　X射线对不同晶体化合物具有不同的衍射光栅，从而可用来研究晶体的结构，如生物大分子蛋白质晶体结构的研究，X射线发挥了重要作用。γ射线在食品上的应用主要在杀菌和菌种诱变上，食品上常用的射线源是钴60。

### 2. 在粮油食品加工中的应用

食品加工过程中，生物指标非常重要。以前最常用的方法是巴氏杀菌和高温瞬时杀菌及添加防腐剂等。有时被加工食品的色、香、味及营养成分会受到严重影响（高温、高湿、高氧所致）。而电磁场杀菌是一种低温杀菌方法，可完全避免以上缺点，这一工作目前仍在研究中。主要有磁力杀菌、高压电场杀菌和静电杀菌。

磁力杀菌主要适合流动性食品的杀菌，其杀菌过程如下。把需要杀菌的食品放入一定磁场中，经过连续搅拌，不需加热，即可达到杀菌的效果，而对食品中的应用成分无任何影响。

静电杀菌是利用电场放电产生的离子雾和臭氧处理食品，可以取得良好的杀菌效果。该技术适合于瓶装、罐装食品及粮食、果实类食品的杀菌和保鲜等。

### 3. 电磁测定种子含水率

传统的选种方法是用烘烤脱水法来测量种子的含水量，也就是把样品种子烘烤一下，种子脱水，分别测量烘前后的质量，这样就可以测出含水量：含水量＝[（试样烘前质量－试样烘后质量）/试样烘前质量]×100%。该方法虽然测试简便，但用时较长且精度不高。现在采用LC或RC谐振回路中的电容器来测量种子的含水量，具体的方法是：将种子填满电容器，由于不同含水量的种子介电常数不同，因而导致振荡回路的振荡频率因种子含水量的不同而不同，所以只要用含水量对频率定标后，就可以十分迅速且准确地显示出样本的含水量。这里需要注意的是，不同类别的种子含水量的频率定标不一致。

### 4. 桑蚕的人工孵化

桑蚕饲养的一个重要问题是人工孵化，因为受精卵产生以后有一滞育期，其滞育期的长短除与蚕种及蚕的个体有关外，还与蚕卵所处的物理化学环境有关。因此，桑蚕的自然孵化不仅孵化不整齐，容易感染疾病，且不能根据桑树生长的情况及时供应蚁蚕，给饲养带来困难和局限。这就需要人为地制造蚕卵所处的物理化学环境，使蚕卵根据需要解除滞育，孵化出蚁蚕，也就是人工孵化。我国和日本这方面做得比较好，利用电晕放电技术对家蚕卵进行电晕放电处理。电晕放电实际上是辉光放电的一种。曲率大的带电导体，其表面电荷密度就高，该部位附近的电场强度亦强。当导体的曲率不断增大时，造成它附近的电场强度超过空气的击穿场强时，就会出现空气被电离的放电现象，在暗环境下可观察到该处周围呈现出蓝紫色的光晕。

## 四、微波辐射技术的应用

微波辐射技术在未来的工业生产中具有广阔的应用前景。

微波辐射技术在食品萃取工业和化学工业上的发展，从20世纪50年代开始，60年代已扩展到冰冻食品解冻、食品杀菌、面粉食品干燥、干燥肉的温度和脂肪含量的测定、橡胶硬化处理、焦煤处理等。

### （一）微波萃取技术在食品工业中的应用

#### 1. 微波萃取技术的应用

微波萃取技术是一种新的萃取技术，该方法具有速度快、萃取率高、产品品质好、色泽浅、质地纯且无环境污染等优点。

微波萃取的机理：①微波辐射过程是微波射线自由透过透明的萃取介质，到达生物材料的内部维管束和腺胞系统。物料吸收微波能后，内部温度突然升高（在天然物料的维管束和腺胞系统升温更快），保持此温度直至其内部压力超过细胞壁膨胀的能力，细胞破裂。位于细胞内的有效成分从细胞壁周围自由流出，传递转移至萃取介质周围，在较低的温度下被萃取介质捕获并溶解其中；②微波产生的电磁场提高了被萃取物质由物料内部向萃取剂界面的扩散转移速率。例如物料中的水分子，在微波能量发生器产生的交变电场作用下，水分子吸收电场能，有转动的趋势，当交变电场能量足够高时，水分子高速转动成为高能量不稳定的激发态，此时需要释放能量，要么水分子汽化加强萃取组分的驱动力；要么水分子本身释放能量回到基态，将释放的能量传递给其他物质分子，加速其热运动，缩短萃取时间，从而提高了萃取速率。

微波萃取能使萃取的植物有效成分效果好，萃取效率高，且有利于萃取热稳定性差的物质。如利用该技术萃取大蒜中的有效成分的实验发现，微波辅助萃取大蒜有效成分效果很好，所用时间短，加热 30～60s 就与索氏提取法 6h 的效果一致。

**2. 微波加热技术的应用**

微波加热机理的解释。微波作为一种电磁波，能够改变离子迁移和偶极子转动情况，而不引起分子结构发生改变，是一种非离子化的辐射能。一般而言，介质在微波场中的加热机理有离子传导机理和偶极子转动机理两种。离子传导机理认为，离子传导是电磁场中可离解离子的导电移动，离子移动形成电流，由于介质对离子的阻碍而产生热效应。溶液中所有的离子起导电作用，其作用大小与介质中离子浓度和迁移率有关。因此，离子迁移产生的微波能量损失依赖于离子的大小、电荷量和导电性，并受离子与溶液分子之间的相互作用的影响。偶极子转动机理认为，自然界中的物质是由大量一端带正电，一端带负电的分子（或偶极子）组成，我们称之为介质。在自然状态下，介质内的偶极子做无规则运动和排列。当介质位于电场中时，介质内部的偶极子会重新进行排列，即带负电的一端趋向正极，带正电的一端趋向负极。这样，杂乱运动着的和毫无规则排列的偶极子，变成有一定取向的、有规则排列的极化分子。在 2450MHz 的电场中，偶极子以 $4.9×10^9$ 次/s 的速度快速摆动。在外加电场能够的作用下，使得偶极子由于分子的热运动和相邻分子的相互作用而产生的运动发生改变，产生了类似摩擦的作用，使无规则运动的分子获得能量，并以热的形式表现出来，介质的温度也随之升高。

基于以上机理，微波加热具有传统加热方法不可比拟的优点，且为各方面所接受，主要表现在：①可对被加热物质里外同时进行加热，无需传热，瞬时达到高温，热损耗小、热利用率高，可节省大量能量；②加热均匀，微波场中温度梯度较小，热效率较高；③加热速度快，只需传统方法的 1%～10% 的时间就能完成；④可改善劳动环境和劳动作业条件；⑤占地面积小，快速控制有利于自动化。

微波加热技术可用于干燥食品、微波加热用于烹调食品、微波加热用于焙烤食品、微波加热用于解冻食品等方面，同时还可用于淀粉水解、大蒜脱臭等方面。随着科学技术的不断发展，微波应用范围将日益广泛。

**3. 微波杀菌技术的应用**

微波辐射技术在杀菌上的机理可用热效应理论和非热效应理论来解释。热效应理论认为微波具有高频特性。当它在介质内部起作用时，极性分子（水、蛋白质、核酸等）受到交变电场的作用而剧烈振荡，相互摩擦产生内热，从而导致温度升高，微生物细胞内的分子结构改性或失活，进而对微生物产生破坏作用。非热效应理论认为，当处在微波场中时，除微生物的正常生理活动遭到破坏外，还因为在强大的电磁场作用下，细胞壁受到某种机械性而破裂，细胞的核酸和蛋白质等渗漏体外，正常代谢出现障碍，导致微生物死亡，从而达到杀菌的目的。

微波杀菌技术在乳制品、豆制品、淀粉类制品以及饮料、蔬菜制品加工消毒过程中均有很好的应用。

### （二）微波技术在化学合成中的应用

微波加热是物质在电磁场中因本身介质损耗而引起的体积加热，可实现分子水平上的搅拌，具有加热均匀，温度梯度小的特点。该特性最有利于对温度梯度敏感的反应，人们将这一特性应用于化学合成领域中，取得了预期的效果。

1986年加拿大学者Gedye等人首次报道了他们将微波应用于有机合成中。之后美国乔治亚大学的Gigere等人又利用微波进行了Claisen缩合和烯烃合成等反应，反应速度都有显著提高。

在高分子合成领域中，传统的合成与处理反应时间长、能耗高，且收率低、产物特性黏度低。微波能作为一种可高效利用的加热能，它的应用可大大降低反应的时间与能耗，因而在高分子领域正日渐成为人们关注的热点。

哈尔滨工业大学王鹏教授等以淀粉为原料，以过硫酸钾为引发剂，对微波辐射合成高吸水性树脂进行了研究，合成了高吸水性树脂，与传统加热合成法相比反应时间缩短了数十倍。近年来，也有将微波辐射用于逐步聚合、开环聚合及自由基聚合等方面的研究，报道表明，微波作用下反应速度明显加快，反应选择性强，产率也有提高。

## 五、通信方面的应用

### 1. 无线电广播

这是一种发射台与接收台分离、发射台对接收台之间的单向模拟通信方式，这种应用主要是指收音机广播。按照所使用的载波的波长不同分为长波（低于535kHz）、中波（535kHz～1605kHz）、短波（2.3MHz～26.1MHz）以及调频波段（87MHz～108MHz）。根据电磁波的调制方式不同又分为调幅波和调频波，即AM波和FM波。无线电广播是实现最早、最普及的一种应用。

### 2. 电视广播

电视广播系统包括声音信号的传播和图像信号的传播两部分。目前，电视系统均采用声音和图像同步广播。电视广播系统使用的频段是54MHz～806MHz，单位电视频道信号使用带宽是8MHz，图像信号使用的带宽是6MHz，以单边带方式调制，声音信号使用的带宽是6.5MHz以上部分，使用调频或调幅方式调制。

### 3. 卫星通信

卫星通信简单地说就是地球上（包括地面和低层大气中）的无线电通信站间利用卫星作为中继而进行的通信方式。与普通的地面通信相比，卫星通信更具优越性。①通信容量大，传送业务类型多。卫星通信系统在微波频段工作，因而可以选择的频带范围很大，加上星上能源和卫星转发器功率保证越来越充分，卫星通信的能力越来越大，传输的业务类型也日益广泛。②通信范围广，建站成本与通信距离无关。在卫星通信系统中，所有地球站之间的通信都是通过卫星来实现的，只要这些地球站与卫星之间的信号传输质量能够得到保证。地球站建设的费用不受地面站之间距离远近、地面站之间自然地理条件的变化而变化，这一优势在例如，用微波接力、电缆、光缆等远距离通信上以及短波通信等均有明显的优势。③以广播方式工作，便于实现多址连接。通常，微波接力、地下电缆等，都是"干线"或"点对点"通信，而卫星通信系统类似于一个多发射台的广播系统，每个有发射机的地面站都是一个广播发射台，在卫星无线电波覆盖的区域内，无论在什么地方，地面站均可以接收到卫星发送的信号，同时还可以将自己的信号发送到卫星上去，通过卫星转发出去，这样就能实现不同地面站之间的相互通信，这种能同时实现多方向、多地点通信的能力被称为"多址连接"。卫星通信系统的这个特点为通信网络的组成提供了高效率和灵活性。④可以进行自行监测，及时发现、并解决存在的问题。卫星通信系统中所有地面站发送的信号都需要以卫星作为中继站，卫星会将所有来自地面的信号转发回地面，所以所有地球站所接收到的信号一定有一个信号是自己所发送的信号，利用这一点，各个地球站可以监测自己发送信号的质量，随时解决存在的问题。

此外，卫星通信还具有不易受陆地灾害的影响，可靠性高；只要设置好地球站电路即可开通，即有电路开通迅速等优点。

卫星通信通常用的无线电频段：C 频段（3.4～6.65GHz）、Ku 频段（10.95～18GHz）、Ka 频段（18～40GHz）、L 频段（1.12～2.6GHz）、其他频段（UHF、S、X、Q、V）。目前多数商用卫星固定业务使用 C 波段和 Ku 波段，Ka 波段，C 频段已十分拥挤，且存在与地面微波中继网的同频干扰问题；Ku 波段频率高，可用频段宽，可以传输更多的业务，Ka 波段正在一些国家和组织的加紧开发和利用中。

### 4. 无线网络通信

自 2002 年 5 月中国电信拆分以来，电信运营商竞争的局面已基本形成；同时由于宽带业务发展迅猛，运营商们共同面临着有线网络资源缺乏、无法充分满足快速发展的市场需求的问题。基于 3.5GHz、5.8GHz、26GHz 频率上的无线宽带接入系统都为解决这种矛盾提供了不同方案。其中 5.8GHz 是 2002 年 7 月无线电管理委员会核准运营的频段，5.8GHz 频段频率支持工作在 5.725～5.850GHz 的 IEEE 802.11a 标准，支持 6Mbit/s、9Mbit/s、12Mbit/s、18Mbit/s、24Mbit/s、36Mbit/s、48Mbit/s 及 54Mbit/s 动态速率调整，在增压工作模式下，可获得高达 108Mbit/s 的带宽。

### 5. 移动通信

移动通信是指通信双方都处在移动或暂时静止状态下，进行信息交换的通信方式。这其中既包括移动台与移动台之间的通信，又包括移动台（汽车、火车、飞机、船舰等移动体上）与固定台之间的通信。国际频率分配表按照大区域和业务种类给定了不同频率的使用规则。全球划分为三大区域，我国位于第三区，分配给我国的民用移动通信的频段从小到大依次为：29.7～48.5MHz、64.5～72.5MHz、72.5～74.6MHz、75.4～76MHz、138～149.9MHz、150.05～156.725MHz、156.875～167MHz、223～235MHz、335.4～399.9MHz、406～420MHz、450～470MHz、550～606MHz、798～960MHz、1427～1535MHz、1668.4～2690MHz 及 4400～4990MHz。目前移动通信使用的频段主要在 150MHz、450MHz、900MHz 和 2000MHz 频段。

### 6. 医疗、保健方面的应用

由于某些频段的电磁波具有特殊的物理、化学、生物特性，使其在医疗、保健方面的应用越来越广泛。从较早的 X 光应用（透视、照射）、CT 扫描、PET、PET/CT 等医疗仪器帮助医务人员发现病情、诊断病情，到脑瘤、癌症病等的治疗都是对不同频段电磁波的开发和利用。常用医疗设备使用带宽的频段表见表 8.1。

### 7. 家用电子产品方面的应用

越来越多家庭使用微波炉、无绳电话等利用电磁波工作的家用电子产品。为了不干扰雷达和其他通信系统，微波炉通常在 1.7GHz 或 2.45GHz 两个频段工作。无绳电话为满足市场对数字无绳电话机的需求，并考虑未来我国第三代移动通信系统的频谱需求，及有效利用有限的无线电频谱资源，2002 年以前生产的数字无绳电话机使用频率：1915～1920MHz，2002 年以后生产的数字无绳电话使用的是 2.4GHz。

**表 8.1　常用医疗设备使用带宽的频段表**

| 频段 | <300MHz | 300MHz～3000MHz | 红外线以外 |
|---|---|---|---|
| 医疗设备 | 高频电刀<br>呼吸机<br>胸电图机<br>心脏起搏击<br>心电图机<br>B 超<br>短波治疗仪<br>脉冲治疗仪 | 微波治疗仪<br>微波炉<br>监护仪 | 红外乳腺诊断仪<br>理疗仪<br>测温仪<br>X 光刀、X 光机<br>准分子激光治疗仪 |

## 六、其他方面的应用

### 1. 磁悬浮列车

在电磁学里，当通给两个互相平行的线圈的电流同向时就互相吸引，反之互相排斥。如果把许多对电流方向相反的线圈分别安装在列车和轨道上，列车就会悬浮起来，同样，在列车和轨道的适当位置分别安装许多对电流方向相同的线圈，由于互相吸引，可使列车前进。磁浮列车就是根据这一简单的电磁学原理设计而成的。

磁浮列车是目前世界上技术最先进的新型列车，与普通高速列车相比具有许多优越性。①速度快。可达 500km/h 以上，甚至更快。②能耗低。由于无摩擦等能量损失，它比目前最先进的高速火车省电 30%。在 500km/h 速度下，每座位/千米的能耗仅为飞机的 1/3～1/2，比汽车也少耗能 30%。因无轮轨接触，震动小，舒适性好，对车辆和路轨的维修费用也大大减少。③爬坡能力强。铁路坡度可达 100‰，可降低工程造价。④无污染。它在运行时不与轨道发生摩擦，且爬坡能力强，转弯半径小，所以发出的噪声很低（只有当速度达到 200km/h 以上时，才会产生与空气摩擦的轻微噪声）。它的磁场强度非常低，与地球磁场相当，远低于家用电器。⑤安全系数高。它的车厢下端像伸出了两排弯曲的胳膊，将路轨紧紧搂住，绝对不可能出轨。从上面的叙述可以看出，它是一种高效、节能、环保、安全的交通工具。

尽管磁悬浮列车技术有上述优点，但其存在的最大缺点在于，车厢不能变轨，不像轨道列车可以从一条铁轨借助道岔进入另一铁轨。这样，如果是两条轨道双向通行，一台列车只能在一条轨道上往返，而不像轨道列车可以换轨到另一轨道返回。因此，轨道利用率不高，造成浪费。而且磁悬浮轨道越长，使用效率越低。

目前，世界上对磁悬浮列车进行过研究的国家主要是德国、日本、英国、加拿大、美国、前苏联和中国。美国和前苏联分别在 20 世纪 70 年代和 80 年代放弃了研究计划，但美国最近又开始了研究计划。英国从 1973 年才开始研究磁悬浮列车廊。对磁悬浮列车研究最为成熟的国家是德国和日本。

我国在研制磁浮列车方面亦有所突破。1996 年 1 月 29 日西南交通大学的载人磁浮列车和 43m 长的试验线已经通过鉴定。1997 年 4 月，在研制磁浮列车几项主要关键技术方面已经取得突破性进展，具备修建试验示范线的技术基础，我国拥有磁浮铁路已指日可待。

### 2. 电磁法勘察

电磁法勘察是工程地质勘探中一项比较新的方法，已在工程地质勘探中得到广泛应用。电磁法利用工程场地导地质体电性形状等差异来达到勘探效果，有场源电磁法中的各种电（磁）偶极子装置对不同工程项目地下的良导地质体所产生的电磁异常场灵敏度是相同的，也就是工程地质地下同一地质导体对各种装置所获得的电磁异常场幅度及异常曲线形态会有差异，其解释效果明显不同。故电磁法在不同工程项目中应用条件不同。

电磁法中应用最普遍、效果最佳的是大地电磁法、瞬变电磁法以及在它们基础上发展起来的方法，如重叠回线瞬变电磁法、航空电磁法、甚低频电磁法、可控源音频大地电磁法、音频大地电磁法、长导线瞬变电磁法等。

**3. 电磁轴承技术机器应用开发**

电磁轴承是新一代非接触支撑部件，由于其独特的性能而受到国内外学者和诸多企业界人士的广泛关注。电磁轴承及其支承的转子本质上是一个具有多自由度运动体的位置控制系统。由于采用了电子控制器和位移传感器而使其设计过程涉及系统控制理论、信号的监测与分析、电子电路、计算机的应用技术和电磁场理论等诸多领域，使这种部件的研究和应用难度很大。电磁轴承目前在国外已经开始进入工业应用阶段。在国内，有关研究在不断升温，但距工业应用还有较大差距。

由于电磁轴承实现了非接触支撑，因此其具有许多与传统轴承不同的特性，主要有：可以有效地防止转子与轴承间的擦伤和磨损引起的零部件损坏，延长使用寿命；噪声低，可靠性高；无需润滑系统，降低了对环境的污染；无需密封（指轴承本身）；可节约工程实践、工程材料和安装、维修费用；摩擦阻力小于机械轴承；升温小、极限工作温度高，可达 $59℃$ 以上；允许的转子圆周速度极大；具有灵活的刚度和阻尼特性调整能力；承载能力高。但电磁轴承制造费用不低。

随着科学技术的不断发展，电磁轴承性能也不断改善，成本不断降低，其应用范围已扩展到多数旋转机械，如车床工业、透平机械，航空工业等。

**4. 电磁流量计在工程中的应用**

电磁流量计是 20 世纪 60 年代随着电子技术发展而迅速开发的新型流量测量装置。电磁流量计根据法拉第电磁感应定律制成，电磁流量计主要由电磁流量传感器和转换器两部分组成。具有结构简单、测量精度高、工作可靠、量程比大、反应灵敏等特点。

用来测量导电流体的体积流量，目前已广泛应用于工业上各种导电液体的测量。因其使用情况良好，深受现场使用、维护人员好评。

# 第三节　核技术的应用

## 一、核技术在环境工程中的应用

核技术已广泛用于环境污染治理。利用辐射处理污染废水和其他生物废弃物比传统方法具有显著的优点，不会造成二次污染。

**1. 核技术在废水处理中的应用**

用辐照法处理生活污水和工业废水的原理：在放射线的照射下，水分子会生成一系列具有很强活性的辐解产物，如 $OH·$、$H_2O_2$ 等。这些产物与废水中的有机物发生反应，可以使它们分解或改性。该法可明显去除城市污水中的有机物，并灭活污水中的病原体。例如利用脉冲放电等离子体处理硝基苯等废水，主要是利用高压毫微脉冲发生装置，在气液混合体中发生高压脉冲放电产生高能电子，紫外线以及气体放电产生臭氧，多因素综合作用，增强处理效果，从而达到降解有机物的目的。

**2. 核技术在大气污染治理中的应用**

燃煤、电厂排放的 $SO_2$ 与 $NO_x$ 等物质对大气造成严重污染，传统脱硫、脱硝技术造价昂贵。利用电子束处理废气是一种切实可行的办法，应用电子束照射的方法可有效去除 $SO_2$ 与 $NO_x$，同时产生的磷酸铵和硝酸铵这些副产物可以直接用做化肥，无二次污染。

**3. 核技术在固体废弃物处理中的应用**

利用 $\gamma$ 射线辐照污泥可以灭活污泥中存在的大量病原体。使其成为良好的农田肥料和土壤改良剂。德国、美国已建造了每天处理量达 1500t 污泥的辐照处理装置。

## 二、核技术在医学上的应用

以往要了解有无病变，通常采用穿刺法，而这种方法既有盲目性，又具有一定危险性。核技术在医学领域的应用形成了医学领域的新科学——核医学。

核技术在现代医学中的应用已十分广泛，并在疾病的治疗中起着非常重要的作用。医生手中的放射性同位素，是杀灭肿瘤细胞的有力武器。目前已形成了放射诊断学、放射治疗学等许多新兴学科。

钴 60 是放射治疗癌症应用最广的一种同位素，借助于其放出的射线深入到体内，照射到癌细胞组织上。利用一般癌组织对射线的敏感性较正常组织高的特点，射线对癌细胞的抑制作用比正常的组织大，可使癌细胞受到抑制或死亡，从而达到治疗目的。

核医学最常用的两种放射元素的锝 99 及碘 131。约 80％的核医学放射药物是标记锝 99 的化合物，标记碘 123 及碘 131 的化合物约占核医学放射药物的 15％，其他放射核种仅占 5％。锝 99 的射线特性很适合造影。它的半衰期是 6h。所以病人不会接受过多的辐射；其放射出的 140keV 的光子也很适合造影。

核医药物在诊断用途方面，因为用量极少，病患所受的辐射剂量小，均在可接受范围内，因此伤害性不大。治疗用核医学药物，必须有足够的辐射量，杀死癌细胞，所以病患所受的肿瘤局部辐射量较大，但全身辐射计量不会太高。

## 三、核技术在农业领域中的应用

经过探索、研究和应用，目前核技术已经在辐射诱变育种、虫害防治、农产品贮藏保鲜、园艺、林业、畜牧、水产等领域使用。

**1. 植物辐射诱变育种技术**

利用 X 射线、$\gamma$ 射线及中子束等物理因素与化学试剂结合诱发植物遗传变异已经在植物育种中得到广泛应用。到 20 世纪 70 年代，辐射诱变育种已经成为一种有效的育种手段并发展迅速，而且诱变育种的注意力转向优质育种、抗病及突变体的杂交利用上。

**2. 食品辐射保鲜技术**

随着科学及时的不断发展，人类贮藏食品的方法不断改进，食品辐射保鲜技术是继自然干燥、冷冻与药物处理等这些传统贮藏方法之后发展起来的一种新的、独特的食品贮藏方法。食品的辐射贮藏是利用电离辐射辐照各种食品，进行杀菌、杀虫，抑制发芽和延迟成熟等，以实现保鲜贮藏、减少损失、改善品质和延长贮藏期。

**3. 害虫辐射不育技术**

利用一定剂量范围内的核辐射照射害虫，将使害虫遗传基因发生突变，导致害虫不育，甚至死亡。农业上常用钴 60 或铯 137 作为射线源辐照害虫。

利用核辐射防治害虫，辐照效应与剂量大小有关。一定剂量辐照可以引起蛋白质分子水平上的改变，破坏新陈代谢，抑制核糖核酸和脱氧核糖核酸的代谢等。

此外，核辐射技术还被用于探测系统，用于对海关港口集装箱检查，对机场、火车站危险物品的安检。在地质勘察与考古学中，碳14起到了非常重要的作用。这种碳的放射性同位素由于衰变极有规律，被誉为自然界的"时钟"，利用这一特性，考古人员就可以测定文物的年代，了解千万年以前的历史。

核科学技术的发展和核能的和平利用是20世纪人类最伟大的成就之一。经过半个多世纪的发展，核能技术已经渗透到能源、工业、农业、医疗、环保等各个领域，为提高各国人民的生活质量做出了重要贡献。

核能技术的不断发展和进步，从利用裂变能到开发聚变能，寄托着人类对未来的期望，它将成为最终解决全球可持续发展的主要能源。

## 第四节 余热利用与环境改善

### 一、余热利用简介

余热是在一定经济技术条件下，在能源利用设备中没有被利用的能源，也就是多余、废弃的能源。它主要包括高温废气余热、废汽废水余热、冷却介质余热、高温产品和炉渣余热、化学反应余热、可燃废气废液和废料余热以及高压流体余压等七种。据美国70年代对部分专业部门统计，余热约占所用总能量的50%以上。随着生产水平的不断提高，余热比例有所下降，但仍所占比例仍较大，若能加以利用，可以节约大量能源。目前，我国在工业上总的能源利用率低于30%，欧美一些比较发达的国家，差不多已达到40%～50%，而缺少能源资源的日本，更是达到57%。

在日常生活中，余热利用是很常见到的。如北方农村的柴禾灶，烟道通到土炕下面，一方面可以做饭，另一方面能够取暖。在一些食堂和农村的厨房里，常可看到多用的多眼灶，通过几个灶眼来更好地利用火焰和烟气。所有这些做法，都是想方设法充分利用热能，提高燃料的利用率。但是，即使是这样，它们的利用率还是很低。经过测量，蜂窝煤炉的热效率不超过30%，烧煤球、煤饼的炉子的热效率只有20%左右，而烧散煤的炉子，热效率才只有10%。

余热利用涉及范围非常广泛，分类方法不同，涉及的内容也不一样。余热利用的分类方法见表8.2。

余热的回收利用有很多途径。在回收余热时，应首先考虑到所回收余热的用途和经济性。如为了回收余热所耗费的设备投资很大，但回收后的收益又不大，就不必要了。进行余热回收原则是：首先，应优先考虑余热加热设备本身能否利用。其次，若余热余能无法回收用于加热设备本身，或用后仍有剩余，应利用剩余部分来生产蒸汽或热水以及生产动力。再次，应根据余热的具体情况，确定设备余热回收利用的类型和规模，如根据余热利用的种类、数量介质温度及利用的可能性，进行企业综合热效率及经济可行性分析，再做决定。最后，对必须回收的余热，制定利用具体管理标准。如冷凝水，高低温液体，固态高温物体，可燃物和具有余压的气体、液体等的温度、数量和范围，制定利用具体管理标准。一般说来，综合利用余热最好；其次是直接利用；最后是间接利用（产生蒸汽、热水和热空气）。余热热水的合理利用顺序是：①供生产工艺常年使用；②返回锅炉使用；③生活用。余热蒸汽的合理利用顺序是：①动力供热联合使用；②发电供热联合使用；③生产工艺使用；④生活使用；⑤冷凝发电用。余热空气的合理利用顺序是：①生产用；②暖通空调用；③动力用；④发电用。

表 8.2 余热利用的分类方法

| 划分标准 | 内容 | 划分标准 | 内容 |
|---|---|---|---|
| 来源 | 高温烟气的余热 | 温度 | 高温余热(温度高于500℃的余热资源) |
| | 高温产品和炉渣的余热 | | 中温余热(温度在200~500℃的余热资源) |
| | 冷却介质的余热 | | 低温余热(温度低于200℃的烟气及低于100℃的液体) |
| | 可燃废气、废液和废料的余热 | 热回收方式 | 直接利用 |
| | 废汽、废水余热 | | 间接利用 |
| | 化学反应余热资源 | | 综合利用 |

## 二、余热利用与环境改善

### (一) 工业炉窑高温排烟余热的利用

对于固态和液态余热利用来说,工业炉窑高温排烟气态余热的利用,是很容易实现的。其主要的余热利用设备可以是预热空气的换热设备或加热热水及产生蒸汽的余热锅炉。安装余热利用设备后,不仅可以提高设备热效率,还可以提高系统的燃料利用率。

有些工业炉窑都产生高温烟气,如纯氧炼钢炉、电极加热炉、硫铁矿焙烧炉、炼油厂裂解炉、制氢设备等,这时可以利用余热锅炉回收排烟余热来提高整个系统的燃料利用率。对于需要用能用热的部门而言,余热锅炉是提高经济效益的有效途径和方法。余热锅炉的工作介质是水和蒸汽,水的热容量大,设备的体积相对较小,用材(主要是碳钢)不受高温烟气的限制。

工业炉窑余热锅炉有两大类,即烟道式和管壳式。烟道式的余热锅炉烟气处于负压或微正压状态,管壳式余热锅炉的受热面均在内外受压的情况下运行。烟道式余热锅炉要保证主要生产过程在停用锅炉的情况下仍能正常运行,为此,在系统布置上要注意在工业炉窑和余热锅炉之间设置旁通烟道(也有特例)。余热锅炉的特点是单台设计、单台审批,主要是由于与之配套的工作炉窑不同所致。

### (二) 冶金烟气的余热利用

冶金工业为耗能大户,约占全国燃料分配总量的1/3(不含炼焦用煤)。搞好余热利用工作,对节约燃料,减轻运输量,节省运输费用,减少大气污染,改善劳动条件,以至减少占地面积,增加产量提高质量,提高冶金炉的热效率,促进企业内部热力平衡,降低生产成本等方面具有十分重要的意义。冶金余热资源主要来自高温烟气余热、高温产品和高温炉渣的余热、可燃气体余热、汽化冷却和水冷却余热等。充分利用这些余热资源,可直接加热物料,蒸汽发电或直接作燃料、化工原料以及生活取暖等。

有色金属冶炼厂的余热利用虽取得一定成效,但利用余热的巨大潜力仍有待于进一步挖掘。目前余热利用主要是有色冶金炉及烟道上装设冷却器或余热锅炉来生产蒸汽,供生产、生活上应用,有的还将余热用于发电。

### (三) 有色冶金余热锅炉

有色冶金余热锅炉是以工业生产过程中产生的余热(包括高温烟气余热、化学余热、高温产品余热、可燃气体余热等)为热源,吸收其热量后产生一定压力和温度的蒸汽和热水的装置。余热锅炉的结构与一般锅炉相似,但由于余热载体及其成分、特性等与燃料燃烧所生成的烟气差别很大,因而不同场合所设计的余热锅炉各具特色,结构上也有一定差异。

近年来,余热锅炉在钢铁、石油、化工、建材、有色冶炼、纺织、轻工、煤炭、机械等工业部门的应用日趋广泛。但因技术难度大,设备费用高,使得余热锅炉在冶金烟气余热利用中的应用受到限制。

### （四） 城市固体废弃物的焚烧处理与废热利用

随着社会经济发展，城市垃圾的处理日显重要，随着垃圾的逐年增长，采用焚烧处理所占比例也逐年增大。

经过焚烧处理，固体废弃物及下水污泥达到了稳定化、减容化，无害化，焚烧时产生的热量的利用问题一直为世界各国环保工作者瞩目。一般固体废弃物焚烧产生的热量可以直接利用、用于发电及热电联供等。

#### 1. 余热直接利用

将垃圾焚烧产生的烟气余热转化为蒸汽、热水和热空气，是典型的热能直接利用形式。通过布置在垃圾焚烧炉之后的余热锅炉或其他热交换器，将烟气热量转化成一定压力和温度的热水、蒸汽以及一定温度的助燃空气，直接提供给外界。将经预热后的助燃空气充入焚烧炉体，对于垃圾焚烧可以起到两个方面的好处：①预热后的助燃空气可以改善在焚烧炉内焚烧垃圾所需的着火条件，促进有效快速焚烧垃圾；②预热后的助燃热空气可以把热量带入焚烧炉内，提高焚烧炉体内可有效利用的热量。热水，蒸汽不仅可以供给焚烧厂自身的生产需要，还可以作为工厂副产品对外供应。

热能直接利用方式受垃圾焚烧厂自身的生产需要和与副产品受纳点距离等因素的限制，采用这种方式有效利用余热的前提是焚烧厂建设规划合理，否则余热可能会因为无法实现良好的供求关系而白白浪费。

#### 2. 余热发电

为了克服余热直接利用受建厂规划的限制不能充分利用的缺点，将热能转化为电力是一种相对有效的方式。目前我国城市垃圾年清运量高达到 $1.5 \times 10^9$ t，若焚烧处理率为 $15\%$，按 $250$ kW·h/t 垃圾发电量计，则年焚烧发电量可达到 $5.63 \times 10^{10}$ kW·h，垃圾完全可以看做一种新型能源加以开发利用。我国已尝试将城市固体废弃物的焚烧用于发电。早在 1985 年，深圳市环卫综合处理厂从日本引进了两台三菱马丁式垃圾焚烧炉，单台日处理垃圾 150t，还装有 1 台 500 kW 发电机组及配套设备。北京、上海、天津、重庆、广州、长沙、珠海等城市也都进行了大量可行性研究。国外早已将余热发电技术应用于实际生产和生活当中。1984 年，日本东京 13 座垃圾焚烧厂共发电 $3.0 \times 10^9$ kW·h，收入 11 亿日元以上，同时还为生活小区提供蒸汽及居民福利设施的热水。在美国 169 座垃圾焚烧设施中，有 $21.89\%$ 的设施利用焚烧余热进行发电。在热能转化为电能的过程中，热能的损失很大，热能损失率大小取决于垃圾的发热量、余热锅炉热效率以及汽轮发电机组的热效率。

#### 3. 热电联供

将供热和发电结合在一起，能够提高热能的利用效率。当采用单纯热能转化为电能时，焚烧厂的热能有效利用率仅为 $13\% \sim 22.5\%$，而通过合理组合热电联供的方式，焚烧厂的热能利用效率可达到 $50\%$ 左右，甚至达到 $70\%$。

垃圾焚烧处理的余热利用要适应社会经济发展，既通过各种方式利用余热，同时要提高利用率，也是今后的技术发展方向。

### （五） 柴油机装置的余热利用

利用柴油排气，吹动排气涡轮增压器组，向气缸供给增压空气，提高燃爆力，增加输出功率，减低耗油率。利用柴油机高温排气，还可供给余热锅炉，加热锅炉中水管束中的冷水，使其相变而成为蒸汽，供日常生活杂用，也可驱动辅助汽轮机发电。

## 三、余热利用新技术

#### 1. 热轮

热轮是由多孔和高比热容量的材料制成，其结构形式有转盘式和转鼓式两大类。通过热轮转盘和转鼓低速的旋转，将热气体的热量传递给热轮，它便将所获得的热量传递给进入的冷空气。热轮的热传递效率现可达 75％～80％，应用温度可达 870℃左右。

热轮一般用于采暖和低温、中温废热的回收以及干燥炉、养护炉和空气的预热器中。

### 2. 热管

热管是一种良好的工业废热利用设备，它具有结构简单和不存在交叉污染等特点。一般热管由管壳、吸液芯和端盖组成。热管内部是被抽成负压状态，充入适当的液体，这种液体沸点低，容易挥发。管壁有吸液芯，由毛细多孔材料构成。热管一段为蒸发端，另外一段为冷凝端，当热管一段受热时，毛细管中的液体迅速蒸发，蒸气在微小的压力差下流向另外一端，并且释放出热量，重新凝结成液体，液体再沿多孔材料靠毛细力的作用流回蒸发段，如此循环不止，热量由热管一端传至另外一端。这种循环是快速进行的，热量可以被源源不断地传导开来。热管还可用于空气干燥器、加热、通风、空调设备和空气预热器等。

### 3. 热泵

作为自然界的现象，正如水由高处流向低处那样，热量也总是从高温区流向低温区。但人们可以创造机器，如同把水从低处提升到高处而采用水泵那样，采用热泵可以把热量从低温抽吸到高温。热泵是一种新型的高效利用低温能源的节能技术，它是以消耗如机械能、电能、高温热能等能量为代价，通过热力循环，把热能由低温物体转移到高温物体的能量利用装置。其能够回收 100～120℃ 以下的废热，可利用自然环境（如空气和水）和低温热源（如地下热水、低温太阳热和余热）来节约大量能源。所以热泵实质上是一种热量提升装置，热泵的作用是从周围环境中吸取热量，并把它传递给被加热的对象（温度较高的物体），其工作原理与制冷机相同，都是按照逆卡诺循环工作的，所不同的只是工作温度范围不一样。

热泵的工作原理是利用低沸点工质液体通过节流阀减压后，在蒸发器中得到蒸发，从低温物体吸取热量，然后将工质蒸汽压缩而使温度和压力有所提高，最后经冷凝器放出热能而变成液体，如此不断循环，把热能由低温物体转移到高温物体。

现已在采暖、空调、干燥（如木材、谷物、茶叶等）、烘干（如棉、毛纸张等）、食品除湿、电机绕组无负荷时防潮、加热水和制冰等方面得到日益广泛的应用。

# 第五节　光的认识与应用

## 一、在军工领域中的应用

### 1. 雷达预警系统和侦察系统的实时频谱分析

在电子对抗战中，若实现有效干扰和准确预警，就必须掌握敌方全部雷达站所用信号频率。声光频谱分析仪的出现为上述目标的实现提供了可能。声光频谱分析仪具体工作工程如下，接受天线来的信号先经射频放大再经变频进入声光器件的工作频段。在通过声光互作用后生产的衍射光经过 FT 透镜变换，由后置光电检测器阵列进行光电转换，最后由计算机进行频谱分析，确定接受信号的方位、频谱、脉宽、功率等。

### 2. 信号的相关处理

从雷达天线接收到的回波信号常为噪声淹没，鉴别它是否为回波信号的最有效办法是，对它进行相关处理。用声光器件做成的相关器可分为空间积分相关器和时间积分相关器。

### 3. 雷达信号延迟时间控制

先进的高分辨率雷达要求采用低损耗、大时间带宽积的延迟器件进行信号处理。通常的电缆线和波导延迟线已不能满足要求。声表面波电荷耦合器件的性能虽有所提高，但仍然不够。而光纤式声光延迟线的性能非常适合雷达信号处理。它的基本工作原理依然是利用声光衍射，并且可做成光纤声光抽头延迟线。

### 4. 相控阵雷达延时单元

在相控阵雷达的天线中，声光器件也发挥着重要作用。特别是它对延迟时间的精确控制是一般器件难以实现的，同时它的工作频率高，信噪比好，同时还可减小系统的尺寸和质量以及提高处理速度。据国外报道，该器件精确度可达到纳秒量级，并可以集成为非常小的光学系统。

### 5. 声光技术在雷达上的主要应用

近些年，国防发展前沿之一的光电技术不断应用到武器装备的诸多领域。声光技术作为光电子技术中的一支奇葩在雷达上发挥着独特的作用。采用声光互作用原理制成的声光器件具体积小、质轻、衍射效率高、驱动功率小、调制度大、稳定性好、易于与计算机兼容和自动化控制的特点，是一种理想的军用光电子器件。

### 6. 光纤制导

制导导弹是靠自身动力装置推进，由制导系统导引与控制，自动而准确地飞向目标的武器，它可以用于对地、对空各种战斗中。由于电气制导易受电磁干扰、制导精度差；采用光纤制导，导弹头锥上装置的微光电视摄像机或红外成像导引头通过弹尾拖曳的光纤与地面相连，可以不受电磁干扰，提高了制导的精度。

### 7. 光纤遥控和系绳武器

遥控技术可以提高战术机械的机动性，代替士兵进行最危险的战术任务或进行士兵根本不能直接从事的工作。但无线遥控受敌军的电子干扰性很大，采用电气有线遥控技术，电缆又比较笨重。光纤遥机器人一样到危险战区进行侦察、探雷、排雷、清除障碍、补充弹药和钻山洞等任务。

在光纤遥控和系绳武器中，光电混合连接器、旋转连接器是必不可少的光源器件。光纤遥控战车所用的系绳——光电混合缆，需用光电混合连接器将战车和控制中心相连。在光纤系留气球系统中，由于气球在空中会转动，所以系留光缆必须采用可旋转的光电混合连接器与气球连接。

此外，在测距、夜视、模拟军事演习、防御化学和生物武器、防御弹道导弹等方面，均可见到"光的身影"。

## 二、光子技术在农业和食品工业中的应用

在许多情况下，光子技术补充了传统技术，后者仍用于检验光子技术的有效性。然而，随着光子技术的发展，机器视觉、光谱和显微术、生物传感和光学遥控传感等技术将越来越多地帮助农业和食品工业节省时间和资金。

用于工业的复杂机器视觉系统正在进入农业和食品工业，基本的机器视觉系统包括成像器、计算机和软件（提供图像解释或图像数据分类），大多数系统还有在工厂环境内连接和操作的自动机或控制系统，有些还配置了具有决策功能的更高级软件。对食品成分更深入的分析需要用各种光谱和显微术，傅立叶变换红外分析仪和拉曼分光计用于食品的定量分析，该方法比传统方法更加快捷、准确。在大多数加工食品的分析中，只要用光学显微镜和近红外分光计足以为食品工业迅速和简易地提供足够信息，虽然它们不能提供定量分析。

## 三、光子学在环境保护中的应用

近年来，光学显微镜、纤维光学传感器、分光计、超光谱成像器及各种的遥控传感器在

环境监测、控制方面发挥无法估量的作用。

### 1. 光纤传感技术

光纤传感器的基本原理是用某种聚合物涂层取代光纤包层的一部分，涂层选择地把碳氢分子吸附在其表面，引起图层发生诸如折射率或体积等的变化，从而引起光传播的变化。应用光纤传感探测甲烷和其他碳氢化合物效率非常高，能在约 1s 内完成收集和分析样品工作，可见其效率之高。

光纤传感器是唯一可以现场和实时测量的技术，它的主要优点是价格低廉，由于它可以在微芯片平台上大批量生产，从而降低了成本。

### 2. 超光谱成像技术

滥用森林和旷野资源已从过度放牧、土壤流失、沙漠化等扩展到生物种的消失和外来杂草的侵入，人类若准备加强对旷野资源的管理，就要有保持和改善它们的现状的方法，也就是需要新的监视工具。超光谱成像技术在可见和反射红外光谱波段的连续测量技术的开发已有 20 多年历史，它提供的信息能够改进资源检测，超光谱成像技术的应用为旷野资源的管理和开发提供了有效途径。

## 四、其他方面的应用

（1）激光治病　其主要依据为生物组织吸收激光能量后，将光能转化变为生物组织的热能，这个过程称为光热作用。

（2）光爆技术　在井巷施工中推广应用掘进光爆技术，既降低了生产成本，又提高了工程质量，增加安全可靠性。可以达到"安全、优质、高效、低耗"的目的。该技术除了在煤矿推广应用外，还可以应用在公路、铁路、隧道等施工中。

# 参 考 文 献

[1] 周律，张孟青编著．环境物理学．北京：中国环境科学出版社，2001.

[2] 姜海涛，郭秀兰，吴成祥编著．环境物理学基础．北京：中国展望出版社，1987.

[3] ［加］赫伯特．英哈伯著．任国周等译．环境物理学．北京：中国环境科学出版社，1987.

[4] 沈毓，戴银华，陈定楚编著．环境物理学．北京：中国环境科学出版社，1986.

[5] 樊秉安等编著．国防环境保护概论．北京：解放军出版社，1991.

[6] 任连海，田媛．环境物理性污染控制工程．北京：化学工业出版社，2007.

[7] 陈亢利，钱先友，许浩瀚．物理性污染与防治．北京：化学工业出版社，2006.

[8] 陈杰瑢．物理性污染控制．北京：高等教育出版社，2007.

[9] 洪宗辉．环境噪声控制工程．北京：高等教育出版社，2002.

[10] 潘仲麟，翟国庆．噪声控制技术．北京：化学工业出版社，2006.

[11] 郑长聚编．环境工程手册：环境噪声卷，北京：高等教育出版社，2000.

[12] GB 3222—94．城市环境噪声测量方法．

[13] GB 12349—90．工业企业厂界噪声测量方法．

[14] 马大猷．噪声控制学．北京：科学出版社，1987.

[15] 吕玉恒，王定佛，丁福楣．噪声与振动控制选用手册．北京：机械工业出版社，1988.

[16] 郑长聚等．环境噪声控制工程．北京：高等教育出版社，1988.

[17] 郑长聚，王提贤，洪宗辉等．实用噪声控制技术．上海：上海科学技术出版社，1982.

[18] 中国建筑科学研究院建筑物理研究所．建筑声学设计手册．北京：中国建筑工业出版社，1987.

[19] GB 10070—88．城市区域环境振动标准．

[20] 张重超等．机电设备噪声控制学．北京：轻工业出版社，1989.

[21] 盛美萍，王敏庆，孙进才．噪声与振动控制技术基础．北京：科学出版社，2007.

[22] 谷口修．振动控制大全．上册．北京：机械工业出版社，1983.

[23] 董霜，朱元清．环境振动对人体的影响．噪声与振动控制，2004，(6)：22～25.

[24] 翁智远．结构振动理论．上海：同济大学出版社，1988.

[25] 王文奇，江珍泉．噪声控制技术，北京：化学工业出版社，1987.

[26] 严济宽．机械振动隔离技术．上海：上海科学技术出版社，1985.

[27] 智乃刚，萧滨诗．风机噪声控制技术．北京：机械工业出版社，1985.

[28] 方丹群，王文奇，孙豪戚．噪声控制．北京：北京出版社，1986.

[29] 谢泳絮，刘友汉．常用机电设备的噪声控制．北京：中国环境科学出版社，1993.

[30] 周新祥．噪声控制及应用实例．北京：海洋出版社，1999.

[31] 冯瑞正，程远．环境噪声控制与减噪设备．长沙：湖南科学技术出版社，1981.

[32] 陈秀娟．工业噪声控制．北京：化学工业出版社，1980.

[33] 陈绎勤．噪声与振动控制．北京：中国铁道出版社，1981.

[34] 杨玉致．机械噪声控制技术．北京：中国农业机械出版社，1983.

[35] 王文奇．噪声控制技术及其应用．沈阳：辽宁科学技术出版社，1985.

[36] 张沛商，姜亢．噪声控制工程．北京：北京经济学院出版社，1991.

[37] 周新祥，刘明．空压机站噪声控制环境保护科学，1995 (4)：49～52.

[38] 李耀中．噪声控制技术．北京：化学工业出版社，2001.

[39] 张宝杰．城市生态与环境保护．哈尔滨：哈尔滨工业大学出版社，2002.

[40] 何强，井文涌，王翔亭．环境学导论．北京：清华大学出版社，1993.

[41] 林肇信，刘天齐．环境保护概论．北京：高等教育出版社，1998.

[42] 沈国航．中国环境问题院士谈．北京：中国纺织出版社，2001.

[43] 左玉辉．环境学．北京：高等教育出版社，2002.

[44] 吴明红，包伯荣．辐射技术在环境保护中的应用．北京：化学工业出版社，2002.

[45] 杨丽芬，李友虎．环保工作者实用手册．北京：冶金工业出版社，2001.

[46] 李玉俊，栗绍湘，何群，姚泳．牡丹江市环卫科研所利用低放射性处理粪便上清液技术．城市管理与科技，2002，2：30～31.

[47] Morse P M. Vibration and Sound. 2nd. New York：McGraw-Hill Book Company, 1984.

[48] Botsford J H. Vsing Sound Levels to Gauge Human Response to noise. Sound and Vibration, 1969, 3 (10)：16～18.

[49] R. Gedye, F. Smith, K. Westaway et al. the Use of Microwave Ovens for Rapid Organic Synthesis. Tetrahedron Letters. 1986；279～282.

[50] R. J. Giguere, B. L. Terry, M. Scott. Application of Commercial Microwave Ovens to Organic Synthesis. Tetrahedron Letters. 1986, 27：4945～4948.

[51] Berlan, P. Giboreau, S. Lefeuvre et al. Synthese Organique Sous Champ Microondes：Premier Exemple D'activation Specifique en Phase Homogene. Tetrahedron Letters. 1991，32：2363～2366.

[52] T. P. Deksnys, R. R. Menezes, E. Fagury-Neto. Synthesizing $Al_2O_3/SiC$ in a Microwave Oven：A Study of Process Parameters. Ceramics International. 2007, 33 (1)：67～71.

[53] B. M. Vogel, S. K. Mallapragada, B. Narasimhan. Rapid Synthesis of Polyanhydrides by Microwave Polymerization. Macromol Rapid Commun. 2004，25 (1)，330～333.

[54] M. Chen, E. J. Siochi, T. C. Ward et al. Basic Ideas of Microwave Processing of Polymers. Polymer Engineering and Science. 1993, 33 (17)：1092～1109.

[55] 朱智勇，金运范．放射性束在固体物理和材料科学中的应用．原子核物理评论，1999，（2）：99～105.

[56] 谭宏斌，李玉香．放射性废物固化方法综述．云南环境科学，2004，（4）：1～3.

[57] 陈巍巍．简析振动污染监测．科技咨询导报，2007，（7）：54.

[58] 李樟苏等．利用放射性示踪沙定量观凿长江口北槽航道抛泥区底沙运动．海洋工程，1994，（4）：59～68.

[59] G. Courtois. 人造放射性示踪砂在法国的应用．海洋工程，1996，（4）：92～96.

[60] Pahilke, H. 人造放射性示踪砂在德国的应用，1996，（3）：72～81.

[61] 车春霞，滕元成，桂强．放射性废物固化处理的研究及应用现状．材料导报，2006，（2）：94～97.

[62] 袁世斌．生物技术在放射性污染土壤修复中的研究进展．生物技术通报，2008：121～124.

[63] 任庆余，赵进沛，李秀芹，魏刚，杨睿峰．室内放射性污染及其防治．现代预防医学，2006，（3）：303～304.

[64] 汤泽平，陈迪云，宋刚．土壤放射性核素污染的植物修复与利用．安徽农业科学，2009，（13）：101～103.

[65] 孙赛玉，周青．土壤放射性污染的生态效应及生物修复．中国生态农业学报，2008，（3）：523～528.

[66] 胡敏知．放射性物探方法在环境评价中的应用．铀矿地质，1996，9 (5)：313～314.

[67] 罗志刚，杨连生．微波辐射技术在食品工业中的应用．粮油加工与食品机械，2002，5：29～31.

[68] 由业诚，郭明等．微波萃取大蒜有效成分方法的研究．大连大学学报，1999，（4）：6～81.

[69] 钱鸿森．微波加热技术及应用．哈尔滨：黑龙江科学技术出版社，1985.

[70] 张猛，邹建平．微波辐射技术在有机合成中的应用．化学试剂，2004，26 (3)，148～152.

[71] 何德林，王锡臣．微波技术在聚合反应中的应用研究进展．高分子材料科学与工程，2001，17 (1)：20～24.

[72] 龙明策，王鹏，郑彤等．高吸水性树脂的微波辐射合成工艺及性能研究．高分子材料科学与工程，2002，18 (6)：205～207.

[73] 郭香会，李劲．脉冲放电等离子体处理硝基苯废水的实验研究．电力环境保护，2001，17 (2)：37～38.

[74] 王静端．电磁发射技术的发展及其军事应用．火力与指挥控制，2001，1March，5～8.

[75] 杨艳丽，汪希平．电磁轴承技术及其应用开发．机电工程技术，2001，（2）：7～12.

[76] 范红卫，江增延，黄良荣．电磁流量计在工程中的应用．矿冶，2001，（3）：78～82.

[77] 史苏佳，曹栋．电磁、超声波在粮油食品研究方面应用．粮食与油脂，2000，（7）：39～40.

[78] 林君. 电磁探测技术在工程与环境中的应用现状. 物探与化探, 2000, (3): 167～178.

[79] 陈晦鸣, 余钦范. 环境污染调查中磁与电磁测量新技术的应用. 地学前缘, 1998, (4): 237～246.

[80] 贾克欣. 几种电磁水处理器的作用机理及其应用. 给水排水, 1999, (8): 65～69.

[81] 李广霞, 董猛, 徐韬, 张凡. 电磁振动在粉厂除尘装置中的应用. 山东农机, 2001, (5): 26～27.

[82] 程勒. 利用噪声频谱进行风机故障诊断. 无损检测, 2002, (4): 162～163.

[83] 练子丹译. 李思一校. 噪声的利用. 国外科技动态, 1997, (5): 23～26.

[84] 王亚宁, 王锡宁. 噪声污染的危害及控制利用. 潍坊教育学院学报, 2000, (4): 18～19.

[85] 王裕清, 武良臣等. 白噪声在机械系统分析中的应用. 焦作矿业学院学报, 1995, (4): 7～13.

[86] 杨有宁. 轧钢加热炉余热利用技术. 冶金设备, 2001, (2): 58～59.

[87] 瞿志豪. 光力学方法在机械设计上的应用. 上海应用技术学院学报, 1998, (1): 1～6.

[88] 唐光裕, 韩桂华. 小康住宅声、光、热物理环境的模糊综合评价, 1998, (3): 106～110.

[89] 叶茂平, 陈志莉. 物理污染对物资的危害. 商品储运与养护, 2001, (2): 39～40.

[90] 张驰, 刘丽敏. 物理污染及其对人类的危害. 云南环境科学, 2000, (4): 48～51.

[91] 顾崇孝. 浅议冶金烟气的余热利用. 有色金属设计, 1999, (1): 32～36.

[92] 谭铁鹏. 城市固体废弃物及下水污泥的焚烧处理与废热利用. 新疆环境保护, 1995, (2): 37～43.

[93] 陈怀宾. 余热利用与余热锅炉. 应用能源技术, 1997, (12): 20～22.

[94] 贾力成, 宋力宇. 锅炉排烟余热利用装置及应用. 东北电力技术, 1996, (1): 60～64.

[95] 任连海. 环境物理性污染控制工程. 北京: 化学工业出版社, 2008.

[96] 赵思毅. 室内光环境. 上海: 东南大学出版社, 2003.

[97] 克雷斯塔·范山顿. 城市光环境设计. 北京: 中国建筑工业出版社, 2007.

[98] 曹猛. 天津市居住区夜间光污染评价体系研究 [D]. 天津: 天津大学, 2008.

[99] 刘鸣. 城市照明中主要光污染的测量、实验与评价研究 [D]. 天津: 天津大学, 2007.

[100] 周偰. 城市夜景照明光污染问题及设计对策 [D]. 武汉: 华中科技大学, 2004.

[101] 曲坤. 光污染防治立法研究 [D]. 哈尔滨: 东北林业大学, 2007.

[102] 杨公侠, 杨旭东. 不舒适眩光与不舒适眩光评价. 照明工程学报, 2006, 17 (2): 11～15.

[103] 杨公侠, 杨旭东. 不舒适眩光与不舒适眩光评价 (续上期). 照明工程学报, 2006, 17 (3): 9～12.

[104] 谢浩. 居住空间照明眩光问题分析. 中国照明电器, 2005, (3): 10～12.

[105] 藤野雅史. 防眩光灯具基本知识及最新技术. 中国照明电器, 2007, (7): 27～30.

[106] 吴思汉, 宋金声. 光无源器件在军事中的应用. 光纤与电缆及其应用技术, 2003, 4: 34～37.

[107] 于连栋, 刘巧云, 丁苏红等. 失能眩光形成机理的研究. 合肥工业大学学报 (自然科学版), 2005, 28 (8): 866～868.

[108] 季卓莺, 邵红, 林燕丹. 暗适应时间、背景亮度和眩光对人眼对比度阈值影响的探讨. 照明工程学报, 2006, 17 (4): 1～5.

[109] 项震. 照明眩光及眩光后视觉恢复特性. 照明工程学报, 2002, 13 (2): 1～4.

[110] 罗家强. 光纤通信技术在军事中的应用. 光纤光传输技术, 2000, 2: 1～9.

[111] 张春安. 军用光纤水听器及其阵列技术. 光纤通信, 2001, 5: 26～27.

[112] 邱元武. 光子学在农业和食品工业中的应用. 激光与光电子学进展, 2002, (5): 51～56.

[113] 张辉, 刘丽. 发展中的新兴科学——环境物理学. 沈阳师范学院学报, 1999, (1): 62～68.

[114] 蒋跃, 张颖. 声光技术在雷达上的主要应用. 光学技术, 2002, (1): 47～49.

[115] 常学奇. 核技术应用发展趋势与前景展望. 橡塑资源利用, 2005, 5: 7～9, 13.

[116] Ben W T. 核技术应用于环境保护: 一个全球性的研究网. 国际原子能机构通报, 1993, 35 (2): 39～42.

[117] 张立德, 牟季美. 纳米材料和纳米结构. 北京: 科学出版社, 2001.

[118] 方鲲, 毛卫民, 冯惠平等. 轻质宽频带导电高分子微波吸收材料研究. 屏蔽技术与屏蔽材料, 2005, 8 (2): 50～53.

[119] 王生浩, 文峰, 郝万军. 电磁污染及电磁辐射防护材料. 环境科学与技术, 2006, 29 (12): 96～98.

［120］ GB 1234—2008. 工厂企业厂届环境噪声排放标准（发布稿）.

［121］ 高玲，尚福亮. 吸声材料的研究与应用. 化工时报，2007，21（2）：63～65，69.

［122］ 苑改红，王宪成. 专题论坛. 机械工程师，2006，6：17～19.

［123］ 张帆，姚德生. 探讨吸声材料在工程应用中吸声性能的影响因素. 噪声与振动控制，2005，4：64～66.

［124］ 王连坡，茅文深. 电磁屏蔽技术在结构设计中的应用. 舰船电子工程，2009，29（1）：173～177.

［125］ 潘仲麟，张邦俊. 浅谈环境物理学，1996，（12）：736～739.

［126］ 孙海滨. 漫谈物理污染. 现代物理知识，2001，（4）：24～26.

［127］ 叶伟国. 城市物理环境恶化的表现与对策. 绍兴文理学院学报，2002，（2）：94～97.

［128］ 柳孝图等. 社会的持续发展与城市物理环境，建筑学报，1999，（4）：30～34.

［129］ 高强，阮秉粱，沈峰，唐晓亮. 光的认识与应用. 现代物理知识，1996，（4）：51～53.

［130］ Boara G，Sparpaglione M. Synthesis of Polyanilines with High Electrical Conductivity. Synthetic Metals，1995，72：135～140.

［131］ Harris C H. Handbook of Noise Control. New York：McGraw-Hill Book Company. 1979：35～20.

［132］ Briiel&Kjaer. Noise Control Principles and Practice. Penmark：Naerum offset，1982：138～145.

［133］ W. B Mann，et al，Radioactirity and Its Measurement. 2nd. New York：Oxfued，1980.

［134］ A. B. Brodsky. CRC Handbook of Radiation Measurement and Protection. Section A，Vol 1. CRC Press，1978.

［135］ Arnold P. G. Peterson，E. E. Gross，Noise Measurement，General Radio Company，Massachusetts，1972.